作者——戈登・漢普頓 Gordon Hempton　約翰・葛洛斯曼 John Grossmann
譯者——陳雅雲

ONE SQUARE INCH OF SILENCE

One Man's Search for Natural Silence in a Noisy World

一平方英寸的寂靜

走向寂靜的萬里路，追尋自然消失前的最後樂音

推薦序

寂靜在何方？

吳明益／東華大學華文系副教授

幾個月前我收到一位未曾謀面的網上朋友宛璇來信，提到她的法國男友是「聲音藝術工作者」，問我是否有興趣聽他的作品？因為其中也涉及了生態錄音，我當然樂意嘗試。不久後我收到一個包裹，裡頭包括了數張ＣＤ。我也開始搜尋這位法國人的資料，發現他早已錄製了不少關於台灣的自然與人文聲音，既有台灣蛙類的錄音，也錄製了不少「地方」的聲音。比方說製作榻榻米機器的聲音，就被他認為是溪北村的聲音。我驚訝於自己的粗心，過去竟沒有注意到這個領域。這個法國人Yannick有個中文名字，叫「澎葉生」，因為他喜歡聽葉子的聲音。

聲音是形塑空間感的主要力量之一，因此，在台灣「音場」（sound field），常被翻譯成「空間感」，這一方面是物理上聲音發聲形成的區域，另方面，說不定也提醒了我們，失去了聲音，或聲音一旦改變，空間感也將隨之改變。

近日正當我的情緒因私事跌入低谷之際，收到臉譜出版社寄來「聲音生態學家」戈登・漢普頓和撰述者約翰・葛洛斯曼合著的《一平方英寸的寂靜》。我本想找個藉口推掉寫這篇序，讓自己多點時間休養，但一打開漢普頓的序我就深深被打動。他寫道：「草原狼對著夜空長嚎的月光之歌，是一種寂靜，而牠們伴侶的回應，也是一種寂靜。」幾天的時間，我在完全沒有漢普頓「寂靜」定義下的台北，漸次地讀完書稿，內心充滿各種聲音，彷彿在進行著另一種「人體衝浪」。

書從漢普頓曾經一度失去聽力開始，這使得他日後更渴望、醉心、迷戀於追尋聲音。所謂「一平方英寸的寂靜」，其實只是一顆石頭，漢普頓與華盛頓州奧林匹克國家公園（Olympic National Park）達成協議，將這個石頭放在國家公園內，要求至少這個石頭的範圍不被「聲音打擾」。這小石頭其實不僅是象徵物而已，因為聲音是會穿透自然空間的，即便是數公里外的挖土機，天空中的飛機，都可能影響這一平方英寸的寂靜。因此維繫著微小、脆弱的寂靜，也就意味著維繫了五平方公里、十平方公里的寂靜。

但漢普頓的寂靜定義並非是「沒有聲音」，而是「沒有人造物的聲音」。對漢普頓來說，汽車、飛機、無意義的高聲談話，甚至是自己身上穿的尼龍衣服都是寂靜的侵入者，屬於「噪音」。從這樣的定義來看，我以為漢普頓可以說是「寂靜的荒野保存論者」，或者說「自然之聲的荒野保存論者」。

漢普頓長期監控「一平方英寸的寂靜」範圍內的噪音，直到他認為自己或許可以再把這樣的理念向外推展，於是他決定從西岸的華盛頓州前往東岸的華盛頓特區，既當一個沿途的「聆聽者」，也試圖在國家公園法案裡，爭取寂靜作為一種荒野重要價值的立法機會。

這部由「艾美獎聲音暨音響個人成就獎」得主漢普頓所寫的追尋寂靜之音的書，光是提醒我們再一次凝視聲音的本質就值得讀者展閱，但我或許多事地，再說明這部書的幾點迷人之處。

面對自然的聲音，過去生態錄製師的表達方式，當然也就是以聲音表現為主，比方說錄製成ＣＤ。但這本書卻是試圖以文字建立某種聲音價值，這並不是件簡單的事，用文字形容聲音，你可以想像是多麼困難的事。另一方面，以我個人經驗而言，「讀」書時往往會在內心發出其實並沒有**真正發出**的聲音，那「默讀」因為只有自己聽見，往往會與環境音形成一種難以言喻的對話關係。文字對心靈所產生的「音場」，和真正的聲音，有著不一樣的感動。

其次，這書由一位專業的生態聲音錄製師所寫，因此許多關於聲音與生態關係的內容，就像是觀察生態的另一種角度。比方說，漢普頓提及在荒野中，「最高音」往往來自於掠食者；比方說，鳴禽為了對抗噪音，往往得提高音量，這也連帶造成牠們消耗的能量會因此增加；又比方說，「考古聲響學」（archaeoacoustics）在探索的材料多半是「已消逝」的族群聲音。書中提及許多部落文明很重視山谷間的「回音」，這甚至影響了他們的宗教信仰……這類「聲音生態學」資料的徵引，讓這本書的基礎豐厚且紮實。

第三，漢普頓的「聆聽」過程，同時也是一個旅行者、探險家的奇遇記。人們從不理解為什麼有一個人要追尋「寂靜」，到參與提供他們生活經驗裡的寂靜訴說，配合全書筆調簡潔的環境描寫，展現了旅行文學的另一種深度。

第四，這本書刺探了美國環境法令的不完整。聲音往往保障的是人類，而不是荒野。作為一個也關心環境運動的讀者，我常覺得台灣的相關法令也都仍是以人為基準去設立的，因此，這本書也啟發了我，或許未來台灣環境法令可以朝向更生態中心主義式的，更深邃的方向去想像。

最後，在整體的敘事過程中，漢普頓也靜靜地訴說了自己的生命史。他如何在失去聽力的狀況下掙扎，如何在荒野中重拾對聲音細節的感受（葉子被風吹動的聲音，水花泡沫破裂的聲音，雨滴壓彎山酢漿草的聲音……），如何在自己心靈裡，讓「噪音」與「寂靜」對話，甚或是最困難的，怎麼和拒絕成為「自然女孩」的女兒溝通。「有一種寂靜是不受歡迎的：父母和青少年子女間的沉默」，漢普頓這麼寫道。那溝通不僅是靠著有形的聲音，也得靠無形的聲音。如此艱辛、充滿歧路、細微難辨。

我翻閱著這部書稿，也許有時候我並不完全同意作者的話，比方說作者對人造音樂的感受，畢竟人造音也可以成為荒野之音的和諧調。但整體而言，《一平方英寸的寂靜》給了我深深的震撼與啟發。我想著我們曾經以為寂靜是不會丟失的物事，現在才知道連寂靜都可能被竊取。過去我總想，需要安靜時遁入荒野即可，但實際上，聲音以更殘暴、無所不在的方式，正在大幅地改變荒野的本質。我曾經在多次經歷心靈難以言喻的痛苦時，沒有依靠宗教、醫院、藥物與睡眠，就是一整天待在這類只有寂靜之音的地方，然後勇氣就像露珠一樣，一點一點重新凝聚起來。因此我深深了解維繫寂靜荒野的價值，仍未被準確地估量出來。

寂靜在何方？我想起多年前初執教學工作，多次心灰意冷，身心俱疲想要放棄之際，總有意外的聲音進來，讓我能持續下去。有一回一個畢業班學生拿了一片CD給我，說：老師有空的時候就聽聽這個吧。那是一片名為《台灣海聲實錄》的CD，是台灣的自然音樂工作者吳金黛所製作的。我聽著和平島、石梯坪、蘭嶼的海潮聲，真的慢慢地獲得了靈魂歇息在某處的感受。

這也是我讀完《一平方英寸的寂靜》的心情，我希望您也能透過安靜地閱讀感受到。

獻給「靜謐思緒之罐」的每位撰文者。
你們發自內心的書寫讓我知道，
我並非唯一一位渴望自然寂靜之人，
並促使我鼓起勇氣，
拋開我更喜愛的隱遁生活，
展開兩趟旅程——
橫越美國以及撰寫本書。

目次

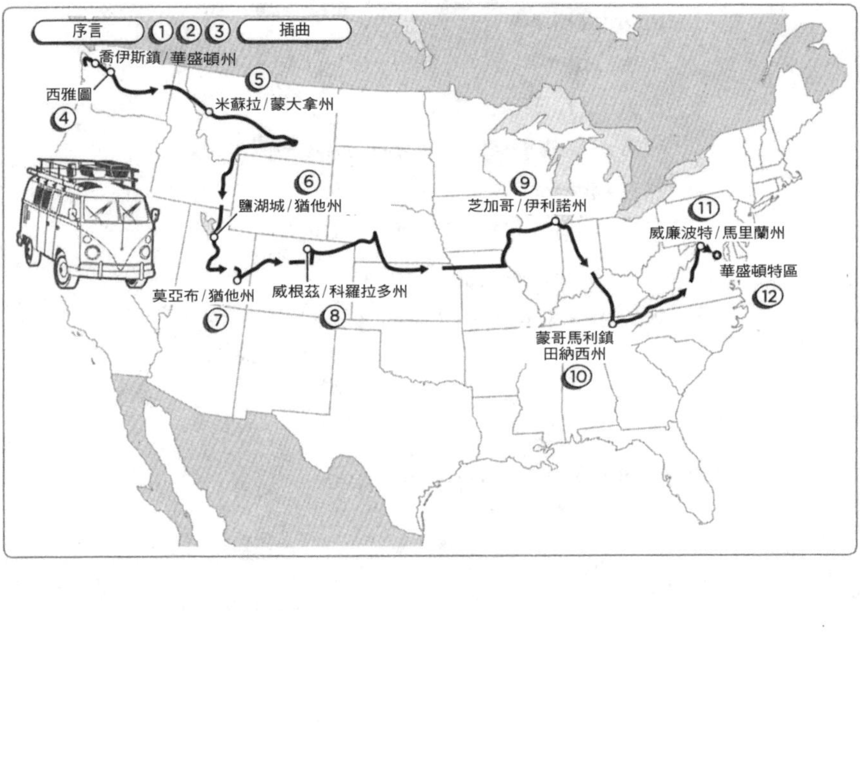

序言
1
2
3
插曲
喬伊斯鎮/華盛頓州
西雅圖
4
5
米蘇拉/蒙大拿州
6
鹽湖城/猶他州
莫亞布/猶他州
7
威根茲/科羅拉多州
8
9
芝加哥/伊利諾州
蒙哥馬利鎮
田納西州
10
11
威廉波特/馬里蘭州
華盛頓特區
12

序言

寂靜的聲音

「人類終有一天必須極力對抗噪音，如同對抗霍亂與瘟疫一樣。」這是諾貝爾獎得主暨細菌學家羅伯・柯霍（Robert Koch）在一九〇五年提出的警語。歷經一世紀後，這一天已經比先前近得多。今日，寧靜就像瀕臨絕滅的物種。城市、近郊、農業社區，甚至最偏遠、遼闊的國家公園，都避免不了人類噪音的入侵，而在洲際之間往返的噴射機，也使得北極無法倖免。此外，對抗噪音與維護寂靜不同。典型的反噪音策略，像是耳塞，噪音消除式耳機，甚至噪音削減法，都不是真正的解決方法，因為它們無法幫助我們重建與大地的感情，無法幫助我們聆聽大地的聲音，而大地卻是不斷在說話的。

人類的歷史已經走到一個重要的時刻：如果我們要解決全球

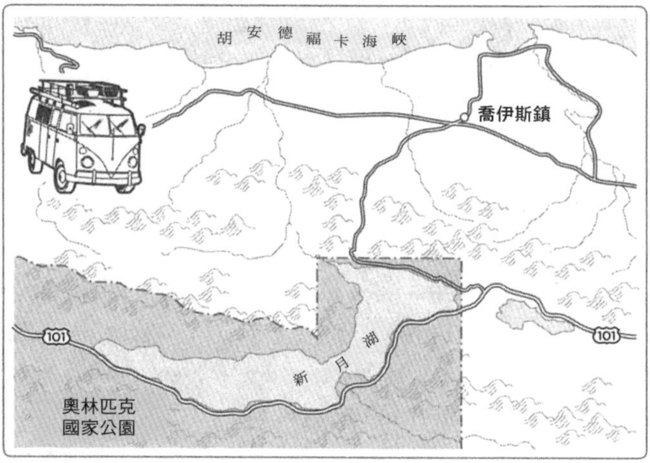

的環境危機，就必須永遠改變現今的生活方式。我們比以往更需要愛護大地，而寂靜正是我們與大地交流的重要管道。

不受打擾、寧靜地傾聽大自然的聲音，盡情詮釋它們的意義，是我們與生俱有的權利。早在人類的噪音存在以前，這世界只有大自然的聲音。儘管這些聲音遠遠超越人類語音的範圍，就連抱負最遠大的音樂演奏也無法比擬，但我們的耳朵仍早已完美地演化出聆聽這些聲音的能力，像是瞬間吹拂而過的微風暗示著天氣即將發生變化，春天的第一聲鳥囀預告著大地即將再度轉綠、蓬勃繁衍，迫近的暴風雨承諾會驅走乾旱，變換的潮汐提醒我們天體的運行。這些體驗都能幫助我們找回與大地的情感，了解我們過去的演化。

《一平方英寸的寂靜》不僅僅是一本書而已，它也是奧林匹克國家公園（Olympic National Park）霍河雨林（Hoh Rain Forest）裡實際的方寸之地，而且大概是美國最寧靜的地方。但是現在它也瀕臨消失，只受到一項政策保護，然而這項政策既沒有受到美國國家公園管理局（National Park Service）的推行，也缺乏足夠的法律支持。因此我希望本書能夠在那些願意認真傾聽的人們心中，靜靜地引發省悟。

維護大自然的寂靜就跟保育物種、恢復棲息地、清除有毒廢棄物、減少二氧化碳等等一樣，不僅必要，而且不可或缺，以上這些只是舉例說明，我們在二十一世紀初遇到的迫切挑戰，遠遠不僅這些。幸好拯救寧靜要比解決其他問題容易得多，只要能立下一條法律，將最原始的國家公園劃為禁飛區，就足以立即促成明顯的改善。

寂靜並不是指某樣事物不存在，而是指**萬物都存在**的情況。它深刻地存在於霍河雨林裡，我稱之為「一平方英寸的寂靜」的地方。它就像時間一樣，不受干擾地存在著。我們只要敞開胸懷，就能感受得到。寂靜滋養我們的本質，人類的本質，讓我們明白自己是誰。等我們的心靈變得更樂於接納事物，耳朵變得更加敏銳後，我們不只會更善於聆聽大自然的聲音，也更容易傾聽彼此的心聲。寂靜就像炭火的餘燼般能夠傳播。我們找得到它，而它也找得到我們。寂靜有可能失去，卻也能夠復得。儘管大多數人以為寂靜是可以想像出來的，其實不然。要體驗寂靜使心靈富足的奇蹟，一定要先聽得到它。

寂靜其實是一種聲音，也是許多、許多種聲音。我聽過的寂靜，就多得無法計數。草原狼對著夜空長嚎的月光之歌，是一種寂靜，而牠們伴侶的回應，也是一種寂靜。寂靜是落雪的低語，等雪融後又會化成令人驚訝的雷鬼節奏，琤琤琮琮地讓人想聞聲起舞。寂靜是傳授花粉的昆蟲拍撲翅膀時帶起的柔和曲調，當牠們為了躲避一時微風小心翼翼在松枝間穿梭時，蟲鳴與松林的嘆息交織成一片，可以整天都在你耳邊迴響。寂靜也是一群飛掠而過的栗背山雀和紅胸鳾，啁啁啾啾、拍拍撲撲的聲音，惹得人好奇不已。

你最近聽過雨聲嗎？美國西北部的大雨林，無疑是聆聽雨聲的好地方。我在「一平方英寸的寂靜」聆聽過雨林的聲音。其實雨季的第一種聲音並不是濕淋淋的雨聲，而是無數種子自聳立的樹上掉落的聲音，很快跟隨而下的是輕柔飛舞的楓葉，它們就這麼靜靜地飄下，宛如冬日驅寒的毯子般，覆在種子身上。但是這場寧靜的交響樂只是前奏而已，等強烈暴風雨的前鋒抵達後，就可聽到震撼人心的演奏，這時每一種樹都會在風雨交加的樂聲中，加入自己的聲音。在這裡，即使是最大的雨滴也可能沒有機會撞擊地面，因為高懸在頭頂三百英尺處的厚密枝葉與樹幹，會吸收掉許多水分……一直要到這些高空海綿變得飽和之後，水滴才會再度形成與掉落……撞擊較低的枝椏，再如瀑布般墜落在會吸收聲音的厚密樹苔上……接著輕輕掉至附生性的蕨類上……然後噗通一聲無力地滑進越橘類的灌木叢裡……再重重打在堅硬結實的白珠葉上……最後無聲地壓彎山酢漿草如苜蓿般的細緻葉片，滴落地面。無論日夜，在雨停後，這場雨滴芭蕾總會再持續一小時以上。

柯霍發展出能辨識病因的科學方法，回想起他的那句警語，我相信寂靜未受遏阻地消失，就像煤礦坑裡用於偵查瓦斯的預警金絲雀般，是一個全球性的警訊。如果我們不能堅決抵抗噪音，對大自然的寂靜不斷消失的情形置若罔聞，在面對更複雜的環境危機時，又怎麼可能處理得好呢？

——戈登・漢普頓

華盛頓州喬伊斯鎮於大雪紛飛之日

1 寂靜的雷鳴

在這寂靜之處，
噪音卻震耳欲聾。

——凱思琳・迪恩・摩爾（Kathleen Dean Moore）
俄勒岡州立大學春溪計畫（Spring Creek Project）主任

二〇〇三年一個晴朗的秋夜裡，一聲**巨響**把熟睡的我驚醒。我的臥室窗戶跟往常一樣大敞，讓我有露營的感覺，也讓我能傾聽。我住在一個鄉間小鎮，四周安靜到甚至能聽見數英里外的聲響。就在這片寂靜中，我聽到一種新的聲音。

那是一種沉重的「咚咚」聲，聽起來像是貨船或某種新型超級油輪上的活塞正在劇烈運轉。那聲音應該是從十到十五英里外，胡安德福卡海峽（Strait of Juan de Fuca）中央傳來，先是越過新月海灘（Crescent Beach），再傳到華盛頓州偏遠的奧林匹克半島（Olympic Peninsula）上，我家所在的這片山丘。能住

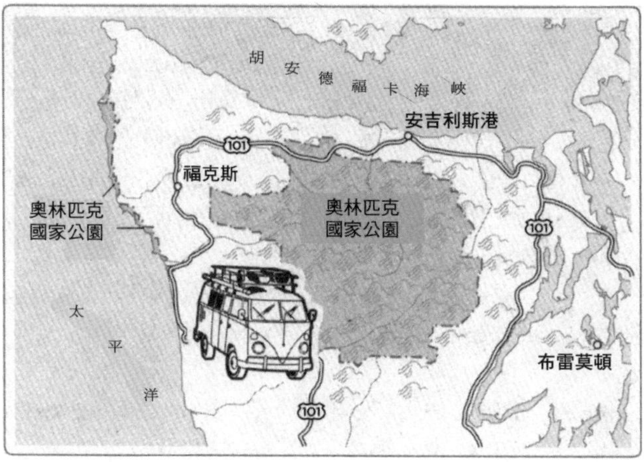

在這麼安靜的地方，向來讓我引以為傲。

我聆聽世界的聲音，這也是我身為聲音生態學家熱愛從事的工作。除了南極洲還沒去過以外，我在各大洲都錄過音。這些錄音被用於許多地方，從電玩遊戲、博物館展覽，到自然風格的唱片、電影音樂和教育產品都有。我錄製聲音已超過二十五年，各種自然環境都嘗試過，我的聲音圖書館藏有多達三千GB的聲音，包括蝴蝶鼓動翅膀的聲音，瀑布如雷的轟隆聲，子彈列車如噴射機般呼嘯而過的聲音，一片漂浮的葉子細微的聲響，鳥兒充滿熱情的鳴囀，還有草原幼狼低柔的咕咕聲等等。我熱愛聆聽，勝於說話。聆聽是一種無言的過程，可接收到最真實的印象。

儘管我錄製各種聲音，但專長是靜謐的聲音。這種聲音非常細微，人耳幾乎聽不到，但只要學會仔細聆聽，也不是完全無法掌握，而我正是個會仔細聆聽的人。

在那個十月的夜晚，聽到那艘貨輪傳來的撞擊聲，令我感到驚訝。它似乎不該那麼近。

如果要我舉出世上我最喜歡的聲音，恐怕很難。若是非舉不可，我可能會說是鳴禽在黎明時的合唱，還有初陽撫上大地的聲音。但是如此一來，就會忽略掉有翼昆蟲在喀拉哈里沙漠（Kalahari Desert）無數平方英里的大地上所發出的嗡嗡聲；但若說蟲鳴是我的最愛，又會忽略掉貓頭鷹的呼嚕聲，還有牠們在路易斯安那州的絲柏間一躍而起的聲響，或是沿著奧地利村莊狹窄石巷迴盪的教堂鐘聲。如果答案真的只限定一個，我會說，我在世間最愛的聲音是期盼的聲音：即將聽到聲音前的那刻寂靜，或是兩個音響之間的剎那。

「咚咚，咚咚。」在大氣情況理想的時候，深沉的低頻聲音可以傳揚十到十五英里，但這次傳來的聲音有些不同，幾乎辨識不出來是什麼，這就是我之所以認為，它可能來自一種新型船隻的原因。對我來說，這種低沉的噪音最不可能是喪失聽力的徵兆。畢竟在這麼多人當中，這種事怎麼可能剛好發生在我這個錄製聲音的人身上，這就像女中音猜想自己的聲帶是否長了結節，或是畫家懷疑自己罹患肌肉萎縮症一樣。

但是隨著日子一天天、一週週過去，幾個月後，這顯然已成為我無法逃避的事實。我再也無法做好自己的工作，我的腦袋裡充斥著營營嗡嗡、扭曲走樣的聲音，幾乎聽不懂別人說的話。如果一個房間裡同時有一人以上在說話，我就會覺得混亂不清，只能坐著「看」別人說話。我聽到的不再是話語，而是一種奇怪的聲響，類似從長走廊另一端的AM收音機傳來的鄉村音樂；所有的話語都混在一起，無法辨識。我開始避免參加充滿壓力的活動，特別是有巨大聲響的活動；它們只會帶給我刺耳又不和諧的聲音，幾乎把我逼瘋。我經常得要求兒子和女兒重複他們說的話，還得說慢點。句子愈來愈短，意義愈來愈淺薄，生活愈來愈單調。我避免與人相處，開始負債，失去客戶，在財務與情緒崩潰的邊緣徘徊。

我收到許多忠告。我父親（經常）說：「你得了衝浪耳，所以你要懂事點，別再不用衝浪板。只要停止人體衝浪，你的問題自然會消失。」這就是所謂的「自然消失」理論：只要不再做這個或那個，問題自然會消失。我會喪失聽力是某種原因引起的。羅伊（Roy）是農場主人，提供我新鮮雞蛋，他認為我的問題是耳垢造成的，建議我把頭偏向一邊，在下方點一支蠟燭，耳垢就會熔化，他說他太太可以帶一個漏斗過來，還說我會很驚訝地發現真有耳垢流出來。我的堂兄則建議我：「坐在暖爐旁，把爐火開到最強，然後吃更多綠花椰菜。」他相信紅外線的輻射能使我的頭蓋骨變熱，從而加速自然復原的過程。至於為什麼要多吃綠花椰菜呢？我根本懶得問了。我的朋友東娜（Donna）說：「或許這是神試圖想告訴你什麼。或許你花太多時間傾聽外在世界，反而沒有花足夠的時間傾聽自己心裡的聲音。」

沒錯，我十分絕望。我清掉所有耳垢（沒有用蠟燭和漏斗），在火爐旁坐過，也搜尋過自己的內心。我唯一做不到的是放棄人體衝浪。

我的心告訴我，我天生就是要錄製聲音。我記得最早體驗到的孤寂氛圍，是在游泳池的底部。小時候我會屏息躺在水池底，直到世界像是不再存在。即使我的肺開始灼熱，身體尖叫著要氧氣，我仍然依戀孤寂不放。然後突然間，而且經常是不自覺地，我會用力蹬腿，把自己送往水面，衝進充滿氧氣與聲音的世界。在我望向救生員的椅子旁，查看游泳池的時鐘是幾點前，我會自問：「這次我在下面待了多久？」我記得有一名救生員說：「做得好，很驚人。」但那只是小孩的遊戲。長大後，我想做比較嚴肅的事。我研究植物學，想成為植物病理學家。

一九八〇年的秋天，我開始朝這個目標前進，從西雅圖開車到威斯康辛州的麥迪森（Madison）去唸研究所，我從九十號州際公路轉進一條支線，想找地方過夜休息，最後開到一片剛收割的玉米田。我躺在兩排被剪得粗粗短短的殘梗中間，兩手枕在頭後面，準備好好休息。就在這時，我聽到一陣陣蟋蟀的唧哩聲，就像多重奏的美妙大合唱，空氣裡帶著潮濕的味道，顯示暴風雨即將來臨。雨落下之前，雷聲先在這片大草原上響起，轟隆隆地自遠方翻滾而來，迴響不絕：磅礴、深沉、原始，靈魂為之震撼。我以前從沒聽過這樣的雷聲。

數小時後，全身濕透的我心想：「我已經二十七歲，為什麼以前從來沒有真正聆聽過？」

那一夜，就在那片玉米田上，我的生命整個改變了，儘管當時我並不完全明白。過了數個月，我才發現，到威斯康辛州立大學唸研究所並不是我真正想走的路。我渴望做不同的事，當我讀到約翰・繆爾（John Muir）[1]把改變他一生的領悟形容為「心靈的渴求」後，我才比較明白自己想追尋的事物。從那以後，我環遊過世界三次，記錄大自然的各種聲音與寂靜。聆聽成為我的生命、生計，更是我的一切。

後來在看了三次醫生，做過電腦斷層掃瞄以後，得知我之所以會喪失聽力，是因為中耳出了問題。但是醫生說他們束手無策，因為動用任何方法，都有可能使情況更糟。更糟？所以我最好戴助聽器，希望這問題能無藥而癒。

即使是戴助聽器，也令人感到憤慨。幾乎所有的助聽器主要都是為了擴大聲音，使人類的話語聽起來更清晰，是為了聽到別人在說什麼。它們並無法使音樂變得更美妙，或是使大自然的聲響更容易聽到。

回家後，我在一陣憤怒下大聲喊道：「我只想回到以前的生活！」於是我開始檢視我喪失聽力這段期間，還有前一年所做的每一件事，巨細靡遺。

那時我剛滿五十歲，為了慶祝這年紀，我聽從兄弟的建議，開始服用營養補充品，他是醫生，很早就開始嚴格遵守服用維生素和荷爾蒙的養生法，也就是服用高效的維生素B群、鉀、鈣、硫辛酸等等。為了讓自己有一番新面貌，我還用了「落健」生髮水，想把日益稀薄的頭髮增厚。我的哲學觀是：「有一些是好，有很多必定更好。」我把「落健」倒在頭上，當生髮劑使用，有時我可以感覺到它從我的頭皮、經過耳朵流下來，但耳科醫生說這些都跟我喪失聽力無關。然而在絕望的情況下，我還是停止食用所有的營養補充品，也不再使用「落健」。

在停用營養補充品大約兩個月後，上帝彷彿回應了我的祈禱，我的聽力突然完全恢復正常。我坐在木造暖爐旁、我祖父的搖椅上時，可以聽到柴火的劈啪聲，還有冰箱常傳出的水聲。但這突然恢復的聽力，卻又突然莫名地消失了。

我繼續停用所有的營養補充品。時間成了我的盟友，而不是敵人。聽力短暫恢復正常的次數愈來愈多，時間愈來愈長，後來整個加總起來，差不多維持了六個月的正常時間，令我相當振奮。我把這進展告訴兄弟羅伯，他建議我可以暫時恢復服用維生素和使用「落健」，好確定這是不是造成我失聰的原因。別開玩笑了，就算我再有科學精神，也絕不會做這實驗。從那以後，我再也不回頭，而且一直很珍惜自己的福氣。如今，我的聽力已完全復原。

我們都聽過一句話：「世事無僥倖，事出必有因。」我聽到這句話時，心裡想到偉大的自然博物學家繆爾，他年輕時在印第安納波利斯（Indianapolis）的車廂工廠工作，因工業意外喪失視力。在突然陷入漆黑的孤獨與絕望下，他一心一意希冀能恢復視力，再度欣賞上帝賜予的大自然，所以他發誓只要能恢復視力，他將把一生奉獻給「上帝的創造物」，而非人類的發明。在視力終於恢復後，他到墨西哥灣「沿著枝葉最茂盛、人跡最罕至的小徑」走了一千英里，最終成為美國人熟知的國家公園之父。

十九世紀中晚葉可能是這個世界最富音樂性的時期，當時繆爾就是非常專注和細膩的自然聆聽者。這些年來，我一直奉他為我的精神導師，他也是自然聲音的錄製者，只不過使用的器材是紙和筆。他的每一頁日記都詳細記載著聆聽的細節，形容他「以冷靜的耳朵傾聽到」的自然音樂，例如他是這樣描繪優勝美地瀑布（Yosemite Falls）：

> 在這山谷裡的所有瀑布當中，以這個壯觀瀑布擁有的聲音最為豐富，磅礴有力。它的曲調變化多端，風從生氣蓬勃的橡木間吹擦而過，惹得光滑的葉片發出一陣嘶嘶沙沙的尖銳聲響，松林輕柔壓抑地低語著，疾風驟雨則是夾帶著雷聲，在山巔峭壁之間怒吼。巨大的水柱疾沖至危巖表面，在兩片突岩上與空氣交會、迸裂，發出陣陣低沉轟隆的迴響，在五、六英里外的理想地點就能聽到。

二〇〇五年春天，我的聽力恢復，錄音事業也恢復正軌，我自問：「在充滿噪音污染的世界，就算有完美的聽力又有什麼用？」仔細思考之後，我決定把多年前構思的靜謐保護計畫付諸實現。

二〇〇五年四月二十二日「地球日」（Earth Day）那天，我獨自一人到奧林匹克國家公園的霍河雨林，在距離遊客中心大約三英里的地方，把奎魯特（Quileute）部落長老送給我的一塊小紅石放在圓木上，並將那裡命名為「一平方英寸的寂靜」。我希望設下這個標記後，能有助於保護和管理奧林匹克國家公園這個偏遠荒地的自然聲境（soundscape）。我這麼做的邏輯很簡單，但並不是只有象徵意義而已：如果飛機等等巨大噪音會對無數平方英里的土地造成影響，那麼一塊維持百分之百沒有噪音的自然之地，同樣也能對周遭無數平方英里的土地造成影響。保護這一平方英寸的土地，讓它不受到噪音污染，就能讓寂靜蔓延到這座公園裡的更廣大地區。

我希望這個簡單又便宜的做法，能夠成為管理聲境自然資源的機制，激勵和協助美國國家公園管理局做到先前已納入法典、卻沒充分達成的目標，也就是保存與保護國家公園現有完好的自然聲境，同時讓已遭人類噪音破壞的聲境得以復原。

「一平方英寸的寂靜」是我獨力發起的研究計畫，至今仍是如此，並獲得奧林匹克國家公園管理官員的有條件支持。國家公園管理處處長比爾・萊特納（Bill Laitner）在二〇〇六年的復活節日，跟我一起健行到「一平方英寸的寂靜」，他知道運用所有噪音製造者都能了解的簡單方法來保存自然寂靜，確實有其價值。

我定期到「一平方英寸的寂靜」監測可能入侵的噪音，記錄時間，並且盡可能記錄人為噪音入侵的程度。然後我嘗試確認噪音的來源，用電子郵件聯絡對方，向他們解釋保存僅餘的自然寂靜的重要性，特別是在環境受到保護的國家公園裡，請他們自我約束，避免未來再次造成類似的噪音入侵。我會隨信附上一張有聲ＣＤ，內含他們更正行為後可以協助保存的聲音實例。有聲ＣＤ的最後一段是噪音入侵的實況，讓對方更容易了解噪音對國家公園造成的實際破壞。我會把這些入侵者的聲音和聯絡方式貼在我的網站 www.

onesquareinch.org的「新聞」（News）裡，讓民眾得知哪些人該為自然寧靜遭到破壞負責。

我之所以在奧林匹克國家公園中選擇「一平方英寸的寂靜」，是因為它擁有多樣化的自然聲境，加上相當大量的靜謐時刻。在黃石、大峽谷或夏威夷火山等國家公園，噪音爭議由來已久，但是奧林匹克國家公園不同，這裡的空中觀光還在初期發展階段。這裡沒有直接穿越的道路，沒有通往最高峰的風景路線。若要到未開發的偏遠地區，只能靠徒步。由於這裡的荒野鮮少遭到噪音入侵，噪音來源比其他國家公園容易辨識。每種類型的棲息地（高山冰河、雨林、湖泊溪河和荒野海灘）都可提供悅耳又富有意義的聲境實例，聆聽者很容易就能辨識與欣賞。但是，所有這些自然純樸的體驗，目前仍有滅絕之虞。

1——繆爾（一八三八—一九一四）：蘇格蘭裔美國自然博物學家，在他的努力疾呼和奔走下，促成美國政府於一八七六年頒布森林保育政策，一八九〇年成立優勝美地國家公園，為此贏得「國家公園之父」的稱號。繆爾相信自然是人的理想形態，國家公園可以成為啟示與淨化人性的聖堂。

2 靜謐之路

看大自然的花草樹木如何在寂靜中生長；
看日月星辰如何在寂靜中移動……
我們需要寂靜，以碰觸靈魂。
——泰瑞莎修女（Mother Teresa）

唸書、祈禱、音樂、轉化、參拜、心靈交流，凡是美好的事物總是出自安靜的地方。**和平**（peace）和**安靜**（quiet）幾乎是同義詞，經常同時使用。安靜的地方是靈魂的智庫，是真與美的誕生地。

在戶外，安靜的地方不會有具體的界線，也不會有感知上的限制。我們通常能聽到數英里外的聲音，如果刻意聆聽的話，甚至可以聽得更遠。安靜的地方是靈魂的聖所，能讓人更清楚地分辨對與錯的差別。在這樣的聖所，可以感受到萬物相連的愛，不分大小，也無論是不是人類；在這樣的聖所，即使一棵樹的存在

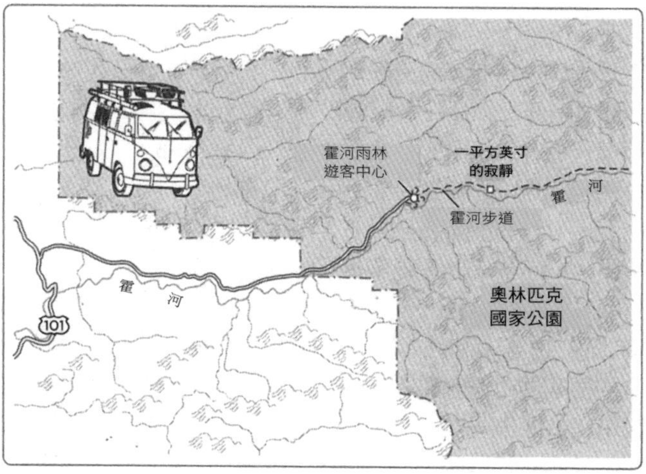

都是聽得見的。一個安靜的地方能讓人的感覺全部打開，使萬物變得鮮活起來。

可惜儘管地球很大，世界上安靜的地方卻愈來愈少，尤其是已開發國家，因為大量燃燒化石燃料會造成噪音污染。目前噪音污染的情況非常嚴重，甚至到達世上每個地方都已遭受現代噪音入侵的程度。即使是在亞馬遜雨林，離人為鋪設道路很遠的地點，也聽得見獨木舟舷尾的馬達從遠方傳來的嗡嗡聲，還有當地嚮導的數位手錶每逢整點發出的嗶嗶聲。現在的問題不再是噪音是否存在，而是它入侵的頻率，以及持續多久。現今對「安靜」的測量，是以噪音入侵的間隔為準（按分鐘計算）。根據我的經驗，在美國要找到連續十五分鐘以上的寂靜，極度困難，在歐洲更是早已絕跡。現在大多數地方已經完全沒有安靜的時刻，反倒是全天二十四小時都存在一種以上的噪音來源。即使在荒野地區和國家公園，白天的無噪音間隔期（noise-free interval）也已減少至平均不到五分鐘。我估計安靜地方的滅絕速度，遠比物種的滅絕速度來得快。今天，在美國只剩不到十二個安靜地方。我再重複一次：現在安靜的地方已經剩不到十二個，我所謂的安靜地方指的是，大自然的寂靜能夠支配許多平方英里的所在。

一九八四年，我剛展開錄製自然聲音的生涯時，光是在華盛頓州（面積七萬一千三百零二平方英里），就曾找到二十一個地方，無噪音間隔期在十五分鐘以上。到了二〇〇七年，只剩三個還留在我的名單上，其中兩個是由於沒沒無聞而受到保護，另外一個則是位於奧林匹克國家公園深處而得以倖存，也就是美國大陸西北角的霍河雨林。我在一九九〇年代中葉搬到霍河附近，就是想要接近它的寂靜環境。在霍河河谷，不需要言語甚至不需要思考，就能對大自然有所領悟——這些領悟就這樣直接發生，不可思議，但前提是你得認真傾聽。

聆聽之前，必須先讓心靈保持寂靜。在趨車前往霍河的路上，我漸漸把工作和家庭的煩惱都拋開，也不去想這個世界的災禍。我通常會在奎魯特印第安部落的拉布希鎮（La Push）停留數小時，到太平洋裡把身心都洗滌乾淨。冬夏兩季，這裡的海水溫度總是保持在華氏五十度（攝氏十度）上下。我會穿上五公釐厚、用合成橡膠製成的防寒潛水衣，讓身體保溫，只有臉露出來，然後就可以在海裡隨興徜徉。對海洋來說，我就像一根漂浮的木頭。我每次到大海上，都會欣賞到海洋的不同面貌。在十月的這個早晨，在寂寞溪（Lonesome Creek）對面，離海岸約一百碼的地方，每隔十秒就有一道六英尺高的美麗海浪湧起，流往詹姆斯島（James Island）的激流就是在這裡的海底沖出一條水道，吸引鯨、北方海獅、麻斑海豹、水獺和鼠海豚等等，各種不同的海中訪客。我就像繡針穿布一樣，在浪花中穿梭，潛至海浪前方，屏息等候六英尺高的大浪自頭頂呼嘯而過，感受它的壓力。然後游過布滿細沙的海底，浮出海面換一大口氣後，再度潛入海裡，一直到游過最遠的碎波後才休息。

海洋是一只鼓，敲擊著全球氣候系統的音樂節奏。在古代航海時期，經驗豐富的水手能夠憑海浪的形狀和本身的體會，預測遠方的海象。太平洋就像我的搖籃，溫柔地晃動我的視線，在近海附近，霧氣繚繞的島嶼在海浪中若隱若現。我在海裡尋找「朋友」，一隻麻斑海豹，牠經常用鰭狀肢踢我的肋骨，像在抱怨我嚇到牠的魚，但這次我沒看到牠，於是把注意力轉向接近的大浪。

一般衝浪的人是站在衝浪板上，我則是採用人體衝浪，也就是不使用衝浪板，靠自己的胸腹滑過浪頭。我不喜歡和洶湧、美麗、力道強勁的波浪之間有任何阻隔。我會耐心等待一道海浪逐漸湧至浪頭，然後迅速衝過去加入它，順著水壓變化改變體態，跟著海浪一起衝往海岸，直到海浪的能量用盡或我自動游開——或是在海浪中滅頂。在海裡，我就像魚兒入水一樣，身體成為我唯一需要的大腦。我只需要選對波浪，衝過去，順著波浪前行，讓身體自然反應就可以了。

在海裡沉潛兩小時後，我的氣息恢復平和，身體經過鍛鍊，心靈感到幸福，思緒也清新無比。每次在這種體驗過後，我都愛把自己想像成恢復「純潔」，身心也都調整到準備聆聽的狀態。我在寂寞溪的淡水裡很快沖洗一下，換下潛水衣，穿上乾衣服，開九十分鐘車程到霍河雨林，把我那輛福斯小巴的暖氣轉到高溫，或超過高溫的任何溫度。

一路上，如果不把千瘡百痕的山丘，還有一片開墾成新栽植地的森林計算在內的話，除了一家名為「大雨」（Hard Rain Café）的小餐館外，沒有多少文明的象徵。從一〇一號公路進入北霍河路（Upper Hoh Road）後，沿途十八英里的道路兩旁，都是地球上最高大的生物：將近三百英尺高的錫特卡雲杉和花旗松，還有巨大的西部鐵杉和美西紅側柏，有些已經是千年古樹。把車停進奧林匹克國家公園後，我開始感受到這地方的壯闊，這裡是西半球最大、最原始的溫帶雨林。它位於奧林匹克半島多山的內地地區，綿延超過一千四百平方英里，是白頭海鵰、西點林鴞等等超過三百種鳥類的家。這座國家公園有十二條河，其中許多都有鮭魚回游。森林裡有美洲獅、熊、羅斯福麋鹿。這裡至少有八種植物和十八種動物是特有種，世上其他地方看不到，包括奧林匹克土撥鼠、奧林匹克美西鼴鼠和奧林匹克急流螈。奧林匹克國家公園是國家級珍寶，是全球公認的世界遺產公園（World Heritage Park）及指定的世界生物圈保護區（World Biosphere Reserve）。

然而，鮮少有人像我一樣「用耳朵」珍視奧林匹克國家公園的寶貴。美國國家公園管理局總共管理三百九十個單位、八千四百萬英畝的國家公園或荒野，我相信奧林匹克國家公園絕對是其中最安靜的地域，現在就連美國最大的阿拉斯加朗格—聖伊利亞斯國家公園（Wrangle–St. Elias），也有無數度假遊客搭飛機做空中觀光，劃破朗朗晴空的寧靜。奧林匹克國家公園得以保存自然寂靜的原因在於：烏雲密布的天空。這個地區每年有超過兩百個陰天，這還不包括許多時陰時晴的日子。許多陰天也同時下雨。下雨會使觀光票不好銷售，遑論很多雨。

奧林匹克國家公園不僅鮮少有人聲入侵，它的自然景觀也是我所見過最多樣化的。它經常被稱為由三個國家公園合併而成的大園區，因為它的內陸崎嶇多山，山巔有冰河盤繞，有蒼翠多林的山谷和世界最高的樹木，還有美國本土最長的荒野海岸。

看到這裡，你或許會想，既然奧林匹克國家公園擁有自然的寂靜與風光，美國國家公園管理局肯定會特別重視。然而，實際不然。它那無與倫比的聲音環境並沒有受到特別保護，也沒有特別管理，甚至沒有一名員工受過聲音生態學的特殊訓練。拙劣的行政管理破壞了大峽谷（Grand Canyon National Park）與夏威夷火山國家公園（Hawaii Volcanoes National Park）的自然聲境，這裡也不例外。美國國會於二〇〇〇年通過「國家公園空中觀光管理法案」（National Parks Air Tour Management Act），要求聯邦航空總署（Federal Aviation Administration, FAA）和國家公園管理局就國家公園上空的空中觀光進行規劃，自此之後，奧林匹克國家公園就開始吸引能招攬空中觀光客的公司，其中之一是瓦遜島航空（Vashon Island Air），目前提供預約觀光，他們的廣告宣傳是「珍寶之旅（Grand Tamale）……我們飛越奧林帕斯峰（Mt. Olympus），往下行經霍河河谷，那裡有世上唯一的非熱帶雨林」。

霍河雨林也是我的重要珍寶，美國最安靜的地點。我選擇它作為保護大自然不受人類噪音入侵的戰場，實際來說，就是阻止所有空中交通、商業飛行與空中旅行的入侵，因為飛行會使健行的人沒有機會聆聽不受干擾、沒有減損的自然聲音。有些人離開喧鬧的世界，到大自然尋求慰藉，結果乘興而去，敗興而返，只因為有飛機自頭頂呼嘯而過，使他們無法浸潤在寧靜裡洗滌心靈。等到噪音消散至耳朵聽不見的時候，早已有許多平方英里的土地因這單單一架直升機或噴射機而失去寧靜。

但是就像噪音能影響寧靜，寧靜也能影響噪音。只要使一平方英寸的土地完全保持寧靜，或至少嘗試這麼做，我就能把飛機推離這裡許多英里，使整個公園的許多土地都保持寧靜。自然的靜謐，就像潔淨的空氣和水一樣，是敏感的生態系的一部分。因此，當人為噪音入侵荒野時，就像是除了人類以外的所有生物所使用的電話線受到靜電干擾，劈啪作響，這會影響到牠們的溝通能力，而野生動物其實就跟人類一樣忙著溝通。

我由於計畫的關係，必須經常造訪「一平方英寸的寂靜」。我盡可能找時間過去，而且感謝上帝，每次都能快樂地淨化心靈。大多數時候，我都沒發覺噪音入侵，只有令人快樂的孤寂。我經常帶著高科技錄音設備過去，它們能錄到人耳聽不到的細微聲音，例如蝴蝶鼓動翅膀的聲音。現在是秋季，乾燥溫暖，正適合輕裝旅行，觀察發情期的羅斯福麋鹿。

我在下午快到三點的時候，抵達霍河遊客中心的停車場，急著揹上背包，裡面有完善的裝備，以及足以供應三天的補給品。我關掉引擎，把車門打開。沒想到霍河河谷竟然用最不受歡迎的噪音迎接我！噪音從兩個方向傳來：一個是附近一條通往「青苔殿堂」（Hall of Mosses）的步道，另一個是森林警備站。我拿出背包裡的音量計，先朝噪音較大的步道走去，那裡不停有「嗶嚕嚕嚕」的聲音傳來。走了兩百碼後，我遇到三名負責步道的員工正在安裝護欄，由於這條步道可供殘障者使用，安裝護欄是為了維護坐輪椅者的安全。「嗶嚕嚕嚕嚕嚕。」

電鋸鋸得愈來愈深，愈來愈快，聲音也變得更加尖銳，「嗶利利利利利利利」。我在距離三十五英尺左右的地方看了一下音量計，上面的讀數顯示是七十五加權分貝。

聲音令人難以捉摸。研究聲音物理學的科學家用分貝（decibels, dB）來測量噪音大小，這個單位是為了紀念亞歷山大・葛拉罕・貝爾（Alexander Graham Bell）而命名的。零分貝是人類聽力範圍的最低門檻，亦即人耳聽得到的最低聲量。十分貝的能量是最低可偵測噪音的十倍，二十分貝則是二十倍。但是由於人耳比較容易聽到一定範圍的聲音（人耳對中頻率的聲音比高頻率或低頻率的聲音敏感），因此分貝讀數會誤導人。我的音量計（Brüel and Kjær SLM 2225）將這一點計入考量，用公式計算出加權音量，因此單位是「加權分貝」（dBA）。大多數噪音規定所採用的單位都是加權分貝，而非分貝。

「我們得把木樁頂端鋸掉，」最年長的那名工人說。電鋸再度發出怒吼聲，這次的噪音量達到八十五加權分貝。超過正常的三十分貝音量以後，每增加十分貝，能量就增加十倍，所以八十五加權分貝的能量其實是每年這個時節霍河地區正常噪音量的十萬倍，這就像一個游泳池的水跟一杯水的差距。

我走近工人，問他們介不介意我看他們工作，並把閃著小燈和有加權分貝讀數的音量計拿給他們看。

「隨便，只要那個儀器沒有輻射就好。我保證我們很快就做完了，」主管這條步道的賓（Ben）這麼說。

「你們是公園的員工，還是承包商？」我問。

「我是全職的步道維護員，他們是季節性工人。你一定是那個錄製聲音的傢伙。」

我已經記不清來過霍河河谷健行幾次，應該遠遠超過一百次，我經常帶著錄音設備過來，公園的公務員都認識我，也知道我在奧林匹克國家公園為了保存聲境而發起的「一平方英寸的寂靜」運動。

在觀察他們處理護欄時，我發覺那些木樁不粗，直徑頂多四英寸。

「你們用電鋸，而不用手工具，有特別的原因嗎？」

「在這裡兩種都可以，」賓回答，他個人喜歡用手工具，但是「電動工具顯然快很多」。

我解釋我想走霍河步道到「一平方英寸的寂靜」，監測噪音入侵情況，並說希望能看到羅斯福麋鹿群。

「最近有聽到麋鹿嗎？」我問。

「山谷這裡沒有。」

我心想，不是開玩笑吧！麋鹿的確會跑到山谷下方遊客中心附近的步道起點。我在這一帶看過許多次，但是在使用電鋸而非手鋸的情況下，牠們肯定會保持距離，這意味著依賴輪椅、最遠只能走到離停車場一百碼處的人，不會有機會聽到或看到這些壯觀的動物。

我走回停車場拿背包，一輛車從二十英尺外經過（噪音量七十加權分貝）；一輛John Deere牽引車在相同的距離外經過（噪音量八十八加權分貝）；在停車場上，一輛離我六十英尺的汽車發出警笛聲，向正在按遙控鎖車鈕的車主保證車已經上鎖（噪音量九十加權分貝）。

由於森林警備站那裡仍然有噪音傳來，我沒走回我的福斯，而是轉身朝那裡走去。發電廠外立了一個牌子，上面寫著「設備運轉期間，請戴護耳裝備」。但發電廠本身安靜無聲。我繼續往前走，穿過紅花覆盆子樹叢，到A區的八十四號營地。我立即認出那名警備隊員，他制服上的名牌寫的是艾利森（D. Ellison），但大家都叫他的綽號「煙仔」（Smokey）。去年，我在霍河雨林遊客中心最高處遇到他，那時他正在用柴油引擎式吹葉機清理落葉，當時我音量計上的讀數是一百一十加權分貝。

「嗨，煙仔，你還記得我嗎？我是戈登。」

「當然記得。」

「我正要去『一平方英寸的寂靜』，測量公園的噪音量。」

「這台吹葉機跟以前那台不同，」煙仔主動說：「這是四汽門的。我們把二汽門的丟了。我們現在用卡車，但夏天是用電車。」

「如果你想知道的話，我們可以測量你這台新吹葉機的噪音量。」

「好啊，測看看吧。」

煙仔解釋說，在我提出工人在公園裡製造的噪音後，他們開了一次會。「我們在公園開了一次會，談了很多，然後回去看型錄，就買了這些。」

「它旁邊應該有一張貼紙，上面有分貝等級。你有看到嗎？」

「第三型，七十五分貝。」

我的耳朵告訴我，不可能。這聲量肯定比七十五分貝高。

煙仔拉了一下繩子，啟動馬達，讓它低速空轉，再加快到正常的運轉速度。

「距離三英尺，噪音量是九十三加權分貝。」

這比這地區正常的基本環境聲音要高出六十加權分貝，而且是目前為止在這裡測到最高的數值。不管是否出於好意，煙仔仍然用颶風般的音速取代耙子。

我以加倍速度回車上拿背包，輕鬆地把跟往常一樣五十磅重的背包甩到肩上後，開始出發。從遊客中心走了一小段路後，我來到一座小木橋，橋下是潺潺流動的美麗小溪。這裡現在還看不到鮭魚，牠們肯定是在近海的霍河河口，等待第一場大雨來臨（四十二加權分貝）。

我沿著古老的河岸往上走，主步道口有一塊看板寫著：「海拔七七三」。我渴望寧靜，但是儘管相距數百碼遠，我還是聽得到賓和那些步道工人修理護欄的聲音：「阿——伊——克」。顯然有人正在用電動工具栓木螺釘。

十分鐘後，大約沿霍河步道走了半英里左右，下午三點四十分，我的音量計讀數終於降到安靜程度（二十二加權分貝），只差二加權分貝，就達到音量計可測出的最低準確分貝。我只聽到遠方霍河的流水聲，原本聲量就低，再加上超過三百碼的古老森林過濾過。四下靜默無風，寂靜到彷彿秋天已在時間中凍結，就像置身在照片裡面。許多落葉豎立著堆疊在其他葉片和雲杉的大樹枝上，彷彿隨時可能傾倒，沉默地等待下一道微風把它們帶到地面，加入其他飄飄飛舞的美麗葉片。

我的感覺開始敏銳起來。在步道上一步步往前走時，我的身與心開始從海洋的節奏轉變為雨林的節奏。

在營地路標○・九英里、離步道起頭不到一英里的地方，我量到的噪音量是三十六加權分貝。我只有聽到霍河的聲音從樹林外傳進來。

在離營地標記一・四英里處，由於離河流近得多，只有四十碼左右，也看得到一部分河流，所以噪音讀數是四十六加權分貝。雖然有些人可能喜歡河流附近，但是我從來不會在急流附近紮營。首先，河流環境的噪音太大，即使靠得很近，說話也不舒服。這倒不是說獨自健行時也得考慮這一點，或是與人同行時談話是第一要務，而是說，如果那個環境需要你談話時提高聲量，就表示你也很難聽到其他更重要的聲音，其他能提供訊息的聲響，例如有可能聽不到飢餓的浣熊踩斷小樹枝的聲音，或是渡鴉的眾多聲音之一，或是美西海岸紅松鼠示警的叫聲。

野生動物依賴聽力來偵察接近的掠食者，如果牠們無法分辨這類聲響，就難以在一個地方長久生存，因此在吵鬧的地方比較難有觀察野生動物的機會。白尾鹿會到河邊喝水，但不會久待。你可以看到牠們認真傾聽的模樣，也看得出牠們的焦慮。牠們會主動擺動漏斗狀的長耳，先是一邊，然後是兩邊，以判定牠們偵察到的聲音傳自哪個確切位置。白尾鹿是我最喜歡的學習對象之一；牠們是國家公園裡許多美洲獅的食物來源，因此鮮少在吵鬧的溪河附近待很久，往往喝完水就會離開，就算待得比較久，也經常停止動作，四下張望警戒，以免在聽力暫時因噪音變差時，安全有虞。

除了會失去觀察野生動物的機會之外，不要在靠河流很近的地方露營，還有另一個原因。這裡的河床為來自遙遠上游的山坡冰寒空氣，提供急速下降的通道。傍晚時，這種現象經常會被忽略，因為有來自西方的暖風。但是到了清晨，氣層會按各自的溫度尋找位置，暖空氣上升，冷空氣下降，河床剛好提供上游的冷空氣一個天然排放孔道。在離河岸五十英尺遠、十英尺高的地方，氣溫會比河邊高出十到十五度。

走過營地標記一．四英里處，站在步道旁，就可以從一度是古河岸的地勢頂端，欣賞到壯麗的托姆山（Mt. Tom），在古代，冰河比較大，河水流量也豐沛許多。沿著這條步道再往前走，有一塊直徑六英尺、高四英尺的雲杉圓木倒在步道上。要移走這個最近才傾倒的龐然巨物，得用上電鋸才行，因而形成的鋸屑聞起來居然很香甜，甚至美味，我還聞到乾樹葉及附近蘑菇的味道，這是我今天第一次聞到強烈到足以引起我注意並令我駐足的味道。

在營地標記二．〇英里處，我放下背包，開始聆聽：四十加權分貝。那是遠方河流的聲響。我走進營地，再度測量，結果是：四十三加權分貝。我在藤楓之間尋找空曠土地，再度測量，結果是四十五加權分貝，遠比我的期盼來得高，但就在這時，我聽到美洲河烏發出「科爾、科爾、吉普」的聲音，然後開始唱美麗的歌。我先前仔細追隨過繆爾在優勝美地的足跡，他在十九世紀晚期時曾把美洲河烏形容為「山溪的寶貝，充沛水流的蜂鳥，熱愛起伏的岩質斜坡與層層水花，就像蜜蜂熱愛花朵，雲雀熱愛陽光與草地」。他把美洲河烏不同的鳴囀形容為：

> 完美細緻的旋律，由一些圓潤的叫聲構成，搭配優美的鳴囀，最後在細微悠長的結尾中結束。一般而言，牠們唱的是溪流之歌，優美又充滿靈性。牠們的音樂裡包含了瀑布低沉的隆隆聲，湍流的顫音，漩渦的潺潺聲，平坦河灣的低語，還有青苔末端滲出的水滴掉落平靜池面時的琤琤聲。

還有比這裡更適合紮營的地方嗎？

隨著天光漸漸變暗，我把背包裡的防水布拉出來。這塊九英尺寬、十二英尺長的防水布就像我的老朋友一樣，是我在一九七〇年代於西雅圖一家開張不久、別無分號的戶外活動用品店REI買的，後來REI和另一家西雅圖公司都成了全國品牌。這塊防水布就像常穿的燈芯絨褲一樣，愈用愈薄，現在早已失去大部分可以防水的塗層，變得幾近半透明，但仍然很耐用。我喜歡把它攤開，先量一下適合睡覺的地點，然後用質輕強韌、經過編織、而且是波音剩餘物品的蠟線，穿過四角的孔，綁在適當的樹枝和樹叢上，確定它能牢牢抵擋當時的天氣，與其說它像屋頂，不如說它像雨傘。儘管今天有晴朗的藍色天空，但這無法保證晚上不會下雨，因為這裡畢竟是雨林。來自太平洋的濕空氣會陷入這個漏斗形的山谷，在它們上升至附近的山巒後，就會變成無法想像的雨勢及雨量：一年平均十三英尺，真的非常潮濕。儘管我熱愛在空曠野地睡覺，即使現在是還不到雨季的早秋，而且夜空晴朗，我仍會提醒自己，霍河隨時可能使出下雨的魔咒。

我在享用酵母麵包配切達乾酪的晚餐時，一架噴射客機飛過我頭頂。我記下時間，是下午五點二十五分，但沒有記錄噪音量，因為我在吃東西。餐後散步前，我把食物掛在大約三十英尺高、但離主幹約十英尺遠的赤楊枝椏上，以免被浣熊或黑熊搆到。我把頭燈、相機和音量計放進肩包，朝上方更遠的山谷前進。現在已經過了下午六點，即將日落。在陡峭的山腰，月出時間會晚兩小時；滿月過了三天，月亮開始虧缺，但是只要它出現，必定閃亮耀眼。我期待麋鹿會因此活動。

在路標及營地標記二・三英里處，我測量出的音量是三十九點五加權分貝。只比營地標記二・〇英里處低五加權分貝而已，但感覺卻靜得多。

初學者一般不容易判斷分貝，因為他們習於線性思考。假設一個人的音量是六十加權分貝，若有兩個人同時說話，我們會認為是兩倍噪音，也就是一百二十加權分貝，但正確答案是六十三加權分貝，因為分貝是按「對數」計算。如果噪音量減少，其測量值也會令人驚訝，比方說在霍河河谷，遠離水聲的地方，自然的靜謐一般是二十五加權分貝到三十五加權分貝左右。這數字看起來一點也不安靜，但是大多數人在乍聽之初，會覺得像石頭一般死寂。要隔幾分鐘後，才會開始聽到細微的聲響，一般是遠方的風吹過森林頂部厚密枝葉的細膩聲音。

噴射客機自霍河河谷高空三萬六千英尺處飛過，對地面造成的噪音量大約是四十五至五十五加權分貝。有人可能會問：「這有什麼大不了？這比人講話還安靜。」問題是噴射客機的噪音比安靜的環境聲音大得多：每增加三加權分貝，能量就會倍增；每增加十加權分貝，聽起來的噪音量就是兩倍。在安靜的霍河雨林，若有二十加權分貝的噪音入侵，意味著它的聲音能量是自然聲響的一百倍。在安靜的野地，這樣的聲量就像炸藥爆炸一樣，只不過爆炸的衝擊較小，因為持續時間較短，也僅限於一個地區，但飛機的轟響聲卻是會從國家公園的一端持續到另一端。

我接著走到民納拉溪（Mineral Creek），充沛的溪水在逐漸暗淡的天光下流動著。這裡距離「一平方英寸的寂靜」大約一英里左右，我經常把它視為通往靜謐的通道，因為它的瀑布非常美麗。我在離瀑布七十五碼、橫跨民納拉溪的橋上測量到的噪音量將近七十加權分貝，這裡只有各種不同的水聲：瀑布飛躍而下的轟響，水流過岩塊的汩汩聲，以及遠方細微的水花聲。

我已經學會光從水聲，就能分辨溪的年齡。古老的河流，例如阿帕拉契山脈上逃過最後冰河作用的河水，已經調適了數以千年的歲月。它們的水道和石床在激流與洪水永恆不絕的循環下，洗練地相當光滑，阻力很小，因此它們的歌聲與其他的河流不同。在我聽來，它們的音樂比較安靜，更加悅耳、動人。年輕的溪河由於生成的時間較短，稜角仍然銳利，參差的岩塊會粗莽地把水推往一邊，形成卡嗒卡嗒的聲音。無論如何，這些岩塊就是音符。有時我會嘗試改變一條溪的樂章，移動一些突岩的位置，然後聆聽聲音的細微變化。

你愈常聆聽，聽覺就會愈敏銳。在托姆山的小溪草原（Creek Meadows），腳下經常一片濕濡，所以步道上鋪了木板。走在這裡，就像走在一長排木琴上，從每塊薄板發出的聲音，就可以判知它的情況。開始腐爛的木板會發出沉悶的「咚咚」聲，新近替換的木板會發出清脆的「噹噹」聲；大多數的木板則是介於中間。

稍晚，在霍河上方偏遠的靜默中，我聽到第一聲鹿鳴，立刻停步，欣賞如橫笛般的高亢叫聲。我從樹的縫隙仰望天際，有好幾分鐘的時間，天空呈現出不可思議的深粉色和略帶紫的淺藍色，逐漸變色的藤楓則在餘暉的映照下閃爍深紅的光芒。森林旋即陷入黑暗。我拿出手電筒，但沒有電。它的開關顯然不知在何時被意外啟動，電池用完了。我還有一支手電筒，但想保留它的電力，於是拿出袖珍型錄音機，上面的液晶螢幕有些微光可以照亮四周，剛好足夠讓我慢慢沿著熟悉的路徑走回去。

我只花了半小時就走回營地，河烏的歌聲早已停歇，也聽不到麋鹿的鳴叫。我在防水布下鋪好睡袋，躺進去。心裡有種跟在深夜凝視火堆餘燼時相同的感覺：敬意、忠誠、奉獻、感激。我在遠方的霍河流水聲中，緩緩入眠。

兩、三小時後，我突然醒來。明月依然當空，我惺忪地瞪著老舊防水布上藤楓重疊的葉影，不知不覺又回到夢鄉。

凌晨兩點五十五分，今天第一架經過這裡的噴射機，音量大到足以把我從沉睡中驚醒。我太疲倦，懶得摸出音量計讀它的噪音量，但有記下它飛過的時間，等回家後，可以登上西雅圖—塔科馬國際機場（Seattle-Tacoma International Airport）的網站，確認它屬於哪個航空公司的哪架班機。到了三點十五分，我還是睡不著，然後又聽到另一架噴射機的聲音。

我縮進自己設計和命名的絨毛睡袋「蟲蟲」裡，把腳趾擱在爐筒上磨擦。在寒冷的夜晚，我會把爐筒放進「蟲蟲」裡，讓它保持溫暖，隨時可以點燃，我寧可讓腳趾撞到它，也不願在早上煮咖啡或煮茶時等上半天。我的腳隨便一伸就能碰到爐子，因為我的睡袋兩端各有一條拉帶，溫暖的夜晚可以保持通風，溫度下降時，則可以綁成舒適的繭，而且不會有冰冷的拉鍊隔開絨毛。在冰寒的破曉時分，「蟲蟲」也很好用。我經常把下端解開，伸出腳，站起來，接著把下面的拉帶繫在腰上，把上面的開口斜拉到一側肩膀下方，像古羅馬人穿的寬鬆外袍，然後綁緊拉帶，用露在外面的那隻手起火，煮咖啡，等喝完咖啡後，才真正離開睡袋，那時我已經起來好一陣子了。發明「蟲蟲」後不久，我曾嘗試取得這項設計的專利，後來得知我並不是第一個想到可以使用雙拉帶管狀設計的人。對這點我並不介意，但令我煩躁的是，這項專利至今僅用於製造保齡球套。

夜晚恢復寂靜，我縮進「蟲蟲」裡，呼出的每一口氣在月光下都清晰可見。

「呼。呼。呼—呼。」

稍微停頓後，這叫聲一再重複了四分鐘之久。大鵰鴞就在我頭頂，停在為營地遮風擋雨的巨大錫特卡雲杉上。我並沒聽到其他禽鳥向這個宣示地盤主權的叫聲挑戰，但大鵰鴞比我擅於傾聽同類的聲音，再加上牠的位置不同，所以或許我聽到的只是這場對話其中一方的聲音。

清晨三點三十五分，我想我聽到第三架噴射機入侵的聲音，這次的聲音性質比較難以名狀，就像帶著思想的微風一般。繆爾曾把這種細微的聲音現象描述為：「這些風的本體太過細緻，人眼觀察不到；它們的書寫語言太過艱澀，人腦無法理解；它們的口語又太過模糊，人耳難以聽聞。」

我透過防水布，可以看到藤楓葉的影子微微舞動，還有一些高高的枝椏在月光下搖盪。四野逐漸平靜。

早上七點剛過，我再度睜開眼睛，但仍待在舒服的睡袋裡，等待黎明的合唱，周圍愈來愈亮後，鳥語跟著響起，不同種類的鳥逐一加入。「烏塔。烏塔。烏塔。」那是什麼聲音？我正在聆聽時，再度受到人為的聲音干擾。我聽到螺旋槳飛機低空飛過的聲音，可能是在國家公園周邊尋找麋鹿群。現在是狩獵季節，如果能在公園外圍捕捉到可以自由進出的羅斯福麋鹿，將會是最佳的戰利品。

我的早餐很簡單：活力零食棒（Balance bar）和紅玫瑰花茶。我平常很注重飲食，但在野外，我偏好簡單食物，喜歡像動物一樣隨意地這裡吃一點，那裡吃一點，也會摘熊和麋鹿吃剩的越橘類果實來吃。真正的食物容易令人分心，使我的知覺變鈍。

喝茶時，我終於聽到西方鷦鷯尖銳的啁啾聲，從高大的西部鐵杉中央的隱密位置傳來，持續將近一分鐘左右。牠們的長相與東方鷦鷯類似，但所唱的歌曲截然不同。東方鷦鷯的歌曲類似歌劇，宏大嘹亮，西方鷦鷯的歌聲則是尖銳而緊張。許多鳴禽都有這類變化，或是如鳥類學家所說的，有當地的「方言」。對於野生動物所使用的語言，我們顯然處於才剛開始解碼的階段。

有一天，回到錄音室後，我決定用在霍河河谷錄到的西方鷦鷯歌聲做一個小實驗。對人耳來說，這首曲調是由一長串連續且非常快速的振幅與高頻變化所構成。儘管曲調活潑，而且是少數即使在陰沉的冬日也聽得到的歌聲之一，但它並不適合隨意哼唱。由於我平常是一口氣說一個句子，我假設鷦鷯也是。於是我把牠們的

「句子」長度從牠們的一口氣轉換成我的一口氣。當然，我這麼做完全是基於臆測，假設一口氣的長度是動物體型的特質之一。既然這個實驗完全出於好玩，我就隨意選了一秒鐘的鶺鴒歌曲，放大為十二秒，結果令我大吃一驚。我錄下的鶺鴒歌曲跟座頭鯨的歌聲一樣複雜。從那時起，每次我聽到西方鶺鴒的鳴囀，就會想起這些聲音聽在另一隻鶺鴒耳裡有多麼複雜，多麼變化多端。

喝完茶後，準備前往「一平方英寸的寂靜」時，我知道自己終於可以聽到河流的歌聲。事實上，整個河谷都在歡唱。這種現象無可名狀，我至今還無法成功錄製，但是在聆聽條件最理想的情況下，我在全世界造訪過的河谷中幾乎都聽過相同的聲音。這樣的河谷必須覆滿森林，河水順暢流動，創造出廣譜聲源，空氣絕對靜止，最好的聆聽時間是在早晨，空氣已經沉靜了數小時之後。最後，也是最重要的一點，就是我的耳朵必須完全放鬆，心靈必須徹底澄淨才行。

無論是在音調還是音質上，河流的歌聲都豐富多變，而且每座河谷都不相同，主要倒不是河流的緣故，而是和植物的種類以及河谷的大小形狀有關。每座河谷的聲音都有其獨有的特色，所以我能跟著哼唱，但總是會哼得荒腔走板，因為層次實在太多了。若是可以把它想像成流行樂曲或廣告歌曲般記在腦海，就會哼得比較像樣，從森林小徑返家後，我也經常會把它當成個人的頌歌般吟唱數日。然而，最終它還是會在附近聲音的干擾下，逐漸從我的記憶中消失，鼓勵我回河谷找回記憶。

我只能猜測這些河谷的聲音簽名形成的原因，它的過程有可能是：任何廣譜聲源，例如急沖的河流、瀑布、海洋的碎浪或甚至交通噪音等等，把聲波傳向四面八方，撞擊不同的表面，穿透物體，或是被當地的環境改變。若是一個環境裡有許多大小形狀類似的結構重複出現，聲波在通過時，會因為吸收、折射與反射特定頻率的聲音而發生變化。結果原本多少算是靜態雜訊的聲音，就變成隨著環境地形與大氣情況而改變的旋律。

我在針葉林、多碎石的海灘，以及峽谷裡探險時，都曾聽到過這種環境音樂（environmental music）。雖然這種音樂應該是只要條件符合就聽得到，但是我從未在都市地區聽到過，或許是都市的模式太廣，聆聽的地區太小，還有整體環境聲音太過吵雜的緣故。聆聽這種地景音樂，最好是在離聲源一英里以上的地方，這樣和聲才會足夠清晰，而聆聽地點的環境聲音也比較安靜。

我特別喜歡這種音樂，勝過其他由個別事物所發出的聲音，例如一隻鳴禽的樂曲，因為它們極其美妙，甚至跟鳥鳴一樣充滿靈感。聆聽整個河谷的經驗，是由一個**地方**、而非個別表演者所帶來的。我可以感受到整個生命共同體的重要性，所有生命都同等重要。**萬物**才是重點所在。每當聆聽到這種地方的音樂時，無論是在霍河這裡或優勝美地的偏遠地區，我都會在它的啟發下變成更好的鄰居、父親和子女，因為我覺得自己屬於一個更大的整體，一個會為我作曲唱歌的集體所在。

沒有一片葉子擺動；絲毫沒有風，甚至連擦過的微風也沒有。河邊的岩石都有一道潮濕的水線，位置比現在的河水水位高出一英尺，顯示水位在夜晚曾經下降。介於乾碎石塊之間的裸露沙地吸收了濕氣，非常冰寒，比周遭地區冷得多。

我今天的目標是要去「一平方英寸的寂靜」，還有就是繼續監測入侵的噪音。早上八點二十分，剛過營地標記二．三英里處，我測到的基本環境聲音量是四十一加權分貝。這倒令人挺驚訝的，因為感覺上靜得多，可能是因為周遭樹木形成一個美妙的口袋，捕捉到比較溫暖低沉的聲音。第一道陽光已經照耀山頂，但我起碼還要數小時才會脫掉絨毛夾克。除了河流時急時緩的聲音以外，沒有其他聲響，完全聽不到禽鳥、松鼠和麋鹿的聲音。我可以哼唱河谷的安靜樂曲，也真的這麼做了。這是充滿愛的美妙樂曲。

早上八點二十分剛過，就有一架噴射機呼嘯而過，我猛然抬頭看向天空，由於這裡是河流附近，也是山谷裡少數能看到大片天空的地方，所以我看到噴射機的曳尾劃過整個國家公園上空朝西南而去。在它飛越上空期間，我完全聽不到河流的歌聲。我沒急著拿出音量計，反而更認真地傾聽，努力想捕捉這座河谷的音樂，卻徒然無功。

現在是霍河水流量最低的時節，除了深水坑裡有一些提早抵達的鮭魚外，河裡幾乎看不到牠們的蹤影。秋雨很快會使河水暴漲，把大量淡水送往海洋，提醒鮭魚，完成生命週期的時刻已經到了。現在的低水位正適合觀察即將來臨的聲音。

我藉由研究河裡的石頭來觀察聲音，它們的排列並非完全隨機，而是像樂譜一般。最大的石頭約為籃球大小，每次隨著強勁的水流滾動時，總會發出咚咚的迴響聲。這些石頭位於主水道，有些半埋在水裡。較小的石塊會發出中間的音調，聲音比較尖銳，它們就像樂隊一樣，呼應不同力道的水流。現在一切都很沉默，但是當秋季的豪雨來臨時，這條河將會唱起嘹亮的歌聲，連在步道上都可以聽見這場水底音樂會。

我曾經在秋洪期間，把水聽器沉入水裡，以便更仔細聆聽這些洪水協奏曲。起初，只有一片吵雜，聲量大而多變，就像混凝土塊滑下金屬槽的聲音，但是在短短幾秒內，這種喧鬧就會沉澱或爆發出另一波喧鬧，就像大圓石猛力衝過，把其他石頭撞碎。偶爾，我可以聽到河岸發生侵蝕，把新生的石頭送往大海，這趟旅行有可能會持續好幾個世紀。有時連大樹的根都會暴露在激流裡；我曾經聽到它們纏捲斷裂的聲音，就像巨大的骨頭緩緩碎裂一樣。這聲音不會令人放鬆，但卻富有教育意義，因為水流強大的力量有助於創造另一場演奏會。

大大小小的石頭最終抵達這座國家公園的荒野海灘，在那裡也聽得到美妙的聲音。這些石頭在冬季無數洶湧的波浪沖刷與衝擊下，排列成一個個音色不同的樂團。許多碩大浮木的根部仍有巨大的孔洞，大到能走進去，就像走入洞穴一般。錫特卡雲杉因為彈性特別好，成為許多優良的吉他和小提琴以及史坦威鋼琴共鳴板的首選木材。跟其他木材相比，錫特卡雲杉的纖維一致，容易振動。我把這些古老的錫特卡雲杉木稱為「木之耳」，經常在它的洞裡錄音，它們就像未經過雕刻的小提琴，只不過這時引起振動的不是小提琴的弓，而是每一道海浪的衝擊，以及當海浪從日益圓滑的石頭上退去時所帶出的更多細微變化。

每次有人問我最喜歡的聲音，腦海中就會浮現這些「木之耳」所產生的聲音。一九九〇年代中期，我在奧林匹克國家公園學院（Olympic Park Institute）教授自然聲音的描述時，曾經跟學生分享這些「木之耳」的經驗，這種海浪交響樂令人不可思議，但我想世界上只有不到一百人聽過。你得把頭伸進漂浮的木塊裡才聽得到。據我所知，奧林匹克國家公園的警備隊員沒有一人聽過，或許就是因為這樣，他們才會在一九九〇年代晚期修理岩石防波堤時，把許多最細緻的音樂浮木從瑞亞托海灘（Rialto Beach）移走。

早上九點五十五分，一架螺旋槳飛機在霍河河谷上方繞大圈飛行，噪音量超過六十三加權分貝。由於早上天氣晴朗，萬里無雲，這架飛機可能是在做觀光飛行。除了提供「珍寶」之旅那家公司，華盛頓州安吉利斯港一家名為里特兄弟（Rite Brothers）的公司也提供類似的飛行，甚至有遠從英屬哥倫比亞維多利亞市（Victoria）而來的公司。這些膚淺的「公園參觀」頂多只能從空中看到令人讚嘆的景觀，也就是只能滿足一種感官而已。我很想知道，這些駕駛和飛行觀光客是否曾經擔心，自己會破壞地面上其他人在這座國家公園裡的體驗，享受荒野的幽靜原本是他們與生俱有的權利。

早上十點剛過，我就在步道左邊看到通往「一平方英寸的寂靜」的地標——一棵高大的錫特卡雲杉，上面有一個樹洞，大到可以在強烈暴風雨時躲在裡面。走了一小段路後，就是我在這座特殊森林裡的神聖地點：一棵遭砍伐鋸斷的殘株，高及胸部，長滿青苔；它就像一個高潔的特大號基座，上面放著一塊簡單的紅石，也就是「一平方英寸的寂靜」的標誌。這塊紅石是奎魯特印第安部落前文化長老「四線」大衛（David Four Lines）送我的禮物，這個部落的保留區位於奎魯特河河口，那裡是奎魯特河、伯格丘爾河（Bogachiel）、卡拉瓦河（Calawah）、索爾達克河（Sol Duc）和狄基河（Dickey）匯聚的聖地。在正確的光線下，這塊被「四線」大衛拿來打磨儀式用木雕的紅石，似乎不再只是一塊岩石，而像是活生生的鮮肉或壽司裡的鮪魚。

我每次來「一平方英寸的寂靜」，都會仔細聆聽有沒有噪音入侵，這次也一樣，我發覺環境聲量是二十八加權分貝，大多數是數百碼森林外的河水聲。一隻美西海岸紅松鼠在五十英尺高的鐵杉樹枝上吱吱叫著（五十加權分貝）。在動物的聽覺世界裡，環境中最大的聲音很重要。一般而言，最大的聲音經常來自食物鏈頂端的生物，特別是在其感覺最安全，遭掠食風險最小的時候，例如今天早晨的飛行觀光客。這隻小松鼠也是——只不過牠的行為也許有點蠢，萬一附近剛好有一隻飢餓的鴞，牠就糟了。

早上十點十分，我記錄到另一個從高海拔入侵的噪音（四十加權分貝）：噴射機。如果光從聲音來判斷，我會認為那架噴射機是由南飛向北，但我已經知道這裡的山坡很會反彈聲音，所以噴射機實際上可能是由西飛向東，甚至由北飛向南。然而即使在沒看到的情況下，我還是經常記下飛機最明顯的飛行方向，儘管這資訊有可能不正確，但至少在我回家後，它仍能幫助我在電腦上搜尋這飛機的資訊。這架噴射機的噪音在早上十點十三分消失，但緊接著又有一架螺旋槳飛機飛越霍河河谷的北脊，朝福克斯市（Forks）而去（三十九加權分貝）。

早上十點二十一分，一架由西往東的飛機製造六十八加權分貝的噪音，這是很大的聲音，特別是環境聲音只有二十八加權分貝而已。先前提過，音量計的讀數每增加三加權分貝，意味著噪音聲波的強度大約增為兩倍，所以當噪音量增加四十加權分貝，代表連續倍增十三次，也就是說，如果你有一塊錢，在連續倍增十三次後，會變成八千一百九十二元。

我對寂靜有兩種看法。

內在寂靜是尊敬生命的感覺。我們可以帶著這種感覺去到任何地方，神聖的寂靜可以提醒我們是非對錯之分，即使在城市吵雜的街道上仍能產生這樣的感覺。這種寂靜是屬於靈魂的層次。

外在寂靜不同。那是我們置身於安靜的自然環境，沒有任何現代噪音入侵時的感受，它可以提醒我們當今有些問題已經失控，例如經濟侵略和對人權的侵害。外在寂靜邀請我們敞開感官，再度與周遭的**萬物**產生連結。無論我們望向何方，都可以看到相同的連結。外在寂靜可以幫助我找回內在寂靜，讓我的心靈充滿感恩與耐心。處於外在寂靜的環境中，我不會感到疲憊飢餓。**置身其中**的經驗本身，就足以令人感覺圓滿。回到家後，通常會有一頓好眠。

「青春之泉」（Fountains of Youth），這是繆爾對國家公園的形容。我抵達奧林匹克國家公園還不到二十四小時，就已經感受到我的感官變得更加敏銳，嗅覺和聽覺都一樣。在早晨靜謐又充滿濕意的空氣裡，我聞到一陣陣沒有受到任何干擾的氣味：香甜，有時帶著麝香味，偶爾帶著藥草香。

早上十點三十四分，又一架螺旋槳飛機自從東飛向西，噪音量五十九加權分貝。朗朗晴日又有更多飛行觀光客？還是獵人想從空中尋找在國家公園邊境進出的麋鹿群？短短半小時內就有四次噪音入侵。我在「一平方英寸的寂靜」記錄噪音入侵事件已有十八個月，這是頻率最高的一次。

我不曾遇到哪個人認為飛機噪音屬於荒野。事實上，當我把錄下的自然聲音放給學童聽時，每次聽到飛機的噪音，他們都會不可置信地問：「那是什麼？」我回答後，他們會問：「這是允許的嗎？」

事實是：一九九二年時，優勝美地山谷有五成的時間聽得到飛機噪音，這是一位國家公園警備隊員告訴我的噪音研究結果，他之所以做那個研究，是因為沒有其他人願意做。

我從「一平方英寸的寂靜」的圓木下，拿出我的「靜謐思緒之罐」（Jar of Quiet Thoughts），其實它根本不是罐子。在建立「一平方英寸的寂靜」大約八個月後，我找了一個罐子，留了一枝筆和一些紙在裡面，邀請來這裡的旅者，針對我所指定的這個靜謐聖地，留下他們的想法和印象。但是這個罐子的旋轉式瓶蓋抵擋不住霍河的河水。等我數週後回來時，這個罐子看起來像個水族箱，在裡面游泳的就是那些紙和筆。現在我改用舊式的冰淇淋金屬筒，它的容量大約一夸脫，是一九〇〇年代初的產品，以前的客人會帶著它們到酪農場盛裝手工冰淇淋。它的直徑大約五英寸，高七英寸，更重要的是，它的金屬蓋跟圓筒罐身重疊的部分約為兩英寸長，在我加了一層泡沫乳膠和一個橡膠內管後，就變得剛好契合，可以密封。我也在裡面放了幾包矽凝膠石，當作乾燥劑。

留在罐裡的想法是這個地方的隱私，只有造訪這裡的人才能看到。今天，我在五十張左右的留言紙條裡，發現捐獻給「一平方英寸的寂靜」的十美元。有一張紙條上寫著他在這裡求婚，當然是靜靜地求婚。我深感振奮。這就是事情進行的方式，一次一步，就跟其他所有蹤跡一樣。還有比這更好的方法嗎？

早上十點四十六分，一架噴射機經過，三十六加權分貝。

以往造訪「一平方英寸的寂靜」時，我大多沒觀察到噪音入侵的情形，但今天早上，短短不到一小時，就發生了七起。我心想原因是否在於天氣非常晴朗，沒有任何雲層可以把噪音反彈掉的緣故。在我的記憶裡，霍河的天氣從沒有像今天這麼晴朗平靜過。這種音波傷害愈來愈嚴重：在接下來的半小時內，我又觀察到四架噴射機飛過。總計在過去的一小時六分鐘內，共有十一起噪音入侵事件，而且全都來自飛機。我得提醒自己，不要被怒氣沖昏頭。

我在走回步道的路上，十一點二十分又有一次飛機噪音入侵，但這次我沒有拿音量計，我需要午餐，需要方向，也需要答案。這些需求究竟來自何處？我得想清楚才行。

我經過托姆山小溪草原附近的民納拉溪瀑布時，一架噴射機的聲音大到幾乎蓋過瀑布的怒吼聲。但是我既沒看時間，也沒看音量計，只是瞪著層層而下的河水，它們是沒有容器的液體，呈現出最自然的形態。聯邦航空總署為什麼不能把奧林匹克國家公園指定為禁飛區？我想見見那些認為霍河雨林可以有這種噪音的人。

在走回營地的路上，我對於自己險些失聰的歲月非常短暫，以及現在還能聽到河流的歌聲，都心存感恩。空氣裡飄著乾燥的赤楊葉片與草地的氣息，以及酸模與蘑菇的香甜味道。我打算在營地附近的霍河裡沐浴，再來一場日光浴，這在任何時節都是罕有的享受。

洗滌乾淨，餵飽肚皮後，我再度準備健行，這次的目標是搜尋麋鹿。我朝步道走了一小段，這時從低矮的白珠樹叢裡，傳來一種微弱、乾脆、叮叮咚咚的新聲音，我立刻靜止不動。仔細搜尋後，發現樹叢上有一些鐵杉的針葉，它們是從一百英尺以上的高空掉落的！這聲音讓我想起深夜的營火，在熾熱的火焰熄滅後，心材只剩餘燼，木頭纖維被燒成中空，開始像玻璃裝飾般慢慢崩塌。

聽在動物的耳朵裡，乾枯的鐵杉針葉掉在白珠樹叢上的聲音單純輕柔，並帶有下列含意：

安全：這是一個安靜的地方，可以偵查到非常細微的聲音，例如掠食者接近的腳步聲。這裡不可能有風險，如果疲倦的話，可以放心休息。

地處偏遠：唯有占地許多平方英里的孤立地點，才能製造出這麼單純的環境聲音。可以聽到這麼單純的聲音，沒有噪音污染的地方，在美國只剩沒幾處，全世界就更別說了。

植被：這裡是高大的針葉林。針葉掉落的聲音不同於闊葉樹葉，除此之外，把針葉吹落的風聲，在白珠樹叢的聲響干擾下也顯得非常隱約。這些都暗示這座森林的厚密枝葉是高懸在頭頂上方，而且是很高很高的上方，不然森林底層至少會有一些樹葉擾動的情形。

其實這片高大的針葉林具有宛如大教堂般的聲響效果，餘韻大約可持續兩秒，聲音事件的演奏時間因而得以延長。這裡也形成獨特的微氣候：森林覆蓋的空間因為有林木保護，所以跟空曠地方及樹梢以上的高處不同，能抵擋極端的溫度與天氣。在溫和的微氣候裡，溫血動物要調節體溫會比在空曠地區來得容易，因此可以有更多休閒活動，例如歇息與社交。

五十英尺外傳來西方鷦鷯的叫聲，四十加權分貝。

三十英尺外傳來紅胸鳾和栗背山雀的叫聲，四十五加權分貝。

下午一點四十五分，一架直升機沿霍河河谷的北脊飛過，五十加權分貝。

這次從空中入侵的噪音來源跟先前不同，應該是美國國家公園管理局造成的。他們用直升機在公園裡執行多種工作，包括計算霍河河谷的麋鹿數目。我用電子郵件詢問國家公園管理局的公關主管芭兒・梅奈斯（Barb Maynes），聯絡後，證實了這件事，她在信裡說，計算麋鹿數目的直升機一直「在離樹頂很高的高空飛行，所以直升機產生的向下氣流不會吹動樹林上層的枝椏，也不會使上層的附生植物和腐葉掉落」。換句話說，她只談到直升機所造成的可見影響，但是完全沒有提及它們的噪音有可能對麋鹿群或其他野生動物造成影響，或可能造成自然聲境的退化，然而這些卻都是國家公園管理局自身的管理計畫中，載明會盡最大努力來保存的項目。他們有照著做嗎？

下午兩點二十五分，今天第一道強風自河谷吹拂而上時，我正站在大葉楓林裡。我聽到細微的沙沙聲，還有第一批楓葉被風吹落的聲音，接著看到它們打著渦漩，飄到地面厚厚的蕨類植物上。每片葉子從六英尺高掉落到蕨葉上，平均會發出三十加權分貝的聲響，但落葉量最多的時候頂多也只有四十加權分貝，就像在寂靜中呼一口氣的聲音。踩走在乾樹葉上，會發出四十五加權分貝的聲音；如果像小孩一樣拖著腳步走，會製造出森林裡最吵鬧的聲音之一：六十五加權分貝。單隻熊蜂嗡嗡飛過，音量可能在三十四至四十四加權分貝左右。

後來我在巨大的楓林裡躺下，打了個小盹。我望著黃色帶著棕點的大葉楓，還有變成鮮紅色、橘色和黃色的藤楓，在這兩種色彩繽紛的楓葉中，我的神志開始迷離。

六點零四分，我被噴射機的聲音（四十四加權分貝）吵醒。我走回營地，但跑到河邊準備晚餐，以免食物的味道把不受歡迎的客人吸引到營地，像是黑熊或浣熊。即使在河邊吵雜的水聲中，我仍然聽得到直線距離七十五英里外的西雅圖—塔科馬國際機場尖峰時段的聲音。我在噴射機入侵時間表上，記下晚上七點五十五分、八點、八點十五分、八點二十分，以及八點半。

我在夜裡醒來，月光照亮了河床，我從睡袋望出去的樹影，輪廓分明。西方一英里外傳來麋鹿的叫聲，我再度進入夢鄉，發誓明天一定要找到麋鹿群。

早上七點半起床，凝視著第一道晨光。整個早上我都靜靜觀察周遭的自然奇景。三十英尺外有一隻樹蛙（五十五加權分貝），牠的聲音幾乎跟人類平常的聊天聲一樣大，聽得很清楚：緩慢、從容、清晰，類似乾橡皮絞動的聲音。

健行步道上有麋鹿的蹄印，邊緣沒有乾燥或下陷，代表是新近形成的蹄印。植物有許多囓咬過的痕跡，所以附近肯定有一大群麋鹿，但是由於我聞不到牠們甜甜的麝香味，所以應該也不會太近。我望向河床，然後是森林；牠們有可能在任何地點。麋鹿白天時通常會躲在幽靜的森林裡，晚上再到空曠的河邊，特別是在月光明亮的時候。我決定在這裡等待。

下午四點十二分，一架小噴射機沿北脊飛過，四十四加權分貝。

下午四點五十分，我仍在相同地點，聽到北脊的南向山坡傳來一聲類似號角的麋鹿叫聲，響亮又清晰。我覺得已經等得夠久，於是離開步道，進入雨林，踏上白尾鹿、黑熊和美洲獅等眾多野生動物偏好的小徑。我小心挑路，穿過一片茂密的小錫特卡雲杉，它們比紅花覆盆子樹叢還刺人，我努力不讓聽力敏銳的羅斯福麋鹿察覺到我的行蹤。牠們的視力似乎不好，但聽力絕佳。我把腳步放慢放輕，每次都是腳跟先著地，再輕輕朝內踩下，盡可能平均分配力量，悄悄前進。

我終於看到一隻大公麋鹿站在覆滿青苔的曠野上，兩棵高大的鐵杉之間。牠的鹿角華麗威武。然後我聽到微弱的「咿唷」聲從森林深處傳來，轉頭看去，有超過八隻母麋鹿在那裡，牠們身後站著另一隻公麋鹿，體型比先前那隻更大。我正要計算牠的鹿角有幾枝分叉時，牠已經躲到一大片蔓生的原始青苔和藤楓林後面。這時另一個「咿唷」聲響起，我看到更多母麋鹿。這一群麋鹿超過三十隻：四隻成年公麋鹿，超過二十隻成年母麋鹿，以及數隻尚未成年的小麋鹿。

我們今天之所以能保存這片野生地，應該感謝羅斯福麋鹿，或說該感謝牠們的祖先。奧林匹克國家公園一九三八年成立，原先是一塊聯邦自然保護區，目的是為了保護羅斯福麋鹿。這不難理解。成年公麋鹿的叫聲是我聽過最美的自然聲音之一。牠們的叫聲在四分之一英里外聆聽效果最好，聽起來就像橫笛一般：那是一種持續很久、非常奇特的聲音，它的音調會稍稍提高，然後迴盪到遠方。距離較近時，聲音聽起又不太一樣：比較像銅管樂器的聲音，但依舊綿長悠揚，經常以三個以上的連續咕噥聲收尾。不過這聲音在我聽來並不悅耳，因為牠們棲息的高大雨林所具有的音響效果，不會讓這種叫聲變**甜美**。若在近距離聆聽，同樣的聲音會顯得具有攻擊性，讓人腎上腺素飆升，這種低沉的咯咯聲和令人恐懼的咕噥聲，目的是要警告所有的競爭者，說服牠們停止靠近——包括我在內。但我仍選擇留下。

母麋鹿和小麋鹿的叫聲似乎是為了彼此聯絡，讓其他麋鹿知道牠們的相對位置。牠們必須散開，才能盡快進食，但是又不能遠到失去聯絡。這種叫聲似乎也可以傳達數種心情，例如沮喪、困惑，甚至發情。

我也聽過公麋鹿發出類似狗吠的聲音，這種激動的聲音響亮清晰，警告聽力範圍內的所有同伴提高警覺，因為有不尋常的動靜。緊接在這類叫聲之後的，很可能是驚慌奔逃，由於麋鹿的體型跟馬匹相當，麋鹿若是發出這種叫聲，絕對要特別注意，不可輕忽。

我設法接近到一百英尺左右，把相機對準麋鹿群，小心翼翼將遠距鏡頭改成手動模式，以免發出自動對焦的馬達聲。這裡的植物茂密，光線暗淡，我一邊偷偷前進，一邊尋找緊急出路。這個時節，公麋鹿正值發情期，行為難以預測，我絕對不想意外撞上一隻，讓牠以為我要向牠挑戰。我看到幾個可以躲藏的地點，巨樹根部的洞穴大到足以讓我跳進去，又不會讓超過四英尺的鹿角刺入。

麋鹿群挑了一個美麗的森林露天劇場，可以在這裡悠閒度過白日，這片巨大的空地覆滿厚厚的青苔，看起來就像用巨大的噴槍噴灑的。我在心裡記下，要在春天時，帶錄音設備再來造訪；到時這裡的樹上會有許多鳥，能提供美妙的音響效果。

麋鹿悠哉地吃著藤楓、越橘和紅花覆盆子的樹葉。牠們的活動只發出小樹枝折斷的柔軟聲音，沒有任何咕嚕或叫聲，從七十五英尺外測到的音量是三十二加權分貝。

一隻公麋鹿發出響亮叫聲，我被察覺了，肯定是相機快門的聲音洩漏了我的位置。麋鹿群朝跟我反方向的河邊跑去，我迅速又拍了幾張照片，但沒有跟去，我不想改變牠們的行為。等牠們離開後，我很快回到主步道，往東方沿河谷而上，只要牠們持續朝河流走，我就能繞到牠們前頭攔截。

果然沒錯，等我抵達托姆山能夠俯視的位置時，一隻巨大的公麋鹿帶著數量可觀的麋鹿群，背對著我，走進我前方大約五十英尺的步道。其餘的麋鹿跟在牠後面通過，殿後的是麋鹿王，牠們一一走下河岸，前往氾濫平原。我在河岸上找個位置繼續拍照，觀察牠們的習性。

在我造訪霍河的二十五年裡，這隻麋鹿王顯然是我見過最大的麋鹿。牠就算不是整座山谷的國王，也以所向無敵的姿態統治著麋鹿群。我把另外三隻公麋鹿暱稱為「執行長」（擋住步道的那隻公麋鹿）和兩位「牛仔」（牠們總是互相競爭）。「執行長」顯然幫忙麋鹿王處理很多事情，以此交換跟母麋鹿在一起的時間。那兩隻「牛仔」明白自己還得等很久才有機會交配，所以把大多數時間用來彼此對峙，鹿角互卡，咕咕噥噥地互相推擠，反正就是把沮喪的感覺發洩在對方身上，同時增強力量和打鬥技巧。

下午五點三十五分，一架軍用噴射機轟隆隆地沿河谷飛行，但是高度很高，所以對地面的噪音衝擊降低至五十加權分貝。這次的噪音入侵事件結束得很快，一開始比較急速，然後慢慢消退，但總計不到一分鐘。不過無論如何，還是造成了干擾。我回頭望向正在打鬥的「牛仔」，聽到牠們不斷踢動河床上的圓石，努力尋找較好的立足點。牠們的鹿角發出異常的聲音，跟木頭類似，但感覺質地更密。此外，從一百英尺外聽來，牠們的哼鳴聲像是在抱怨筋疲力盡，而不是虛張聲勢。

下午五點五十五分，又有一架噴射機打破森林的寧靜，我走回營地，吃了晚餐，很早就上床睡覺。

我在凌晨兩點四十五分醒來，聆聽河水流經河谷的歌聲，非常熱鬧，而且變化多端，充滿驚喜，肯定會在我畢生最愛的聲音排行榜上名列前矛。另一個聲音來自這整個地方，主要是由植物生命所構成，名次也不低！當然，黎明時的大合唱也可能會在決選名單上，因為它們美麗又發人深省，獨特又充滿感情。但是霍河的哼唱卻充滿神聖，它的簡單使它更加神聖。接下來我要試著形容它的一些曲調。

首先是河水沖過的低鳴聲，有點像「噼嘶嘶嘶嘶嘶嘶嘶」。然後是河水潺潺流過，很微弱的迴響，「勒勒勒勒喀格勒」，這是河水從附近表面彈回的聲音。然後還有「啊啊啊啊呵呵呵呵」的聲音，其實還要再高一點，比較像「咿咿咿咿咿」。它們細緻地混在一起，彼此交融，糾結成幾乎不可分割的整體。

這種哼鳴聲非常細緻，禁不起絲毫噪音入侵。就連聆聽者也必須保持絕對的安靜，不能說話，手腳不能移動，必須張嘴緩慢安靜地呼吸才行。我相信張開嘴巴可以改善聽力，原因有二：張嘴會使耳道變直並使嘴成為共鳴箱，另外是把細微的聲音放大到聽得見的程度。這就是小孩在燈關掉時本能會做的事：嘴巴張開，比較容易聽到微弱的聲音。

一個地方有靈魂嗎？有，我是這麼想的。一個地方有智慧嗎？答案仍是，有。看看遭砍伐的山坡，它會想做什麼？療傷。

整個山谷的霍河歌聲讓人非常安心，滲透一切，令人滿足，任何利用這座森林的木材所製造的人造產品，都無法創造出這麼值得的經驗，即使小提琴也一樣。我揹著背包行走時，覺得全身輕盈，沒有身外負擔。我經常想，在返家後，要怎麼進一步簡化我的人生。

早上四點零五分。噴射機入侵，四十四加權分貝。

早上七點，我在霧氣裡爬出睡袋，喝了茶後，迅速打包，準備出發。在同一小時內，我就看到昨天那群麋鹿，這次牠們正從河床走回森林。霧氣瀰漫在森林裡一百英尺高以上的地方，所以地面的可見度不錯。有一隻雄麋鹿有十根叉角，另一隻的更多。我走到離一隻囓咬嫩葉的公麋鹿三十英尺的範圍內，開始拍照。蹄聲喀喀地在滿是木頭的土壤裡迴響，我看到一隻公麋鹿走上河床，沒發現我就在近處。我一動也不動，看著牠經過，近到我幾乎聞得到牠那微濕的毛皮散發出來的霉味。

那隻麋鹿走過後，我繼續健行，沿河谷而下，途中又遇到一對白尾鹿。我觀察、聆聽，然後離開。白尾鹿不僅提醒我哪些地方不適合搭設營地過夜，在跟蹤牠們的足跡時，我還發現一些特別棒的聆聽地點。牠們基於相同的安全理由，會挑選在能自然匯聚聲音的地方過夜。白尾鹿睡過的森林地面經常會像鋪了墊子般，有時還有些熱度，只要遇上，我一定會把握機會在那裡坐坐，停留一會兒。

過沒多久，我走到一片楓樹林，四周一片寧靜，只有二十加權分貝，也是音量計所能讀到的最低讀數。然而，這裡並不是死氣沉沉，每每在我移動時，總會讓人有一種空間正在改變的感覺：這是生命存在的感覺。

「嗶噗。」有東西從樹上掉落。三十九加權分貝。

「啾、啾、啾。」北美山雀。三十一加權分貝。

「砰、砰。」啄木鳥的聲音。二十五加權分貝。

這些細微的聲音不時打破濃霧森林的寂靜，我走下步道，這趟荒野之行即將結束。我聽到心裡迴響著一絲疑惑，我從來沒有在霍河河谷遇到過這麼多飛機噪音：噴射機、螺旋槳飛機，甚至還有一架直升機。「一平方英寸的寂靜」夠嗎？至少我知道，我的心靈深處發生了一些變化。

最後我終於回到霍河遊客中心，一個看板上寫著秋季開放時間：週五、週六、週日，早上十點到下午四點。如果公園管理局的預算只能讓遊客中心一週開放三天，我又怎麼能期望它會有管理自然寂靜的預算呢？

我穿過停車場，朝我的福斯走去。途中一名遊客跟我點頭，無聲地打招呼，然後他舉起手中的車鑰匙，打算遙控鎖車。我可以感覺到我全身立即緊繃起來，但是，哈利路亞，多虧那些聰明（且重視安靜）的汽車工程師，車子的喇叭聲並沒隨之響起，反倒是車燈亮了一下。我心想，沒錯，支持安靜的人又多了一個。

沒想到接著就傳來如雷鳴般的聲音。隔一會兒，莫瑞奧林匹克廢棄物處理公司（Murray's Olympic Disposal）的垃圾車轟隆隆地駛進我的視線，它正準備前往森林警備站，把垃圾運出去。

3 上路

在喧囂與匆忙中，平靜前行，
銘記靜謐中的安寧。
——美國詩人麥克斯・艾爾曼（Max Ehrmann）

華盛頓州喬伊斯鎮就算不是美國最安靜的城鎮，肯定也是其中之一。離我最近又最吵的鄰居是一頭乳牛，沿托斯路（Thors Road）走五百碼，經常可以看到牠的身影在濃霧中若隱若現。在大多數時間裡，這條郡道上除了我的車以外，只看得到三輛車，全都是迷路的人。我租的房子就位於路的盡頭，從前窗望出去是徐緩起伏的山丘，一直延伸到新月海灘和胡安德福卡海峽；天氣晴朗時，可以看到更遠的加拿大溫哥華島（Vancouver Island），在我後方則是奧林匹克國家公園。

我屋子裡最吵的聲音就是電話，如果臥室傳來短短一聲鈴

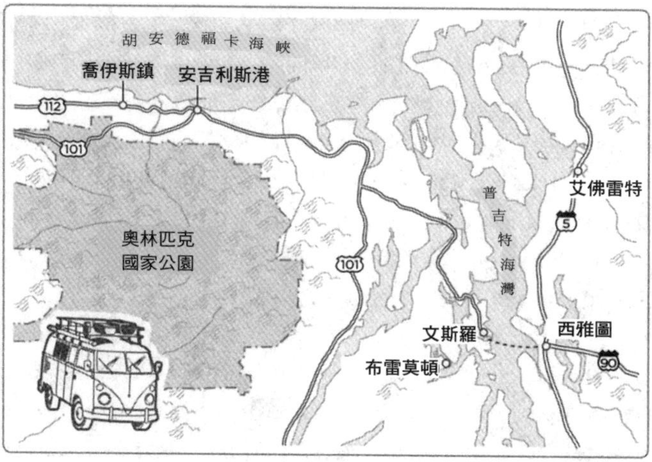

響，代表電話已經轉接到我一般設定在振動狀態的手機裡。我家第二吵的聲音是不時呻吟、哼哼唧唧的老冰箱，它主要是用來冰啤酒和牛排，還有在我女兒來訪時替她冰優沛蕾優格。第三吵的聲音是我的電腦，有了它，我才能靠在野外錄製聲音過活，透過網際網路，我才能聯絡向我購買錄音的客戶和個別買家，我也才能在這個人口大約一百的小鎮，過自己喜歡的生活。學期期間，我可以聽到風兒傳來一英里外新月學校（Crescent School）操場上的笑聲，那是一所從小學到中學都有的完全學校。學童興高采烈的聲音經常會讓我想到自己也該休息了。電腦上出現螢幕保護程式的圖片，我該去人體衝浪了。

夜晚時，我家後院就像一間錄音室（我也真把它這麼用），只有春天例外，因為那時穀倉再過去的鱒魚池裡，求愛的青蛙會跟高大的果樹合唱一整晚的民謠，這種演唱會的聲音在我的聲音圖書館裡很常見。這裡的野生動物個頭都很大，有麋鹿、熊、美洲獅和草原狼四處徊徘。我十幾歲的女兒從小就會看野生動物，也在野生動物的目光中成長。她知道美洲獅的眼睛在手電筒照射下是琥珀色，也知道碰到這種情況時絕對不要跑。

喬伊斯鎮的景色美，聲音也迷人，它有些路標唸起來就像「順路」（Bytha Way）和「難行」（Uptha Creek），鎮中心是「喬伊斯雜貨店」（Joyce General Store），它是方圓二十英里內唯一的雜貨店、加油站兼郵局。只要去過那裡一次，雜貨店的老闆連納德（Leonard）和老闆娘瑪麗（Mary）就叫得出你的名字。連納德會樂此不疲地一再說著他在「大奧普里」（Grand Ole Opry）舞台上演出的事，手裡經常拿著五弦琴，在櫃台後面或在店外的長椅上等顧客上門。他每次都是在細述完他偉大的音樂表演後，才坦白說其實他是跟民眾一起參觀這個音樂廳，特別落在後頭趁機對著空蕩蕩的音樂廳表演。他太太瑪麗是持有執照的律師，負責在收銀機旁找顧客零錢，還有擺放全克拉蘭郡（Clallam）最棒的糖果，那一排糖果架整整從櫃台往一邊延伸出八英尺長，如果你猶豫不決的話，她會立即如數家珍般一一介紹。我最喜歡的是裹了一層巧克力的麥芽牛軋糖，叫做「Violet Crumble」。瑪麗的哥哥吉姆•普法夫（Jim Pfaff）是我的房東，過去七年來，我每個月的房租都是送到這裡的「郵政信箱一號」。吉姆平常開大砂石車，但卻是一個老好人，有一次他花了整整半天的時間替我修冰箱裡的燈，然後在修不好後，提議換一台給我，但我拒絕了。馬卡族（Makah）原住民麗達（Lyda）在距離櫃台左邊九步路遠的美國郵局工作，她總會在郵局窗口旁放一罐糖果，誘惑大家逗留久一點，好從事她不支薪的副業：收集八卦。

有一次我站在雜貨店的櫃台前時，她朝我大喊：「戈登，你知道蘇的電話嗎？」

我想都沒想就回答了。

她挑高眉毛，微笑了一下，然後說：「蘇忘了在她的信封上貼郵票。」她把信封伸出來，一臉無辜。

「麗達，上面沒有寄件人的地址，妳怎麼知道是蘇的？」我問。

「我認得出她的筆跡，」她說，邊打電話告訴蘇說，她剛替她貼了郵票，所以她可以在下次來郵局時再付郵資。

當然，店裡好幾個人也聽到了，於是我在跟蘇約會的事很快就傳遍整個小鎮。蘇以低價買下一棟拍賣的房子，用碎木塊繞著房子蓋了一圈圍籬，漆成粉紅色，每塊木板的長短寬窄都不一樣。有一次我停車告訴她，我喜歡她的圍籬，我們就這樣認識了。

許多人想逃離某些人事物的時候，常會往西方和北方走，尋找無人居住的鄉間。在這個位於美國西北角、已遭大多數人遺忘的喬伊斯鎮，我也算是一名逃兵：一個逃離噪音的人。這裡的人大多靠鏈鋸養活自己，我則靠耳朵維生，我聆聽、錄音，也擔任顧問。有不少公司從世界各地向我索取音樂和建議，我會先免費提供，等數量累積到一定程度時才開始收費。我出版了六十多張環境聲音的唱片，多虧了「iTunes」問世，現在我不必再庫存CD。如今一切都靠電腦，只要按一下滑鼠就可以上傳、下載、付錢、轉帳，這節省了我許多時間，讓我能更自由地把時間花在保存「一平方英寸的寂靜」上。

透過（連納德經營的）克拉蘭寬頻連線看完電子郵件後，我打開我的最愛裡的一個網站「WebTrak」，那裡可以讓我回到過去，只要挑選日期、輸入時間，就可以在類似雷達螢幕的畫面上，找出大多數在西雅圖—塔科馬國際機場起降的飛機，以及飛過奧林匹克國家公園上空班機的起降地。我才剛從「一平方英寸的寂靜」回來，特別急著想找出這些噪音製造者，因為這次觀察所列出的噪音清單遠比先前的監測來得多。

我發覺其中一架飛機特別令我不安，它在凌晨四點五分吵醒我，噪音數值達到四十加權分貝，我從「WebTrak」上看出它是波音七七七—二〇〇型，飛機尾號是N787AL，屬於美國航空（American Airlines），也是第一家表示支持「一平方英寸的寂靜」並在二〇〇一年同意支持不飛越奧林匹克國家公園的航空公司。但現在它卻從亞洲飛往美國，目的地正是美國航空的總公司所在地達拉斯—沃斯堡國際機場（Dallas–Ft. Worth），他們違反承諾，也粉碎了這些年來我累積的些微信心，我原本以為「一平方英寸的寂靜」或許是保存自然靜謐的可行方法。

若說上星期我在霍河河谷時很氣憤，現在則是充滿震驚與懷疑。我是不是活在自己的幻想裡？在做無謂的努力？別人是不是認為我獨自待在荒野裡太久，已經有點瘋狂？我心裡開始產生一種熟悉的感覺，每次我對自己有所懷疑時總會有的一種強自鎮定感。

一九八九年冬天，我因為肺炎丟了單車快遞的工作。數週後，我沒錢又失業，家裡的暖氣用完，水管凍結，我跟當時的太太茱麗只有一個四歲的兒子和堆積如山的債務。就在我的人生走到最低潮的時候，有一天美麗的日出和第一聲鳥鳴突然帶給我靈感，我看著太陽逐漸高升，聽到鳥兒開始大合唱，我的腦海裡開始出現亙古以來，全球一一迎接日出，鳥囀一波波響起的情景。我的絕望開始消失，儘管仍然纏綿病榻，我已經開始構思「黎明大合唱計畫」（The Dawn Chorus Project）。一年後，我環繞地球，到各大洲錄製黎明的聲音，只有南極洲例外。兩年後我回到美國，獲得現在立在我電腦上方架子上的小金人——艾美獎聲音暨音響類個人成就獎。

我忍不住想到，絕望似乎就是促使我採取行動的動力。我一擺脫失去聽力十八個月的絕望，就到霍河河谷去放那塊代表「一平方英寸」的石頭。如今，在擔心我的努力會因為人們充耳不聞而失敗的情況下，我想到另一項計畫。

霍河河谷也好，甚至整個奧林匹克國家公園也罷，對我來說都太小，我需要更大的地方。我深刻感覺到必須接觸美國的同胞，傾聽他們對靜謐的想法。他們究竟想不想得到寧靜？我記得我最近接到通知，上面說內政部長德克・坎培松（Dirk Kempthorne）會到西雅圖參加與國家公園有關的「公聽會」。我把那份聲明翻找出來：

> 二〇〇七年三月二十六日星期一，內政部長德克・坎培松將在華盛頓州的西雅圖舉辦公聽會，為布希總統的國家公園百年紀念計畫（National Park Centennial Initiative）聽取民眾的意見與想法。在西雅圖市政廳舉辦的公聽會是全美各地的系列會議之一。總統的提案將在接下來的十年間，對公私部門進行高達三十億美元的新投資，以便在二〇一六年國家公園管理局成立一百週年之前，振興與加強國家公園。

參與民眾的評論必須集中在下面這三個重要議題上：

- 想像一下，您和您的子女或未來世代在二〇一六年以後正在享受國家公園。您的希望與期許是什麼？
- 國家公園應該在美國人與來自世界各地的遊客生活中，扮演什麼角色？
- 您覺得哪些指標型計畫或方案最重要，必須在接下來的十年內完成？

坎培松說：「這些公聽會是一個絕佳機會，讓我們以長遠的目光加上大膽的行動為國家公園的未來打造計畫。」

目光長遠，行動大膽。沒錯，我必須辦自己的公聽會，傾聽大地的聲音，不僅是在原始自然的地方，也要在平常人口密集的地方，因為每塊土地都有聲音。距離我上次做橫跨美國兩岸的聲音薩伐旅（sound safari），已經隔了十七年，那次我是從卡羅萊納州沿著偏僻小路開到加州。今日的美國聽起來是什麼聲音呢？民眾已經習慣身旁的噪音了嗎？我必須用言語和分貝來測量美國的聲音脈動，畫出全美的聲音心電圖。這次我要從西岸的華盛頓州前往東岸的華盛頓特區，做我該做的事：聆聽。

要當個聆聽者必須具備某種意願，願意讓自己被尚未聽到的聲音所改變。誰知道我會聽到什麼？或是行程會不會中途有變卦？但無論如何，以下是我的初始計畫：倘若，在我走出與波多馬克河相鄰的徹薩皮克灣與俄亥俄運河（C&O Canal）沿線的國家公園，抵達華盛頓首府時，仍然相信我對靜謐的追尋是正確的話，我就會努力跟政府官員會談，讓他們傾聽我的意見。然而，首先我必須把那輛首選交通工具，一九六四年的老福斯小巴拿出來，好好清理一番。

這輛車已經開了不少里程，裡裡外外都看得出來，儘管不完美，卻是一起旅行的好伙伴。一打開車門，一陣混合的味道撲鼻而來，植物纖維、動物絨毛、杉木塊，還有掉在車裡的薯條和溢出的咖啡等速食殘屑，過去旅行的種種經歷猛然襲上心頭。前任車主是位雕刻家，經常載著雕刻品到處跑，但他把這輛「Vee-Dub」保養得像一件藝術品。後來我把它重漆為藍綠色，又把裡面改裝成符合我的旅行需求。那位雕刻家是十五年前在西雅圖把它賣給我，交車前他跟我分享了開這輛很有個性的車上路時必須遵守的三條規則。第一，你的生活方式得配合這輛老福斯，不能開太快，因為它的時速頂多五十英里。第二，因為你甚至無法確定自己能不能到達目的地，所以最好從出發時就開始享受旅程。第三，你的人脈得很廣，才找得到修車的零件。我問他：「那你為什麼要賣它？」他聳聳肩說：「拜託，別問了。」

我把儀表板下的點火系統打開，啟動。什麼都沒發生。連呻吟一聲都沒有，六伏特的老舊電池不像今天十二伏特的電池那麼有力，但壽命告終就無法挽回了。儘管如此，我還是跟所有嬉皮型的「Vee-Dub」車主一樣有所準備。我先前把車子停在車道最高處，面對車棚外面，準備利用助跑來啟動。

在鬆開緊急煞車後，我從車側開始推車，直到它沿著山坡往下溜，我才跳進車裡踩離合器。化油器節流閥完全卡住，造成氣冷式引擎發出尖銳聲響。我立即關掉引擎，拉煞車，下車，打開引擎蓋，用手戳戳化油器讓節流閥彈開，然後再推一次車。我屋前那條筆直連續下坡四分之一英里的郡道，頓時成了我的道路救援。引擎終於啟動，我很快就駛進喬伊斯雜貨店的停車場。我沒有熄火就進去買補給品，還向諾拉（Nora）那兩個面帶微笑的女兒買了一些女童軍義賣餅乾，她們占有鎮上最好的販賣地點。帶著薄荷巧克力餅乾、鮭魚和奶油酥餅，我開往「快樂汽車」（Happy Motors）。

「快樂汽車」的老闆戴夫（Dave）和慕斯（Moose）兩兄弟，就像西部版的美國國家公共電台搞笑主持人暨汽車專家克里克（Click）和克拉克（Clack）一樣。他們快二十歲時開始開跟我一樣的六四年份福斯巴士，那時這些車都還是新車！這對兄弟在一九六九年把業務移到這裡，他們的車場看起來就像凍結在時間裡，一輛輛車子好似排著隊要去參加「死之華」合唱團（Grateful Dead）的演唱會。一九六〇和一九七〇年代生產，已經生鏽的小車、小貨車和掀背車面對同一方向，停在這裡，等著換零件，它們長了青苔，就快跟大地融為一體。在它們中間，還有自然長出的森林樹種，為它們提供遮蔭。

我手上拿著一盒薄荷巧克力餅乾，走向大車庫。

「要不要來點餅乾，不錯哦？」

「噢，好，謝謝。」

戴夫穿著一身前拉式跳傘裝，仔細地咀嚼品嚐，他聽到我想把這輛車修到能橫越美國的程度，絲毫沒受到驚嚇。

「換機油、調整機器、調整排氣閥、換車輪軸承、檢查煞車，什麼都檢查，」我指示說。「還有任何你覺得我在橫越美國時可能需要的配件，像是備用的汽油泵浦。我能不能就跟你買，然後帶著上路？」

「可以啊，這是個好主意，」戴夫說：「我幫你準備一套帶上路，離合器線和節流閥線，風扇皮帶。」

「還要檢查一下啟動引擎。我記了一些，但你想怎麼修就怎麼修，這趟旅行要三個月半，而且是穿越中西部，我不確定在那裡找不找得到這輛老福斯的零件。」

「你這禮拜就要？」

「沒有，我四月初才會出發，所以你還有好幾個星期的時間。」

我朝回家的方向走，直到跟我事先約好的女兒艾比（Abby）開著她那輛「Mini Cooper」，按喇叭叫我跳進去。

三天後，艾比在週日凌晨五點五十分抵達我家，比我們約好的時間早了十分鐘，我們打算去「一平方英寸的寂靜」拿那塊紅石，好讓我帶著一起旅行，作為這項計畫的具體象徵。艾比答應跟我一起走第一段路程，那時剛好是她高中放春假的時候。我打算帶她到西雅圖和華盛頓州東部的幾個定點，然後送她去搭美國國鐵（Amtrak），趕上開課時間。我希望她今天能跟我一起去取紅石，因為它象徵這趟旅程正式開始。

上禮拜我們開玩笑說，要用艾比的化妝品把臉塗黑，悄悄在月光下行進。先前一連串的冬季暴風雨沖毀了三處道路，霍河河谷宣布封閉，禁止民眾進入，我申請了兩次特別入山許可也遭到拒絕。幸好在最後一刻，曾經跟我一同前往「一平方英寸的寂靜」的奧林匹克國家公園管理處處長萊特納接受我的請求，介紹我和一名公園警備隊員見面，屆時他會讓我們通過上鎖的柵門。

艾比停車時，我不想遲到，已經站在門邊等。這是很特殊的一刻，不僅是因為可以進入霍河雨林，也因為我們會是唯一的進入者。

「我們不是要開那部福斯吧？」艾比問。

「不是。」

「耶！」她跳進我那輛二〇〇〇型的吉普豪華越野車（Jeep Grand Cherokee）的乘客座，把座位溫熱後馬上就睡著了。

我開上沿明鏡般的新月湖蜿蜒前進的派德蒙路（Piedmont Road），這裡是奧林匹克半島最精緻的自然露天劇場，至少在一〇一號公路建造以前是。這座深冷清澈的湖大約一英里寬，十五英里長，四周有陡峭的山坡環繞。由於冰寒的湖水會使湖面上的空氣變冷，所以聲音能傳播得更遠，音質更清晰。聲波的速度取決於溫度，湖面上方冷而薄的氣層就像是這座湖畔露天劇場上方的隱形屋頂，包住聲音，因此音效卓越。聲音在湖面上來回傳播，連接人與萬物。

潛鳥的叫聲是荒野的標記，在新月湖上傳揚到遠方；只可惜交通聲也傳揚很遠。一〇一號公路環繞整個奧林匹克半島，也是安吉利斯港（Port Angeles）與伐木小鎮福克斯之間的主要通道。這裡隨時可以聽到載滿木材的卡車、轎車和休旅車的聲音。奧林匹克國家公園每年有超過三百萬名遊客，其中有許多取道新月湖畔，欣賞壯麗的湖景，卻不在意自己製造的車輛噪音破壞了這裡同樣美妙的自然聲境。一九九〇年代晚期，我在奧林匹克國家公園學院的「聆聽之樂」研討會（Joy of Listening）教課時，會把全班帶到這裡聆聽湖的聲音，然後再到公園的其他地方更仔細地近距離聆聽更多聲音。

艾比靜靜睡著，我們一路開過白雪盈頂的風暴王山（Mt. Storm King），然後轉向索爾達克溫泉，我看到一名男子站在他家前院的草坪上，拿著來福槍對準一堆土。他是在瞄準鼴鼠，還用了消焰劑，顯然是為了避免燒到草坪。啊，克拉蘭郡鄉間的春色！

艾比跟她母親住在離喬伊斯鎮大約二十英里的安吉利斯港，從她會穿著亮閃閃的仙女公主裝滑下森林小徑開始，每到夏天，她每週都會輕裝自助旅行。但是進入青少年後，她的興趣也跟著改變。最近在登上赫來肯脊（Hurricane Ridge）五千七百英尺高的脊頂後，她宣布：「我再也不要當大自然女孩了。」這些話令人傷心。我忍不住希望她不是真心的，心想不知能不能引她回歸正軌。

艾比的母親茱麗和我是在西雅圖市區當單車快遞員時認識的，我們第一次約會，我就使出一些在徒步旅行時磨練出來的求生技巧，在鐵軌旁替她烤兔子。六週後，我們就在奧洛拉橋（Aurora Bridge）北邊的三鈴教堂（Chapel of Three Bells），付了兩名證人各十美元後，在他們的見證下結婚了。一年後，一九八五年，艾比的哥哥戈登・勒藍（Gordon Leland）出生，小名叫奧吉（Oogie），因為這是他第一次發出的聲音。現在，只差幾週他即將從華盛頓大學畢業，取得電腦科學的學位，在微軟已經有一份工作等著他，「一平方英寸的寂靜」的網站就是他建立的。

我們抵達霍河雨林前鎖住的柵門時，小雨劈啪地打著擋風玻璃，公園警備隊員馬克・麥庫爾（Mark McCool）站在一輛裝備齊全的四乘四全輪驅動車旁，等著我們。麥庫爾正在執勤，檢查當天漁人的捕撈品，他的腰帶上掛著一把格洛克手槍（Glock）、兩副額外的彈匣、胡椒噴霧器和一支無線電。

陽光穿透暗黑的密雲，突然照亮掛在數百萬根枝椏尖端的雨滴，就像聖誕節的魔法一般。黑色柏油上冒起熱氣，河流呈現奶白色；「霍河」這個印第安名字，原本意指微白的水。

「找到停車位了嗎？」麥庫爾開玩笑地說。他身形瘦削，健康，態度友善。在稍微握手後，他打開柵門，讓我們進入。「如果你們夠幸運的話，就看得到美國大山貓。兩個禮拜前，我到上面去的時候，真的很棒。我們看到各種不同的動物。美洲獅就走在這條步道上。」

艾比還在睡，我輕輕把她搖醒。

「要走多久？」她咕噥地問。

「一趟大約兩小時，」我回答。

「該死，我趕得及回來工作嗎？」

「一定可以。妳睡著的時候，我在福克斯買了奶昔冰砂，妳要現在吃嗎？」

「不要，」她說，然後才說她心情不好，「爹地，我脾氣壞，不是針對你。」

萬物一片濕濡。步道兩旁的樹不停滴水，楓樹上垂下來一片片苔蘚。步道最前面一英里，已經看不到被暴風雨吹倒的樹，但很快我們就遇到得靠合作才能移開的障礙。我們互相幫忙找落腳處或手抓處，然後再拉另一人上去，艾比比我擅長往下跳。在上下坡超多的西雅圖當了九年單車快遞，造成我的膝蓋磨損。在霍河，倒下的樹木有可能造成寬達一人高的障礙，幸好今天遇到的挑戰小得多。

在小徑上遇到的小溪大多流速快，水位也已升高，我們的腳愈來愈濕，艾比落在我後面，我在一條挺寬的溪水前停下來，這條溪已經漲到步道上，淹沒了將近一百英尺的路面。艾比的沉默令我心情沉重，我原本希望她能享受這次健行。我提議揹她過去，跟她小時候一樣，揹她走過淹水的地區。她從我背上下來時，不發一語。我記得在她六歲左右，也揹她走過同一條路，那時她還揹著背包；走了幾英里後，我讓她跨坐在我肩上，拿我的背包當坐墊。我們看起來就像一根迷你圖騰柱。

不久我們就遇到另一個障礙：一片矮樹叢擋在步道上。一棵藤楓傾倒，造成一個處處陷阱的迷宮，我們被迫迂迴前進，緩慢又艱辛。我聽到西方鷦鷯從遠方隱密低垂的鐵杉樹枝上，發出振顫快速的尖銳長嘯。一隻美西海岸紅松鼠在遠方發出細微的顫音。艾比仍然不發一語。帶她一起來，是否錯了？我拿出我的「Canon Powershot」型相機，希望能逗她為拍照笑一下。別想了，她根本沒為相機停下腳步，在鏡頭下只拍到她微帶粉紅色的模糊身影。

我們在早上十點五十五分抵達通往「一平方英寸的寂靜」的岔路，周圍的環境聲音主要來自遠方的霍河，它的流速達到最大，聲量大約是四十一加權分貝。我們又往前走了一百碼，穿過麋鹿走過的小徑後，終於看到象徵「一平方英寸的寂靜」的那塊石頭靜靜停在殘木上。我把這塊多角的紅石放進口袋，換上一塊被溪水磨得圓滑的白石，它會在那裡代替紅石，直到幾個月後我帶紅石回來為止。

我用手勢示意艾比把宛如項鍊般的小皮袋遞給我，那是我特別製做的，用來裝放這塊象徵「一平方英寸的寂靜」的「寂靜之石」（OSI stone），方便帶著它橫越美國。艾比誤解了我的意思，脫口說出：「走！」據我所知，這個字是唯一曾在「一平方英寸的寂靜」範圍內說出的話。我們穿過泥濘，回到主步道，開始健行回去。

「『一平方英寸的寂靜』這個地方是……」我開始說，但艾比截斷了我的話。

「它一點也不寂靜。它不是應該是地球上最安靜的地方嗎？」

艾比把放在她口袋裡的小皮袋拉出來，我把紅石放進去，然後把這個幸運符掛在她脖子上。

「我絕對不是第一個在那裡說話的人，」她冷不防地說，把這個幸運符從脖子上拿下來，捲成一個球，塞到口袋裡。

「妳為什麼不想戴著它？」

她沒回答。

「我希望妳能從現在開始戴著它，等到在溫納契市（Wenatchee）上火車後再還我。」

她還是沒有回應，甚至也沒看我一眼。她轉身開始往回走，留我一個人站在殘木旁，我通常會在那裡休息和做筆記。今天，我在一時衝動下開始祈禱：

> 現在開始紅石之旅——我為萬物的安寧祈禱，願在卑微之地、由卑微之人所做的卑微夢想，能促成改變，能獲得實現，願夢想無論多卑微，都被視為是重要的。我祈禱自己能注意生命中的微小事物，理解終有一天我的憤怒與沮喪都將消失，我將再度完整。我滿心希望這夢想能實現——這是我的衷心企盼。這不僅是關於寂靜，也是關於我心中的苦痛，關於年輕歲月的憂懼，關於信仰與道德價值，關於和平以

及對和平的追尋。

最後我趕上艾比，一起回到吉普車上。她說這趟健行讓她覺得自己生病了，她一路睡回家，到家後又睡了幾小時，我才叫她起床上班。她在當地一家超市負責把貨品裝袋，從晚上六點工作到十點。

我回到「快樂汽車」，脖子上掛著「寂靜之石」，走到車道上長滿綠草的轉彎處時，我就看到慕斯手上拿著油污的抹布，彎腰替我那輛「Vee-Dub」做最後調整，在他的鬱金香花床旁邊，有兩隻鹿正在大口咀嚼。

「喜歡我的車嗎？」

「不錯，挺喜歡的。但我們得趕快把它送走，每個看到的人都想買。裡面的小火爐是最棒的部分，」慕斯說。

「重點是它還能用，只要添一些木柴進去就可以了。」

慕斯告訴我他們做了哪些工作，在俯身看汽油泵浦時，他說：「看到那些夾鉗了沒？我們看到很多火，所以加了它們。還有這個蓋子，它沒有百分百鎖緊，但它已經完全凍住，如果我動到那個，就可能得做大工程。它其實還可以，沒有很糟。如果你要把它轉緊，可以用一小片橡膠。」

接下來他指著電池說：「它沒有保護蓋，所以有點可怕。它跟這個邊緣離得真的很近，如果它變得太熱，這條帶子就會跟著灼熱。所以我用了一些合成橡膠，它就隔這麼遠而已，」他用拇指和食指比出遠遠不到一英寸的長度，「這讓我晚上睡不著，所以我剪了一條膠帶──安全起見。你肯定想不到我們看到多少火花。我們換掉你的舊電壓調壓器。換這個發電器是場惡夢。變速箱油少了一品脫左右。換前輪軸承，加了新油封。

這些定位片，你可以看得出來它們被損壞的程度。」

這就是他們的工作方法。這個會打彈珠台的技工重述他們所做的一切，但我只聽得懂一些。不過我聽得出慕斯和戴夫在我這輛福斯上投注了多少心血。

「所以大家都想買這輛車？你知道嗎，我總是告訴問的人說，我願意賣這輛車，然後我會停一下，等他們問價錢時，我會說『七百塊』，然後再停一下，等他們開始拿皮夾時，我會迅速補充說，『七百塊只能買車，但還要付兩千塊買緣份』。」

慕斯低聲輕笑。

我覬覦這輛「Vee-Dub」已經很多年，還曾在上面留下我的姓名和電話號碼。但車主從沒打電話給我。後來有一天我帶兒子去醫院檢查有沒有腎臟感染的路上，看到這輛福斯巴士開過去，車窗上貼著看起來像要賣的標語。我立刻說：「奧吉，我們可能會遲到幾分鐘。」我追上那輛車，抄下電話號碼。買它的過程就像想領養子女的父母到領養機構接受面談一樣。「我不確定要不要賣給你，」車主說。我得接受面談！他同意賣給我的時候，我們甚至沒談價錢，我拿出支票簿後，他說：「兩千五。」隔天他把車開來時，車上裝滿任何想得到的零件備品。當時它的里程數是九萬五英里，引擎剛改裝過。

在開了四萬一千英里後，我再度為它開支票，「快樂汽車」開出的帳單是一千兩百七十九點一二美元。我謝過他們，正打算轉身離開，戴夫把我喊住：「頭幾次踩煞車要慢一點。有時會揚起一些灰塵。」

四月一日，艾比在安吉利斯港、茱麗的房子前面等我，我在車上放了火爐用的木柴，油燈裡加了新的燈油，還多帶了一些毛毯和墊子，好在寒夜裡鋪在睡架上。我還帶了罐頭食物，有「Dinty Moore」和立頓的罐頭湯，「Top Ramen」速食麵，活力零食棒和麥片早餐。我們在波浪狀的「Igloo」水箱裡裝了五加侖的水，箱子上貼著一個紅白色的大標籤，上面寫著「工業用水」。我在駕駛座後面塞了一箱「STP」牌代鉛劑，這是防止汽門燃燒的必備用品。還在睡架頂上加了手機訊號增強天線，以便在蒙大拿州時還能查看電子郵件。我們還帶了蘇送我的一袋手工糖，足供旅程中每天吃一塊。她還給我兩張卡片，一張在第一天過後打開，另一張任何時候都可以開。

我已經感受到來自阿拉斯加的西北風，今年的冬天肯定很嚴峻，但我發現艾比還是輕裝旅行，她只帶了一個背包的東西。

「妳確定帶了足夠保暖的衣服？妳帶了什麼？」

「我帶了一些襯衫和長褲、一件毛衣、兩雙襪子……」

「妳的鞋子呢？」我問。

「有皮帶的涼鞋。」

「妳不能穿涼鞋去聽西雅圖交響樂團！」

她聳聳肩，我咬了下唇。

「我們要去的地方會很冷，艾比。妳最好帶一頂帽子。」

「我要去拿泳衣。」

她跑回樓上她的房間，茱麗和我困惑地互看一眼。

艾比再度出現，手上吊著比基尼。茱麗替我們拍了照。

在打開開關、按了一個鈕後，我發動「Vee-Dub」，出發上路。

抵達市區邊界前，艾比把夾克貼著車門當作枕頭，宣布她要睡覺了。沒想到禁不起大力的車門砰一聲打開，艾比本能地抓住儀表板上的把手。接著她驕傲地微笑，我也是。

我們的第一站是沿一〇一號公路往東走的第一個小鎮：席昆（Sequim），在那裡的「Dairy Queen」吃起司漢堡和奶昔，又到「Radio Shack」替艾比的 iPod 買耳機。回到路上後，我問她在聽什麼。

「我不知道。」

「妳不知道？什麼意思？」

「阿肯（Akon）和瑞克・羅斯（Rick Ross）[1]，」她回答，但這些名字對我毫無意義。

我在詹姆斯鎮附近急轉彎時，車門再度打開，艾比大力把它關上，再度窩回座位。她的手機響了，她只說了一句：「我跟我爸在一起」，就改變了接下來所有對話的方式——全變成傳簡訊。接著是她 iPod 上一首接一首的歌曲，連我都聽得到。

「艾比，妳的 iPod 聲量太大了，我聽了耳朵都痛。如果妳的耳朵不會痛的話，那是因為妳的聽力已經受損了。」

「反正已經受損了。」

「但有可能只是暫時性的。把聲量轉小好不好？」

她做了一個動作，假裝把聲量調小。

「調小了嗎？」

「調小了，這樣總可以了吧？」

我開始頭痛，刺痛感延伸到我的臉右邊，連嘴巴都痛起來。我問艾比在學校有沒有做聽力檢查。

「什麼？我聽不到。車子的聲音太大了。」

我不情願地承認這是事實。我這輛福斯開起來不像凌志車（Lexus）那麼安靜。它會轆轆地響，還會呻吟，因為它已經是老爺車，只要稍微有點坡度，它的氣冷式引擎就會吃緊。再加上我加了一組風鈴，每次碰撞時都會叮鈴叮鈴地響。我從後視鏡看到我的車後面有一排車，就開到路肩，讓他們先過。艾比的iPod現在放的是饒舌樂。

我把車開回公路上時，想到有一種寂靜是不受歡迎的：父母和青少年子女間的沉默。

1——歌手阿肯和饒舌鬼才瑞克・羅斯所組成的音樂團體。

4 都市叢林

如果在夜晚聽不到三聲夜鷹優美的叫聲或青蛙在池畔的爭吵，人生還有什麼意義？

——摘自一八五五年西雅圖酋長為印第安部落土地購買案，致富蘭克林·皮爾斯總統的信函

從文斯羅渡船（Winslow Ferry）的甲板望去，西雅圖市像空中閣樓一般矗立在同樣為灰色的海天之間。艾比跟我在十五分鐘前開車抵達，登上渡船後就到樓上吃點心，欣賞普吉特海灣（Puget Sound）的風景，包括別名「翡翠城」的西雅圖美麗天際線：史密斯塔（Smith Tower）、哥倫比亞中心（Columbia Center）、海事中心（Maritime）、科曼大樓（Coleman Building）、金鑰銀行（Key Bank）、華盛頓互惠銀行（Washington Mutual）、雷尼爾銀行大樓（Rainier Bank Tower）、金融中心（Financial Center）。以前我可以說出這裡

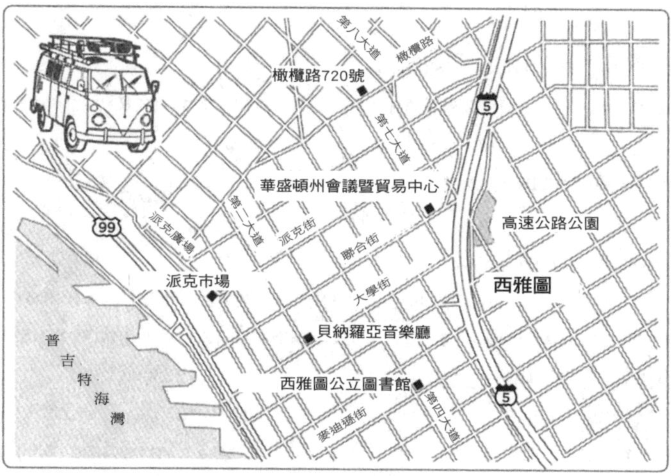

每一棟著名建築的名字，幾乎連每一層樓的營業內容都知道，也知道哪裡最適合舉辦聖誕派對。

我替巴克單車快遞（Bucky Bike Messenger）工作，是對這城市瞭若指掌的二十多名小人物之一。我們在西雅圖上下起伏的市區送快遞，不論晴雨，但通常是雨天。「巴克」這個名字就像「芝麻開門」的同義詞，在任何一扇門前唸出這名字，門幾乎都會開。我們靠兩輪代步，消息靈通，知道誰跟誰做生意，誰正在崛起，誰準備出局。我們的輪子幫助這座城市運轉，但有時輪子也會停止轉動。

單車快遞可分為兩種：已經被撞和還沒被撞的。我做沒多久就脫離了新手行列，因為我在「巴克」工作的第二天就遇到第一次意外。一輛車突然從地下室車庫衝上來，駕駛沒想到會有單車呼嘯而過，事情就這麼發生了。之後我在九年的單車快遞生涯中又被撞了十一次，大致是因為我很久以後才明白，不能光靠警戒避開麻煩，也就是光靠眼睛是做不到的。只有聽力才能同時偵察四面八方，甚至預先知道隱藏在角落的事物。愛斯基摩人對這情況有個形容詞「seuketat」，直譯就是「動物的耳朵」。我在「巴克」任職期間，騎單車在移動的鋼鐵河流中穿梭時，就像在都市叢林裡求生的動物，那裡比我待過的任何環境都來得凶險，連亞馬遜和喀拉哈里沙漠都比不上。

我學會分辨好煞車和壞煞車的聲音，運轉順利和該上油的引擎所發出的聲音，在一條街外就聽得出警用川崎重型機車的聲音。我知道在交通尖峰時段，人車聲會逐漸增強，如雷鳴般吵鬧，但是等交通壅塞到每輛車子首尾相銜時，這種喧鬧就會突然消失。我也知道靠近哥倫比亞中心頂端的隱密私人住宅相對安靜，那裡一戶獨占一層樓。我在諾斯特（Nordstrom）百貨公司和好市集（Bon Marché）百貨公司前聽過街頭音樂家的表演，直到戶外音樂把他們趕走。我還記得派克市場（Pike Place Market）的星巴克咖啡打奶泡的聲音，那裡是全球第一家星巴克。我也聽過在路邊傳教的人倒嗓前的喊叫，還有巴士輪胎在淹水街道上行走的聲音，以及我的單車輪胎傾壓新雪的聲音。我在公共市場附近，聽過阿拉斯加雙層高架橋（Alaska Way Viaduct）下側排水溝規律的水聲，還有卡車和大卡車經過頭頂的車道接縫時，發出的「砰－砰－咚－砰」聲。

一百五十多年前，在大多數的城市聲音都還不存在的年代，蘇瓜密施印第安族（Suquamish）的酋長席斯（Sealth，有「西雅圖酋長」之稱），從美國原住民的角度談到噪音與寧靜：

> 白人的城市沒有地方。沒有地方可以聆聽春天的樹葉或昆蟲翅膀的沙沙聲。或許我是野蠻人，所以不了解，但是喧囂似乎只是對耳朵的侮辱。如果在夜晚聽不到三聲夜鷹優美的叫聲或青蛙在池畔的爭吵，人生還有什麼意義？印第安人喜歡風輕輕吹過湖面的聲音，還有風本身被午後的雨水洗過或吹過松林的味道。對印第安人而言，這樣的空氣是珍貴的，因為這是萬物——是野獸、樹與人——共享的氣息。

今日，我們就像把地球的時間快轉一樣，在短短一個世代間，就造成相當於先前一百萬年的變化。我們貪婪地取走地球的資源，但還回去的卻無法彌補，更甚的是，我們經常不知道自己失去了什麼。比方說，一直到我在義大利威尼斯的一個秋夜，我才發覺自己失去了足音。威尼斯以運河著稱，沒有繁忙的轎車和其他靠引擎起動的車輛，那次到那裡記錄城市本身及「東方快車」的路線時，我情不自禁地從敞開的旅館窗戶聆聽外面的聲音，一位老先生和老太太手牽手，沿著街區走向我這邊，他們輕鬆地慢慢走，腳步聲敲擊在石板路上，每走一步都會發出兩個聲音，分別來自皮革製的腳跟和鞋底。他們的腳步形成和諧的節奏，就跟他們的人一樣相配，而我覺得他們也知道。然後在腳旋轉時發出的砂子磨擦聲後，他們停下，親密的沉默後是輕柔的對話，遠方的高塔剛巧在這時傳來鐘響，在窄街上噹噹地迴響，形成許多層音波。

有一次我在東京聽到截然不同、但同樣震撼的聲音，當時我被派去那裡為一個電腦遊戲記錄日本行人的聲音。東京的中心是新宿車站，每天有超過兩百萬人經過。這裡的戶外都市聲境主要是由汽車和火車的噪音構成，在地面上，腳步聲幾不可聞。但是在離開地面的交通噪音，來到車站的地下走道後，卻有令人意外的驚喜。這裡的通勤者穿著軟鞋底走路，步伐小而緩慢，幾乎完全沒有交談聲，只有走動時衣衫摩擦的沙沙聲，跟蟲鳥鼓翼時的拍撲聲相當。

簡單的步伐是大自然的基本聲音。掠食者和獵物都熱中於覺察它們提供的細微線索：有蹄、有爪，還是有肉趾；步伐是快、是慢。還有數目：是有許多，還是只有單單一隻闖入。即使是安靜的腳步仍可留下聲印，我在斯里蘭卡的辛哈拉加雨林（Sinharaja Rain Forest）就學到重大教訓，那天我在田野調查日誌裡寫道：

> 我為了記錄黎明時的聲音而走入辛哈拉加時，天色全黑。偶爾可以從頭頂厚密的枝葉間看到一些星星，空氣溫暖而潮濕，很適合聆聽。周遭的樹蛙和昆蟲交織出豐富的音質，跟我先前在溫帶聽到的聲音都不同，這額外的發現使我對錄製珍貴的聲音充滿期許。
>
> 我在一處山丘頂的林間小空地旁找到適當的位置，那裡是第一道初陽會降臨的地方，我開始準備錄音設備。突然，一陣恐慌襲上心頭！我想跑，但又沒有明顯的原因。我試著釐清情況，告訴自己：「這裡是地球的另一邊，笨蛋，如果你不留下來錄音，你以後可能不會再回來！別管你的感覺了——待在這裡！」但接著我又領悟到：「你不必留在這裡，不是現在！別管設備，跑就對了，你可以兩個小時之後再回來拿。」

四個月後，我回西雅圖的錄音室聽那天早上美妙的聲音，沒錯，那聲音是很美妙，清晰卻複雜，我急著想聽我丟下錄音設備跑掉、沒聽到的鳥鳴，就在那段錄音裡我發現奇怪的事，在幾乎察覺不到的短暫時間裡，完全沒錄到直接的聲音，彷彿有一個龐大巨物突然從陰影裡冒出來。我倒帶再聽一次，沒錯，顯然有東西阻擋了聲音。我聽到我離去的腳步聲，然後是花豹發出喉嚨的低吼，接著是牠穿過樹叢離去的聲音。

我從這個花豹事件學到自然傾聽者的意義，我們原本就具備完美的本能，可以傾聽周遭世界的聲音。我發覺與其問要怎麼聽，不如問要怎麼減少現代世界的干擾，後者更為重要。

腳步能明確呈現出個人與文化的特質。《世界的調音》（*Tuning of the World*, Random House, 1977）一書的作者穆雷・薛菲（Murray Schafer）提議把能否聽到自己的腳步聲，列為城市的噪音標準之一，意思很簡單：我們居住的地方應該安靜到足以聽到自己（和他人）走路的聲音。然而，在大多數的城市，這是難以達成的目標，因為機器主導著今日的聲響。

艾比和我自從進入西雅圖後，就在避不開的噪音下聽不到自己的腳步聲，這是無法看到、只能聽到的塵垢，要透過減少噪音、音響設計和行為改變來消除這種塵垢，不僅困難，也很昂貴。在西雅圖中心（Seattle Center）附近，看得到太空針塔（Space Needle）和一座「西雅圖酋長」雕像的泰國餐廳裡，我把接下來幾天的目標解釋給艾比聽，包括當晚去看職業籃球賽，還有去參觀引起許多討論的新公立圖書館，去高速公路公園（Freeway Park）散步，最後再去貝納羅亞音樂廳（Benaroya Hall）聽交響樂演奏會。造訪過人類設計和創造的聲響環境後，我們會去截然不同的派普斯頓峽谷（Pipestone Canyon），那裡也是我最喜歡的聆聽地點之一。我告訴她，在這類罕見的地方仍然可以找到原始天然的露天劇場，體會人類始祖的經驗，人類的聽力是在這種地方演化，這類地方與人的本性更加契合。

但艾比不懂，或者該說她聽不到。她陰沉地坐在我對面，戴耳機聽iPod，頭轉向一邊。等我引起她的注意，對她皺著眉頭時，她用力把耳機拔掉。

「這整個一平方英寸的事根本是胡扯，我一直這麼覺得，這事很蠢。」

我猜這只能怪我自己，沒注意「小心你許的願望」這句古話的教訓，我原本是希望艾比能代表今日的年輕人，跟著這趟旅程走一小段，從吵雜的都市環境到自然安靜的地點，深刻體會聆聽帶來的洞察力。我也希望能收集她的觀察結果和見解。看來，她很勇於表達意見，那我就該聽聽她的說法。

「為什麼很蠢？」我問，讓艾比表達她對這個計畫的看法。

「我覺得這是浪費時間。」

「妳知道如果能保存一平方英寸的寧靜，就能減少一千平方英里內的噪音污染嗎？這不是胡扯。」

「我不想吵這個，」她說：「反正我不在乎。」

我們已經相處十六年，她很了解怎麼惹火我。

「妳知道，妳把妳的不在乎表達得很清楚。那妳**在乎**什麼？」

「就是一般年輕人在乎的事。我在乎朋友，我要做好玩的事，我不想去了解我不在乎的事，我可以搭火車或巴士回去，現在就回去。」

我們的雞肉沙嗲剛好在這節骨眼送上來。

我心想，我或許有好幾個月看不到她。我們真的需要花點時間好好相處。我究竟是為什麼要做這趟旅行？我發覺自己被計畫的衝勁沖昏頭了。

晚餐後，我們越過丹寧街（Denny Avenue），要到鑰匙體育館（Key Arena）看超音速隊與丹佛金塊隊籃球賽的車輛，把街上堵得寸步難行。我們的位子在二一六區第一排，挺高的。我是在網上向一個紐澤西州的傢伙，以額外加價買的票。

雖然我不是特別迷球類運動，但也參加過不少比賽。微軟曾經派我去參加足球、棒球、曲棍球、籃球，還有高爾夫球賽，為電腦遊戲錄製比賽現場的聲音，要我用替博物館、電影和我自己的唱片錄製野生動物和大自然聲音的技術，到坐滿觀眾的球場錄製歡呼聲。儘管這兩種場景不同，但我仍在其中發現許多共同點。有哪些地方是我們能像野生動物一樣大吼，卻仍然能被社會所接受？更明顯的是，我發現在亞馬遜雨林裡，光憑聲音就可以正確判斷時間，就像我可以光憑聲音相當準確地預測哪一隊拿到球，比賽或延長賽還剩多少分鐘。

我和艾比一經過鑰匙體育館的旋轉式入口，我的音量計讀數就爬升到七十四加權分貝，因為它測量到聲音在水泥建築表面上清晰反彈的聲響。就算我跟艾比有話可說，恐怕也很難講話，因為周遭的聲音實在太大。當我們抵達座位時，連續播放的搖滾樂使音量計讀數再往上增加到八十三加權分貝，比六英尺高的巨浪拍擊在海灘上的聲音還大，但這個由地主隊球迷製造出來的聲音風暴，才剛開始而已。

「大家更用力地喊！」播音員的聲音是九十加權分貝，跟一般的雷雨差不多。觀眾盡責地又歡呼起來。

「大家準備好了嗎？」播音員再度大喊，鼓勵大家再度歡呼，我們看到球場自己的「噪音計」開始歡樂飆升。在這個坐了半滿的球場裡，我的手持音量計測到的數值是九十八加權分貝，就像暴風雨已經在頭頂上。

「砰—砰—啪，砰—砰—啪。」球賽開始，第一次射籃得分：超音速隊，九十八加權分貝。第二次得分：金塊隊，九十加權分貝。第三次得分：超音速隊，一百零二加權分貝。

在這名副其實的「超音速」比賽裡，負責控制聲音的人坐在球場最上方稱為「小桶」（the bucket）的一個小房間，位於其中一個籃球架後面，美國國旗附近。他的名字是安德魯・莫倫（Andrew Moren）。莫倫在大學時拿到這份工作，一場比賽二十五美元，外加一頓免費餐點。十二年後，他仍然在做這工作。即使他現在有了家庭，而且是安裝防火灑水系統的承包商，至今他仍替超音速隊播音，只因為他喜歡這份工作，可以娛樂和鼓動觀眾。他把這份工作比喻為替好萊塢電影製作音樂。

「我覺得它們是相同的，」他說：「觀眾是比賽的重要成員。以我來看，他們會造成幾分的差距，而很多比賽都是以一分之差決勝負。在有些比賽裡，我覺得我也是促成勝利的因素，在一些比賽裡，我覺得我應該為沒有讓觀眾更興奮負責，導致我們以一分落敗。」

莫倫用的軟體叫「Game Ops Commander」，可以讓他自由運用各種不同的音效。他的「射籃成功」檔案夾裡有「baboom.wav」、「bjojump.wav」和「torpedo.wav」等選項，而他的「射籃失敗」檔案夾裡則有可以嘲弄對手的聲音，例如有類似把舌頭放在上下唇之間振動，以發出怪聲來奚落對手的選項，像是「haha.wav」和「sucksuck.wav」。需要音樂時，莫倫的歌曲庫裡有五千條歌可供選擇。他經常說，他的角色就是填補比賽空檔。

「對我來說，最大的聲音就是沉默。它會立即引起我的注意，」他說：「沒有聲音會讓我覺得困擾，所以我總會盡快採取行動，用一些東西來填滿，如果沒有適當的，至少也會用輕鬆的背景音樂。認不出樂器的音樂最安全，你不一定要用很流行的歌曲，因為你不會想把大家的注意力引開眼前的比賽，但你會想讓比賽變得更精采，讓它不會有冷場或赤裸裸的感覺。」

至於球場放置的電視分貝計，他大方承認那不是真的。「它有十格，三格綠色，三格黃色，四格紅色。它衝得愈高，觀眾愈興奮。我們還會在旁邊加一條註解，上面說：『製造一些噪音』，」他把這視為「事先的錄影播放，每次看起來都一樣」。即使球場裡只有他一人，這分貝計的顯示仍會相同。

莫倫說他唯一接觸到真正的音量計，「是在ＮＢＣ之類的電視網來轉播的時候。這類公司對於最大音量有嚴格限制，因為他們要聽得到播報員的聲音，我想有一次我們被罰了一萬美元，因為我們把聲量調得太大聲。那次是在跟芝加哥公牛隊和麥可・喬丹（Michael Jordan）爭奪冠軍的時候，我相信，那次球場的音量有九成是觀眾製造的，我只占了其中一小部分而已。」

美國橄欖球聯盟（The National Football League）的球場大得多，對噪音的控制也很嚴格。它的規則手冊裡有一大章節是用於規範群眾噪音：「美國橄欖球聯盟球場上的人為或人工製造的群眾噪音，已經大到球隊向聯盟反應，他們在球隊休息區和球場上都很難溝通的程度。」因此聯盟明白禁止「使用噪音指示計，或諸如『大聲點！』、『聽不到！』、『喊得震天響！』、『瘋狂大喊！』、『加把勁！』和『球迷！』之類的訊息」。違反這些和其他的噪音規定，球隊會被罰五碼球或失去一次暫停機會。然而，球場噪音有時仍然大到球員必須靠視覺信號相互溝通，有點像被戰鬥噪音團團包圍的士兵。

芝加哥期貨交易所（Chicago Board of Trade）很早就開始使用手勢，在狂亂的交易廳裡進行交易，但是最近一家名為「Sensaphonics Hearing Conservation」的公司，有一種發明可以協助交易員。這家公司除了替「印第五百」賽車手、太空人和「滾石合唱團」等音樂家製造特殊耳機之外，最近也推出一種名為「ProPhone TC-1000」的特製耳機，將交易員帶進更快速的電子交易世界，ＴＣ的意思是電子通訊（telecommunications）。「以前他們會一人坐在電腦前，由另一人跑到交易廳把指示交給交易員，在交易員做好交易後，這人會拿著文件跑回負責電腦的人那裡，」Sensaphonics的總裁暨創建人麥克・桑圖西（Michael Santucci）解釋說，現在交易所可以透過只限於櫃檯和交易員之間的內線電話來簡化流程。

「不過，」桑圖西繼續說：「在忙碌時間，噪音量還是很大。」

「你知道大概多大嗎？」

「我知道，但我簽了保密條款，所以不能說。幾年前我測量過，我只能說相當於搖滾音樂會的程度，有那麼高。想想看一百人站在一個圓圈內，而你就在正中央的情形，就是這樣。」

他解釋說，交易員最先是湊合著使用阻擋聲音的耳罩，但它們重達兩磅，使交易員的壓力更重。於是Sensaphonics設計了一種單件式客製化耳機，裡面配備了消音式麥克風，重量不到一盎司，可以直接插入交易員的手機。這種裝置一個要價六百五十美元，但是和因錯誤溝通而導致的數百萬美元損失相比，算是小錢。

噪音也入侵美國的消遣娛樂。在《球場景觀：美國棒球迷的一季》（*The View from the Stands: A Season with America's Baseball Fans*）一書中，喬安娜・華格納（Johanna Wagner）寫到她在二〇〇二年夏天到美國各大棒球場的經驗，她觀察到：「大多數人覺得兩局球賽之間的噪音量令人難以忍受。」她在書中舉例說明球迷被球局之間的大聲音樂激怒的情形。她還舉出一名球員支持安靜的立場：紐約洋基隊中外野手同時也是傑出音樂家的伯尼・威廉斯（Bernie Williams），要求在他走向本壘板時不要播放音樂，讓他能夠專心。

艾比跟我一樣，無法忍受球場噪音的攻擊，甚至連四分之一都沒看完就離開了。棒球不適合我跟艾比，我們已經聽夠了。我們沉默地走回位於太空針塔附近的旅宿旅館（Travelodge）。我睡了九小時，艾比睡了將近十二小時。早上她幫我以太空針塔為背景，替「寂靜之石」拍照，我希望能在這趟橫越美國的旅程中，替這位「寂靜大使」拍攝更多類似的照片。

但是在我們前往下一站前，我在西雅圖還有幾個地點要去。艾比選擇做她最不會抗拒的事，逛街購物，我則是前往一個熟悉地址的十四樓赴約。在我當單車快遞時，我們是把橄欖路（Olive Way）七二〇號稱為

「Dajon」大樓。如今，它則是按最大的新房客「Marsh & McLennan」公司命名，我知道這裡是因為我第八次不幸的車禍事件就發生在這裡。我的單車頭盔撞到橄欖路的人行道，造成腦震盪，就是那次我學到人類祖先早在互相說話之前就已經知道的事：聽力是我們最重要的生存感官。畢竟，我們演化出沒有蓋住的耳朵。

我搭電梯去「楊提斯聲響設計公司」（Yantis Acoustical Design），我已經跟他們負責設計西雅圖新市區圖書館的聲響工程師巴塞爾・喬帝（Basel Jurdy）約好碰面，那棟新建築是以玻璃和鋼鐵建造的醒目建築，用在它身上的形容詞包括「令人興奮」、「令人激動」，甚至「能讓人變高貴的空間」。我很好奇這樣的新千禧年圖書館會怎麼定義安靜？它的館員是否仍會把手指放到嘴唇上，發出「噓——」的聲音。

這棟圖書館耗資一億六千九百二十萬美元，我讀過許多關於它的評論，卻沒有一篇提到它的聲響設計。在今天的會面之前，我曾把這個觀察結果告訴山姆・米勒（Sam Miller），他是西雅圖「LMN Architects」建築公司的資深主管，也是跟荷蘭建築師雷姆・庫哈斯（Rem Koolhaus）和他的大都會建築事務所（Office for Metropolitan Architecture）合作興建西雅圖公立圖書館的伙伴。

「對我來說，這意味著它很成功，」米勒說：「如果它的聲響效果沒有用，你肯定會讀到有關這方面的評論。事實上，我認為它在聲響方面非常成功。」他解釋說，市立圖書館館長黛博拉・亞各布斯（Deborah Jacobs）表示，他們的目標不應該是要用噓聲來讓人保持安靜。「她很早就表示，她希望這座圖書館是民眾能自由地跟他人一起閱讀，並在讀到有趣的內容時能夠開懷大笑而不會感到不自在，也不會覺得自己成為眾人注意的焦點。」

米勒解釋說，傳統上，大閱覽室是以石頭、大理石地板和木頭製成，這些堅硬且容易反射聲音的表面，會決定圖書館內的聲響。在過去的三十到四十年間，許多圖書館開始採用地毯和吸音效果較好的表面，有助於消除聲音。西雅圖想要的是介於兩者之間的效果，他說，「賦予圖書館一點生命。」

喬帝長得高大，很有自信，在接待區迎接我，帶我到後面會議廳的一角去談話。他講話溫和，用字小心，是位融合了藝術與科學雙重特質的工程師。我們在開頭的閒聊中，談到當地的高樓大廈突然增加，還有大量的起重機（喬帝在鄰近的柏衛市〔Bellevue〕數到十三台起重機），讓我想到當地有關高樓的噪音規定。它們的暖氣空調系統最大能到多大聲？

「規定在地界範圍內，不論日夜都不能超過六十加權分貝，」喬帝解釋說這是商業區的標準。「住宅區的限制是白天五十五加權分貝，夜晚四十五加權分貝，所以夜晚比較低。」

「從我的觀點來看，四十五加權分貝是森林裡遙遠溪水的聲音，仍然非常明顯。」

「你這個觀點很有趣，因為每次有客戶問『三十加權分貝是多安靜？』時，我們都很難解釋，因為我們就算不說話也聽不到，因為在這個都市環境裡，這種聲量根本不存在，除非我們去一個特別的地方。」

喬帝建議我們走路去圖書館，因為他想帶我去看途中的一個地方。原來是女性服飾店「人類學」（Anthropologies），這家店曾協助圖書館的聲響設計。「我們尋找能示範聲響的地方，不僅要給建築師看，也要給圖書館員看，」我們走進去時，喬帝解釋說：「結果我們找到這地方，它的擺設跟我們未來的空間相同：硬水泥、硬木地板，一些高高低低的櫃子。」艾比會喜歡的音樂大聲播放著，我在四處張望時，喬帝繼續說：「我們請經理關掉音樂，走進來這裡，然後開始說話。我們也帶圖書館員來做相同的示範，他們都覺得那聲量讓人很舒服。」

我在店裡的音樂聲音下可以聽到和了解喬帝的話，但並不容易。我們回到店外，繼續朝圖書館前進時，都市的喧鬧立即取代了一切。一輛卡車呼嘯而過，我看到喬帝的嘴開開合合，卻聽不到一個字。交通噪音完全蓋過了我們的交談聲。「西雅圖噪音法令」（Seattle Noise Ordinance）對任何單一車輛的噪音限制是九十五加權分貝，比地產限制要高三十五加權分貝，因為這影響是短暫的。在聽不懂對方的意思之前，我們能容忍多少字詞流失或誤聽多少音節？而且這不僅攸關話語的理解而已。從自然聆聽者的觀點來看，我不僅想清楚聽到每一個字，也想感受到說話者聲音裡的壓力和語氣，哀傷的感覺，諷刺的語調或挖苦的味道。在所謂「短暫」的噪音接連不斷地出現下，我們話語裡的細微差異早已變得不可聽聞。

我們抵達第五大道上的圖書館入口後，我拿出音量計，測量自二十英尺外經過的車輛聲音，結果是在八十到九十加權分貝。我把設定改為測量六十秒內所有音量的平均值後，發現噪音值降到七十五加權分貝。現在我知道，即使是在噪音較小的時候，這裡的音量也比西雅圖允許建築物朝鄰近房產造成的噪音量多十倍以上。這不就跟轟隆隆的雷雨一樣？

喬帝帶我進去中庭，設計師把它稱之為客廳。我的音量計在五十五加權分貝附近跳動，這就有趣了。人類講話的聲量一般是六十加權分貝左右，這裡的音量雖然沒有那麼高，但顯然有得比，這意味著得站在身旁才聽得到對方講話。然而，由於我的主觀感受不是嘈雜，而是安靜，這情形令人驚訝。

「在典型的圖書館，」喬帝告訴我說：「你可能會希望絕對安靜，裝潢要能吸音，而且房間不能有回音。但是以這裡來說，我們最初討論它的功能和使用方式，還有這間大廳要如何跟圖書館其他空間溝通時，我們的團隊認為它可以生動活潑，跟其餘的空間產生實際關聯，就像一個聚會所，一間客廳。你可以聽到人們講話，但那些話語屬於他們應該在的位置。那位女士的聲音從那邊傳來，那是她的聲音。從背景噪音的觀點來看，我們稍微多營造了一些背景。你可以看看樓板這裡，噴氣口把空氣往上吹，讓立面保持涼爽。冷卻系統大部分位於地板下，不但效能比傳統的頂上式系統要高，也比較安靜。」

他指向我們頭頂約一百英尺處的建築結構：「這棟建築本身就可以吸收這裡的聲音。你有看到那個黑色的底面嗎？那是會吸音的防火材料。」

搭乘手扶梯上樓時，我提到這樓梯像消防車一樣的亮黃色很迷人。喬帝說這棟建築裡有一個地方的顏色很噁心。「我們應該去洗手間看看，那裡的顏色特別噁心，」他解釋說，那是故意挑選的，目的是要勸阻吸毒者不要把那裡當成吸毒的地方。

「有用嗎？」

「我想應該有。」

我們搭手扶梯往上走時，我測到音量是六十二加權分貝，跟一般正常講話的音量一樣，甚至跟春天黎明前最輕快的鳥囀一樣。但整個空間給人的感覺仍相當安靜。

混合室（Mixing Chamber）裡面擺滿電腦，重新詮釋了傳統的參考資料室。我在那裡測到的音量是四十九加權分貝，跟山溪開始往下流的途中，在覆滿青苔的岩石上飛濺的汩汩聲很像。儘管這裡有活動，聲響的能量也的確存在，但這裡卻顯得平靜無事，整體感受也是安靜的。

我們繼續往前走，在一堆堆書籍中，我測到最安靜的讀數是四十加權分貝。閱讀室裡，十七人中只有兩人手中拿著書（其他人在看筆記電腦的螢幕），音量計的讀數是四十四加權分貝。然後有一支電話響了，我從三十英尺外測量時音量遽增到五十八加權分貝，相當於用西洋杉木點燃的營火在寂靜夜裡啪一聲折斷的聲音。

最後我們抵達第四大道的入口，那裡有個金屬輸送帶正在處理書籍。這裡的空間帶著工業味道，天花板低矮，狹窄拘束。跟樓上空氣宜人的中庭相比，這裡的感覺像礦坑。此處的環境噪音是六十三加權分貝，說話時得提高聲量才聽得到。附近是微軟演講廳（Microsoft Auditorium），它的門有六英寸厚，能減弱聲音，牆面也經過特殊的聲響處理。這些門打開時，禮堂裡空無一人，而外界的「安靜」帶來的噪音約五十加權分貝，跟綿延不斷的細雨類似。

我的圖書館之旅的最後一站是兒童區，這個形狀怪異的封閉空間稱為「故事時間室」（Story Hour Room）。我愉快地想起兒女小時候，我唸故事給他們聽的情景，我很愛看小孩子聽故事的神情。特別是年幼的小孩（聽力最不可能受損的年齡層），他們還沒有學會聽現代意義的聲音，還不會把全副注意力放在老師或父母身上，相反地，他們仍是本能的動物，會聆聽任何事物，彷彿他們仍仰賴聽力求生。四到五歲的小孩是聆聽聲音的自然學家，只要讓他坐在你肩上，在夜晚出去散個步就知道了。

我驚訝的是，這個故事時間室裡竟然**沒**半個小孩！大約一百英尺外，我看到兩名大人在交談，甚至可以聽到他們以五十二加權分貝交談的所有內容。這裡的天花板和地板都很容易反射聲音。我想像這個空間裡有五、六個小孩的情形，更不用說有二十幾個小孩的時候，我問喬帝這裡為什麼要保有明顯的「雞尾酒會效應」，原來是有人告訴他，小孩都很好控制，但是根據我自己當父母的經驗，這實在令人懷疑。

我在離開前感謝喬帝，然後回到「客廳」，窩進一張舒適的椅子，回想今天的所見所聞。在我頭頂一百英尺的天花板非常宏偉，而這棟建築由一片片鑽石形的三層玻璃所構成的透明外殼，同樣令人驚嘆。這種視覺上的宏偉會讓人興起一種想保持安靜的感覺。它讓我想起峽谷區，只不過那裡的公共空間是在戶外的大自然裡。這裡的聲響環境非常好，我聽到從粗糙表面傳來模糊不清的稀疏聲音，但是無法確切聽出它的距離和方向。我可以看到人們的嘴巴在動，有許多交談，有些離我甚至只有五十英尺遠，但是我一個音都聽不到。這裡是充滿聲響能量的聚集地點，但這需要人用感覺來體會。

這座圖書館是一項卓越成就：一份強烈的建築宣言，為西雅圖的地平線增添了一個醒目地標，但也為圖書館的「客廳」和「中庭」營造出驚人的景觀，這裡也是民眾得以躲避城市喧囂的庇護所。這裡很安靜，但無須使用刻板的「噓——」來制止噪音，而是採用具有相同功用的心理策略。但是要達到五十加權分貝的「安靜」，是否不用犧牲任何事物？當我在「安靜的」波音七三七裡測到的音量是八十一加權分貝時，我想到現代世界愈來愈不「安靜」的情況，還有我們在別無選擇時適應或忽視周遭世界的能力。這些現代、高分貝版本的「安靜」，不僅沒有提高我們注重安靜的意識，反而讓我們忽略它。如同明亮卻毫無內容的白房間，這種大聲的「安靜」不能提供什麼。我希望我的工作能促使人們更加仔細聆聽，判斷現代聲響空間真正的價值。

瓦多斯塔州立大學（Valdosta State University）的歐登圖書館（Odem Library）對安靜採取的方法簡單得多。到這座喬治亞州的圖書館時，可以參考它的地圖，上面把這個占地十八萬平方英尺的設施分為相等的兩區：藍區和綠區。在藍區內，不得使用手機，只能耳語；在綠區內可以正常音量交談，手機可以設為振動模式。這政策跟美國國鐵比較安靜的「Acela」特快車類似，效果也不錯。這座圖書館流通櫃台的一名經理說，這項措施很成功，有八成的民眾遵守。

在讀寫能力成為教育方法以前，我們的傳統方法是聆聽。我們最早期的圖書館都是聆聽的地方：餐桌、床邊、教堂、城鎮廣場。我到夏威夷替史密森學會（Smithsonian Institute）錄詠唱調時，得知在十九世紀以前，夏威夷人沒有書寫文字。他們的圖書館都是用吟唱的。單一的詠唱調，例如《創世詠唱調》（*Kumilipo*），描述生命自海洋升起，然後進展到陸地上的故事，總共超過兩千行。

坐在圖書館「客廳」舒服鬆軟的椅子上，我心想或許這是發展未來圖書館的基礎，就像資訊時代把古騰堡（Gutenberg）的技術發揮得淋漓盡致一樣。在我的想像中，未來的圖書館會是社會密切互動的地方，比較像美好的用餐地點：一個光線柔和、氣氛寧靜的地方，讓人可以跟朋友互動或跟人會面，以中立立場交換手邊的資源。讀書會成員可以聚在那裡討論這個月的選書，作者可以在這裡朗讀他們的書，可以放映紀錄片供稍後討論之用。畢竟，我想不出圖書館裡有任何東西是與網際網路無關，除了與他人互動的機會。西雅圖的新圖書館目前有兩個主要的交誼區：安・瑪麗・高爾特（Anne Marie Gault）故事時間室和微軟演講廳。圖書館的其餘部分採取的都是心理式的「噓——」規劃，所以任何親密的交談（或偷聽）都是不可能的。

我們的公共聚會地點，例如供運動、文學、學習與音樂（我在西雅圖的下一站）的地方，都是刻意興建的空間，高度結構化，因此總會帶給人一些不自然的經驗。無論在什麼時候造訪它們，都會令我想到，保存不是人為建造、未受破壞的荒野地區非常重要，在這些地方，我們或許能恢復感官的平衡，有機會向未經人為規劃和改善、即興又原始的大自然學習。荒野可提供休閒，當然也可提供學習和聆聽地球上最純淨、原始的聲音。地球透過感官的語言跟我們說話，我不會羨慕一棟圖書館能獲得一億六千九百二十萬美元的興建經費，但何不把相當於這筆經費一小部分的錢用來保存就位在西雅圖後門、活生生的自然圖書館：奧林匹克國家公園。

艾比跟我在韋斯雷克購物中心（Westlake Mall）碰面，拿回我停在那裡的福斯。我們前往她外祖母家，大約在四點時抵達。葉芙特・基夫（Yvette Keefe）住在西雅圖東方，華盛頓湖對岸的柏衛市住宅區。她把後院改成花園，一個能讓心靈休息的綠洲。一排老花旗松挺拔地矗立著，在照顧良好的許多花床旁，杜鵑花和報春花替地面增添了綠意與色彩，更顯優雅。葉芙特花許多時間「窩在後院的洞穴裡」，旁邊是她親手挖掘並用蕨類植物圍了一圈的小魚池，不然就是坐在廚房的搖椅上聽古典音樂，或是美國公共廣播電台（NPR）的《萬物觀照》（*All Things Considered*）節目，或是看書。

打過招呼後，艾比立刻跑下走廊去到她的房間，每次她來外婆家總是住在那裡，她肯定是急著去收發簡訊。我跟葉芙特待在廚房，她坐在搖椅上，手裡握著茶杯。她跟往常一樣喝紅玫瑰茶，加一點牛奶。

她察覺到我跟艾比不太愉快，問起艾比的情形。我解釋說，她不想去派普斯頓峽谷。

「她不會是為這在心煩吧？」

我沉默了很久，然後嘆口氣說：「這就像拔牙一樣，我好幾個月前就跟她說好了。」

「她那時候說她會去？」

「她說她會去。什麼都說很酷。所以我問她：『現在妳什麼都不做，就只會抱怨。當初為什麼不說妳不想去？』她說她覺得當時她別無選擇，答應我好像比較簡單，反正是好幾個月以後的事。現在才發現很難做到。這我可以理解，這趟旅行的確會很辛苦。」

「嗯，你一定要帶她去嗎？」

這時電話響起，葉芙特接起來：「嗨，喬瑟琳。」然後她就開始說起流利的法語。

我這位前岳母雖然是在薩克其萬（Saskatchewan）的格雷弗堡（Gravelbourg）出生，但是在西雅圖長大。她父親是這裡的鋼鐵工人，大蕭條時期改當維修工人，母親偶爾到麵包店烤餅乾賺錢，葉芙特記得他們家不時會接待過夜的訪客，以打平收支。她在西雅圖住了超過五十年，過去二十年大多是獨居。現年八十八歲，是家族的女家長，自從我們見第二次面後，就給過我不少智慧建議。那次我前妻介紹我時說：「媽，還記得妳上週末見到的那個人嗎？我們結婚了。」後來我刻意去廚房找她單獨談談。「我知道您一定很擔心，覺得茱麗犯了一個可怕的錯誤，嫁給一個她才認識六週的人，」我告訴她：「但我愛您的女兒，一切都會很順利。」然後我大大擁抱了葉芙特一下，茱麗和我的婚姻維繫了十六年，但至今我跟葉芙特的關係仍很深厚。

由於我還坐在廚房裡，葉芙特體貼地只講了幾分鐘電話，就掛斷了。如同往常，我詢問她的意見：「妳有沒有什麼好建議？艾比跟我來西雅圖參加運動和文化活動，然後她會有完全相反的經驗，到自然、安靜的地方，一個可以在夜晚看星星，聽力範圍遠達數英里的地方。」

「哇嗚，我聽起來很棒。」

「我也可以藉此得知，艾比或今日的年輕人對這種體驗到底感不感興趣。不過我覺得她的心跑到別的地方去了。我該怎麼辦？堅持帶她去嗎？」

「等她三十歲，生了幾個小孩後再帶她去，到時她會很樂意跟你去，」葉芙特說，啜了一口茶。「我真的不知道，這要由你來決定，我想如果不帶艾比去，你會享受到更多樂趣。這趟旅程的壓力已經夠大了。」

我在廚房喊艾比。又喊了一次。然後我走到走廊，她正在講手機。我請她過來跟我們談談。

「我的本意絕對不是要折磨妳，妳知道的，對吧？這不是要對付妳的陰謀。我只想請妳給我一個機會解釋一下，妳在我這趟旅程中所扮演的角色，好嗎？然後妳可以決定要怎麼做。」

「好，」艾比靜靜地說。

「如果妳一起來的話，就會有機會聆聽大自然的聲音，這是妳已經很久沒聽到過的，我想妳一定會覺得很驚喜。」

「我會喜歡做這種事，」葉芙特說，「妳到八十八歲時肯定會喜歡。」

「是啊，等我年紀比較大的時候，或許吧。」

「我的想法是，」我繼續說：「你在聽 iPod 的時候，聲音跟你的距離只有四分之一英寸，但是如果去派普斯頓，妳有機會聽到非常微弱的聲音，來自數英里外的聲音。妳不會覺得這很有趣嗎？妳先想一下。妳還沒聽進去我剛說的話，所以我想妳應該還無法回答。那會是個全新的地方和體驗。我希望看到妳對派普斯頓的反應。妳覺得怎麼樣？」

「喔，我不感興趣，也不在乎。我對這種事情沒興趣。」

「妳以前從沒聽過廣達數英里的聲音，妳只聽過自己房間和周遭環境的聲音。妳會有機會聽到以前人會聽到的自然聲音，甚至是一千或兩千年前的人所聽到的聲音。我想知道的是，藉由親身體驗，妳是否能跟自己的那一部分連結，不僅是十六歲的妳，而是已經存在數千年的本能。這次旅行是一場實驗，先前我得到妳的同意，我邀請妳而妳接受了。不過從那時候起，妳就一直張牙舞爪，感覺很糟。我想如果我硬把妳帶到派普斯頓峽谷，妳的心也不那裡……」

艾比打斷我，她已經聽夠她老爸說的話。「我想**現在**就回家。媽說她可以今晚或明早去渡輪那裡接我。這次的經驗給我的壓力太大，我痛恨壓力。我快崩潰了，這次的經驗一點也不好，對我沒有任何幫助。我知道它不應該這麼負面，但我真的完全不感興趣，這段時間讓我很難熬，我寧可被禁足，關在家裡。」

艾比說，不，她對交響樂沒興趣，「我真的、真的沒興趣。我對這整個體驗也沒興趣。我可以自己去搭巴士。我可以走去巴士站。我什麼都願意做。我真的、真的很想回家。我覺得回到家我才能放鬆。」

我沒有生氣。晚餐後，艾比立即動身回家，她阿姨傑妮（Jeanine）開車送她去搭渡輪，茱麗會在另一邊接她。

艾比離開後，葉芙特開導我說：「孩子長到青少年時期，對親子雙方都不好受。我很高興我不必再經歷一次。青少年在他們這個年紀，總是很投入他們正在做的事。他們只重視朋友，其他的都不在乎。他們必須不停地講電話。不只艾比這樣。」

艾比離開時對我說：「爸爸，謝謝你讓我走。」

我提醒自己短途旅遊和長途旅行的不同。短途旅遊時，你會擔心同伴，擔心接下來的事，要按行程走。但是在長途旅行時，你永遠不必擔心，因為接下來總會有事發生。我通常要花兩個禮拜的時間，才能把心態從旅遊調回到旅行，但艾比兩天內就幫我做到了。

距離日出尚早，我在葉芙特的房子裡醒來，發覺周遭靜得出奇，只有二十加權分貝，是我至今量到最低的讀數。我的旅行鐘發出的滴答聲使讀數上升至二十二加權分貝。相較之下，我因為花粉而刺耳的呼吸聲算是吵的，有三十加權分貝。在四點五十五分，我聽到些微遠方傳來的交通聲，但音量計的讀數跟鬧鐘的滴答聲差不多。或許我可以聽到葉芙特在隔壁房間的呼吸聲。這是喬帝昨天談到的聲響能量之一：有些聲響幾乎察覺不到，但卻仍是真實地點不可或缺的要素。製作好萊塢電影原聲帶的錄音工程師會把這稱為「室音」（room tone）加上低階「背景聲音」。荒野健行者則可能會稱之為「地方精神」。

後來，茶壺開始嗶嗶作響。這種老式茶壺的聲音很好聽，葉芙特和我一起享用了紅玫瑰茶，一人接連喝了兩杯。這是她教我的喝法。我們繼續談昨晚的話題。

「我十幾歲的時候，」葉芙特說，「還沒有『青少年』這個詞。年輕人跟父母待在家裡，沒有次文化。現在的次文化是我們以前沒有的東西，以前我們會有幾個朋友，但不會像在新文化裡老是跟朋友黏在一起。但我們能阻止嗎？我不知道。」

「艾比聽iPod聽得很大聲，大到連我的耳朵都覺得痛！」我告訴她。

「不知為何，這些噪音可以阻隔他們不想聽的事物，這有點像喝酒，目的是要使感官變鈍。」

茶喝完了，聽了她的智語，我的心情開始振作，很快就上了休旅車，回西雅圖進行今天的聆聽活動，但在那之前，我先測了我那輛車的聲音：

空轉：六十三加權分貝
二檔、時速二十英里：七十加權分貝
二檔換三檔：八十四加權分貝
三檔、時速三十英里：七十加權分貝
三檔換四檔：七十五加權分貝
在通往西雅圖的州際九十號公路，時速四十五英里：七十九加權分貝
稍微下坡、最高定速，時速五十三英里：八十二加權分貝

它完全不是安靜的交通工具，但氣冷式四缸引擎的車就是這樣。充滿爆發聲！如果沒有時間表，沒有這麼多地方要去，我寧可採取不同的旅行方式：走路。等這趟旅程結束，我會給自己一份獎賞：沿徹薩皮克灣與俄亥俄運河的其中一段健行一百英里。最高法院法官威廉・道格拉斯（William O. Douglas）於一九五四年沿運河走完全程時，曾形容說：「這是一塊庇護地，一處桃花源，是首都後門的一長條寧靜平和之地。」

但是現在，我得先駕著我的福斯小巴，像一塊石頭投入流動快速的淺河般，駛入五號州際公路。交通快速壅塞，在我這輛相對較慢的小巴旁邊，車子川流不息。最後我終於抵達貝納羅亞音樂廳的地下停車場，離預先安排好的私人音樂廳之旅還很久，我決定用散步來體會西雅圖的聲音，回味以前熟知的市中心。

我的第一站是高速公路公園，就在第六大道的公園廣場大樓（Park Place building）和大學後面。這座

公園位於五號州際公路上方，我記得大學時曾經讀到，高速公路公園是為了「修復」五號州際公路「留下的傷疤」，是第一座建在高速公路上方的公園，也是當代美國最偉大的地景建築師之一，勞倫斯・哈普林（Lawrence Halprin）的傳奇傑作。我打算在稍後的旅行中造訪他的另一件作品，華盛頓特區的羅斯福紀念公園（FDR Memorial）。

這座公園開啟至今已經三十年，但是它的大膽設計卻需要重新評估，在一名無家可歸的盲聾婦女於二〇〇二年大白天遭人謀殺後，高速公路公園為什麼會吸引吸毒者與毒販這類流動人口，令人感到質疑。顯然，隨著樹木長大，這裡提供了庇蔭與隱私，但民眾也開始感覺到另一種情緒：很容易受到傷害。如今，這裡的遊客已大幅減少。就我的動物耳朵而言，這是無可避免的，因為這座公園的設計重點之一是噴泉，其中最著名的是峽谷噴泉（Canyon Fountain），哈普林把它包含在設計裡，可能不僅是出於視覺考量，也有聽覺因素在內。哈普林用激沖的水流聲來掩蓋高速公路的噪音，但這也使得站在噴泉附近的人很難偵察到有陌生人正在接近。當樹林愈高大，枝葉愈茂密後，視線跟著受到限制，情況就更加惡化。野生動物總是對掠食者很警覺，不會選擇在這類地方逗留。既然牠們都不會了，我們又怎麼會呢？

我知道西雅圖已經雇請非營利組織「公共空間計畫」（Project for Public Spaces）協助「發展社區願景」，讓這座公園「在寧靜與活動和景點之間獲得更好的平衡，讓它能夠造福鄰里和整個城市」。在他們提出建議以前，以下是身為聆聽者的觀點。

地上有無數色彩鮮亮的花壇，優美的鐵杉把我們的視線延伸到周遭建築，看到映照在鏡面帷幕牆上的夢幻都市景觀。著名的「峽谷噴泉」是乾的，應該是冬天時都會關閉。興建這座公園是為了緩衝六線道州際公路的影響，然而少了噴泉的激流聲，在這個有「五英畝都市綠洲」之稱的公園中心，雖然視野裡看不到一輛車，公路的影響仍無所不在。交通噪音最高達到八十五加權分貝，後來噪音一直在八十加權分貝左右，我得對數位錄音機大喊，才能讓我的口述說明聽見。在公園的其他地點，靠近華盛頓州會議暨貿易中心（Washington State Convention and Trade Center）的路標旁，有一個告示牌上寫著：「緊急警衛電話——警報器會響」（Emergency Guard Call—Alarm Will Sound）。告示牌上方有一個灰色板子，上面有個紅色按鈕和看似對講機的系統。我不確定它旁邊的紅色方盒是否就是警報器，它響起時是會讓這個已經很吵鬧的空間變得更吵，還是會在別的地方響起，由不同的人聽到。或許兩者都會發生。另一個告示牌上寫著：「禁止逗留」，以及「本公園於晚上十一點三十分至早上六點，不對外開放（舉辦特殊活動時例外）。違法入侵者，一律嚴究」。

公園下方的車潮回音形成穩定的城市聲浪，只有極少數人聚在這裡，大家講話都要用喊的。高速公路公園僅覆蓋這條州際公路的一小段，儘管大膽嘗試，企圖使市區的金融區更有人性，但充其量只能說是中等成功。我忍不住想，有沒有人考慮過蓋一個蓋子，把穿過西雅圖的州際公路整個覆蓋起來，真正把聲響環境還給行路人，而非做做樣子。在附近，穿越麻沙島（Mercer Island）富裕住宅區的九十號州際公路，就做了這樣的大規模計畫。在那裡所謂的「蓋頂公園」（Park on the Lid），有兩個壘球場、四個網球場、一個有遮蔽的野餐地點、兩個遊樂場、兩個籃球場和許多開放空間。麻沙島市形容它是「闔家光臨的理想地點……經過細心整理的開放地區，適合所有年紀的孩童歡鬧嬉戲」。

以我的耳朵而言，高速公路公園沒多少令人愉快的地方，所以我繼續前進，穿越華盛頓州會議暨貿易中心。在星巴克對面的一個安靜角落，我測到的噪音量是四十八加權分貝。貿易中心的行人道上，兩名西雅圖警察騎著登山單車經過我前面，我意外發現，單車的飛輪並沒有發出熟悉的「喀哩—喀哩—喀哩」聲，因為加了油，在我的膝蓋不行以前，也經常這樣處理我的單車。

我很快就聽到熟悉的聲音。車子慢慢駛過派克市場的磚道發出的「呼─呼─呼─」聲，這裡是我在西雅圖最喜歡的地點之一。以前我做單車快遞時喜歡這裡，因為這裡是唯一可以帶著滿載快遞的單車搭電梯的地方（不用騎上西方大道的陡坡）。但我最喜歡的，還是這座集合了多種攤販的百年市場的魅力與活力，還有令人驚喜的活動。至今，這些零售商的攤位還是用租的，最重要的是，這裡是行人最後的領域。民眾可以自由從花攤走到蔬果店，途中經過手工紀念品店，對了，還有著名的魚攤，在那裡可以看到魚販把整條魚懸空掛著以吸引顧客。在市場自由閒逛的民眾造成附近道路交通癱瘓，我聽到最大的交通噪音是來自一名機車騎士，他不停旋轉手把，催動引擎，以免機車熄火。我還聽到一名商人「啪」一聲用力把塑膠袋打開，還有把碎冰鏟到海鮮上的聲音，以及沉重的舊式門開開關關的聲音。那裡鮮少能聽到腳步聲，至少在繁忙時段是如此，但總是能聽得到人們唱歌的聲音。

「給一首我能唱的歌。給一個我能做的夢。給我一座山和深藍大海，心靈的寧靜與平和。」

我遇到街頭音樂家吉姆・亨德（Jim Hinde），他腳邊放著打開的吉他箱，灰色的鬍鬚垂到胸前，另一名歌手替他和音。他們旁邊聚集了十幾個聽眾，當歌聲停止，我跟其他人一起鼓掌。然後我伸手掏錢，捐給「讓吉姆回來」基金。我花了十五美元買他的CD，《使風沉默：和平、抗議與愛國之歌》（*Shout Down the Wind: Songs of Peace, Protest, and Patriotism*）。

我輕鬆從第二大道走到「窮街」（Skids），一般認為這裡是「髒亂街區」（Skid Row）這個詞的起源地，因為在歷史上，這裡是圓木被「滑」（skid）下山坡，送入銑鋸廠的地方。我走到貝納羅亞音樂廳的藝術家入口（Artist's Entrance）。在派克市場，街頭音樂家是在不和諧的城市聲音中表演，而貝納羅亞音樂廳則是經過精心設計，可以隔絕城市的噪音。這座音樂廳於一九九八年完工，造價一億兩千萬美元。

我買了今晚匹茲堡交響樂團（Pittsburgh Symphony Orchestra）的票，我想最好在聆聽前先了解一下音樂廳的設計及音響性質。西雅圖「LMN Architects」建築公司合夥人馬克・雷汀頓（Mark Reddington）是音樂廳建築案的首席建築師，為這個案子陸續工作了十二年。他直接帶我去聽寂靜之聲：擁有兩千五百個座位、但空無一人的大廳，我們走到一樓座位正中心，接近我心目中最熱門的位置，也就是座位區中前方，那裡的聲音效果最好。

「砰！」我先弄出巨大的聲音，接著傾聽聲音的去向，還有多久才完全消失。「砰！」我又發出一聲巨響，耐心等候回音完全停止，然後告訴雷汀頓說：「我到野外錄製聲音時，會用這種方法來判斷一個新地點的音響效果，決定是否要在那裡錄音，這方法快又方便。」

我用腕錶計時，發現在無人的情況下，聲音大約兩秒會消失，這很不錯，讓我聯想到霍河遊客中心上方「青苔殿堂」的回聲時間。

「有人的時候會差很多，對不對？」我問。

「人會使這裡的吸音效果變強，」雷汀頓解釋說：「在交響音樂廳，你通常會設法在吸音效果和夠長的餘響之間取得平衡，餘響時間通常大約兩秒，才能讓交響樂團的樂音充分混合。問題是如果餘響時間太長，或音樂廳有其他因素會使聲音失去清澈的特徵時，樂音就會變得混濁。所以餘響對交響樂音樂廳的功能很重要，此外，音樂廳裡和聲音擴散有關的一些特性，對於廳內的音響品質也很重要。這座音樂廳有一些特徵，像是整個大廳和所有表面的幾何特色，以及樓座的配置。」

「所以整體演奏會是自然形成的音響效果，沒有使用擴音器？」

「對，這裡有擴音系統供講課時使用，但交響樂演奏靠的全是自然聲響，」雷汀頓說。

我對交響音樂廳的聲響效果跟自然環境是不是一致很感興趣，像是大草原、林間空地、山間的自然露天劇場，或是人類耳朵演化的有機場所。我問雷汀頓知不知道有關這方面的書籍。

「我沒注意過。」

我很失望，但並不驚訝。人類聽力的靈敏度峰值大約在二點五千赫左右，但鮮少有聽覺學家會思考這個峰值在演化上的重要意義，並詢問在人類演化期間，是「什麼」事件使我們必須對這個頻寬的聲音特別敏感？也鮮少有聲響工程師思考交響音樂廳的理想餘響時間，是不是有什麼演化上的原因。但我卻對這兩個問題很感興趣，忍不住會思考人類祖先的生存需求，因為我們今天擁有的耳朵正是源自他們。

在室溫下，聲音傳播兩千兩百英尺左右的距離，約需要將近兩秒的時間。我們是否能從這樣的距離，推估人類祖先偏好的居住空間大小？這兩秒的時間是否足以讓他們逃脫或備戰，換句話說，是否夠讓他們有足夠的監視時間，以便放鬆？能產生餘響的自然空間是否就像回音定位能指引海豚和蝙蝠一般，也能協助並向人類保證：這地方的聲音可以聽得一清二楚；所有聲音的資訊都已抵達。我先前已經發現，在一些大林間空地和丘陵上的草地，餘響時間是兩秒，一般是在清晨日出前夕，因為那時的空氣多半很沉靜，連一點微風也沒有，這時聲音傳播的距離比日夜任何時間都來得遠，也更加清晰。

我拿出音量計，測量貝納羅亞音樂廳在空場時的音量，結果讀數是二十六點五加權分貝，大約跟「一平方英寸的寂靜」差不多。

雷汀頓指出：「這還是在通往控制室的門打開，還有兩部涼風扇吹送的情況下測的。你看，光這些門就重達八百磅。」

「這裡真的是一座拱室。」

事實上，整棟建築物都是。由於這座音樂廳位於都市內，更重要的是，它剛好位於柏林頓北方鐵路（Burlington Northern）的火車隧道上方和某個地鐵隧道旁邊，因此這座音樂廳的首要工作是隔絕地下產生的噪音，反倒不是考慮管弦樂的音響。「以前有一位顧問帶著設備到現場，實際到地底測量貨運火車從下方經過時所產生的振動頻率，」雷汀頓說。「唯有如此，他才有辦法設計出能去除那種頻率的隔音系統。你可以利用隔音墊的密度來進行調整。」

貨運火車隧道位於兩層樓的停車場下方，停車場上方就是觀眾席，幸好有根據特定基地而設置的隔音接頭，所以不是位於正上方。「觀眾席本身是一個獨立的水泥箱，」雷汀頓繼續說：「它跟周遭建築在結構是分離的，中間有明確的裂口，只靠有彈性的接頭橋接，所以不會有任何噪音或振動從接頭傳來。」

但這裡的音響工程除了必須解決外在的環境噪音之外，也必須解決建築物本身的噪音，包括循環系統、風扇、幫浦、風箱裝置，以及所有會產生聲音與振動的來源，同時還要能在現場演奏和錄音時使一切保持寂靜，以免敏銳的數位錄音設備把背景噪音也錄進去。營建工程師和建築師用噪音標準等級（Noise Criterion rating）測量機械系統在使用中空間裡的噪音。在典型的辦公大樓內，噪音標準等級約為三十或三十五，貝納羅亞音樂廳的目標是十五，相當於二十二加權分貝。

我們繼續往前走，雷汀頓指出這裡沒有平行的表面，並解釋說：「你希望背景噪音很低，又想控制室內的聲音。你希望餘響夠長（兩秒），為了達到這些，牆壁和所有表面一般都採用密度很高、很重的材料。這裡所有粉刷過的表面，全都漆上全厚灰泥，並在背面塗抹灰泥來增加額外的厚度。」

「這是為了防止振動？換句話說，跟樂器恰恰相反？」

「對，這樣才能限制吸音，讓聲音在室內飄揚，」他說：「同時你又想讓聲音散播。我們經常聽到交響音樂廳被形容為鞋盒式，表面沒有其他鉸接，鞋盒式組構能在兩秒內創造出最密集的擴散模式，將聲音散布至整個室內。這個基本的幾何形狀是一個起點。然後你現在眼前見到的所有表面全都有額外鉸接。

「如果你仔細看，就會發現到處都有某種三角形的幾何形狀，而且經常與牆面垂直。這些三角形是用來創造不同大小的表面，一端較寬，另一端較窄，有了這些不同的表面，就可以跟不同的聲音頻率產生互動。同樣地，你也可以看到所有的底面都是朝不同方向摺疊。當聲音傳出舞台，撞擊側牆，再從樓座底面彈回來時，箱形廳堂內的懸垂物是把聲音往廳堂後側推送的重要關鍵。兩秒內，廳堂就會開始吸收聲音，也就是聲音衰減。所以你得控制吸音，於是我們還做了一件事，就是設法建造能均勻吸收所有不同聲音的牆。你會希望所有樂器的不同頻率，以相同的平均速率在這兩秒內衰減。」

雷汀頓帶我去看一面側牆，「這些都是先用混凝土蓋好，然後在頂端鋪上一系列不同間隔的木板條。」他用指關節在好幾個地方敲擊，發出類似鼓組一樣的聲音，每個位置的聲音都不同。事實上，貝納羅亞音樂廳剛開幕那段期間，雷汀頓的確帶了一些橡皮木槌，在牆面上敲擊，演奏給參加導覽的民眾聽。

大自然裡也有許多隱密的表面和表面下方的空間，能對聲音的傳播方式造成類似影響。我告訴雷汀頓：「在優勝美地錄音時，瀑布造成的音頻範圍很廣，我喜歡跑到由花岡岩大圓石圍成的內部空間去錄製瀑布的聲音，把麥克風移進移出，直到找到我想要的聲音為止。你可以根據不同的位置，加強中頻和低頻的聲音。有時還可以找到熱點，那裡的敲擊節奏特別明顯。這些效果都可利用這類眼睛看不到但耳朵聽得見的隱匿空間做到。比方說，瀑布離開圓石區跟離開花崗岩懸崖的聲音就不一樣。」

「松林也有相同的現象，」我補充說。「瀑布的原始聲音在進入森林時像白噪音[1]，等到在森林裡傳播了夠遠的距離，遠到一些重複的結構能夠選擇性地濾除掉一些頻率之後，你就會聽到一種嗡嗡聲。」

「真的嗎？」

「首先，你要很放鬆，用心靈去感受它，不要把它想成噪音，只要放鬆，讓它找到自己的模式。然後起初『淅——』的聲音就會變成『嗯嗯嗯——嗯嗯嗯——嗯嗯嗯——』。」

「是微風吹過的聲音嗎？」

「嗯，微風可以形成這種聲音，如果距離夠遠的話。任何白噪音都可以創造出這種聲音，但我發現河流或瀑布特別能把這種聲音送入山谷，而山谷和重複的植物模式都會創造出這種哼鳴聲。」

「你進去過洞穴嗎？」雷汀頓問。

「進去過。我不喜歡太深入，因為覺得很陰森。有一次在夏威夷，我進去海灘附近的熔岩洞，海浪會捲到熔岩圓石上，讓它們滾動，發出轟隆聲，但洞穴本身是乾的，距離海灘數百碼。我愈深入，海浪聲的變化愈大，最後變成非常低沉、類似唸經的節奏。這次體驗讓我出版了《洞穴深處》（*Back of the Cave*）那張唱片，那是我最喜歡的唱片之一。」

「我以前住在中西部時，常去肯塔基州的洞穴探險，」雷汀頓說。「在洞穴深處聽到的聲音，就像完全脫離周遭外界的聲響，裡面除了岩石，就是水或泥巴。這些東西都很容易反射，所以聲音可以傳得很遠。但它很複雜，有各種形狀，所以很難說得出聲音來自哪裡。聽起來經常像有人在遠方說話，即使你知道那裡並沒有人。其實那只是水聲，但是那些洞穴給人的印象真的很有趣。」

「我也有注意到這點，」我說。「在感知遠方的聲音或微弱的訊號，像是森林裡傳來的遠方溪流聲，或溪水在樹上反彈的聲音，有時我的腦子會把它們轉化成人的聲音。有幾次我還真的停止錄音，想找出說話的人，要求他們安靜。但是當然，他們不在，只有我一個人，方圓數英里內並沒有其他人。」

我倆都同意這其中含有人類的某種渴望在內。

雷汀頓問我會不會聆聽今晚的音樂會。我把票拿出來遞給他。「正廳前排R席，DD排十一號，」他唸出來，然後幫我找到幾小時後我要坐的座位。想到我這位「帶位員」的資歷，我不禁笑了起來。

這趟導覽即將結束時，我問他：「會有比這更好的設計嗎？這已經達到最高水準了？還是預算只能做到這樣？」

「不是預算的緣故，」他回答。「我會說這已經登峰造極。你可以花錢，人們也願意花更多錢來興建音樂廳。例如洛杉磯幾年前剛完工的迪士尼音樂廳，外形充滿雕塑感，要蓋出那種建築得花很多錢，但是在聲響方面，我相信頂多跟這裡一樣。費城的金默表演中心（Kimmel Center）造價更貴，那裡有而這裡沒有的，只是一些可調節聲效的音響室。它的音樂廳上方有一些迴響室，可以用混凝土大門開啟關閉。舞台上方還有一個沉重的大型天棚，可以控制起降，改變音樂廳的聲響。這裡的交響樂團不想要可調整的音響效果，只想要一個實際可用的交響音樂廳。你去波士頓、阿姆斯特丹和維也納，還有一些世界公認最卓越的交響音樂廳，它們也沒有可調節的設施，就跟我們這個一樣。」

「比較老式的交響音樂廳是怎麼設計的呢？目前的標準是由它們開始設下的嗎？最初是不是隨意興建，而我們只是跟著照抄？」

「我確定那不是隨意興建的。歐洲的許多交響音樂廳是在十九世紀晚期建造，當時這類音樂表演從傳統的演奏地點，也就是皇室宮殿的私人音樂室，移到表演廳，後者的設計是模仿那些老音樂室，也就是鞋盒式結構。我想當時他們是一邊建造，一邊跟著自己的發現做修改，所以他們會建造出一系列相當類似的音樂廳。我認為他們是重新創造先前成功的做法。一般認為最早以科學方法設計的音樂廳是波士頓交響音樂廳，建於一九〇〇年。他們當時實際計算了餘響和吸音效果，不過我不知道它們在設計上扮演的角色，它仍然很像傳統的歐洲音樂廳。」

「這座音樂廳是在一九九八年完工，幣值和現在已經差很多了，當時整座音樂廳的工程花了八千萬美元。總計畫大約是一億兩千萬美元，包括購買土地的費用。這裡的隔音技術是最尖端的。有些人主張達到十或五的噪音標準等級，但我聽說有些人質疑這麼低的噪音是否測量得到，因為光是在音樂廳裡進行測音所產生的背景噪音，就已經高於這個等級。最後這座音樂廳做到標準等級十五，以這類音樂廳來說，已經臻於極致。」

由於話都已經說完，我們於是靜靜站著，享受一些寂靜時光。

「謝謝你帶我參觀。」

「不客氣。」

五小時後，我把音樂會的票遞給真正的帶位員，二度來到我位於正廳前排R席DD排十一號的座位。艾比沒來，來的是她的阿姨傑妮，我很快就發現她拍手拍得真的很大聲。由安德魯・戴維斯（Andrew Davis）指揮的匹茲堡交響樂團開始熱身。觀眾陸續抵達，全都壓低聲量講話。這時音樂廳的音量大約是四十五加權分貝，聲響能量大約是下午空場時的一百倍。

我的座位離舞台大約一百英尺，離牆大約五英尺。即使如此，我發現這裡的聲音維持很好的平衡。演奏剛開始時，我看到音量計的讀數降到三十二加權分貝，第一支曲子演奏期間，讀數在五十五到六十加權分貝之間徘徊，安靜時刻的讀數在三十加權分貝出頭。我特別注意到觀眾經常靜止不動，彷彿寧靜的祈禱者，而音樂家則是搖晃點頭，有些在彈奏時相當激動。最令人驚訝的是從安靜時刻到大聲時刻的神奇節奏。在一支新曲子開始前的安靜時刻，觀眾會一齊靜聲，我看到音量計的讀數降到二十七加權分貝，跟今天稍早沒有音樂家在舞台上的空場時刻相同。但我很快就測到高出許多的讀數，如下面的筆記所示：

八十，八十一點五，八十二，八十九，八十一，九十一，然後是九十四：漸強

一百零七點五：掌聲尖峰值

三十六：下一個安靜的間奏

一百二十一：另一次掌聲

二十五到四十五：下一個安靜的間奏

一百一十六：起立喝采；讓我的耳朵疼痛（多謝了，傑妮）

噪音也可以力量強大，充滿社會意含。這個高尚優雅的場合所達到的音量，跟棒球場或橄欖球場的音量一樣大聲。當然，這裡的大聲時刻很少，而且為時短暫，但是我們用像電鋸或打樁機一樣大的噪音，來表達我們對世上最美麗的人造音樂的欣賞，不是很諷刺嗎？

1——白噪音又譯「白雜訊」，是一種功率譜密度為常數的隨機信號或隨機過程，頻率與音調都非常固定平整。

5 瀕臨滅絕的靜謐之美

我們蒙大拿州的人民感激上帝賦予本州靜謐之美、
雄偉的山脈與浩瀚綿延的平原，
為了改善現今與未來世代的生活品質、
均等機會並享有自由的恩賜，特制定與確立本憲法。

——蒙大拿州憲法序文

蒙大拿州在其州憲法的序文中特別提及靜謐，我來這裡傾聽這片土地與人民的聲音，彷彿這是兩個獨立的實體。我的第一站是米蘇拉市（Missoula）一個名為「春泉」（The Springs）的老人之家，我熱切地想跟該州的先驅之一比爾・沃夫（Bill Worf）碰面。我開始在華盛頓州拯救靜謐後，他曾寫信鼓勵我，並邀我替他的組織「荒野瞭望」（Wilderness Watch）的時事通訊寫一篇文章，從那時起，我們至今已通話和通信超過十年。沃夫先前是美國森林局（U.S. Forest Service）的專家，自「荒野法」

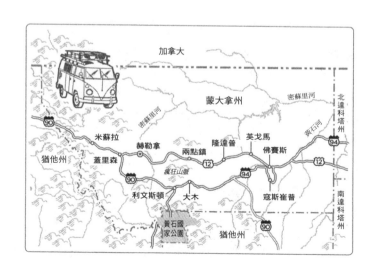

（Wilderness Act）於一九六四年通過後，就負責為森林局實施該法案的發展規定與政策。他於一九八九年成立「荒野瞭望」組織，留意美國的荒野地區，並致力讓它們保持純淨。他對於被列為荒野的地區無人看管感到惋惜，有一次就在舊城咖啡館（Old Town Café，現改名為兩姊妹咖啡館〔Two Sisters Café〕）把二十美元紙鈔用力往桌上一放，大聲說：「我會是第一個付費會員。」

我一走進老人之家的會客室就看到他，我打電話給他確認拜訪時間時，他向我形容過他的面貌：「頭髮全禿，穿紅毛衣。」沃夫已經八十一歲，視力退化，最近剛失去一生摯愛的太太。他的身材魁梧，至今仍帶有在蒙大拿嚴冬裡錘鍊出來的粗獷性格，但從他溫和深厚的聲音裡透露出來的智慧，卻跟盛行風一樣有魅力。我們在等「荒野瞭望」的政策主任提娜瑪麗・艾克（TinaMarie Ekker）時，我跟他談到我的橫跨美國之旅，還有我希望找到和錄製「蒙大拿一些古老美好的靜謐之聲」。

「人類的噪音現在無所不在，」他說。「你可能找不到多少這樣的地方。」

我問起沃夫在蒙大拿州度過的少年時光。

「我在蒙大拿東部羅斯布德（Rosebud）南方的一個自耕農場長大，我父親和他兄弟在蒙大拿的里德岬（Reed Point）有一塊自耕地。一九二六年，我就是在那裡出生的。」

「談談家裡的遷移。」

「我剛滿兩歲，他們就搬到大木（Big Timber）附近的一個灌溉農場，」他繼續說。「我在那裡住了一年，然後一九二九年時，一家在蒙大拿州東部有一些自耕農場抵押品的保險公司，說服他們買下其中五個流當的農場，開始務農。我們就為了那八百英畝的土地，搬到羅斯布德郡。我們在其中的六百英畝地上種植作物，大多是小麥和燕麥，還有一些玉米和大麥，都是用馬幫忙。我們也養牛。大約十年後，我們已經吃不飽，真的斷糧。」

從附近的餐室傳來玻璃器皿和家庭用品的叮鈴聲，還有小孩快樂的聲音，他們為即將來臨的復活節找蛋遊戲來這裡玩。室內音樂系統輕輕播放著〈醉人的夜晚〉（Some Enchanted Evening）。

「我們完全破產，那時有很多工作，也有很多心碎的時刻，他們原本去那裡是希望能實現遠大的夢想。他們有一輛Farmall牌曳引機。提供他們資金的保險公司買了一輛Farmall曳引機和一輛A型福特卡車。我們住的地方有一座很好的穀倉，那裡也是我那些家人受到吸引的原因之一。那裡還有一棟多少可稱為房子，其實很簡陋的小屋。我們家有四個小孩，只有一個房間。我覺得它很大，但它可能只有十二英尺寬，八英尺長。樓上是閣樓，也是小孩睡覺的地方。我父母睡樓下，我們到那裡的第二年，他們把第二棟簡陋小屋搬來，加上那輛Farmall曳引機和馬。我們用走廊把兩棟小屋連起來，在中間搭了一間柴房，直到一九三九年，我們都住在那裡。」

「你們用馬和曳引機務農的時候，農場上的聲音一定跟現在完全不同。你不一定要到荒野，就能享有安靜吧。」

「當然不用。」

「你還記得那裡的聲音或靜謐嗎？」

「我記得我們在黃石河南方十七英里的地方。十號公路和鐵路沿著黃石河走，我還記得在安靜的早上，可以聽到火車、卡車和汽車開下我們所謂『步道』（Trail）的聲音。那時候我們把十號公路稱為『步道』，因為它只是一條礫石路。在寒冷的冬天早上，有時候只聽得到火車隆隆駛過的聲音。這樣你約莫可知道當時有多安靜。」

「你覺得如果我今天去那裡的話，能找得到安靜嗎？」

「我想可以吧，因為那裡已經沒有人住，甚至可能比以前那時候還安靜。」

我的心開始飛揚，隨即變更橫越蒙大拿州的路線，沃夫請我留在「春泉」的小餐館午餐，他已經預訂了雅座。

「待會兒還有一個人會來，」他告訴女服務生，並向我介紹她叫哈蒂（Howdy），還說了兩次，因為餐室裡客人很多，聲音很吵，我聽不清楚。這家餐館看起來令人愉快，也很乾淨，但牆壁、天花板、地板和家具全都很光滑，容易反射聲音。人的說話聲加上銀製餐具和上菜的聲音，我的音量計測到六十七加權分貝。這樣的音量對這個場所來說太過吵鬧，因為老人的聽力較差，而這裡是他們跟家人和朋友聊些難忘事情的地方。

「抱歉，我來遲了，」提娜瑪麗‧艾克說著，剛好在我們要點菜時趕到。

「這裡的菜很不錯，」沃夫說：「但這裡不能給小費。」

用餐時，沃夫想起「荒野瞭望」剛成立就遇到的事情之一。

「當時空軍在設置訓練區，他們想找一個飛機不會對居民造成影響的地方，於是他們相中地圖上一大塊空白的地方，叫做『邊界水域荒野』（Boundary Waters Wilderness），把那裡的領空劃為空中作戰區。當然，這造成極大的噪音。他們選擇那裡，主要是因為不會對太多人造成影響。『邊界水域之友』（Friends of the Boundary Waters）為這件事向法庭控告空軍。空軍的律師試圖淡化噪音問題，他們請來噪音專家，他說不管是哪一型戰機，在一千英尺高空所造成的噪音傳到地面後，頂多跟五英尺外的吸塵器一樣吵。」

我聽到這種不可思議的偏頗說法，差點跌下椅子。

沃夫說「邊界水域之友」的首席律師請他以專家身分出庭作證時，問他關於這個比較的問題：「沃夫先生，您對這種的說法有何意見？您認為這樣的比較是正確的嗎？」

「唔，你到荒野去時，不會想聽到吸塵器的聲音。」

提娜瑪麗低聲笑了。

「當時有沒有人笑？」

「沒有，他們沒怎麼笑，但那名法官開始認真思考這件事，他明白我們在講什麼。官司還沒打完，空軍就決定收兵並說：『我們會把空中作戰區遷離荒野區。』我說這故事是因為『荒野瞭望』在法律方面涉入的頭幾件事情之一，就是跟『邊界水域』上空的噪音有關。」

「現在民眾了解安靜的重要性嗎？」我問提娜瑪麗。「他們知道自然靜謐是必要的嗎？」

「我想他們知道，」她回答。

「但是，」沃夫說：「我們需要一樣東西，我們需要真實的科學資訊，能夠解釋一些原因和現象。哪些情況已經改變了？哪些正在改變？如果我們想保存一些寧靜的地點，荒野肯定是最佳選擇。」

然而，沃夫不相信政府機關已經開始著手。他說：「四大主管機關幾乎都不再支持荒野的構想。森林局、國家公園管理局、魚類暨野生動物局（Fish and Wildlife Service）和土地管理局（Bureau of Land Management）是負責管理現存荒野的四大聯邦機構。他們口頭上支持，但實際上卻認為荒野這個概念只是愚蠢的想法。我們想限制聲音和限制飛機飛越上空，他們卻覺得這有什麼大不了，一架飛機頂多在荒野上空一、兩分鐘，然後就飛走了，所以這算什麼問題？」

「比方說，我跟一些必須維修水壩的技術人員一起工作，他們和水壩擁有者及當地的森林局都認為，他們一定要用電動機具來做。我嘗試向他們證明，這其實可以用馬匹來做。當然，我得到的論點之一是，『知道嗎，比爾，如果要用馬匹來做，耗費的時間會是三倍。如果用電動機具，很快就可以做好，我們就走人了。然後那裡就可以恢復寧靜。』這是一場艱困的戰役，我想或許有許多民眾也完全不了解。」

提娜瑪麗接著提到政府官員來訪時發生的事：「幾年前，荒野管理的顧問團來這裡，主席是美國地質調查局（U.S. Geologic Survey）的人，她問：『偏遠公園地區和荒野與無路地區的差別是什麼？它們看起來不都一樣？』沒有人能回答。但他們都是荒野管理的主管人員。他們也想知道，只要不留下破壞痕跡，讓直升機著陸又有什麼關係？於是我對他們說：『差別就在於互動的方式。如果你污辱你的好朋友或鄰居，就算沒有其他人看到，但是傷害已經造成，你已經破壞了你們之間的關係。我們需要保留一些地方，能讓你用不同的方式去對待它。』」

我覺得人類心靈與大地之間的關係，是很難描述的一件事。提娜瑪麗絕對是對的。當我們有特定的情感時，就會以特定的方式因應。我們怎麼能在承認熱愛荒野的同時，卻又濫用它，只因為這濫用是短暫的？如果婚姻裡有這種情況，這婚姻顯然不會成功。那些雇用直升機去做研究的人，應該多想想這種做法。如果他們真的熱愛荒野，就應該支持停止這種做法，不以這種方式親近他們口口聲聲熱愛的荒野。真正的荒野是原始的所在，不會有人類永無止境的入侵和噪音，但能提供我們重新愛上地球的機會，教導我們生態的道德價值觀。

在奧林匹克國家公園，直升機會在靠近樹梢的地方停留，計算荒野上特定範圍內的羅斯福麋鹿數目，還會直接飛越「一平方英寸的寂靜」。我在二〇〇六年三月向奧林匹克國家公園新聞官詢問這件事時，收到的電子郵件上說：「空中計數是唯一能估算麋鹿群數目的方法。」但我心裡想的是，比較傳統古老和安靜的方法，像是追蹤動物的行跡和糞便等等，在荒野地區不是比較適合？在大峽谷研究大角羊的生物學家已經發現，大角羊的進食和移動模式在有直升機存在時會出現顯著變化，春天的進食時間減少百分之十四，冬天則減少百分之二十四，而且遷移距離多出百分之五十。換句話說，直升機對牠們的能量輸入與使用平衡有很大的影響。

沃夫強調正面思考的重要性，他說：「認為自己做得到的人，就是能做到的人。這是我四歲大時在自耕農場上學會的事之一，那時我母親會派我出去收集火爐要用的木柴。」

午餐結束後，沃夫邀我去他住的地方，我們搭電梯到二樓，他帶我去一棟供獨居的兩房公寓。進屋後，他把從網際網路上印下來的資料遞給我。（那是一百年多前由華特‧溫特（Walter Wintle）所寫的詩，原名〈思考〉〔Thinking〕。）沃夫手上總會留一些備份，給「需要鼓勵」的人。

堅信能贏的人

若你認為已被擊敗，你就已被擊敗；
若你認為自己不敢，你必定不敢；
若你想贏但認為自己沒有勝算，
你必定無法贏。
若你認為自己會輸，你已經輸；
在塵世間
成功始於意志；
成敗全在一念之間。

若你認為已被超越，你就已被超越；
目標高遠才能出人頭地。
自我肯定
才能獲勝。
人生戰場的贏家
並不總是強者或快者；
勝利終將屬於
堅信能贏的人。

比爾・沃夫就是堅信能贏的人，儘管他已算是眼盲之人，但他仍用雙筒望遠鏡看電視。他上網瀏覽，選擇一英寸高的字型，用厚眼鏡閱讀。

沃夫在牆壁上貼滿他太太伊娃・珍・貝提（Eva Jean Batey）的照片，他們從高中起就是情侶。沃夫在二次大戰服役三年期間，襯衫口袋裡一直帶著她的照片。他從硫磺島（Iwo Jima）返家時才十九歲，根據蒙大拿州的法律，他必須獲得父親的允許才能結婚。他們結縭超過六十年。他說伊娃在世時，剛好來得及把這裡裝潢好，那時他們才搬進來五週。她微笑著跟他道別，拒絕使用維生系統。

她過世後，這公寓裡的一切幾乎沒改動過，只有牆上多了一、兩張兒孫的照片。牆上也有一張沃夫家舊自耕農場的照片。「我就是在這個自耕農場的簡陋小屋裡出生的，」他說：「那時我們會騎馬到兩英里外只有一間教室的校舍去，那匹馬叫老布麗姬特。」

下一張是有九名學童的學校照片，「聽著，這可不是一班學童的照片，而學校裡所有學童的照片。」他打開臥室的門說：「比我需要的空間還大，但我不想搬。我睡覺時大多會開窗，我喜歡寒冷。」

「我要怎麼找到那處舊自耕農場？」我問他。

「羅斯布德是個小鎮，那裡幾乎算不上城鎮。你得往南走，大約七、八英里後就可以看到一些黏土孤山，上面有些黃松。我們就住在這些孤山的南邊，一塊稱為『孤山外』、大約一百平方英里的土地上。」

「它看起來是什麼樣子？」

「唔，它是一片綿延起伏、長滿北美山艾的丘陵，以前我們犁出的地現在又長出北美山艾。那裡沒多少樹，相當空曠。我們以前鄰居靠史威尼溪（Sweeny Creek）的房子現在沒人住，」他告訴我，從這裡到羅斯布德大約四百英里。

他補充說：「你一定要順路去英戈馬（Ingomar）看看，那裡全鎮大約只有八人，唯一的店家是澤西莉莉餐廳（Jersey Lily Saloon），你一定要點豆子湯。」

道別後，我在我的福斯小巴裡坐了許久才發動車子，享受一位人格崇高者散放的溫暖光輝，他就跟他想拯救的荒野一樣罕見，我心中永遠會把他跟蒙大拿州的安靜之美相提並論。

四百英里，比從西雅圖開到米蘇拉還遠！我的車前燈只有六伏特，燈光昏暗，夜晚看不太清楚，我最好現在就上路。我在蒙大拿州的旅程有了新任務：尋找沃夫的舊自耕農場，並且傾聽自十七英里外傳來的黃石河聲音。我已迫不及待。

我在尋找自然靜謐的地點時，很少尋求別人的建議，因為這類建議有九成會令我失望，我總是會聽到對方沒注意到的噪音。即使是相關領域的專家也一樣。有一次我跟一位野生動物管理員，在轍痕累累的雙線道上走了近二十英里，但才下車幾秒，我就忍不住對他喊道：「那些油井是新挖的嗎？」

尋找靜謐地點時，我的標準做法是利用美國航太總署（NASA）的遙測數據；靜謐的最佳指標就是美國航太總署在夜晚拍攝的地球影像。美國東部看起來像銀河，然後光點逐漸稀疏，到了中西部和西部變成星雲和星座。當然，黑色的地方就是我的目的地。接著，我會查詢各大城市之間的空中交通通道，這會立即刪除掉大多數的黑暗地區。然後，我會研究州道地圖，排除可能的地點。接著利用美國地質調查局的地形圖，篩選可能的地點。我手上的清單愈來愈短，凡是看得到電線（爆裂聲）、礦場（轟響聲）、油井（隆隆聲）、瓦斯管線（嗡嗚聲）、有拖船航行的河流（嗄吱聲），以及可能有農場或其他居住建築的地點，全都先行刪除，然後我會去拜訪最後剩餘的地方，每當找到手機收不到訊號的地方就感到振奮。然而，即使是在這些經過仔細篩選的地方，有時還是很難找到至少持續十五分鐘、不受干擾的自然寂靜，這是我對靜謐的基本標準。「總是有什麼事會發生」這句話，很有可能是為了像我這種尋求寂靜的人發明的。最常見的干擾是交通噪音，通常是噴射機和飛機。它們在高空飛過，對廣大地面的安寧造成干擾。此外，現在超過一個噪音源的情形愈來愈嚴重。由於缺乏法律的明文保護，我不知道在噪音的鯨吞蠶蝕下，最後僅餘的十數個靜謐地點何時會消失，是幾年？還是十幾年？

每當找到真正的靜謐地點，我就會像在淘洗盤中發現閃亮金砂的探礦人一樣興奮。我會在那裡留連忘返，開始錄音，接連數天，有時甚至數週。

我希望沃夫能省掉我那些篩選步驟，我沿十二號公路往東走，時速設法維持在五十英里，這條公路可能是世上最平滑、最美麗的柏油路，這裡鋪的柏油就像含有被輪胎和風拋光的準寶石一般；這些物質都是取自這塊富含礦藏的土地。

現在是動物產仔的季節，我看到母獸舔舐牠們新生的幼獸，三葉楊長出圓滾滾的花苞。三葉楊花苞的味道預示著天氣將開始轉暖，但在美國這一帶，溫暖是一個相對的概念。今晚可能會下雪。我打算在路旁的休息區停車，享受最後的幾道陽光，擺脫寒意。我在火爐裡點燃木柴取暖，剝了一顆橘子，一杯加了紅糖的紅玫瑰的茶，這是我治療久咳不癒的自製偏方。

我穿過麥當諾山路（McDonald Pass，海拔六千三百二十五英尺），從大陸分水嶺（Continental Divide）進入路易斯與克拉克郡（Lewis and Clark County）後，山路突然陡降，直接進入壯觀的山谷，四周淨是層層疊疊的山巒與白雪覆頂的山巔，景色非凡。蒙大拿（拉丁原意為「山」）果然是名符其實的「山」之州。四野幾乎見不到一棟房屋。過了最後一道覆滿積雪的山脊後，就是蒙大拿州的首府赫勒拿（Helena，人口兩萬七千八百八十五人）。今晚實在太冷，不適合睡在我這輛福斯小巴的車頂。

我看到一家日日旅館（Days Inn），就停在它的前門附近，啟動我的筆記電腦。幸好停車場有公共Wi-Fi網路，我才能在停車場上網。我登入Priceline.com的帳戶，出價四十五美元一晚的房間，或許可以拿到這家旅館，或許不能。我咳得愈來愈凶，腳趾麻了一整天，所以急著找一個溫暖的地方休息，只是不知結果如何。

「恭喜，您的出價已被接受！」紅獅上校旅館（Red Lion Colonial Hotel）接受我的出價，它就位於第十五與第十二街的轉角處。我又按了一下滑鼠，地圖顯示我離溫暖只有兩條街而已。

「住房，名字是漢普頓。」

「您有預訂嗎？」

「我剛剛才透過Priceline.com訂的，如果你得等一下的話，我可以先出去停車。」

「您的訂房紀錄剛剛出現了。」

「有沒有比較安靜的房間？」

「通常二樓和後側比較安靜。」

我可以聽到寒風吹過屋頂，還有自動點唱機傳來的西部鄉村音樂。我那間四十五美元的房子是「蒙大拿」尺寸，令人驚嘆，再驚嘆一聲。裡面有兩張大床，重點是有一個浴缸。我在大廳點了雙份起瓦士威士忌加冰塊，然後打了電話給我父親，又去餐廳用了餐，才回房間，到浴室放熱水。「啊……」我舒服地喟嘆一聲，滑進冒著蒸氣的水裡，「感謝上帝，讓我找到公用Wi-Fi。」

晚上醒來時，立即發現周遭非常安靜。我從窗簾望出去，看到薄薄一層雪。我的音量計顯示二十三加權分貝，然後又降到二十加權分貝，這已經是它可測到的最低音量。我再度睡著。

我在駕駛座上吃早餐：有機胡蘿蔔、幾塊硬皮長條麵包，和一些切達乳酪。即使開了暖氣，我還是戴著手套，穿了一件毛衣加一件羽絨夾克，邊從後照鏡欣賞我背後在夜裡覆上一層新雪的山景。我從前面的擋風玻璃看到綿延起伏的丘陵和草地，絲絲銀色的陽光從暗灰的雲層穿透而下。寒冷的地平線。我經過「美好地球營地」（Good Earth Campground）的出口，上面一塊牌子寫著「暫停服務」。對我這種愛好自然的人來說，這類的牌子令人心動。

接連數英里唯一可見的城鎮，都是屬於草原犬鼠，牠們四散在路兩旁的土地上。一隻在路旁吃草，乍看之下很像是碩大的褐色松鼠，然後又有一隻大膽地蹲在我這條線道的正中央，鼻子伸進柏油路面的一個大裂縫，我直接從牠頂上駛過，從後照鏡看牠一點也不驚慌，仍然停在路中間。

這時節，柳樹還沒變色，也沒看到膨大的花苞。離復活節還有一天，春天的腳步尚離得很遠。經過白硫泉鎮（White Sulphur Springs）後，我在麋鹿峰牧場（Elk Peak Ranch）外停下，爬到我的福斯車頂拍嚴冬的全景照片。轉了三百六十度，掌握景色後，我想我大概知道那隻草原犬鼠為何寧死也不離開道路。如同順水而下的金塊填滿溪底的裂縫，吹下路面的種子也卡在柏油路面的縫隙裡。在冬天即將結束的時節，食物肯定愈來愈稀少，迫使草原犬鼠得到新地點覓食，但這用餐地點還真會要命。

我的腳趾依然凍得僵僵的，雪開始飄落。現在離下一個城鎮還有三十八英里遠。其實我還挺享受現在的情況，肯定比瞪著電腦螢幕好！一個警告標誌上寫著「路面顛簸」，在經過先前路面上的一堆裂縫、填補和最新的坑洞後，這個標誌就像在說：「前面還有更厲害的！」我停車休息一下，又拍了一張全景照片。天空是白色的，地面是白色的；只有一道黑色柏油突兀地出現，又突兀地消失。我唯一能聽到的聲音是風吹過有刺鐵絲網時帶起的微弱呼嘯聲，還有遠方汽車的聲音，但只有一輛，這聲音愈來愈近，最後終於如雷響般經過我旁邊，消失在地平線上。都卜勒效應（Doppler effect），從產生之初，到轟隆聲終於消失，整整持續了七分鐘。

在這個敏感的聲境裡，我可以聽到在白雲裡遷移的鶴群的嘶啞咕咕聲。我瞥了Treo 650型手機一眼，上面顯示「無訊號」。最近，我鮮少有機會看到這三個字，真是開心。我繼續往前開，一隻老鷹在吃羚羊的屍體，一頭母牛舔舐還冒著熱氣、剛在冰雪中出生的小牛。

或許是因為我突然想起歌手漢克・威廉斯二世（Hank Williams Jr.）的〈蒙大拿兩點鎮〉（Twodot, Montana），也或許是因為好奇住在這裡的居民，反正我轉了彎，朝鎮上駛去。重點在於，我的確停下來了。

開下兩點鎮的大街中心，我看到一個留著鬍子、坐在輪椅上的人，由一隻狗用可伸縮式皮帶拉著在街上走。這人驕傲地微笑著，身上裹著一件偽裝色的夾克，戴著兜帽和手套，腳上一雙冬靴。

「你這裝備不錯，」我對他說：「你介意我拍一張照片嗎？」

「當然不會，拍吧。」

聽起來好像女性的聲音？我彎腰拍拍那隻狗。

「牠叫什麼名字？」

「姑娘。」我抬手拍拍姑娘，牠一點也沒有畏縮的反應，跟牠的主人很像。「唔，我發現牠迷路了，不知道是不是跌下卡車，還是什麼。我帶牠回家，本來打算把牠送走，但沒有人要牠。我心想，『我要拿一隻狗怎麼辦？我要怎麼帶牠散步，要怎麼照顧牠？』結果牠開始替我拉輪椅，省了我許多路。這交易很划算。」

我們就這麼在路中央聊起來，我解釋說我來自西雅圖，想去羅斯布德南方尋找靜謐，問她：「妳知道這附近有沒有安靜的好地方？」

「唔，我以前會在橋下逗留，看小魚。我會帶我的貓走到河裡，以前我有一隻貓，還可以用皮帶帶牠散步。要看情況而定，現在的交通量大得多，要看是什麼時候。你是做什麼的？」

我解釋了我的錄音工作，還有必須避開所有人為噪音的原因。

「我覺得這真的很重要。我不知道你對上帝之類的事是怎麼想的，但我知道上帝送我到這裡來，是因為跟壓力有關的疾病。祂讓我待在這個壓力很少很少的地方，我的病逐漸好轉。」

「妳介意多談一點嗎？」

「我生了一種因為壓力太大而引起的疾病，它使我體內的化學系統開始攻擊和吞噬自己。」

「妳看起來跟我差不多年紀。會不會是越戰造成的？」

「比那還奇怪，它嚇壞了很多人。我是女人，至少出生時是女人，我生了兩個孩子，童年過著壓力很大的生活，婚後生活的壓力也很大，這使我的內分泌系統發生逆轉。我父親試圖殺我。那就像跟一頭熊同住，你不知道下一次攻擊什麼時候會發生。」

我說附近有一隻黑尾鹿，他，或者該說「她」糾正我：「可能是白尾鹿。」

「姑娘」的主人說她叫「茱蒂」（Judy），並祝我旅途順利。

「你永遠不知道未來的生活，」她說：「我希望你能找到想要的靜謐。如果你相信上帝，我已經學會坐在祂膝上，在祂的照拂下，無論是什麼樣的環境都沒關係。如果我能靜靜與上帝交流，就能獲得痊癒。」

一群黑額黑雁飛過頭頂。

「我在大自然中找到靜謐，」我說。「不需要逃避，也不會令人分心的地方。我會在這樣的地方找到自我，還有我真正的需求。」

「你得找到安靜的地方，」茱蒂說：「因為上帝已經向你低語。」

道別時，茱蒂問她能不能替我祈禱，我同意後，她把手放在我頭上說：「慈愛的上帝，我把戈登交給您，我不知道他的需求是什麼。我知道他善良的心正在尋找和平與喜悅。」

即使數天後，我仍能感到茱蒂溫暖的手印。

經過瘋狂山脈（Crazy Mountains）、死人盆地（Deadman’s Basin）和希望教堂（Chapel of Hope）後，我剛好在這個開車日即將結束之際抵達隆達普（Roundup）。我在隆達普汽車旅館（Roundup Motel）花了三十七點五美元住了一晚，推開旅館房門時咳了幾次，隨即把暖氣打開，洗了熱水澡，還在浴缸邊放了半打蒙大拿 Moose Drool 啤酒，準備慶祝新發現的溫暖。我泡了三十分鐘才停止顫抖，但咳嗽卻停不了。每次我伸手到浴缸外拿起Moose Drool猛喝一口，都會帶起一陣蒸氣。靜止不動時，只有浴室紅外線燈上的計時器滴答作響。我希望它永遠不要被按停。

復活節的早晨寒冷寧靜，氣溫和音量都是二十出頭。最大的聲音是外面的可樂販賣機：走去開車的路上，在一英尺外量到的噪音量是五十五加權分貝。原本當作菸灰缸使用的儀表板支撐架上，我留下的有機胡蘿蔔已經凍成冰柱。我急著早點出發，想趁大家開始發動小貨車和轎車去教堂、拜訪親戚和享用復活節晚餐前，把握寧靜的錄音機會。我預期這時候的自然靜謐不到三十加權分貝，我拿出一套一萬美元的專利超低音錄音系統，它非常靈敏，可以把聆聽者各個方向的聽力可及範圍延伸超過十二英里。這套設備就像在山頂上可供天文學家觀察遙遠星系的望遠鏡一樣，可以讓我聽到廣大範圍內的聲響，聽出一個地方的精神。當一個地方很安靜，而且條件剛好的時候，我幾乎總是能聽到大自然的聲音，許多層次的節奏就像音樂一樣：由日出和日落指揮的音樂。

黎明在旭日的映照下顯得清澈、蔚藍，令我想起以光為瓣的花朵。在隆達普市外，我聽到蒙大拿州鳥「美西草地鷚」的叫聲從公墓傳來。事實上，在這復活節的早晨，牠們的一些嘹亮曲調可能是在調解地盤紛爭。從一百五十英尺外測量，牠們的叫聲四十七加權分貝。由於已經找到相當於音樂廳兩秒餘響時間的叫聲，我就沒有再接近。在這些叫聲之間的安靜時刻所測到的音量是二十七加權分貝，但如果我發出咳嗽聲，就不會這麼低了。

我已經學會在錄音時穿自然纖維做的衣服，以免合成布料窸窸窣窣的聲音會破壞寧靜。通常我就跟掛在脖子上的「寂靜之石」一樣悄然無聲，但今天不同。我咳得很凶，甚至到呼吸困難的地步，如果我想錄到好聲音，唯一的機會就是把設備定在錄音模式，離開現場。但是等我決定這麼做時，復活節早晨的交通已經開始，每五到十分鐘就有一兩輛車經過，破壞錄音，造成四十六、五十四和五十五加權分貝的噪音，還有一輛卡車是六十八加權分貝。我又錯失良機。

回到路上，我看到有東西被撞，於是停下福斯小巴，倒車回去，發現是一團糾結的羽毛，當中還有鳥爪和結了霜的翅膀。我以前就看過鴞受到車前燈的誘惑，在燈光照耀下，俯衝下來抓捕慌亂奔走的老鼠，卻被從另一個方向駛來的汽車撞個正著；我猜測這大概就是這裡發生的事。

大多數的鴞是在夜晚利用敏銳的視力和聽力偵測獵物，再靜靜展翅，迅猛地抓住獵物。牠們的聽力大約比人類靈敏十倍，這是因為牠們的耳孔並不對稱，一個耳朵比另一耳高，再加上覆滿羽毛的臉盤可以把聲波導向耳孔。此外，鴞能任意改變臉盤的形狀，透過這種聚焦動作讓聲音圖像變得更清晰，以便收集更多資訊。鴞也可以分辨聲音抵達左右耳的時間差，細微程度可以到三千萬分之一秒，所以能精準鎖定獵物。牠們的腦可以處理極度細微的聲音，並將所有的聽覺數據轉化為心智圖像，所以能偵察到落葉、植物、甚至厚雪遮掩下的獵物。我堅信交通噪音會干擾鴞對細微聲音的感知（因為連我都會聽不清楚），進而影響牠們獵食的效率。在特別漫長的冬天過去，食物尤其稀少的這個時節，動物可能得採取極端手段，但是鴞卻不像我數英里前遇到的草原狼那麼幸運。

由於福斯小巴裡沒有收音機（那個六伏特的老古董壞掉後就亟需修理），所以我享受著周遭鄉景。沙丘鶴為了求偶飛上天空，尖尾榛雞聚集在一塊裸露的地面上，那裡是牠們的求偶場，我希望稍後抵達內布拉斯加時，能有機會近距離觀察牠們不可思議的求偶活動。一群鹿在下面的河邊囓食鮮嫩的枝芽，一隻鷹在長滿香蒲的沼澤地壓低身子，快速曲折地移動，可能是想攫取沒有戒心的紅翅黑鸝。就在我伸展筋骨略事休息時，一隻雉雞突然從看不到的距離外發出刺耳的啼叫聲。

一小群羚羊優雅地在綿延起伏的草地上吃草，我直接停在路上，決定聆聽這些草地的聲音。除了腳下的馬路和兩道帶有倒鉤的鐵絲柵欄以外，四野似乎沒有人類存在的證據，直到北方的地平線上、大約數十英里外的地方，有東西引起我的注意為止。

我拿出雙眼望遠鏡仔細觀察，才證實心中的懷疑。它看起來像是某種與石油有關的建築物，不是瓦斯管線壓縮站，就是石油鑽探鐵塔。儘管在福斯小巴的噪音下，還聽不到它的聲音，但我知道這片偏遠的土地肯定籠罩在嗡鳴聲中，這情形已經屢見不鮮。這是油井的數學：一口油井＝一個油田＝更多油井。尋找靜謐的人並不是只需要避開單一油井，而是必須避開整片油田！

我走山側的道路過去，想就近看一眼，然後用音量計測量它對靜謐的傷害。我的輪胎自防止牛隻逃脫的溝濠上駛過，發出「轆轆轆」的聲音。數隻羚羊如閃電般竄逃，奔躍過我前方的道路。這條山脊通往一口電力油井。在短促的咳嗽間，我測到六十九加權分貝的音量，比起我在堪薩斯州奎瓦拉國家野生動植物避難所（Quivira National Wildlife Refuge）這類地方所見到的燃燒原油且沒有消音的噪音製造地，這裡的聲音倒是小得多。然而，即使採取了較新、較安靜的萃取技術，它仍會產生窄低頻的帶寬，足以朝四面八方傳播許多英里。油田，無論它的英文是「oil field」，還是「oil patch」，噪音的不良影響都難以避免。

像這樣追尋靜謐未果後，我深刻感謝起照相機。我可以把鏡頭朝向油田以外的地方，用景框幫外在世界消音。我拍了許多照片，而且可以充分想像駕著篷馬車橫越北美大草原的拓荒者，在起伏伏的大草原上開墾的情形，草原顯示這裡肯定是沙質土壤。但我對存在於相框外的噪音真相，仍心知肚明。沃夫先前也提醒過我：「人類的噪音現在無所不在。」

數小時後，我看到一個牌子，上面標示著到沃夫家那個舊自耕農場的路上，一定要停留的地方，耳邊彷佛又響起沃夫溫和的聲音：「蒙大拿州英戈馬的澤西莉莉餐廳，那裡有汽油、電話、露營車宿營地、活水牛、住宿和餅乾，而且是一百英里內唯一可以住宿的地方。」任何打著「住宿和餅乾」的廣告都會獲得我的支持。從公路上看去，英戈馬看起來像一個相當大的鎮：超過十二棟公用設施建築，形形色色的房屋和一節停置的火車車廂，當然還有澤西莉莉餐廳，它位於主要大街的轉角，是一棟單層樓的磚造建築，前面環繞著木造通道，旁邊裝飾著漂白的動物頭骨和兩個馬車輪。

它看似歇息，其實開著。有個人走到窗前，看到我，旋即退開。我等大家習慣我的到來後，就到數個棄置的運貨卡車附近架設錄音設備，仔細聆聽這地方的聲音。

我的音量計測到的日間指數在二十四加權分貝附近徘徊，我是否找到了美國最安靜的小鎮？如果伴隨著一隻狗被踢出餐廳的咆哮聲和重重的關門聲不算在內的話，或許這真是最安靜的小鎮。我看到少數幾名走近餐廳的人看起來年紀都很大，走得很慢。等那場趕狗的騷動平息後，英戈馬最大的聲音是美國國旗在風中飄揚的劈啪聲。我戴著耳機的耳朵聽到以下聲音，構成我對這個小鎮的聲音圖像：風輕輕地捲過主要大街，野雲雀的叫聲時而清晰、時而隱約地自遠方傳來，再加上國旗飄呼的聲音。在長達二十分鐘期間，英戈馬顯得特別寂靜。又過了幾分鐘後，我終於滿意準備進入屋內，跟大家碰面，點大碗的豆子湯。

從澤西莉莉餐廳吱吱嘎嘎的門走進去，入目的是高高的天花板，一個用橡木打造的豪華酒吧，一個開放式廚房和五張橡木桌，桌旁都沒人。餐廳裡的牆壁上貼滿舊照片，擺了一些麋鹿、紅鹿、白尾鹿、松雞、雉雞、羚羊的頭，甚至還有一個填充的火雞標本，每一個看起來都像在瞪視酒吧旁的老人，他有一道我生平見過最濃密的眉毛。

「我可以拍幾張照片嗎？」

「可以，別拍到我就好。我今天的頭髮不好看，」一名婦人從開放式廚房裡回答我。她正急匆匆地為晚上的復活節大餐作準備，打算以上等肋排、羊排和羊頸肉迎接從郡裡各地遠道而來的顧客，他們會坐滿餐廳，接下來幾個小時，餐廳裡的客人數甚至會超過當地總人口的三倍。他們說洗手間在外面，我的腳步像在敲擊木琴般，順著木板走道走到屋外二選一的獨立廁所：「公牛欄」或「母牛欄」。然後一路又踩著木琴般的腳步聲走回餐廳，在酒吧中央、靠近老人的地方坐下，就在這時，一名戴著黑毛氈牛仔帽的年輕人走了過來。

我向戴帽的傢伙點了起瓦士威士忌加冰塊，這時還不到下午三點，我告訴自己，點這蘇格蘭威士忌是為了咳嗽，但其實也是為了克服內向的毛病。在這種小鎮，一張新面孔總是會引起一些當地人的側目。我不該擔心的，因為一名年輕婦女走了過來，自我介紹說她叫瑪妮（Marnie），問我來自哪裡。她說替我倒酒的是她先生陶德（Todd），說她從小在這裡長大，今天特別跟她先生開了七十英里的碎石路，到這裡跟大夥一起享用復活節大餐。

她說：「我唸八年級的時候，畢業典禮上只有我們三個。我小時候，這裡或許有十個家庭。現在只有極少數人知道這裡的歷史，現在這裡只有三個人住了。」

坐在我旁邊的老先生艾瑞克・艾利克生（Eric Ericson）是瑪妮的父親，他告訴我：「我在這裡住了一輩子，以前這裡有許多羊，但在第二次世界大戰後，改成牧牛。以前這裡非常開闊，從來沒見過圍欄。」

我告訴他，英戈馬有可能是美國最安靜的小鎮。「我只測到二十四加權分貝，比西雅圖貝納羅亞音樂廳安靜的時候還低三分貝。」

「真要命，我以前從沒想過這點。有許多觀光客，也就是在秋天來這裡打獵的人，也曾提過。他們對這裡的安靜驚訝萬分，因為他們已經習慣聽到交通和口哨的聲音。他們會傾聽，但什麼也聽不到。」

「錄音後的聲音聽起來比較大聲。那面旗子的聲音就像火燃燒的聲音，因為周遭的一切實在很安靜。」

「星期一掛上全新的旗子，到了星期三就全破了，該死的風開始颳了，今年的風還挺強的。」

「在福斯小巴裡，風會變慢。」

「你要去哪裡？」

「迂迴地前往華盛頓特區。」

艾利克生說：「現在只有我們四個人會在這個鎮過夜，我和我太太，在這裡工作的莫里斯（Morris），還有剛開始在這裡做事的凱茜（Kathy）。但是有些從加州來的人正在蓋一棟兩層樓的房子，打算退休後來這裡住，還有一個卡車司機買了我隔壁那塊地，說他要帶一個活動房屋過來。」

我得知在一九二〇年代，英戈馬有兩百五十名居民。

艾利克生繼續說：「我從沒想過鐵路會撤離，但它真的撤走了。然後我們學校開始招生不足。從這裡到邁爾斯市（Miles City）的鐵軌和枕木全被搬走，郡買下鐵路用地的碎石，拿它們來鋪這些路，那是他們做過最聰明的事，因為這裡沒有碎石，全都是黏稠的黏質土。只要下雨，就哪裡也去不了，只能待在這裡等土地變乾。那些開車逗留太久的獵人到現在仍會陷入麻煩。」

我在沙拉吧吃青菜時，一輛車的警報器響了。「噢哦，」一位剛抵達、已坐在桌旁的客人這麼說。

瑪妮把我點的小羊腿送上來，順口問：「走鄉間小路，好觀光嗎？」

「走鄉間小路，好傾聽，」我糾正她，然後就開始猛扒飯，一副自從離開柏衛市葉芙特的家後就沒吃過一頓飯的模樣。

「歡迎來到佛賽斯（Forsythe），小狗之鄉，待一天吧。」

我已經抵達黃石河和鐵道，準備去羅斯布德，然後按照比爾•沃夫的指示往南走。自他少年時代以後，有些事情已經改變了。現在州際九十四號公路直接穿越溪谷，我猜公路巨大的築堤阻擋了鐵路部分的噪音，也使部分冷空氣無法流出溪谷，這可能導致使空氣能傳播更遠的熱空氣層發生變化。但是大致而言，這片土地跟沃夫描述的一樣：大約再走七、八英里，就可以在里程數標示邊上，看到黃松和孤山。我在一個具有歷史意義的紀念碑旁佇足，上面解釋卡士達將軍（General Custer）[2]曾在一八七六年六月二十二日於這裡露營。四野傳來「咿特—咿特—咿特」的叫聲，令我想起霍河河谷的美西海岸紅松鼠，但跟著聲音尋去時，我看到一隻負責守望的草原犬鼠正在宣布我的到來。

如果沃夫在這裡的話，肯定會察覺這裡的另一項改變。從羅斯布德往南才走了十英里，我就已經通過大約二十個牧牛場，而不是小麥田。在快到標示十七英里的地方，碎石路已變得泥濘。我決定該去敲一家新牧場住宅的門，問他們是否知道沃夫的舊自耕農場。

三隻狗把剛下福斯小巴的我攔截下來。「你們不會咬人吧？」我這麼問著，看到牠們的主人，一位年長的牧場老闆，從門廊那裡盯著我。「嗨，不好意思打擾你，復活節快樂。」

「你也快樂。」

我解釋我的使命：找到沃夫的舊自耕農場，聆聽在比爾•沃夫記憶中沿著黃石河岸行駛的火車聲，換句話說，看看那裡是否跟以前一樣，寧靜到足以聽到十七英里外的聲音。牧場主人對「沃夫」這個姓或火車聲都不熟悉，但倒是知道另一列火車。「唔，這裡的確聽得到火車聲，不過是在那邊，也就是從礦場傳來的。當它把煤載出來時，的確會嚓嚓地響。」

「煤礦離這裡多遠?」

「喔，大約在南方三十英里，但我想鐵軌離這裡頂多十五英里。」

山谷裡傳來數起槍聲的回音，但牧場主人沒說什麼。

「我有一陣子沒聽到火車聲了，但以前經常聽到，特別是早上。我不記得最近聽過，我的聽力愈來愈不好。十或十二年前，我們剛搬來這裡的時候都聽得到。」

或許沃夫舊自耕農場已經消失在大地中。無論如何，我顯然已經很接近以前它所在的位置，所以在獲得牧場主人的許可後，決定在明天早上帶著錄音設備回來。跟他道別後，我就開著福斯小巴回佛賽斯。先前我一直對咳嗽置之不理，但在過去數小時，我已經咳出帶綠的痰，得看醫生了。

我唯一的選擇是醫院的急診室，在這復活節夜晚，我是唯一的病人。醫生問了我幾個問題，要我做幾下深呼吸，用聽診器聽我胸膛裡的聲音。他是靠傾聽來診斷。才一會兒，我不僅拿到診單，還拿到紅黴素，它直接塞進我手裡;我沒有必要去藥房，反正它們今天也可能沒開。

我在佛賽斯過夜，在第一道天光亮起時自然醒來，準備追尋可能再也聽不到的聲音。我的車前燈變得很暗，看起來就像船隻在夜晚懸掛的燈。幸好天上有一輪美麗的銀月，明暗對比的大地美得令人屏息。在廣大的平野上，稀稀疏疏地散布著一些燈光，閃亮得就像星辰，讓我想到在黎明前映照著天空的荒野湖泊，在那時只有最明亮的星星仍能顯現姿容。

我的身體對抗生素的反應很好，不僅咳嗽消退，而且是最近這幾天頭一次能毫不勉強地錄下自己的感想。感覺幾乎像福斯小巴的暖氣正在運轉，而我也真的出汗了。在閃著星光的大地上，萬物的剪影開始出現，我可以看出個別的草莖，四野一片平靜，我也露出微笑。在做遠距聆聽時，寧靜的環境特別重要;空氣中即使有極輕微的擾動，也會使聆聽者的傾聽領域從許多英里減少至只剩兩、三英里。

雲層下側在升起的旭陽下染成棗紅色，看起來不僅悅目，還能把火車聲反射到大地上，同時阻隔雲層上方的飛機噪音，讓我能更輕鬆地追尋聲音。經過十六英里的標示時，道路變成碎石路，野雲雀嘹亮的歌聲壓過福斯小巴吵鬧的聲音傳過來。地球的早晨之歌開始演奏：黎明大合唱，日出的聲音影像，鳴禽也井然有序地以歌聲宣誓自己對這嶄新一天的權利。

我停下來錄了大約十分鐘，享受野雲雀在山艾頂端一來一往活潑的合唱聲。然後其中一隻展翅飛到上方的新位置，發出愉悅的叫聲。還有一些紅翅黑鸝、野鴨和啄木鳥在一旁擊鼓助興，然後是旅鶇，但是一隻低聲鳴叫的公牛卻以單純的叫聲破壞了這音樂。我在一心一意追尋寂靜時，相當厭惡牛的鳴叫。為什麼呢？因為牠們毫無智慧可言，又不得其所。我們對牲口的保護做得太好，以至於牠們的溝通不再是生存不可或缺的手段。相較於水牛或麋鹿，公牛的叫聲內無跡可循。在這頭公牛野蠻闖入前，我耳中的音樂井然有序，迭次漸進，只要再一小時就能達到最高潮。沒錯，在錄製大自然充滿生命力的音樂時，我會把所有家畜的叫聲都視為噪音！

我聽到四周傳來一陣深沉的隆隆聲，很像是經過的火車，但很難確定。在音量僅二十九加權分貝，且平均僅持續一分鐘的情況下，這種低沉的轟隆聲很難分辨，但錄了三分鐘後，我聽到火車嘁嘁嚓嚓的聲音：火車頭。但是這次低沉的隆隆聲中似乎不僅於此，數個月後，我在自家錄音室聆聽時，這聲音顯得更為明顯，屬於某種怪異且恆常不變的東西。

沃夫或許會說這就是寂靜，大多數人或許也一樣，但我不會，因為我珍視的是沒有人為噪音下的聲音。這次，我聽到火車聲，遠方一輛卡車經過，還有家畜的叫聲。

我朝二十英里標示處開去，在西方的地平線上有看起來像是蒸汽和煙霧所形成的氣柱。或許那裡就是牧場主人提到的礦場，我繼續往前開並再度開始錄音。野雲雀的歌聲相當美妙，但是周遭的隆隆聲甚至變得更加清楚，不過沒有火車。我繼續往西走，路面的黏質土越見凹凸不平，幸好是乾的，但是福斯巴小在類似洗衣板的表面上顛簸，就像把螺栓搖鬆的打擊樂器，或把風鈴送入颶風中一般。發現路面恢復成碎石地，然後是柏油路，真是令人高興。接著它映入眼簾，就像遠遠看到綠野仙蹤裡的國度一樣，我隨即停車。

在蒙大拿州的寇斯崔普鎮（Coalstrip），「今日的明日之鎮」，四座高大煙囪加上巨大的煤礦場和發電區，使空中充滿人造煙雲與噪音，不停朝四面八方散射無數英里。

我在心裡默默豎了一塊墓碑，上面刻著：寂靜，願妳安息。

但我不願就此放棄蒙大拿和它的沉靜之美。我預定的下一站是猶他州的東南部，因此我循原路開回去，渡過大角河（Big Horn River），經過卡士達將軍的小鎮和通往「小大角戰場」（Little Big Horn battlefield）的支路，在甜草郡（Sweetgrass County）沿九十號州際公路朝西而去。灰雲和白雲飛馳而過，形成變幻萬千的奇特雲景，高聳雲間的瘋狂山脈睥睨地俯視著我，令我心醉著迷。一塊歷史解說牌上寫著：「山靈的力量提供印第安人庇護。」光憑這一句話就夠了，我肯定要去。

但不是今天。由於有颱風來襲，瘋狂山脈整個籠罩在昏暗當中。碩大的雨滴也追上我。原本就已嘈雜的行程，現在更是喧鬧不已，而我那對老古董雨刷的緩慢速度，更是趕不上傾盆落下的大雨。

我喜歡開這輛福斯小巴，願意忍受它那些噪音，還有一個原因：它迫使我慢下來，就像現在，所以我才能嗅聞雨變成雪時，泥土散發的甜美味道。這裡的土地大多都沒有用柵欄圈圍，景色一望無際，幾乎像回到過去一樣。暴風雪變成驟雨，沖出一條無名的碎石路，但路面迅速變成泥濘的黏質土，正是先前他們警告過我的。我還沒瘋狂到冒著危險去瘋狂山脈，所以暫且放棄上山的念頭——至少暫時如此。我掉頭，心裡念著大木的熱水澡。

但在路上，我冒險開到另一條支路，先是經過一座尖塔搖搖欲墜的廢棄教堂，然後抵達一處隱匿山谷，只有道路，沒有任何人煙跡象：沒有柵欄，沒有牛群，也沒有住屋。我沒聽到任何噪音，但是看到角百靈在暴風雨後振翅飛翔，黎明時只要風雨平靜，肯定可以聽到牠們輕快的叫聲。我還看到美西草地鷚，牠們經典的嘹亮叫聲就連在最小的山丘上也能帶起迴響，這也是我明天早上要錄的聲音。

我入宿大木的河谷旅館（River Valley Inn），又吃了一次抗生素，用完晚餐後就上床睡覺，不到七點已沉入夢鄉。

天還沒亮，我已起床，在房裡煮了一壺咖啡，查看了電子郵件，打開向我購買音樂的薩瑪拉・凱斯特醫生寫來的信，她是印第安納州法耳巴拉索的急診室醫生。她在吵鬧的急診室做完壓力沉重、令人疲憊的工作後，總會在我錄製的一些聲境裡尋求慰藉。她從「一平方英寸」網站得知我前往華府的旅程後，便一直跟我保持聯繫，想知道最新消息。我回信給她：

以人耳聆聽十七英里的聲音顯然並不難，也是很自然的事，困難的是要找到能這麼做的地方。我沒有找到沃夫的自耕農場，但無疑已經很近，而且也跟那附近的人聊過，他在十或十二年前才搬過去。他對於比爾可以聽到十七英里外黃石河邊的火車聲，感到困惑，並說他聽到的可能是火車從煤礦場開下來的聲音，並指向另一個方向。我問他，這樣是多遠？他說十五英里。於是我四處查看，仔細聆聽：野雲雀，牛哞聲，飛靶射擊聲，狗吠，全都自遠方傳來，對了，還有隆隆的火車聲和某種奇特的聲音。我四處繞，最後終於找到那種聲音。在遙遠的數英里外（我沒有測量），有一個以世上最大型的煤礦場之一為中心所建立的新城鎮，那裡有四座巨大的煙囪和許多冷卻塔。它們看起來比較像發電場，而不是礦場。那個鎮是蒙大拿州的寇斯崔普鎮；除了輸出電力以外，它也使一千平方英里的自然靜謐消失無蹤。我不想告訴在米蘇拉退休中心的比爾·沃夫，他兒時記憶裡在自耕農場所聽到的自然靜謐已經消失。

我關掉電腦，把東西收拾好，放到福斯小巴上。風呼呼吹著，以現在華氏二十七度的氣溫來看，風寒效應肯定會使人覺得氣溫在零度以下。我想方圓一百英里內恐怕都找不到沒有風的地帶，我想聆聽壯觀的黎明大合唱，可能性變得很小。我把鑰匙交還給櫃台時問：「風會停嗎？」

「它是停過，就在昨天晚上，大約五分鐘吧，」那名婦女說。

「今天還會停嗎？」

「唔，瘋狂山脈那邊可能會，那裡可能沒風。」

至少我覺得她是這麼說的。她的嘴裡叼著香菸，焦躁的頭顱不時晃動一下。但或許她是對的，何不試試看？於是我開著福斯小巴，在陣陣順風的吹送下，飛快穿越鎮上，渡過黃石河。這是我所謂的在影響下駕車（driving under the influence）：亦即在路面顛簸和陣陣強風的影響下駕車。每次這兩種影響力量同時發生時，我再怎麼集中心力也只能想辦法把車子穩在路上，根本無法顧及哪個線道。儘管這聽起來很瘋狂，但今天的一切幾乎有種水到渠成的感覺，強烈的風似乎呼應著我的搜尋熱忱。

風的種類實在多不勝數。多年前，有人請我提供風聲的錄音，想當成電影《我們要活著回去》（*Alive*）的配樂，電影內容描述一群搭飛機的橄欖球員在安地斯山脈遇到墜機的真實故事。開始挑選風的錄音目錄前，我問對方：「這當中涉及什麼情感？演員是什麼感覺？」每一種樹都會在風中、雨中或雪中演奏出不同的聲音。約翰・繆爾領悟到這一點，因而運用松林裡不同的風聲在夜晚沿優勝美地山谷而上。他最喜歡黃松，也稱為西部黃松。由於它的針葉特別長，所以形成的音調比針葉較短的松樹來得低沉。多年前，我到加州馬提內茲（Martinez）向繆爾的墓致敬時，發現有人在墓旁種了一株黃松，在當地土生的橡樹之間特別醒目，至少眼尖的繆爾迷都會注意到。

如果風沒有停，我會找個有松樹、也有香草的地方，同時聆聽松葉低沉的轟鳴聲，和高瘦的香草桿隨風漩捲時細微到幾近虛幻的聲音，這就像在涓涓溪水旁聆聽河流怒吼一樣。

我開車上瘋狂山脈時，一群牛擋住去路，我催逼引擎，以便有足夠的電按響喇叭。福斯小巴發出類似一九五〇年代派對小拉炮等伴手禮會發出的聲音，牛群分開了。朝前開了十幾英里後，我回到昨天走過的山谷，還有起伏綠地上那座廢棄的教堂。在白雪盈頂的山峰映照下，教堂尖塔高高矗立在教堂入口上方，但是已經在歲月的洗禮下向前傾頹。從這座教堂的窗戶不見，油漆剝落，還有以前顯然是牧師所用、巨大古老的木柴暖爐看來，它顯然已經有一百年的歷史，而且很可能有五十年沒舉行過任何禮拜。

風開始減弱，等完全停歇時，昆蟲的唧鳴聲旋即響起，為這裡的聲境增添了美好的嗡鳴聲。我喜歡在音樂裡增加昆蟲的聲音，只要不是會叮人的昆蟲就好，因為我不能拍打牠們。只要錄音燈亮了，我就變成毫無防備能力、美味多汁的大肉塊。但是等風停蟲響時，駕駛小貨車和私人飛機的牧場主人也會出現。許多大型牧場有小型機場，像電視影集《空中之王》（*Sky King*）裡一樣，從空中計數他們擁有的四腳貨物。就像現在，我就碰到了今天的第一架噴射機，聽到它逐漸消失的聲音，然後遠方傳來鶴「克拉—嗚——」的叫聲。現在只剩微風吹拂著飽受滄桑的教堂，創造出美麗的林木音調，感覺上就像在引導我進入教堂。

我在這個舉行禮拜的安靜地點架好超敏感的錄音設備，開始在會眾聚集的地方錄音。我的音量計停在底部，錄音期間，只有在我聽到地面傳來蹄聲的節奏時，指針才有移動，而這蹄音不是絕望的奔逃，而是活潑有力的步伐，顯然附近藏了一隻鹿，而且無疑聽到了我的每個動靜。先前牠選擇保持靜默（如果我是盜獵者的話，這是很好的策略），但現在既然我會留下，牠就必須繼續前進。

在風和靜謐的引導下，我深深進入了平和之地：一種聲音上的幽寂。言語已經無法形容這種深刻的聆聽經驗，即使錄音也無法據實表現出來。愛默生（Emerson）的形容算是很接近的：「傾聽白松的話語。」他沒有說白松說了什麼，這得靠自己傾聽才知道。

我聆聽了這個平和的地方十三分鐘，直到風完全停歇，而一架固定翼飛機接近為止。即使尚在遠方，這架飛機就把一種類似小提琴的優美振動傳入空中，為此我倒是很感謝這架牧場主人的飛機。我在教堂裡錄製一種文化性的聲音圖像，藉此反映出人類的意圖。這幅畫面是靜謐協調的，聽得到但極其細微。這地點的細緻表現測試著我的聽力敏感度，我的自發思緒就像山湖上的漣漪般消散，只有從清澈的水中才看得出我的存在。我不是只用耳朵聆聽，而是熱切地體會一切。這架飛機並沒有奪走我的平和，我全身內外完全靜默，心知這趟旅程終於開始。

在幽寂的晨間禮拜中淨化心靈後，我再度朝山脈駛去，途中看到一部推土機。我是不是選錯了？通過推土機器後，路面很快就顛簸到每小時頂多只能開十八英里，我還忐忑不安地注意到路上有各種各樣的汽車零件，像是金屬零件、橡膠零件和一些塑膠品，心裡猜想不知我的車子會留下什麼。我會在回程時睜大眼睛看路上有沒有熟悉的福斯小巴零件——如果我有幸能開回去的話。

我離瘋狂山脈愈近，路上就變得愈瘋狂。暴風雪正在數英里外的山巔上肆虐，吹起一道道長長的雪花，看起來就像篩過的麵粉。我跳下車，仔細傾聽。

「咿喔——嗚！」風吹得又快又強，小泥沙打在我裸露的皮膚上，就像被BB彈打到一樣。一株壯觀的柳樹孤獨地立在小山溪旁的原野上，我走近一點去聽當地柳樹形成的風聲。我上一次在一九九〇年做跨國聆聽之旅時，偶然發現堪薩斯州的一株柳樹搖晃枝葉唱歌時，會形成多種聲調優美的振動，令我著迷地佇足超過兩小時。我在那裡聆聽得愈久，體會愈多，能聽到的就更多。起初我只有注意到比較大的模式，簡單的強風和風平息的時候，但是等我的心靈漸漸被滲透之後，就能分辨出一道道在枝椏間穿梭的風。經過十五分鐘，我能聽到的細節已經無法計數；那棵樹是萬物聚集之所，向天空詠唱著讚頌之歌。

瘋狂山脈的這棵柳樹還沒長出新葉，令我感到歡喜，因為少了葉片零亂的拍擊聲，低沉的聲調會更清脆。今天的情景顯然會以風為主，而不是瀑布之類。在這裡，最強的風在怒吼時高達七十五加權分貝，我把錄音裝備架在靠近地面的柳樹粗壯樹幹旁，以免風使麥克風的效果失真。就在那裡，我看到大自然最神奇細緻的成就之一：被風吹彎的草葉在輕觸溪水後彈起，但葉尖卻帶起一顆凝結的冰珠。這情景肯定在昨晚出現了無數次，才能創造出這個小奇蹟。沾一下，凍結，沾一下，再凍結，就像蠟燭的製作過程一樣。我看著裝飾了珠寶的草葉跳著輕巧的舞蹈，而柳樹直徑粗達三英尺的樹幹卻被風吹彎了腰。風的力量無疑繼續推進，直貫下柳樹的根部，因為我發誓我感覺到連地面也在移動。

回到福斯小巴上後，我繼續深入瘋狂山脈。我知道我已經上山六小時，而且忘了進食。於是我停車，將車裡的爐火點燃，放了一些茶水。我的早午餐跟平時一樣：滾燙的熱茶，幾塊麵包，乳酪片和橘子；簡單快速，但對身體的效果就像熱水澡一樣，能提供足夠的能量和營養，讓我不必為烹飪分心，就能消弭疲勞。我是在當單車快遞時養成這種在職習慣，那時我有時會邊騎車邊用單手拿著午餐吃。

回到駕駛座後，我遇到我所謂的黑雪：一層白雪覆蓋在厚厚的黑泥上。糟了，我無論如何得開過去。我盡力讓車輪轉動，在路面上留下深深的轍痕。呼！安全開過去後，我想我已經開得夠遠了。當然，這表示接下來我得再輾一次，而且先前壓出的轍痕肯定正等著我陷入。我先朝前開上小丘後才掉頭。有了好的開始後，我深吸一口氣，開始以二檔奮力朝印有轍痕的爛泥前進（選擇開二檔是以前在威斯康辛唸研究所時，學會的雪地開車技巧）。車輪不斷轉動，一點一點前進，最後終於猝然擺脫束縛，感覺就像急切的球迷在一場票房滿座的球賽中穿過旋轉式收票口的那一剎那。如果那些爛泥再稍微滑一點或深一點，我可能到現在還陷在那裡。

離開瘋狂山脈前，我把握時間體會我在這裡找到的靜謐時刻。寂靜似乎可以從萬物中創造音樂，只要分離出個別的聲音，讓它們有時間形成短暫的關係就可以了。音樂是由休止符與音符所構成；靜謐的時候與激盪的時刻，寂靜與聲音，我們兩者都需要。聽力比其他感官更能融合一切。

回到大木後，我加滿油，準備前往猶他州。在我對面加油的傢伙說他喜歡我的車，並說他以前也有一輛「分仔」（他顯然是指讓六七年型福斯小巴變得更迷人的分隔式或雙片式擋風玻璃），但現在擁有的是六八年車款。我告訴他，這輛車在風裡很難開。他說：「你一定不是這附近的人，對不對？」他說這裡的風可能持續數天，而我要前往的方向可能更難開。「你到利文斯頓（Livingston）後會看到一個閃燈，在那裡下去，不然你會被吹倒，先前就有一輛半拖掛車被吹倒。」

這裡離利文斯頓還有五十英里，以我每小時頂多只能開三十一英里來計算，要開將近兩小時，這還是在有半拖掛車擋風的情況下。我認命地開上公路路肩，時速降到二十九英里，比告示的速限慢四十五英里以上。

如果有下公路的斜坡道，我肯定會走。但我沒看到任何標誌，只有警示標語寫著：「多側風」和「十二英里強側風，行車小心」。最後我終於看到通往利文斯頓的標誌，還有德爾瑪汽車旅館（Del Mar Motel）的大廣告招牌，上面用黃漆寫著大大的「安靜」兩字，還加上了引號。我決定到那裡去。

我找到德爾瑪的時候，它已經關門，但這倒不是我懊惱的原因。這家旅館就位於鐵路調車場旁，無論有沒有引號，怎麼能說這旅館是安靜的？我坐在福斯小巴上，對我最近一連串的倒楣運氣搖頭，就在這時，我的手機響起，一位老朋友傑•梭特（Jay Salter）打來確認，我們一起到峽谷地國家公園（Canyonlands National Park）健行的計畫沒有改變。「戈登，你在哪裡？」

「我被困在蒙大拿。逆風強到沒法開車。」

「既然你還在蒙大拿，你一定要去見見一個叫道格•皮卡克（Doug Peacock）的人。我聽他談到他從越南回來後情況很慘，後來他到黃石公園跟北美灰熊相處後，才解決了問題。我想他可能知道何謂靜謐，也知道如何聆聽。」

「唔，我哪裡也去不了，我困在利文斯頓。」

「他就住在那裡！」

隔天早上，在餐廳點了兩顆嫩煎荷包蛋、自製薯條和咖啡當早餐，吸了二手菸後，我在利文斯頓的大街上找了一家快修換油行，拿起一把十字跟一字雙用螺絲起子開始工作。把福斯小巴鎖緊的過程就像用麵糰修漏水的屋頂：永遠修不完。問題是要花多少時間。但我已經抓到竅門，像是帶一整個咖啡罐的螺釘，再加一盒木牙籤。只要發現螺釘孔，就把牙籤插進洞裡，換上螺絲後把牙籤尾扳掉，這樣就可以鎖緊，在它再度掉落以前，可能可以撐個五百英里。大約修了二十分鐘後，我看到三名全身油污的工人瞪著我的車，笑我這種非傳統的維修方法，於是我走進去問他們，我能不能在後面換機油，他們甚至讓我用精巧的防漏集油器，它可以滑到福斯小巴的放油口下方。

福斯小巴現在跑得就像穿了新運動鞋的孩子，我也很高興，因為不是每天都可以遇到美國經典作品裡虛構英雄的靈感來源。艾德華・艾貝（Edward Abbey）在創作環保輕鬆作品《猴子歪幫》（*The Monkey Wrench Gang*）裡的主人翁喬治・華盛頓・海杜克（George Washington Heyduke）時，就是以他的好朋友道格・皮卡克為樣本。

我在電話簿裡找到皮卡克的電話，打了一通過去。自我介紹後，我說明到蒙大拿的原因。「當然，過來吧，」他說，並指示方向。我通過黃石河，沿著一條泥路往山上走。從一棟紅色房屋旁急轉彎過去後，就看到他說的雙線馬路，然後一定就是他所說的「舊牧場房屋」，只見一棟屋頂斜尖的白色雙層樓房，立在一大片高大的樹中間，樹上仍一片光禿，被他的餵鳥器和小水池引來的鳥就在那裡享受陽光。皮卡克的屋子立在地上，後面是散布著青草、松樹和積雪的山丘，再過去同樣是高聳入雲的山巒。整片景觀都讓人聯想到熊的國度。

一名高大的男人在門口歡迎我，他戴著無邊毛帽，帽緣鑲皮，上面有數層針織，帽頂稍微傾向一邊。他筆直看著我，步伐緩慢從容。他太太安德莉亞（Andrea）提議替我們泡些咖啡，我解釋說我的福斯小巴因為強風而在九十號州際公路上擱淺。皮卡克告訴我，他曾經「在冬天開著沒有暖氣的休旅車在路上跑」。

我們從起居室窗戶看到一隻大雉雞昂首闊步走過庭院。「牠是唯一留下的，」皮卡克說。「如果這裡有一千隻，我會煮個一、兩隻，但現在只剩下牠，所以我們覺得有義務保護牠。」

我更詳細解釋我這趟旅程的目的：尋找真正的自然靜謐，以及沿路跟人們談論靜謐和靜謐在他們生活中的重要意義。最後我說希望能跟政府官員談談，包括聯邦航空總署和國家公園管理局的官員，看能不能把奧林匹克國家公園從聯邦航空總署偏好的飛行計畫中除去。

「很好啊，」皮卡克站在火爐旁，背後是一整牆書，還有熊的照片和一幅安德莉亞的畫像。「我曾經迫使政府控告一名直升機駕駛，阻止他在冰河國家公園的北美灰熊之鄉製造噪音。那是一九八〇年代的事了。但他們不願做，那是他們的駕駛。他們因程序問題打輸了官司，但那傢伙後來自己放棄飛越冰河公園裡沒有任何步道的荒涼區域。」

皮卡克用指尖轉動眼鏡，我看到他有關於旅行、自然歷史和美國原住民生活的書。有一本亮黃色的書上，以大紅字體寫著「艾德華・艾貝」。

「我從沒走過偏遠地區的步道，」他說。

在接下來的兩個小時，皮卡克告訴我，越戰的陰影逼使他不斷深入西部荒野。迫擊砲的震動使他的耳鼓受傷，讓他有一陣子不斷聽到耳鳴，在沒有外界的聲音的情況下，這種耳裡的鈴聲會讓人發瘋。他的自我療法？他帶著鐮刀闖過大陸分水嶺，幾乎走到加拿大，在偏遠的北美灰熊之鄉尋找慰藉。

「從一九六八年起，直到我有子女為止，我一直住在荒野。我寫了四本書，全都跟荒野有關。其中兩本的書名包含『wilderness』（荒野）這個字。我花了二十年的時間與北美灰熊相處，其中有九成以上的時間是獨處。」

「你是說在牠們的地盤上露營？」

「對，在黃石和冰河國家公園這類地方，你只要坐著等就行。我從牠們在黃石公園裡最低的出沒地點開始，有時會接連七、八天看不到一頭，但我就坐在那裡等。我會在現在這種時節出發，那時路段都已封閉。那時候是這樣，路上沒有除雪，也沒有絲毫聲音。或許每隔一天會聽到一架商用客機的聲音，但絕對沒有任何人為的聲音。」

「像那樣的自然靜謐，你現在還找得到嗎？」

「得刻意去找才行。今年我的腳不行，但我大多數時間是在美國大陸最偏遠的地方度過。時節對時，我會到北美灰熊的棲息地，直到牠們在十一月開始冬眠為止。然後我會到亞利桑那州，獨立穿越它的西南角。從管風琴仙人掌紀念區（Organ Pipe）走到科羅拉多河，以墨西哥為南界，這一大片土地全是荒野。那裡什麼也沒有，只有轟炸靶場，還有一個叫卡韋薩普列塔（Cabeza Prieta）的野生生物保護區。我獨自走過那裡，比任何人的次數都要多，我曾經往返七次，有一次是從北走到南。這些路程一趟長達一百到一百四十英里，大約要花十天，如果你不知道水在哪裡，就一定會死。」

我忍不住問：「你是怎麼穿過轟炸靶場的？」

「很小心，」他說。「我那本《走出傷痛》（*Walking It Off*）的最後一章就叫〈轟炸靶場〉。那次健行我獨自從八號州際公路一路走向墨西哥，終點是我於一九八九年埋葬艾德華・艾貝的地方。那裡很漂亮，完全沒有人跡——除了兩百五十磅未爆彈那類鬼東西。我走過一個有很多火焰在燃燒的地區，我知道他們在那裡做什麼，那讓我心情很不好。但那裡很安靜，地球上找不到跟它一樣的地方。那裡絕對安靜，什麼都聽不到。」

皮卡克的太太端著咖啡過來，我們聊了一點關於民眾對靜謐的感受。他承認他必須親近荒野的需求很獨特。「很多人從自家後院就能獲得滿足，我有些朋友就是像這樣。但我必須獨自一人，置身於得花上四、五天才能走完的遼闊荒野才行。這種地方安靜到你能聽到自己耳內的聲音。你不會相信它們有多大聲。那種寂靜會讓你屏息，那是絕對的寂靜。」

喝咖啡時，他談到更多跟北美灰熊相處和拍攝牠們的事，他還曾替ABC電視台的《美國冒險家》（*The American Sportsman*）節目，跟阿諾・史瓦辛格一起拍跟北美灰熊有關的內容。

「追蹤這些動物要花上三、四天，除非知道牠們想做什麼，不然絕對跟不上牠們。所以我會找個好地方，等牠們出現。無論怎麼做，只要我一進入樹林，我就不會說話。基本上，這整段時間都是在狩獵。我經常利用鳥來找熊，得知牠們在做什麼。鳥類是大地上最好的告密者，」皮卡克說，大聲地喝了一大口咖啡。

「我一生中大概有相當於四、五年的時間是完全安靜地坐著，我是說一坐就是幾小時。」

「我懂那種經驗，」我告訴他。

「只是傾聽。我在冰河國家公園有一個最喜愛的地點，牠們會到那裡吃越橘。我總是先聽到牠們的聲音，然後才看到牠們。白天時可以聽到一些細微的聲音，像是小小的尖銳叫聲，那是母熊在教訓小熊。牠們有時會太過調皮。你還可以聽到大雄豬的叫聲從林地傳來，那裡也有其他動物，像是北美麋鹿和歐亞麋鹿，但牠們遷徙的方式不同。熊只要沒有察覺到附近有人類，一般都很吵。」

「我有一個好玩的故事，」我插嘴說：「幾年前，我在阿拉斯加科達克（Kodiak）一艘捕獵大比目魚的漁船上當水手，後來我下船，只是到港口轉轉。那時其他人都是往鎮上走，但我卻到鎮外摘莓子。我走到鎮外幾英里的地方，走得正高興時，我對自己說：『老天，我以為沒有人會為了摘莓子走這麼遠，但這片長滿莓子的土地，所有小徑都被踩得扁扁的。』我甚至感覺不到莓子的荊棘。」

皮卡克夫婦跟我一起笑了起來。

「我那時根本沒想到是熊，但是，沒錯，那裡是熊摘莓子的地方。」

「肯定是。」

我們又談了更多關於熊的事，像是黃石公園的北美灰熊一度養成了到垃圾堆翻找食物的習慣，還有牠們的統轄領域在空曠地區大約三百碼外就開始啟動，還談到他如何設法走到近得多的範圍內。「拍電影時，我的目標是進去，一拍完就走，而且熊永遠不會知道我去過。我的最後一本書是和安德莉亞一起寫的，書名就叫做《重要的北美灰熊》（*The Essential Grizzly*）。」

安德莉亞去拿那本書，皮卡克的心思又回到一九六〇年代。他仍兩腿分開站著，兩隻手臂向外平伸，但手往下垂，就像熊掌一樣。我忍不住要拿皮卡克跟他研究了一輩子的對象做比較。他身上似乎沾染了許多熊的氣質。

「我在越南以特種部隊醫務兵的身分出過兩趟任務，回來後我就遁入荒野，」他說。「最終那場戰爭還是令我無法承受。我的家鄉剛好在落磯山脈，野外露營對我來說最為自在。我喜歡獨自待在荒野，並真的那樣做了。我到風河山脈（Wind River Range）去找北美灰熊，除了風和雷雨之外，一切都很沉靜。那裡的天氣很差，是黃石公園裡北美灰熊最後僅餘的庇護地，因為那裡實在很冷。在營火旁冷得發抖的日子過了三週後，我得了瘧疾，心想最好到比較舒適的地方，於是我去了黃石。當時我並沒想到熊，但牠們卻在那裡，而且肯定會引起你的注意。一旦到了熊的國度，所有的任性都會消失。你的感官會全部向外延伸，那真的是很健康的態度。你被迫學會謙卑，而發生這一切的環境非常非常之安靜。現在牠們只住在人跡最少、最偏遠的棲息地。」

「我知道當我在安靜的地方時，對空間的感受會很清晰，」我說。「如果真的很安靜的話，沒有任何事物能悄悄接近我，因為我可以聽得很清楚，有蹄動物、甚有肉趾或有爪的動物，每一步都因為踩到小樹枝而發出些許聲音。我會對周遭動物更加敏銳，但同時也變得更為脆弱，因為我做的任何活動也會發出聲音。當四周安靜時，我對周遭的感覺會變得敏銳。」

「坐著聆聽時，我絲毫沒有脆弱的感覺，」皮卡克說。「我覺得那可能是我最安全的時候，對於待在那裡，我有足夠的信心和經驗，我知道聲音的意義，我可以在事情發生前，就聽出即將發生的事。沒有任何事物可以悄悄接近我。以前常有人在夜晚拿著手電筒，盲目地照向樹叢，想要找我。偏執是一種生活方式。我是個很古怪的人，我手上很少不拿武器，等著最糟的情況發生。那是我覺得最安全的地方。

「只要知道自己的嗅覺和聽力有多好。我們現代人對於它們有多好，又能為我們做些什麼，都毫無概念。外面是一個憑藉聽覺和嗅覺的世界，但我們卻自絕於其外。我想原因就在於今日的一切都太喧鬧。」

我們同時轉頭，看向外面「啊—啊—埃克」叫的雉雞，但皮卡克的思緒顯然沒有因此被打斷。

他繼續談到保存自然靜謐的價值，「我也認為這是最親密的方式，可以真正接觸到人類心靈的最深處，因為那是我們演化的方式，我們以今日難以想像的方式聆聽和嗅聞。我們仍是相同的物種，我們的心靈、智力和良知，全都是在棲息地演化而來，時至今日，那些棲息地就是我們所謂的荒野。我一再重提的一項議題就是：我們基本上是從荒野演化而來，我們是在荒野棲息地裡運用我們的感官，如此演化出來的感官如果沒有當初形成時的環境，就無法持久。這是現今主張寂靜的一大論點。」

我們都沉默了一會兒，然後我提到國家公園管理局的矛盾。「一方面，他們的管理政策將保存自然聲境列為職責之一，並將自然靜謐定義為沒有人為聲音存在。但是有關空中觀光管理計畫的那個章節更長，也更仔細，因為空中觀光在許多國家公園的上空營運。我聆聽和收集聲音已經二十五年，我一看到管理政策的內容，就知道這些人不可能知道他們在講什麼。」

「他們不知道自己在講什麼。沒有人一定要飛越荒野。他們應該把荒野上空列為禁飛區，就這樣。你認識道格・湯姆金斯（Doug Tomkins）嗎？」他問。「他是『North Face』和『Esprit』的創建人。他只有高中肄業，但他會登山。我會跟他一起去尋找北極熊，跟他一起去西伯利亞虎的家鄉。現在他有了錢，擁有大約智利的五分之一。那是他目前的計畫。但他也出版了一本很棒的書《皆伐》（*Clearcut*），裡面是森林皆伐的照片。他下一本書的主題是全地形越野車。現在遊說的力量大得驚人，要挑戰遊說團體也相當艱鉅。現在的政府受到的遊說壓力是要支持全地形越野車（任何馬能走的地方，他們都要用全地形越野車），而且後者大致都能成功。我們盡力阻止，我建議以『愚蠢的運動』（The Moronic Sport）為書名，但他們沒有接受。他們用了一個比較單調的書名。沒錯，飛機和全地形越野車的噪音，可以入侵荒野無數英里。」

我覺得這是個好時機，於是說：「我想你會了解這個。」一邊從我襯衫裡拿出小皮袋，「這顆石頭來自『一平方英寸的寂靜』。」

「啊，就是霍河那裡。」

「你知道『一平方英寸的寂靜』？」

「是的，我知道，我知道，對。」

他拿著它，高興地笑了：「一點沒錯，這是一平方英寸，它很漂亮，看起來像寒武紀早期的火山岩。」

「它跟我一起旅行。」

「很好，」皮卡克開玩笑地說。「最後它說不定知道的比你還多。」

他喚安德莉亞來看這石頭，告訴她：「這一平方英寸象徵許多英里的靜默。」

他們同意跟石頭合照。皮卡克在我按快門時，輕聲笑說：「我很喜歡。」

我們看似迂迴閒聊的對話證明了一切。皮卡克說他預定在六天內動膝蓋手術，還說他已經拿到一筆古根漢獎助金，準備寫下一本書。「他們給的錢比我申請的還多，總共給了五萬五千美元。我可以用百元大鈔點雪茄，」他笑著說。他拿了一本他最新的書：《走出傷痛：一名越戰老兵的戰爭與荒野紀實》（Eastern Washington University Press, 2005），其中包含他通過亞利桑那州轟炸靶場的章節。他在上面簽名後，把書送給我。我說我的下一站是峽谷地，他告訴我那裡有一座天然拱門，風吹過時就像音樂一般，他還說可以到猶他州莫亞布的一家書店去問方向。「你應該到那裡去，」他說。「艾德華・艾貝過世前就待在那裡。」

我再度謝謝他送我那本書，然後準備離開。在我離開前，我拿出音量計，在離火爐六英尺的地方測起居室的音量。我看了兩次確認讀數。

「只有二十七加權分貝，」我告訴他。「這跟西雅圖貝納羅亞音樂廳安靜時的音量一樣，但它花了八億美元才做到。」

「這裡到了夜晚，」他說：「真的很棒。」

1——都卜勒效應：當波源朝自己而來時，測得的波源頻率會變高；當波源朝自己離去時，測得的頻率會變低。

2——卡士達將軍（一八三九—一八七六）：美國內戰和印第安戰爭期間的陸軍騎兵指揮官，文中提到的小大角戰場是他最著名的一場會戰所在地。

6 裸露的大地

我離最接近的人類伙伴超過二十英里，
但我並不寂寞，反而感到愉悅。
愉悅與靜謐的狂喜。

——艾德華・艾貝《沙漠隱士》（*Desert Solitaire*）

從西雅圖起飛的飛機開始下降至鹽湖城，我將從那裡繼續我的旅程。我趁回西雅圖的短暫時間，為客戶趕了一些計畫，花時間陪艾比。至於現在，我跟其他數千人都是飛越美國上空的乘客之一。我從靠窗戶的座位朝外望去，可以清楚看到猶他州的地景，遼濶的大鹽湖（Great Salt Lake），東邊是峋嶙的瓦沙契山脈（Wasatch Mountains），還有匯聚的州際公路，如今它們已經成為美國的交通動脈。

「文明最先進的地方，鳥類最少，」一九七四年在茂宜島（Maui）因淋巴瘤去世的查爾斯・林白（Charles Lindbergh）

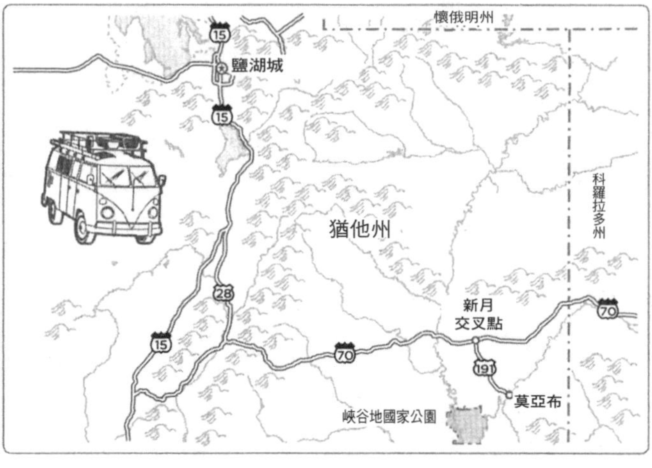

曾經這麼說：「我寧可有鳥類，也不願有飛機。」

林白在一九二七年五月二十一日駕駛聖路易精神號（Spirit of St. Louis）在巴黎附近的布傑機場（Le Bourget Field）降落後，立即成為飛行英雄，因為他是第一個成功飛越大西洋，使兩大洲相連的人。就在那一天，世界變小了，而且還在持續縮小當中，因此也愈來愈需要林白的遠見，今日查爾斯暨安妮・莫洛・林白基金會（Charles A. and Anne Morrow Lindbergh Foundation）傳承了他的遠見，提供年度補助金，以期「透過科技與自然的平衡來改善生活品質」。該基金會希望支持現在與未來的世代，一起創造這種平衡，讓我們能「分辨自然必要的智慧，將它與科學知識互相結合（查爾斯・林白）」，同時「使掌控生活的力量與對生命的崇敬互相平衡」（安妮・莫洛・林白）。

一九八九年，我獲得林白基金會頒予的一萬零五百八十美元（相當於購買聖路易斯精神號的價錢），協助保存華盛頓州的自然聲響。在接到那通令人雀躍的電話通知後，我當時才三歲的兒子奧吉看到我興奮地像猴子般跳上跳下，大叫：「爸爸不必再當單車快遞了！」「一平方英寸的寂靜」的構想就是在那一年產生的，但是一直到二〇〇五年我決定不再等國家公園管理局採取行動後，這構想才得以實現。我決定獨力進行。

飛機終於接近機場，在上空繞圓圈飛行，我希望能看到我十五天前停在離收費處不遠的長期停車場，我那套價值三萬六千美元的錄音設備就藏在後車廂的睡袋下面，我忍不住擔心有人會好奇地從擋風玻璃探視車內，畢竟我那輛保持原貌的古董車會吸引不少注意。我擔心有人會發現它不必鑰匙也能啟動，只要按方向機柱上的一個鈕，就可以發動它。此外，認識這型車的人也知道，只要以正確方式把車窗滑開，甚至不需要鑰匙就能進入車內。

降落後，我搭乘前往停車場的往返巴士，經過停放了無數英畝的車輛，最後終於看到我的福斯小巴。我在走向它的時候，從半翹起的門把就知道車門被人打開過。我的心跳開始加速，所有東西都在，但駕駛座上放了一張正面朝上的名片，上面印著「鹽湖城空氣冷卻器，福斯汽車俱樂部，成立於一九八六年」，背面則是以手寫方式邀請我參加他們的下一次聚會，時間是這個月的第一個禮拜四。經典福斯車主協會！我檢查了後車廂，果然，我所有的設備都沒有人動過，就連駕駛座後方架子上的巧克力餅乾也原封未動。福斯汽車的因緣還真巧得令人愉快。

我沿著交通壅塞的十五號州際公路往南行駛，轉到朝東的七十號州際公路後，視野才開始寬敞起來。「警告：前方一〇九英里沒有檢修。下一個檢修站在綠河（Green River）。」這才是我喜愛的國度。又開了四十英里，大約一小時後，我在路邊的休息站停下。太陽西沉，天空幾乎毫無色彩，半月已經升空，但第一顆星還沒露臉。今晚一定會很美好。在這裡放眼四周，峽谷閃著紅褐色的光輝，只有天與地相連的地方呈現黑色。古老的杜松在時間的調教下，呈現出不同的舞姿。附近停了一輛空轉的半拖掛車，即使如此，我仍可以聽到這裡的寂靜。我從峽谷邊緣走到下方的一個岩棚時，有了往昔少見的體驗。這裡的寂靜似乎足以摧毀噪音，而且這裡的沙漠空氣比西北部的潮濕空氣稀薄得多，聲波傳播速率也較慢。我喜歡這種不熟悉的感覺，滿心期待著深入猶他州峽谷地的時間盡快來臨。

我望向月光照耀下的大地，看起來彷彿風神颳起了一場風暴，吹走一切，只有堅強到不為所動的物體才得以留下，包括虯結的樹木，它們就像為了生命持久的耐心而豎立的紀念碑。在沒有星辰爭輝的情況下，陰暗的大地上出現一條像是由珍珠串起的線，綿延大約十英里。它們就像發光的螞蟻，堅定而帶有目的地沿著州際公路開下去。

第一批行星已經出現在夜空，陪伴著半月。我可以感受到這片廣袤的地方，還有奇妙的峽谷和美麗的天空。這景象令人謙卑。寂靜令人謙卑，我之所以渴望它，原因就在於它能讓我擺脫責任、負擔，還有那種「糟了」的感覺，在這個世界上，還有許多待做的事。在寂靜中，我感到神的存在與終極的控制。「拯救地球」已經成為一些環保人士的口號，但是地球不需要被拯救。它已經好好生存了數十億年，也演化出生命。需要拯救的是我們人類——我們要防止自己因為自身的作為而受到傷害，或者如史都華・尤德爾（Stewart Udall）指出的，因為我們對「資源無限豐富」（Super Abundance）的迷思而受到傷害。尤德爾曾擔任美國內政部長（一九六一—一九六九），是推動一九六四年「荒野法」的重要人物。他在《寂靜危機》（*The Quiet Crisis*, Avon Books, 1963）中提出警告說：「美國今天站在財富與權力的頂端，然而我們居住的土地逐漸喪失原本的美麗，變得日益醜陋，開放空間不斷縮小，整體環境在污染、噪音和病蟲危害下日漸惡化。」

我在福斯小巴裡醒來，地點就在鬼岩（Ghost Rock）景點。我怎麼能不在這裡過夜？第二劑抗生素的藥效開始發揮，我感覺很好，再度可以呼吸，而且黎明的景色非常壯麗。地平線正逐漸變成琥珀色，從這裡可以眺望三十英里的景色（峽谷裡的綠意帶著溫和的土褐色，岩石依舊暗淡），但只有隱約的聲音。歷經無數歲月的古老岩石訴說著一種深刻且永無窮盡的寂靜，讓我想起自身的渺小。霍河河谷裡的四百歲古樹已經令我讚嘆不已，而這裡的裸岩甚至存在了數百萬年之久。

享受完早晨咖啡後，我開始四十英里的駕車旅程，前往莫亞布（Moab）。太陽升得很快，第一道晨光已經灑在下方的峽谷斜坡上，比我還快，岩石也轉變成神祕的暗紅色。看到斑狼峽谷（Spotted Wolf Canyon）景點的標誌後，我就戴上了護目鏡，才得以欣賞令人讚嘆的納瓦荷（Navajo）砂岩，它像王冠般戴在傾斜的平頂峰上，這種沉積岩形成於古生代，也是構成聖拉法艾礁（San Rafael Reef）的岩石，聖拉法艾礁上甚至有超過兩百英尺高的懸崖。一塊看板上說明這裡的地質構造包含頁岩、粉砂岩、砂岩和其他的岩層，並指出科羅拉多高原（Colorado Plateau）之所以會有紅色的岩石，是因為含有氧化鐵的緣故。這些岩石的顏色深淺取決於氧化鐵的含量。看板上的文字接著說明：「在這裡，水侵蝕砂岩，形成令人震撼的細長峽谷與岩層，是健行與攀岩者的天堂。」通過這塊標誌後，以水泥路障隔成雙向道，每個方向各有雙線道的七十號州際公路，蜿蜒地穿過遠古時期一度是河床的峽谷。

這裡沒有解釋為什麼這個峽谷稱為斑狼峽谷，或者哪些印第安人曾以這裡為家。但是附近有一塊銅板上寫道：

> 一九五七年，美國政府決定擴大州際公路系統，七十號州際公路按計畫穿越聖拉法艾丘（San Rafael Swell）。在斑狼峽谷，工人於一九六七年十月開始興建工程前，站著把兩手張開，就可以碰到峽谷的兩側。工程人員和測量人員使用挽具和繩索在離峽谷底四百英尺高的地方工作。工程人員為修築八英里長的公路，從這地區挖走三百五十萬立方碼的岩石，耗資四百五十萬美元。一九七〇年十一月五日，猶他州交通部將自佛里蒙會合處（Freemont Junction）到綠河的七十英里路段，拓寬成雙線道。一九八〇年代中期又增加兩條車道。

有人在看板的文字結尾處刮出一句話：「糟透了！」

我從一八二號出口轉到一九一號公路，往南駛往莫亞布。開了數英里後，看到一塊標誌上建議不要在路上停留，因為可能出現塵暴。「死馬點（Dead Horse Point），四十英里」，還真有說服力！我駛近莫亞布時，開始覺得它可能不是我想像中、過去那種質樸的採礦小鎮。今天是星期五，儘管時間尚早，但我已經在路上看到週末度假人潮駕著後面拉著補給拖車的四輪傳動大輪卡車經過，這些架高型的休旅拖車體積龐大，套鈎都像是一根柱子，還有一些全地形車拖著功能齊備的活動房屋。我也注意到，猶他州原始乾燥的荒野在短時間內，多出不少我以前沒看過的標誌：「入口站」。這些當然會吸引來一批批越野愛好者。

我轉過最後一個彎道，一路開往下方的莫亞布和它翠綠的山谷。南方是白雪覆頂的山巔，整段路程幾乎都是沿著岩牆，以及壯麗的科羅拉多河行駛。但是莫亞布顯然已經不再是過去那個安靜的小鎮，而是像科羅拉多州首府阿斯本（Aspen）一樣，只不過盛行的是越野活動，而我所謂的越野，指的是上下左右都有：乘筏而下、泛舟、全地形冒險、滑翔翼運動、導向傘運動、花式跳傘、攀岩。這裡看得到各種特別改裝的四輪傳動車，比梅爾・吉勃遜的《衝鋒飛車隊》（*Mad Max*）裡所描述的澳洲內陸背景還誇張。

我原訂要去找跟我同行的自然聲響錄音師暨詩人傑・梭特，他想跟我分享他在峽谷地國家公園最喜愛的隱蔽地點，一個他十年來每年都造訪的地方。很難相信在離這裡方圓百英里的範圍內，會有美國僅餘最偉大的靜謐地點之一。然而，既然他是我訓練出來的，我知道他對無噪音的品質標準，跟我是一致的：至少連續十五分鐘，沒有聽到任一種人為聲音入侵。可惜他打一通電話告訴我，他的車子在內華達山脈出問題，所以有所延誤，但一定會到。他絕不會錯過一年一度造訪那個隱蔽地點的機會。在北極地區、安地斯山脈和後來的亞馬遜雨林等偏遠的地方，就連「超人」也需要「孤獨之堡」（Fortress of Solitude）。梭特的自然孤獨之堡位於峽谷地深處，他願意帶我前往，唯一的條件是我不能洩漏那個祕密地點，我會堅守這個祕密，直到法律能提供這類靜謐地點充分的保護為止。

我回電並留言說：「別擔心，傑，你慢慢來。我還有一個地方要去，你等要轉進莫亞布時再通知我，這樣我應該有足夠時間把裝備準備好。」

同一時間，我要去跟史吉普・安布洛斯（Skip Ambrose）碰面，他是魚類暨野生動物局派駐阿拉斯加的猛禽專家，任職將近三十年，即將退休，他先前為了協助創立國家公園管理局的自然聲境計畫，換到別的政府部門。安布洛斯住在鎮外大約二十英里的牧場上，那裡的天氣與居住條件都比較宜人，要到那裡的指示很簡單，就像這個：「右轉，直走半英里，看到巨大的三葉楊就到了。」

安布洛斯的家很有田園風光：木屋、十英畝綠地，種有果樹，四周環山。在這個清新明亮、天空綻藍的日子，整個山谷都聽得到鳥叫。安布洛斯站在屋外歡迎我，把我介紹給他太太克麗絲（Chris），他是在十二年前到格倫峽谷（Glen Canyon）做獵鷹相關工作時遇到她的。他說他以前也有一輛福斯小巴，甚至在阿拉斯加時也是開這種車。我告訴他，我在上來這裡的陡坡上，一小時頂多能開到十九英里。我們站到前廊上後，他帶我去看一副正對著對面峽谷壁的望遠鏡。

「你看看，」安布洛斯說：「有一隻企鵰正在孵蛋，牠已經有一隻小鳥，可能一週大左右。」

我看到鳥巢，就在大約一英里外的懸崖上。「我看到的是頭嗎？」

「你看到的企鵰頭屬於已成年的鳥，幼企鵰應該是鮮明的白色。那隻幼企鵰還沒辦法把頭舉到巢緣。那個巢可能有六英尺深。」

「你們怎麼發現的？」

「我們知道這附近有鷹鷲，」克麗絲說：「我們看到牠們在飛，就開始觀察牠們，搜尋懸崖。」

安布洛斯解釋說，最後是泛白的岩壁指出了鳥巢的所在位置。雖然他沒有近距離觀察過這些鳥巢，但先前花了很多時間在其他鳥巢上，特別是一九八〇年代末、一九九〇年代初，他在阿拉斯加為觀察遊隼而安裝類似 YouTube 系統的時候。那時遊隼列在瀕臨絕種的動物名單中，而魚類暨野生動物局及其他機構也擔心空軍訓練飛行的大量增加，會對牠們在阿拉斯加的棲息地造成不良影響。

安布洛斯說：「我們設法評估低空噴射機對遊隼的影響。在那之前我做過鳥類調查，但是對音響學一竅不通。我們設計的系統是把小攝影機放在遊隼的巢裡。遊隼的容忍度很高，若是如果放在鷹巢裡，老鷹會立刻棄巢而去。裝好後，訊號會傳到筆記電腦上，那裡有接收器和程式，每當有噴射機飛過，攝影機就會拍攝遊隼在飛機飛過之前和之後的行為。那台攝影機每隔五分鐘也會拍攝一次靜止畫面。」

「起初我們使用的這些設備，」他拍拍手：「就像用拍手聲把臥室裡的燈關掉一樣，只能偵察大致的噪音。後來空軍為了其他研究，想取得飛行的分貝量，我才開始用音量計，而這些數據經由電腦轉化後，就可以找出會引發不同行為的聲量。我們可以把音量設定在四十八加權分貝或五十二加權分貝，然後把錄影帶儲存起來。此外，它也會儲存聲量數據並錄下飛過的飛行器，讓我們可以聽出是哪種噪音。」

「結果遊隼有反應嗎？」

安布洛斯解釋說，基本上沒有，但是他加了兩個限定原因。第一，遊隼是地球上適應力最強的動物之一（目前知道牠們甚至會在曼哈頓的高層建築上築巢），而且十五年來已經習於這種噪音，甚至在未孵出時就已經開始適應。第二，這研究很難控制，因為它限定的飛行高度是必須比懸崖面的鳥巢高兩千英尺以上，但空軍飛行員經常忽視這項限制。安布洛斯的設備經常記錄到的噪音量在八十五加權分貝左右，有時還會突然爆增至一百一十四加權分貝。

安布洛斯說：「就遊隼而言，好消息是牠們已經習慣。牠們的生產力、活動、餵食或孵化行為都沒有差異。空軍或許很高興這結果，起初他們不願做這研究，這是他們的正字標記。雖然對遊隼是好，因為牠們大多是靠視覺，但我想對其他物種不一定好。像鴞這類的物種是在完全黑暗的環境中獵食，依賴的是聽力，牠們受到的影響肯定較多。鳥類要在安靜的環境才能尋找配偶及捍衛地盤。有時噪音的確會使動物無法溝通和獵食，但這很難證明。」

然而，研究人員對於人為噪音對野生動物的傷害，早已超過懷疑階段。國家公園管理局本身的自然聲響計畫（Nature Sounds Program）網站，已經有一份加了註釋的參考文獻目錄，列出超過七十二篇科學論文，全都是探討噪音和飛機飛越上空，對紅尾鵟、西點林鴞、麋鹿、馴鹿、山羊，甚至座頭鯨所造成的衝擊。這些研究發現指出，噪音對馴鹿的生產力造成負面效應；受到空中噪音影響的大角羊，覓食的效率比較差；鯨之間的溝通受到衝擊。美國的研究已經證明，在吵鬧的棲息地鳴禽必須叫得比安靜地區的鳥類大聲，所以消耗的能量比較多。許多調查人員也證明動物會在頂空噴射機與直升機的驚嚇下衝離藏匿地點，造成壓力荷爾蒙增加，並有可能受到傷害。

慢性噪音也已被視為動物族群變小的原因。有些研究人員在加拿大的亞寒帶森林研究吵鬧的壓縮機站所造成的影響，結果記錄到本土橙頂灶鶇成功交配的次數減少；橙頂灶鶇是以昆蟲為食、相當美麗的鳴鳥。有超過三千個這樣的工業噪音製造者，在加拿大亞伯達省（Alberta）的廣大荒野汲取石油和天然氣，對周圍森林造成低頻七十五加權分貝到九十五加權分貝的噪音衝擊。這項研究的作者報告說，在安靜的棲息地，橙頂灶鶇成功配對的機率是百分之九十二，但在有壓縮機的地點，成功率降到只剩百分之七十七。其中一名調查員盧卡斯・哈畢伯（Lucas Habib）寫道：「雌鳥會受到雄鳥唱交配曲時的力量和品質吸引。因此，背景噪音很大時，有可能對求偶者和選偶者之間的關係造成影響。如果雄鳥的歌曲被扭曲，或在森林裡傳揚得不夠遠，雌鳥可能不會受到吸引。這可能對雄鳥造成嚴重後果，若牠不能跟雌鳥交配，就無法在那年孕育後代。」

安布洛斯做完遊隼的研究後，就跟太太爭取到在猶他州這裡過冬。當時主管峽谷地與拱門國家公園的華特・達伯尼（Walt Dabney）帶安布洛斯過來，開始測量噪音量。「他說以後空中觀光肯定會成為一大議題。他是在十年前說的，超越了當時的一般見解，而且他是對的，不過相較於大峽谷，峽谷地和拱門國家公園至今仍沒引起很大的注意。」

目前獲准飛越拱門國家公園的飛行班次是六百七十五次，峽谷地是一千零三十九次。夏威夷的火山國家公園暴增到二萬八千四百四十一次，但大峽谷仍是最驚人的，到目前為止，它是受觀光直升機和固定翼飛機噪音影響最大的國家公園。每年大約有八十萬人搭飛機觀光大峽谷，大約是九萬班次。如果把它們平均分布在一年十二個月，意味著每天有二百四十六架，或每小時有二十架班次的觀光飛機飛越大峽谷。事實上，這些班次一般集中在夏季，因此在觀光旺月，這片自然奇景等於是匯聚了大量的飛機噪音。這些一度節節攀升的班次目前已不再增加，主要是因為二〇〇〇年的「聯邦空中觀光管理法案」，這項法案由美國國會第三度通過，目的是為了解決國家公園上空觀光飛行所造成的噪音問題。這項法案最早的前身是一九八七年「國家公園飛越上空法案」（National Parks Overflights Act），其中宣稱「大峽谷國家公園的飛行噪音對自然靜謐與公園體驗造成重大的不利影響」，因而責成國家公園管理局與聯邦航空總署，經由管理空中觀光來大幅恢復自然靜謐。然而二十多年過去了，**沒有任何國家公園實施過空中觀光管理計畫**。空中的情況沒有改變，至於地面上，空中觀光營運公司與環保團體以及政府機構之間兩敗俱傷的行政鬥爭，卻愈演愈烈。我這趟旅程的目標之一就在於深入了解備受爭議的地面噪音，所以我很高興安布洛斯提供了這些第一手的說明和觀察結果。

「二〇〇〇年的法案基本上是說，聯邦航空總署和國家公園管理局必須合作發展這些計畫，並由聯邦航空總署作為主導機構，但文件必須由兩個機構共同簽署，」他說。

代表國家公園管理局的安布洛斯，跟聯邦航空總署的聲響工程師一起合作，那些工程師來自運輸部的沃普運輸中心（Volpe Transportation Center），以公路和跑道的觀點，研究美國最美麗、最原始的自然景色上空的噪音。「他們從來沒有在公園裡零加權分貝的地方測量過，而是從六十加權分貝以上開始。我們就收集資料的方式達成協議，問題在於要如何解釋。早期，聯邦航空總署會說，就像機場一樣，如果日夜音量（day-night level, DNL）低於六十五加權分貝，就一定沒問題，而這正是他們在機場四周使用的標準。」

「我們說，『民眾在帳篷裡睡覺，周遭的音量是十加權分貝，我們不能從六十五加權分貝的日夜音量開始。』這些對他們都是新觀念，他們逐漸了解，也有長足進步。但真正的問題還是要看你如何詮釋。這項行動的關鍵詞是：『沒有重大的不利影響』，你要怎麼定義『重大的』和『不利』？起初，只要沒有超過六十五加權分貝，對聯邦航空總署來說，就不是不利的，但對我們來說，卻是不利的。」

至今的發展是：大峽谷成為空中觀光爭議的中心點，在這裡試圖達到的標準是：至少有七成五的時間，這座國家公園必須有一半面積是安靜的。安布洛斯指出，如果照字面解釋，這意味著**一天二十四小時內**每安靜三分鐘，就會有一分鐘聽得到飛機或直升機的噪音。「你會說那是安靜嗎？」他問：「這就像夜空一樣，沒有人認為自己會失去夜空，也沒人認為夜空會吵到讓人失去自然聲境。但這確實正在發生。」

我指出，對許多人來說，這些測量、爭論以及發展極為緩慢的標準都沒抓到重點。「為什麼我們的國家公園要要允許空中觀光？」

「空中觀光業者的回答會是：『我們必須提供方式，讓有特殊需求的人得以進入國家公園』，」安布洛斯說。

「那是一個考量，」我承認，但卻無法構成讓飛機在許多珍貴的國家公園到處飛的原因。「如果殘障人士取得特殊用途許可證，並在特定日子飛到某個區域上空，這還說得過去，」我建議說：「但提供空中觀光給任何願意付錢的人就是另一回事。某次家族聚會，我伯母和堂兄弟姊妹就曾熱烈談到他們在夏威夷國家公園上空飛行時，業者還讓他們用耳機聽澳洲重金屬樂團AC／DC的搖滾樂。」

安布洛斯一點也不驚訝。他說：「民眾就是這樣。從空中俯瞰的景色的確很美，但他們在空中時沒想到地面上的人沒有戴耳機。」他說就連荒野協會出版的雜誌也曾刊登過一名私人飛機駕駛的文章，說從他那架小飛機上看到的景色完美無比，並說以這種方式欣賞美國荒野（附錄A）不會留下足跡。他說：「我真想殺了那位作者和荒野協會。」當然，他誇大了自己的憤怒，但他的聲音的確很尖刻。

安布洛斯說起數年前，有一次他從丹佛搭商用客機到夏威夷火山國家公園測量噪音。「我們飛過科羅拉多國家紀念碑、拱門、峽谷地、布萊斯（Bryce）、錫安和莫哈維（Mojave）。這些地方都有我們的音量計，我心想，老天，我正飛在我所有的音量計上方。它們形成一條線，所以只要把這條飛行路線移開二十英里，就可以避開所有這些公園。」

我也談到我自己搭商用客機的故事。有一次我在研究約翰．繆爾的優勝美地日誌和錄音裡對聲音的描述後，決定飛去聖地牙哥找我哥哥。由於我幾乎只能在夜晚錄音，才能避開高空飛行商用客機所帶來的噪音，於是我請空服員去問飛機駕駛，看能不能繞過優勝美地。沒一會兒，我就非常驚訝地發現，自己正望著酋長岩和半屏丘。降落後，那名駕駛站在駕駛艙旁，我下飛機時對他說：「謝謝你至少試著不從優勝美地上空飛過。」他說：「不要飛過優勝美地？我以為你要飛過。」我說：「不，不，因為飛機會製造噪音。」他告訴我：「在三萬六千英尺的高空，地面上聽不到飛機的聲音。」

安布洛斯氣呼呼地說：「這麼想的人不少，而且他們是真的相信。但是居然連飛機駕駛都這麼說？我曾經做過一件讓很多人掃興的事，我要他們下次到國家公園時，寫下他們在十分鐘內聽到的所有聲音。這甚至不需要錄音機，只要有紙、筆和手錶就行了。如果他們真的有用心，就會明白那些地方沒那麼安靜。只可惜在我們的社會裡，城市噪音無所不在，所以當人們到國家公園時會說：『跟洛杉磯比起來，這裡真棒。』他們說的沒錯，但其實公園裡可能一點也不安靜。我們太習於噪音，根本不會去思考這個問題。我們得讓民眾開始思考才行。」

談話尾聲，安布洛斯告訴我，他嘗試購買他去過的每個國家公園的ＣＤ，但是這些ＣＤ裡，只有極少數是充滿原始的聲響。「裡面好比有個三十秒的鳥叫，然後是三十分鐘的橫笛和鋼琴。你可能會聽到雷雨聲，但總是有背景音樂。」

我倒是知道為何會如此。現在要在美國找到超過三十秒毫不間斷的鳥鳴，可不是件容易的事，甚至在國家公園裡也一樣。

回到莫亞布後，我要過夜那晚剛好遇上經典老爺車和收藏汽車展，所有的旅館和汽車旅館都被預訂一空，最後我只能將就唯一有空位的地方：光滑之岩休旅車營地（Slick Rock RV Campground），相當於露營地的科尼島（Coney Island）。我很幸運還能找到一個空位，離公路最近。但整個營地都有Wi-Fi，讓我得以在進入市區前，先打開電腦，處理一些累積的業務。

這裡的主要大街上擠滿慢慢前進的經典老爺車和改裝跑車，一輛增加馬力的龐帝克風雲跑車（Pontiac GTO）塗著金屬紫的鱗片漆，還有引擎蓋伸出一個增壓器，準備接受挑戰。一輛一九四〇年代的別克車漆成光澤鮮亮的黑莓色，每個部位都鍍了鉻。還有一輛一九五〇年代的雪佛蘭敞篷小貨車漆成兩種色調，還用火焰圖案和月形車轂蓋裝飾。我馬上加入，我的福斯小巴立即引來主要大街兩旁一些人的噓聲和喊叫。我找了一家餐廳吃晚餐，點了披薩和一品脫的Heffenwiesen啤酒，酒裡加了一片檸檬。我的音量計顯示尖峰讀數是一百零五加權分貝：餐盤撞擊聲和模糊不清的說話聲。音樂的音量大約是七十五加權分貝，實在很大，如果我是跟朋友共進晚餐，肯定很難交談。晚餐後，在尋找自助洗衣店的途中，我遇到性正面文化中心（The Wet Spot，原名Center for Sex Positive Culture），但並不想光顧。我的髒衣服可以等。

回到科尼島，不想加入休旅車群，我無所事事地躺在車頂的睡袋裡傾聽周圍的聲音。這是自這趟旅程開始，我第一次一人獨處。我聽到一堆焦躁的噪音：人聲、狗吠聲、許多引擎聲、一些鳥叫、人的笑聲、摩托車經過的聲音，還有小嬰兒的哭號聲。在這些無法預期的聲音下，注定是無眠的夜。

隔天早上，三葉楊蓬鬆的種子如一陣大風雪般飄落，這些很容易鏟起的積「雪」一連堆了數英寸。我拿起相機，不停捕捉這些沉默飛行物優美的姿態。然後我把「寂靜之石」從脖子上拿下來，放在「雪」堆裡，拍最後一張照片。

我把福斯小巴停在日日旅館免費的停車場，唔，倒也不算完全免費，我預訂下週六晚上的房間，掙得在主辦公室前的停車位，從今天起的一個星期，我會到偏遠的未開發區健行，直到下週六才回來。

梭特駕著他那輛九五年銀色吉普越野車（Jeep Cherokee）停下來，下車後伸伸懶腰。他高高瘦瘦，看起來比兩年前瘦，那時我倆到加州南部靠近墨西哥邊界的地方，替聖地牙哥自然歷史博物館收集聲音。他頭上綁了一條大印花手帕，戴著一副太陽眼睛，留著蘇格蘭山羊鬍。他直直看著我，什麼也沒說。我把背包扔進他的吉普車，就上路了。

他有點擔心，因為他那輛即將帶我們深入荒僻地區的吉普車（里程數達二十三萬六千英里）一直出毛病，而我們已經遲了。現在已過下午三點半，我們得趕在峽谷地遊客中心關門前，去申請進入未開發區的許可證。他把吉普車的暖氣開到最大，希望引擎能保持冷卻，沒想到才駛離莫亞布五英里，吉普車就嘎一聲停在一輛廢棄汽車旁邊，那輛車的車窗全都破了，看了實在讓人振奮不起來。傑體貼地把車停到讓我能享受蔽蔭的地方，然後砰一聲打開引擎蓋，我則啜飲著在市區邊緣加油站買的百事可樂。

「我不想嘮叨，但我們到得了嗎？」我揶揄說。

「有可能到不了，」他一本正經地回答。轎車和卡車從我們旁邊呼嘯而過。「如果能在六點以前抵達就沒問題。」

我們等待引擎冷卻下來時，我問他來峽谷地多久了。

「大約十五年了。我先前在普勒斯科特學院（Prescott College）教詩和藝術，那時我會帶學生到這裡兩週，久到他們都想家了。但我卻還不想走。」

「這地方有名字嗎？」

「它叫做『猶他州，不能分享名字之地』，」他說，然後跟我說了更多關於它的重要事情，還有為什麼它會成為他的私人聖地。「戈登，它是一個能讓我回歸自我的地方。到那裡要攀登很久……」他停下來，等吵鬧的卡車通過，「要花很大的精力，但這些都會促成我身體、心理和心靈上的變化。我經常獨自一人在那裡，有時一連數天見不到一個人。我經常在夜裡出去，一個人都看不到，只有動物陪伴。我得踮著腳尖走路，因為在那裡有可能受傷，萬一受傷，就只能躺在那裡。你得自給自足，這只是那裡生活的一部分。你得有周全的計畫，得對那裡瞭若指掌。然而，一旦到了那裡，天地之間就只剩下你和那個地方，我得把腦子放走。」

最後我們還是在遊客中心關門前趕到，在沒有背景音樂的淡季，遊客中心就像旅館大廳；聽得到哼哼唧唧的空調聲，還有某種電力設備低聲地嗚響著，模糊不清的人聲從設在角落的展場傳來。

「你們兩位？」公園巡守員平淡地邊問邊把我們的資料輸入電腦，電腦用荒野追蹤軟體來管制未開發區的旅行，記錄每個人在那一帶的歷史。「下次你們要預約時可以請他們把申請表郵寄過去，就不用在這裡停留。」她的聲音聽起來就像《飛越杜鵑窩》（*One Flew Over the Cuckoo's Nest*）裡的護士萊契（Nurse Ratchet）。然後她把荒野規定表唸給我們聽：不能在溪流或小池塘沐浴；不能用火；不能走在活性土壤上，只能在裸岩和水上走。然後她提到那裡向來有人進入考古遺址，拿走古文物，留下胡亂塗鴉的問題。「你們要進去的地方是熊之鄉，我們沒有接到過任何報告，但聽說過渡烏把大塑膠袋咬破，你們有帶頭燈吧？」

最後我們終於拿到許可證（一張隨身攜帶，另一張留在車子的儀表板上）。在停車場上，梭特發現手機還收得到訊號，就走離我遠一點，去打入山前的最後一通電話。我仔細研讀順手拿到的公園簡介，上面列出這裡可以做的活動：健行、駕駛越野車和駕駛越野單車，然後提醒遊客這裡有山獅，還有土壤是活的。「隱生土壤是一層凹凸不平、由活生物構成的黑色表土，在峽谷地國家公園及周圍地區處處可見。保護隱生土壤能確保峽谷地的生態保持健康。」

這是森林警備員所說的活性土壤，又名沙漠膠水。它是由細菌和真菌構成，能保護沙漠土壤不被風雨侵蝕。這種土壤非常脆弱，光是踩在上面就足以摧毀它們，而且就算在條件有利的情況下，也要五到七年才能重新生長。唔……我想在莫亞布外圍，沙漠入口站附近的任何地點恐怕都不可能有這種土壤出現。

回吉普車後，我們駕車駛過三十英尺寬的河流，衝上對岸，這就像一場洗禮儀式，要通過這儀式後才能進入荒涼、迷人的地域。這裡的植物就像毛皮或皮膚一樣，但是已經遭到破壞，露出地球的血肉。彷彿地球已經被開挖，而我們正在前往生命核心的途中。我們的起點是一座大孤山的山頂步道，從那裡可以往下通往一連串的峽谷和溪流，但是等我們抵達那裡時，週日傍晚的交通尖峰時間早已在我們頭頂熱鬧開始。

噴射機在寧靜的天空上留下四道粗粗的尾跡，我把音量計拿出來。這時我只聽到輕柔的風聲吹過杜松林帶起的沙沙聲，但微弱到音量計測不出來。我看到一架噴射機飛過，位置高遠，幾乎看不到，聲音也還聽不到，它飛過後呈圓錐形傳播的噪音還沒有抵達我們這裡，等我們聽得到時，音量計的讀數是四十加權分貝，若是在都市環境，這樣的音量不會有人注意，問題是我們並不在都市。在這裡，噴射機的聲音輕易就比周遭沙沙的風聲明顯一百倍，甚至一千倍，幾乎震耳欲聾。入侵的噪音肯定會愈來愈多，因為漸暗的天空上有愈來愈多交錯的噴射尾跡：五道……七道……八道……九道。

即將圓滿的月亮升起，照耀著四野，我們甚至不需手電筒就能整理出睡覺的地方。我聽到「撲維爾、撲維爾、撲維爾」的聲音，接著附近一隻鴞開始「哇塔、哇塔、哇塔」地叫著。一架噴射機入侵，五十加權分貝。上帝低語，人類咆哮。我到這座國家公園的荒野，像朝聖者般尋找幽寂的氛圍，卻仍逃脫不掉人為噪音。不過，我已經倦極，在孤山頂上找了一塊平坦的岩石，在鬆散的乾泥土上攤開睡袋，沉入夢鄉。

一大清早，太陽還沒升起，我就醒了，開始聆聽。每二十到三十秒就有一道道輕柔的微風慢慢揊過杜松和松林。超過一小時的時間，四周非常寂靜，聽不到蟲唧鳥鳴或任何動物的足音，只有微風吹過，感覺非常平和。一顆流星瞬間劃過一半的天空，我追蹤一顆人造衛星緩慢的軌跡。我以為風已經停歇，但是沒有，又有一道柔和的風吹拂過，幾乎吹走一切，只留下重要的思緒與困難的問題，就在我停留的孤山上。這正是我來這裡的原因：找出我真正在乎的事物，以及自我。在這樣的時刻，不需言語就能存在，甚至能思考。「傾聽白松的話語。」我會在岩石上坐一會兒，就像一塊岩石，融入岩石，看著星辰墜落和白晝展開。如同鮭魚卵流入清澈的山池，白晝的圓頂從東方開始出現，逐漸掩蓋掉星辰，今天肯定會有一個美麗的早晨。

清晨五點二十五分。一隻不知名的鳥兒「波洛、波洛」地叫著。

我把管狀絨毛睡袋的拉帶鬆開，把腳伸出去，穿上褲子，繫好靴子的鞋帶。由於我在睡袋上加入這個簡單的設計，所以能套著舒適的絨毛袋四處走動，能在真正起床前就先站起來，這次還能走到峽谷邊緣觀賞日出。在第一道晨光亮起前，黎明的大合唱已經開嗓，不同種類的鳥兒就像點名一樣輪番唱起，每一次都如指紋般清晰。我承認我沒有研究或鑑定過所有我聽過的鳥鳴。在我耳裡，牠們全都不同，每一隻鳥都不同。所以我寧可不查清牠們的名字，反而偏好沉浸在黎明大合唱中，就像聆聽交響樂一樣，不區分哪個聲音是雙簧管，哪個是大提琴、橫笛或鼓。

我發現峽谷對面有一道光，顯然是營地的手燈，然後又認出兩個模糊的身影。我不知道他們是否跟我一樣在等候日出最早的色彩，倘若是的話，他們想欣賞的美景肯定會被手燈的光破壞，因為它就像視覺噪音一般，會使他們無法充分享受夜空，也會破壞日出的一些細緻之處。太驚人了：他們剛又點了第二盞燈。那兩盞燈就像車前燈一樣，從他們的營地瞪著我。這其實一點也不必要，一旦你的眼睛適應了清晨的環境，就會發覺四周有許多光線，就算要準備早餐也完全沒問題。對一些人來說，露營的經驗就像郵購一樣，經常會被精巧的小工具吸引，而忘了遠道來這裡旅行的初衷。

我瞪視著下方寬深的機會：地球上的巨大開口，環繞在四周的杜松和松樹很快就會吞噬我們。這峽谷就像一個倒放的結婚蛋糕，半透明的奶油與粉紅的海綿蛋糕交互相疊，但在陽光直射下轉變成琥珀色與紅色。

六點的時候，我聽到類似橫笛的聲音。「嚕、嚕、嚕、嚕。嚕、嚕、嚕」。這是峽谷本身的聲音嗎？聽起來就汩汩水流聲經過長管傳送後發出的微弱振鳴聲。稍後，我聽到飛過的渡烏「ヌヌ」的叫聲，然後又有一隻鳥的歌聲透過晨風傳來。我認出蜂鳥「呼——唎嗯——」地飛到定位，唱出獨特的詠嘆調。牠小小的身形飛到高高的空中，再以神風特攻隊的英姿俯衝向地面，不畏死亡的威脅，在最後幾秒才險險拉起，再度往上猛衝。牠的翅膀在高速迴轉下發出偌大的鈴聲，一百英尺外就能清楚聽到。

這些以翼飛行的動物很快就被人造飛機所取代，今天第一架打破寧靜的飛機在早上六點二十分出現。六點五十五分時一架固定翼飛機飛過頭頂，幾分鐘後，一架直升機轟隆地貼著地面飛過，不斷沿著峽谷降落，暫時看不到，但仍聽得到。它的螺旋槳葉拍擊的聲音測起來是四十五加權分貝，等我再度看到它時，它在半途沿著一道峽谷壁盤旋而下。那是一架小型直升機，是電台和電影小組經常使用的那一型。梭特和我假設它正在進行搜救任務，因為在那個高度飛行違反國家公園的規定。事後我們打電話去向國家公園警備隊長丹尼・齊曼（Denny Ziemann）查詢時，他調出當天的紀錄。那天並沒有救援健行客的任務，那天唯一發出的一張直升機許可證是在五小時後的下午，地點甚至不是在國家公園上方，而是在鄰近土地管理局的地區上空。那架飛機顯然未獲得授權，因為它飛到峽谷邊緣以下的地方。「聯邦航空總署諮詢通告一三六—一條」（FAA Advisory Circular 136-1）明定，所有受雇班機在國家公園的土地上行進時，高度必須維持在地面五千英尺以上。無論有沒有獲得授權，這次的入侵事件對當地的野生動物與人類訪客都是一種攻擊，因為它出現的時間是一天中自然聲響特別細緻的時刻，同時也是鳴禽傳送訊息最有效率而荒野搜尋者能聆聽到多種聲響的時刻。

梭特和我準備好走下峽谷的裝備，我把水壺和水瓶都裝滿水。梭特拿了一瓶肯定裝了五百粒藥丸的瓶子，問我需不需要止痛布洛芬（ibuprofen）。我倒了一些到背包的口袋裡，藥瓶裡所剩無幾。我很高興他提供的不是阿斯匹靈，因為那是耳毒性的藥物之一，已知有些人會在服藥後出現暫時性耳鳴和部分聽力喪失的症狀。然後他拿出iPod，按下播放鍵，把耳機遞給我。我聽到他家聖塔克魯茲（Santa Cruz）市的雄海象叫聲，然後是正在斷奶的小海象。聲音的品質非常卓越，感覺就像置身太平洋，但我也發覺這幾乎像是幻覺，因為在峽谷地完全看不到水，只能想像遠古時的海洋。我把耳機還給梭特，說我聽不下去了，並不是他的作品不好，而是因為我現在必須全神貫注在這裡。

在步道起點，梭特替我倆簽到後，我們就揹上背包，把腹帶繫好，沿著安靜的步道一直下降，隨著太陽升起，氣溫上升，我們的衣服越脫越多，並讓體內的動物本能找到自然的步伐節奏。

有些人可能認為上坡比下坡困難，其實下坡總是比較艱辛。以我們現在走的陡坡來看，膝蓋持續承受壓力，等抵達坡底時腳踝很可能都會受傷。慢慢走比較好，特別是我以前當快遞員時膝蓋負荷過重，我們各拿了一根健行杖，以減少衝擊，讓腳步踏得更穩。我的是鈦管材質，那是我從波音公司的西雅圖折扣賣場買的，只要有閒錢和時間，你可以在那裡找到建造七四七飛機的所有材料。我的超輕健行杖是兩節式，中間是用我那輛壞掉的快遞單車上的快拆式座管束連接而成。它已經為我服務超過二十年。它的另一個功能是充當攝影機和麥克風的單腳支架。它也幫我煮了許多次好喝的茶，只要裝滿水，架在熊熊的營火上就行了。現在，它即將支撐我走完六小時的健行。

走到下方平地後，步道消失，被最近驟發的山洪沖毀。雖然我們知道方向，但不確定該往哪裡走。看起來，山洪是在好幾個月前發生的，但步道沒有重新標示，脆弱的沙漠上沒有一條實際的路線，反倒有許多條路，就像迷宮一樣，得不停做選擇。每次遇到叉路，我們就選最常有人走的路。等我們走到一處淺岩棚時，發現是死路一條。我們錯了，跟先前走這條路的人一樣。這個認知突然令我意識到，走在容易走的街道上時自己有多漫不經心。難怪皮卡克不喜歡走步道，它們就像道路一樣；有人已經替你想過。我們循原路回去，這次我們更加注意，最後找到路越過被洪水沖毀的地區，重新回到步道上。

這裡唯一的水源是一道美麗的小瀑布，它注入一座深水池，裡面有許多小蝌蚪游來游去。雖然池水誘人，但我們不能下去游泳。我們身上出的鹽和油會污染池水，而且可能危害到這裡的野生動物。不過我們趁機把水壺裝滿。梭特加了一些碘片，我則是用古老的陶過濾器。我們把水淋在身上，在遠離水池的地方把T恤擰乾，攤曬在北美山艾上，午後炙熱的微風吹拂，它們很快乾了。我吃了一些止痛藥，所以膝蓋感覺還好，不過走了這麼一長段下坡路後，關節受壓的部位還是有點熱熱的。

黃昏時，我們在一個彎道旁看到一間手工搭建的廢棄小木屋，然後進入一個側面峽谷。我們很快抵達梭特使用許久的營地，那裡很美，從一個由岩石構成、還有一棵大橡樹庇蔭的天然露天小劇場，可以欣賞到峽谷壯麗的景色。我的音量計絲毫未動，停在最低的二十加權分貝上。

靜止不動時，我只聽得到自己方才移動時殘留的微弱聲音，但知道這很快就會消失。啊——沉浸在寂靜中的感覺，就像泡在舒服的熱溫泉裡一樣，我疲備的心靈得以放鬆。現在我必須放開一切根深柢固的想法，全心接納這一刻。這裡到處都有美景可看，耳朵可聽到音樂，鼻子可聞到荒漠濱藜的花香和北美山艾的味道。一縷縷灰白色的雲飄上湛藍天空，峽谷裡的岩石閃爍著耀眼紅色。我感覺自己彷彿消失不見，甚至全然忘我。我已成為沙漠裡的一塊熱岩，不停散發出有意識的思緒，就像散發著儲存在岩石內的太陽熱力。灰雲從夕陽照亮的西方開始降下雨幕。這是一個充滿啟示的神奇地點。

耀眼的滿月升起，我吃了一些什錦果麥當晚餐。梭特和我很快就兵分二路，各自去尋找適合的地點，錄下寂靜。我找到附近的一處懸崖下方，半拋物線狀的崖壁把遙遠的聲音傳到我聆聽的位置。在這樣的地點，不僅遙遠的聲音會被拉近，我也相信利用這個自然產生的聲音特徵，可以為這裡的聲音肖像加入一種此地專屬的感覺。

好地點。爛運氣。我沒有聽到自然寂靜，反而聽到四分之一英里或更遠處上方傳來的聲音。我一度甚至聽到一架小飛機的聲響，於是決定先睡覺再說。

凌晨一點三十五分，我被一架噴射機飛過的聲音吵醒，從帳篷裡測到的音量是三十五加權分貝。在它飛過後，沙漠裡的夜晚一片寧靜，測不出噪音。然後又一架噴射機飛過，我努力忽視它。不睡覺，反而計算起飛過的噴射機，只會讓我更睡不著。又有一架噴射機飛來，大聲到我再度拿起音量計，在一點五十分測到四十加權分貝。在它飛過後，我聽到細微的風吹過周遭的橡樹、杜松和松樹林。第一道微風的聲音幾乎測不出，只有二十五加權分貝。第二道微風是二十七加權分貝。打完瞌睡後，我終於進入夢鄉。

艾德華・艾貝在《沙漠隱士》裡曾經描述這一帶的沉靜。「我等著。現在夜晚再度回流，完全的靜默擁抱著我，包容著我；我再度看到星辰，以及星光的世界。我離最接近的人類伙伴超過二十英里，但我並不寂寞，反而感到愉悅。愉悅與靜謐的狂喜。」

凌晨一點五十八分，我再度被噴射機吵醒，在峽谷底測到的聲音是五十四加權分貝，比西雅圖住宅區的晚間最大噪音量還**高出**九加權分貝。峽谷地國家公園前局長華特・達伯尼（Walt Dabney）若是知道自然靜謐在夜晚時遭到破壞，肯定會感到悲傷，卻不會驚訝。十年前，他曾對杜標克（Dubuque）《電訊先鋒報》

（*Telegraph Herald*）的一名記者說：「我希望美國民眾能在太遲以前，及早將美國一些地方的自然聲音視為一種國家資源。」這裡特別值得注意的是，達伯尼說的是「美國民眾」，而非他工作的政府機構，亦即國家公園管理局，但管理局的使命正是要保護公園的狀態不受影響。我同意他的看法，我們美國民眾若要保存美國僅餘的少數靜謐地點，就必須大聲疾呼。

峽谷地顯然不是完美的靜謐聖域，但是在沒有外來聲音入侵的時候，這裡的確充滿寂靜之美，此外，在自然聲音持續較久的期間，聽起來就像古老的森林或未經耕種的原始草地，讓人聯想到美國逐漸消失的自然聲境。接著，黎明來臨，今天我將專注於錄製聲音。

我在風吹來的鳥鳴聲中睜開眼睛，這是最喜愛的樂曲！在風不停變換的節奏下，鳥聲聽起來非常浪漫、樂觀。毛毛雨輕輕打在我的帳篷上，我包在睡袋「蟲蟲」裡，走到一個安全地點，我把錄音設備放在岩棚下，那裡應該是最早照到陽光的地方之一。這個庇護地點不僅可以防止聲音在風中走樣，光滑凹陷的岩石表面還可以反射鳥鳴，使它在不斷吹拂的風中顯得更加清晰。我希望很快會有一隻喜歡在晨光中唱歌的鳥光臨這裡（許多鳥都喜歡在晨光中歌唱）。我把麥克風系統掛在樹叢裡，讓它不致引起鳥兒注意，然後把三十英尺長的電線拉到另一個樹叢，待會兒我將像雕像一樣坐在那裡，仔細聆聽。

一隻鳥啪啪撲撲地飛過來，又飛走。接著有更多嬌客來臨，隨著天色逐漸明亮，峽谷顯然是數百隻鳴禽的家。啁啁啾啾的合唱聲讓四周充滿生氣，並在宛如黑板擦擦過似的微風吹拂下，時小時大，持續了整整二十分鐘。

然後，這迷人的魔咒旋即被打破。一架噴射機自高空飛過，蓋過我耳裡或麥克風接收得到的所有自然聲響。我的音量計只測到二十五加權分貝，若在城市，這算是非常低的讀數，不會引人注意，有些人可能會認為這對公園遊人不致造成影響，無須理會。但在這裡，在清晨的靜謐中，這是嚴重的噪音入侵，會打破迷人的氣氛，就像在交響音樂會上有手機鈴聲響起一樣。

噴射機的噪音消失，風開始平息，自然的音窗再度迎來雋永的叫聲。一隻沙漠鳴禽正在尋找配偶。一隻長翼昆蟲鳴叫著，飛過開著黃花的荒漠濱藜。一棵松樹發出嘆息。我沉浸在峽谷裡富於變化的交響樂裡，一隻渡鳥在危巖頂鳴叫，形成一層層的回音。

我收好設備，移到遠處一塊拋物形的岩石那裡，希望把它當成大耳朵，在那裡聆聽整個峽谷的聲音。我把三腳架放在這塊岩石的焦點上，也就是能收集到自然聲響的地點，然後把麥克風架在上頭。周圍的聲音只有二十點五加權分貝，幾乎測不到，這個卓越的自然露天劇場很適合用來迎接稍後的獨唱曲。一隻鷹在超過一百英尺的高空翱翔，但我仍聽得到牠的翅膀劃過空中的聲音。然後一隻蜂鳥飛到岩石舞台上，旋轉的翅膀發出明顯的嗡嗡聲。短暫平息後，風又穩定吹起，但卻還是不足以吹走一架經過的噴射機五十加權分貝的噪音。

風聲迫使我改變錄音對象，從錄製鳥鳴改成捕捉風聲。我再度往前走，這次選擇在一棵高大的檉柳旁停下，它的枝椏被風吹得四處甩動，讓我想起竹子。風再度平息，我測到遙遠的流水聲和昆蟲鼓翼的聲音，聲量大約在二十六加權分貝。

又一架噴射機飛過，我繼續往前走，在一個隱蔽的深谷找到一小片可以擋風的橡樹林，自成天地，是一個很適合錄製自然聲音的地方。又有一隻蜂鳥飛過，但不像先前那隻是旋轉的低鳴聲，而是發出清晰高頻的鈴聲在聲境中到處穿梭。但我可以錄音的機會愈來愈少，現在幾乎每四到五分鐘就有一架噴射機飛過，每次持續約三分鐘，所以可以在無噪音下傾聽和錄製聲音的機會鮮少超過一分鐘。儘管我只能淺嘗靜謐，無法止渴，但是我仍然充滿感激。梭特是對的，他找到的這個地方就算沒有瀕臨消失，也是世上僅餘的寂靜地點之一。

我急著進一步探險，就把錄音設備藏好，拿著相機出發，起初是靠嗅覺。我聞到大山艾甜美撲鼻的味道，還有荒漠濱藜鮮豔黃花散發的香味。雨滴點點的沙漠塵土看起來幾乎像月球表面；背光望去，層層相疊、半透明的春葉看起來閃著霓虹綠，近似彩繪玻璃的效果。形形色色的美滋潤了心靈，驅走絕望。我看到一棵桶狀仙人掌開出最不可思議的熱帶花朵，深紅色的花瓣，越往花心，越傾向黃色，一叢萊姆綠的雌蕊和數百個絨毛狀的粉色花藥，就像完美的藝術作品。我在靠近地面處找了適合的位置（就和小型哺乳動物觀看的角度一樣），蹲下來拍照。拍了三張後，退後時不小心碰到另一棵仙人掌，結果成了名副其實的如坐針氈，過了兩小時，我還在拔臀上的細針。

我還沒有近距離看到許多哺乳動物，倒是遠遠瞧見一群鹿；另外還看到一隻失怙的小草原狼，挺令人憂心的，還有一隻屍體仍然很完整的跳囊鼠。我唯一近距離看到的四腿動物只有兩隻兔子，奇的是牠們對我的存在完全不在意，即使我就在十英尺外，牠們仍繼續吃著春天驟發的綠葉。看到牠們，讓我非常想念在喬伊斯住家後面狂亂奔跑的寵物兔，我養了二十多隻。牠們一聽到我的車聲，就會跑過來，但只是為了讓我摸，因為我沒用任何食物鼓勵牠們。但是在野外，因為要面對大型野生動物，照理說不太可能會出現這種行為。我心想會不會是因為草原狼的數目在這幾年持續減少的緣故。

梭特和我同時回到營地時，很少交談，但經常愉快地互望一眼。我們都很高興能待在這裡，並尊重對方享受幽寂的需求。即使拿水壺到附近的泉水小溪裝水時，我們仍會保持安靜。此外，在這裡，我們也必須抵擋跳入溪裡的誘惑，只會把水壺裝滿，離開水邊，然後把水從頭上淋下去。

一架吵鬧的單引擎螺旋槳小飛機在峽谷邊緣上空飛行，無疑是在瀏覽峽谷：五十八加權分貝，比我和梭特待在這裡整個期間所有的交談聲量都來得大。這架小飛機的噪音還沒消逝，另一架噴射機入侵的聲音已經響起。現在將近十點，我把音量計拿出來，舉向天空：五十加權分貝，然後是五十四加權分貝。之後一架接著一架，幾乎都是沿著相同的東西向旅遊路線飛行。我猜是來往於加州洛杉磯機場。

太陽在天空愈爬愈高，空氣變暖後，氣流跟著增加，飛機的噪音明顯模糊許多。許多觀光客之所以在離開公園前的問卷調查中表示飛機並沒有惹惱他們，這正是原因之一；他們是在一天當中最不容易聽到飛機噪音的時刻來參觀。池面沒有漣漪時，我們比較能看到池底，同樣的道理，當空氣平靜時，聲音的傳播效果最好，這是鳥類和其他野生動物大多在黎明和黃昏時發出叫聲的原因；這時鳴叫比較不費力氣，也就是說，可以用比較少的能量把訊息傳過同樣大小的地區。這些時段不僅最適合傳送訊息，也很適合聆聽。峽谷的回音，亦即大地在傾聽後發出的聲音，在那時也聽得最清楚。在許多世紀以前，以這片土地為家的古代人很有可能也深知這點，並利用這項原理進行打獵、防衛或宗教目的。

風再度吹起，雷雨雲在地平線隱約可見。梭特和我心知肚明地對看幾眼後，趕緊開始準備錄音裝備。他選擇在「聆聽之石」錄音，那裡是他在這個鍾愛的峽谷裡找到的僻靜地點。他每天早上和傍晚都會在這個地點靜坐一下，聆聽、錄音、學習、沉思，讓自己改變，然後煥然一新。我了解這點，不會去打擾他的僻靜時光。

無論是在生活中或是在錄音裡，幾乎沒有任何事物比雷更能展現一個地方有多廣闊。繆爾在描述優勝美地時曾經寫道：「雷擊劃破清爽的天際，發出鋼鐵般的鳴響，銳利清晰，震撼的爆炸聲響在危巖和峽谷壁之間迴盪。」在森林茂密的地區，雷聲的回音令人溫暖，就像北卡羅萊納的喬伊斯吉勒莫紀念森林（Joyce Kilmer Memorial Forest）。在這樣的峽谷，遠方轟隆隆的雷聲總是會帶起多重迴響。一道強而有力的霹靂使萬物為之震動（連體驗過貝納羅亞音樂廳的我都感到震驚），就連我們在進來路上看到的那棟像是隱士居住過的廢棄小木屋也不例外。

建造小木屋的人使用的可能也是本土樹木，而且它顯然是用人工砍劈而成，木頭仍留有手斧的痕跡。早在建築大師法蘭克・洛伊・萊特（Frank Lloyd Wright）開始設計「落水山莊」（Fallingwater）之前，繆爾就已在優勝美地的一條小溪旁建造了一棟小木屋，只為了聆聽自然的音樂。這位隱士也是為了聆聽而建造它嗎？雷雨時待在小木屋裡，會聽到什麼樣的聲音呢？要找出答案只有一個方法。

這棟小木屋大約十五英尺寬，二十英尺長，由水平放置的圓木建造而成，木瓦屋頂已快倒塌，屋裡有一個泥岩壁爐和煙囪。離低矮的前門不到十步的距離，就有一棵巨大的三葉楊，樹圍超過九英尺，在二十五英尺高的地方被砍斷，但生命力仍然很強，提供寬廣的蔽蔭又能擋風，但是在我心中，更重要的是它能不斷播報氣象。這座「活木鐘」的長葉柄伸展出鏟狀寬葉，記錄了每一道最細的微風，即使在差堪可以聽到松林聲音的情況下，這棵三葉楊在最輕柔的微風裡，聽起來仍像充滿霧氣的灑水裝置。白楊是三葉楊的近親，以閃閃發光的葉片著稱，經常能為庭園增添視覺與聽覺的美感。從這棵巨大古老的三葉楊底下有多種不同的羽毛看來，它對鳥類的吸引力應該已有漫長的歷史，它陪伴著隱士，也讓他得以聆聽鳴禽的歌聲。或許這位隱士就像艾德華・艾貝一樣，在這裡感受到的並不是寂寞，而是愉悅。

這次的雷雨僅在遠方帶起幾聲低沉的轟隆，但是我並不感到失望，因為這一刻我完全沉浸在這個極為特殊之地。

進入峽谷地的第二天，從黎明開始就瀰漫著芬芳，因為連夜的雨帶起山艾的香味。我穿著絨毛夾克，戴著兜帽，啜飲第一杯紅玫瑰茶，把杯子靠在臉旁，汲取茶的暖意，我發覺自己愈來愈融入此地，跟周遭環境已合為一體。附近的甘伯爾橡樹訴說著它的故事，所有的滄桑都已刻劃在它的樹皮和曲折伸展的枝椏上。我得知它何時景況好壞，成長快慢，何時曾遭祝融紋身。三葉楊也對我訴說著它的故事，在樹幹年年加粗後，它的樹皮迸裂，露出底下比較年輕的皮層。多年來，它的樹幹已出現許多深溝，特別是在底部，但是由於樹皮之間仍相互連結，這棵樹還能繼續生存。這兩棵樹各不相同，卻又有許多共同之處；每棵樹的舊傷附近都可見到新生的芽。

耳朵永遠不需睡眠，但我需要。昨晚我一覺到天明，但是進睡袋前，外頭開始下雨，我拿起音量計，測到三十加權分貝。然後一架噴射機呼嘯而過，我心想那是目前為止最大聲的一架，但測到的音量只有三十五加權分貝，比我預期的低得多。我發覺自己開始聽得到聲音裡的細微變化，不再像先前一樣，只具有在大都市就夠用的粗略敏感度。我的身體正在進行細微調整，感官回復到生存模式。

我一直沒談多少有關食物的事，這是有原因的。我在優勝美地進行約翰•繆爾錄音計畫時，曾經試圖嘗試繆爾所吃的食物，因為我想這能讓我更加能體會他的經驗，或許能有跟他更像的思緒。有關繆爾素食習慣的紀錄很少，但我仍設法根據找到的少量描述，烤了大量繆爾式餅乾，在健行、露營和錄音時就靠它們維生。繆爾在旅行途中，並沒寫下多少有關飲食的事，因為這並不重要。在有許多事情待做的情況下，飲食其實會令人分心。我為這趟旅行準備了大約十磅的點心：燕麥早餐、麵包和乳酪，全都不需要烹調。我只要覺得餓了，就吃一點。昨晚我並不餓，也就沒吃。今天早上，我吃了一把燕麥早餐。我的體重也在微調當中。

梭特把他的食物分成六包，一天一包。他的胃開始不舒服，我對用碘片處理水的方法並不信任。我絕不會喝原本用於殺死單細胞生物的毒藥，因為我覺得這肯定也會殺死我，一次殺死一個細胞。我的水很乾淨，但梭特的水在袋子意外破裂後，看起來很像茶。我把用法簡單的水循環裝置借給他，只要把吸入管放到一盤水上，然後用蠻力推抽水臂，把水推過質地很細的陶筒，就會滴出乾淨的水。

補充養分後，我們動身前往梭特的「聆聽之石」，一邊欣賞小溪另一邊的美麗夕陽，這條小溪是由泉水挹注，四周一片翠綠，飄揚著美妙的自然旋律。我們從健行開始就幾乎不曾交談，但現在似乎是問他有關這個特殊地點的好時機，了解一下他每年到峽谷地的朝聖之旅。

「這其實是從我的聆聽延伸而來的，」他說：「我是在十五年前發現這個地方。當時我正在普勒斯科特學院教一門協同教學課：『景觀感知』（Landscape Perception）。我們兩位老師對景觀與野生地景都很感興趣。我的專長從以前到現在就是詩和藝術，藝術家和詩人與地方之間的關係，以及他們如何創作藝術。我自己的詩集也跟地點有很大的關聯。聲音也是。因此我們帶著十名左右的大學生，在這裡和附近一個地方待了兩週。那時候是五月中旬，每天我都出一份寫作作業給學生，我們會在一天中的特定時間出去寫作，然後一起回來朗讀我們的作品。那時真的有一種共同生活的感覺，坐在這塊巨岩上聆聽大家的作品。我自己也做了這作業，而且有種非常美妙的領悟。對我來說，那是一種轉化的經驗，日復一日到相同的地點，用所有的感官專心一意地體驗它。

「旅程快結束時，我們全在外面露營。直到現在，當時的情景仍歷歷在目，因為那真的是我生命中的里程碑。有時我們會需要帳篷，有時不需要。夜半時分，我躺在粗布袋上，靜靜地體會一切與聆聽，什麼也不做。那時正值黃胸巨唧鶯的求偶季節，牠們啁啾唱著活潑的求偶曲和捍衛地盤曲；蟾蜍在小溪上上下下的地方唱歌，歌聲尖銳。其他禽鳥也共襄盛舉。那一晚月光明亮，映照著四野的靜謐，感覺就像在聆聽一千年前的居民在同一地點聽到的聲音。他們或許沒聽過檉柳婆娑的音韻，但肯定聽過柳樹和三葉楊，還有這些動物的聲音。對我來說，那種經驗令人震撼，因為我聽到的聲音跟以前居住在這裡的人聽到的聲音一樣，而他們正是我研究的對象，他們的作品也是我花許多時間欣賞的。那一刻的感動就像岩石畫或象形文字一樣，刻劃在我的意識裡。聲音改變了我的意識。」

梭特的聲音和緩，故事說得不急不徐，就算偶有停頓，也像樂曲中的休止符一樣，有時是為了思索適當的字眼，有時是為了強調，有時則是想從周遭令人神清氣爽的能量中汲取靈感。昨天我倆待在峽谷裡的不同地點，卻都聽到風笛聲，那是令人震撼且意外的音樂演出——當然很不恰當，但梭特無疑覺得很有趣，他從小就吹風笛。他解釋說，多年來，特別是到峽谷地旅行之後，他就發現自己對生命中的三件事情充滿熱情：演奏管樂器、詩歌與戶外活動，而且這三件事相互結合，彼此強化，相得益彰。但他首先告訴我蓋爾人的風笛起源。

「蘇格蘭是一個氏族社會，其實就像部落一樣，人民會跟特定的領土結合，當然以前那裡有許多因領土而起的紛爭，爭戰不斷。音樂成了氏族建立自我認同感的重要方法。富裕的氏族有專屬的風笛手，負責創作頌揚氏族英勇事蹟的曲調，就像吟遊詩人一樣，特別是有時聽起來有些像神話的祖先事蹟。

「這些曲調都是透過口耳相傳，曲子很長，特色是曲調都配有單調低沉的聲音。我總是愛把低沉的聲音想成是大地，而曲調就像穿越大地的小徑，賦予大地意義，同時又從大地獲得自身的意義。我的意思是，它就像一種對音調的期許，一種曲調在持續不斷的低沉聲音下產生的期許，一種在不和諧中取得調解的感覺。小時候聽到這音樂時，我說，」梭特彈起手指以示強調：「那就是我感興趣的那種管樂器。那是一種冥想，曲子本身很長，可以讓你沉入其中，渾然忘我，心醉神迷。它有一種令人愈來愈深陷的特質。然後它會回歸到基本的主旋律，並透過一連串的變奏曲不斷闡述，每段變奏都以愈來愈複雜的裝飾音來表現。古代的吹笛手經常稱它們為顫音。聽起來很像鳥鳴，非常複雜，非常快速。」

「你能不能舉個例子？」

「當然，你能持續發出低音嗎？」

我想他從沒聽過我唱歌，難為情地笑出聲來。

「戈登，你只要不斷唱低沉的聲音就好，聲音不用變，我會配合你唱出旋律，但你不用改變音調。」

他讓我像唱頌歌一樣發出類似「哼嗯嗯嗯嗯嗯嗯嗯嗯嗯嗯」的聲音，然後加入，唱出一連串曲調優美、具有古風的波浪音節，把它們融入我的哼唱聲。

他虔誠地說：「對我而言，這些曲調就像地景，蘇格蘭的風笛跟大地非常契合。他們的許多曲子讚頌大地的各個面向，有的曲子描繪的是採石場。採石場是山丘，丘頂經常凹陷。以聲音而言，採石場是非常有趣的地方，具有驚人的自然迴響效果。此外，風笛手就跟搖滾音樂家一樣，也想聽到自己的聲音，想把它放大，賦予更大的音量。因此這些地方深受風笛手喜愛，覺得在這些地方對音樂有益。

「此外，談到寫作，我向來對詩裡的聲音很感興趣，不僅是可以變成聲調的押韻，也包括聲音的母音或子音，還有可以用何種方式將它們串連起來。我們要怎麼創作音樂，喉嚨在朗讀一首好詩時是如何運作的，你會透過身體和耳朵發現語言的共鳴與潛力，這些都不是我們在日常的公務性演講中聽得到的。在先前的文化中，我們跟文學和詩歌的聲音層面比較契合。」

「我聽你說過一個地方的聲音結構會對那地方的人造成影響。」

「對，我之所以會獲選教這門課，主要是因為我在地景與詩方面的作品。我很執意要找出真正尊重大地經驗的詩人，愛爾蘭詩人派崔克・卡凡諾（Patrick Cavanaugh）就是其中之一。我像著魔似地閱讀他們的作品，仔細研究他們如何反思一個地方的性質、內容與事實，不同的人可能會有不同的體驗，但每個人總會在特別的地方找到某個基本真理。

「我想這當中有許多是現代詩所缺乏的，因為我們已經失去跟地方的連結，跟土地的連結，而這是我們今晚在這裡感受到的，像是風吹過榿柳和柳樹的沙沙聲。」梭特的目光從我身上移到周遭環境。「光線很快會暗淡，我們會愈來愈意識到我們所在的地方沒有光線，沒有任何街燈。我們會有月光，但那跟我們必須留意與聆聽的世界截然不同，它有自己的節奏。」

「這是你一再回到這裡的部分原因嗎？」

「我們都會覺得有些地方會對我們說話，那些我們特別能融入，能挖掘愈來愈多自我的地方。我會去山上獨處，住在小溪畔的紅杉林裡。我在這裡享受過許多獨處的時刻，但讓我體驗到足以改變人生的感受，是在我來這裡的第一晚，聆聽聲音的時候。這真的很難形容，但這塊岩石年代久遠又非常美麗，上面有些古代人留下的畫作，能跟大地連結。岩石是紅色，肉的顏色，對以這裡為家的人來說，它就是血肉。他們以這塊岩石為家，把它當作避難與提供遮避的地方。他們在這裡建造穀倉，過著非常簡單的生活，任憑嚴苛的環境擺布。當氣候改變時，他們被迫離去數次，但總會回來。他們也在這裡的岩壁上留下令人讚嘆的藝術。

「回到這裡總是能讓我得到啟發，我能在這裡找到藝術，找到有個民族在這裡居住過的最直接證據，也能找到現代世界的少數痕跡。來這裡的人很少。這裡也不准使用機械裝置，不能有吵鬧的機器。我可以丟下日常忙碌的生活，前來了解這個地方，聆聽它對我訴說的內容。這裡也是荒野，有可能跌斷腿。在這裡會感到振奮，能有所醒悟，也能依賴這些在文明世界不常有機會使用的能力。我住在聲音的現實世界，那是我謀生的方式，但我也住在景色美麗、聲音也美麗的地方。這裡還有其他吸引我的事物。

「所以六年前我開始在這裡錄製聲音後，我就像在畫岩石畫似的，一再回來捕捉這裡的一切，希望能保存那一刻的體驗：氣候、日夜、四季，還有動物遷徙的循環。這些事物在別的地方已日漸稀少，瀕臨消失，但我卻在這裡找到非常豐富的寶藏，我也跟著煥然一新，全心全意地理解它們。」

「所以我可以說你愛上這裡嗎？」

「顯然是，不是嗎？」

「十五年前你愛上這裡時，這裡應該幾乎沒有機械性的噪音。從那以後，你有沒有注意到任何改變？」

「過去幾年，我愈來愈注意空中交通。這次過來，經過的飛機數目大得驚人，只有在雷雨來臨前曾短暫消失。對了，我也發現空中交通的頻率改變了。這對你的體驗有什麼影響？身為錄音專家，這會破壞一切。你在錄地景聲音，鳥在唱歌，但就在這無價的時刻，一架飛機飛過。」

「如果你沒有在錄音呢？」

「好問題。我跟一些說不會受到影響的人談過，也跟對這種事感到憤慨的人談過。是啊，我也受到影響。進入這個峽谷之前，我們坐在陡壁邊緣，望著下方飛過的飛機。不知為什麼，從上面俯望大地，看到它躺在那裡，經過的飛機就像蜉蝣一樣，對無窮無盡的自然靜謐來說，只是短暫的干擾，但是在峽谷底下，當飛機出現得比較頻繁時，體驗就完全不同。要從美學的角度把飛機納入有點困難。就我而言，待在這裡是一種冥想，我來這裡是為了獲得新生，回想起身而為人的意義，這跟聽別人說我該買什麼，我是誰，或我該成為什麼樣的人都不一樣，來這裡是為了找到自我，記起自我，然後帶著這份感悟回到現實世界。當我聽到飛機聲時，我聽到的正是我來這裡想要擺脫的種種思緒，因為那樣的心緒所反映出來的，純粹是人類的世界，而且是個瘋狂的世界。如果無法了解我們不是什麼，又怎麼能真正了解我們是什麼？」

星期四凌晨三點半。夜晚的微風嘆息著，慢慢吹過樹林，如同平靜的海波撞擊遙遠的沙岸。美麗的滿月照亮一切，萬物靜止，寂靜。一道溫柔的微風開始細語，然後一切又回歸沉靜。萬物就存在於這一剎那。時間已然消逝，不可計量，也無從記起。我與這地方已融為一體，不可分割。我就存在於這裡。

沙漠鳴禽的叫聲在峽谷壁上迴響時，我自然而然地甦醒過來。我迅速安靜地拿起錄音裝備，在岩壁底部一棵高壯的杜松下架好（我預期杜松會像可供唱歌的棲木一樣吸引禽鳥，而岩壁可以反射聲音，使音色更為明朗）。我按下「錄音」鍵後，就回營地煮水，準備泡一壺茶。我像農夫一樣蹲著，欣賞一聲聲由第一道晨光在大地上誘發的鳥鳴：這就是黎明大合唱。這曲調跟我在六大洲錄製超過一千次的鳥鳴一樣，總是不斷循環，像是一首漫長的地球之歌，已演化出自己的生命，而我們的生命也包含其中。今天的清晨讓人有一種回到過去的感覺，自然音樂完全沒有受到不尊重大自然的人類噪音污染。我覺得自己不只五十四歲，而是已經活過數百萬年，還在不斷演化，不斷聆聽，並被自己聽到的聲音所改變。

我靜靜把紅玫瑰茶包放入 Texaco 牌的保溫馬克杯裡浸泡，感覺這場黎明大合唱與這片大地配合得天衣無縫：稀疏、開朗、變化少，但輕快愉悅，充滿樂觀、希望與繁榮的聲音。我看到一株小嫩芽從沙漠岩石的縫隙間伸出來，即使是在沙漠，仍然有春天。

我的時間感不再是以小時、分鐘或甚至秒為單位，而是以日為單位。我滿足地觀察一片乾草葉在風中舞動，看起來就像一種宣言，有時甚至像一首詩，而且比任何詩人寫的詩都來得有趣。這一幕並不是別人的描述，這片草葉是我真實的體會。萬物全都直接、即時，即使我的思緒也無法打斷。

另一片草葉又形成一首詩，這兩首詩不同，但都是真實的。它們的真實性不證自明，而且出乎意料；重要的不是我的想法，而是我的感受。我的軀體即是我的腦。最重要的是，我存在，而且我跟這裡的其他生物一樣，都擁有這一天和這個地點的權利，也必須遵守相同的生存法則；這令人激動不已。

傍晚時分，峽谷裡滿是有翼昆蟲的嗡嗡聲。我棲息在照得到太陽的巨岩上，最大的昆蟲，亦即固定翼的飛機，出現在高高的頭頂。我沒有拿出音量計，但把手伸進燕麥片的袋子，抓了滿滿一手，倒進嘴裡。他們在想什麼？肯定不是下方地面上的我。

我們在這裡採取梭特偏好的方式，體驗待在峽谷地的感覺，跟一般來荒野徒步旅行的人不同，跟我第一次到森林旅行的經驗也不同。以往我習慣每晚待在不同的地點，總是不斷前進，留意不同地方的變化，但是從沒注意過同一個地點的變化。現在我學到在同一地點停留的智慧。會有很多事情不斷在同一個地方上演，雖然每天重複的情況很多，但是只要仔細觀察與聆聽，就可以發現細微的差異，甚至每分鐘的不同變化。在我看來，要了解一個地方，起碼要在那裡待上數天。想想看，這就像是去拜訪別人幾小時，跟去別人家住上幾天、真正認識對方的差別。只有極少數人知道被荒野接受是什麼感覺，知道被野生動物了解和信任，讓牠們願意以自然的行為模式與你相處是什麼感受。大多數人總是一直前進，穿越自然，為了避免自己留下干擾的痕跡，從沒停下過腳步。

風變得狂暴，空中交通幾乎沒停過，噴射機在空中留下龐大的凝結尾流。回到營地後，我看到飛旋的塵土迫使梭特躲進帳篷，我也一樣。

狂風止息時，梭特跟我走出帳篷，錄製更多鳥鳴，那些鳥也一直等待著。我看到梭特在一百英尺外，耐心等候一隻鳴禽停在枝頭，就在他的麥克風前面。然後，如同往常，一架噴射機飛過，梭特朝天空比了中指。

他說他想去峽谷更深處，他最喜愛的錄音地點之一。我跟著他穿越高大芬芳的北美山艾，以及正值花期的荒漠濱藜，經過我看到兔子以及可能是草原狼窩穴的地方（這裡離我看到那隻失怙的小草原狼所在的位置很近），然後又走了一英里左右。梭特停下腳步，看向他以前沒有注意到的岩壁屋，它在遠遠的主峽谷那一邊，大約在岩石壁的半腰處。我們決定離開步道，去那裡看看，於是小心沿著常有人走的狩獵小徑前進，越過另一塊流失的陡斜築堤，這次倒是注意到顯著的地標。我們小心跨過一團團活的隱生土壤，最後抵達岩壁底下。

這些磚造房屋在一百英尺高的山崖半腰鑿壁興建，代表了一種古代就很熟悉的現代房地產格言。它們占據最佳位置，以便用視力和聽力觀察整個山谷的活動；它們非常容易防守，而且大多都能在大自然的晨光中取得暖意，在黃昏的陰影裡享受涼爽。換句話說，就是：地點、地點、地點。

前不久，人類學家對於古代環境的聲響學還不是很重視，忽略了日常生活條件的意義與衝擊，以前的環境比現在安靜得多。但**聲音人類學**（acoustic anthropology）與**考古聲響學**（archaeoacoustics）這些詞都顯示出，有些學者已經對早期文明的聲音情況感興趣，這不僅能照亮我們的過去，也能指出目前未能滿足的需求。史提芬・瓦勒（Steven Waller）的本業和嗜好都是生物化學，同時也是聲音人類學家，他曾指出，回音是許多古文明的自然聲響基礎。他寫道：「從世界各地收集到的回音神話，

> 證明回音在精神上有其重要意義……在這類遺址進行有系統的測量後發現，經過裝飾的地點其回音音量遠比附近沒經過裝飾的地點響亮許多。回音現象在文化上的重要意義，在世界各地無數的民族學神話中都可找到，它們認為回音是超自然的精靈造成的。這些遠古神話證明，人們普遍將回音視為神祇加以膜拜，它們被視為「最早的存在」，並受到有系統地追尋。

最早的存在——我喜歡這個說法。我認為這正是美國國家公園的意義：讓我們能在一處安靜的地點沉浸於我們最早的存在中。

從這裡的遺世獨立以及壯觀的地景與音景可以明顯看出，早期住在這裡的民族（這座山谷的文化不只限於古普韋布洛人〔Puebloans〕1），由於居住地點位於崖壁上，不僅可以從「山谷電台」全天候二十四小時接收區域新聞，而且因為聚擠在這種聲音容易反射的狹窄空間裡，不費吹灰之力就能輕易成為當地的頭條新聞。安靜的環境加上密集的居所，鄰居可以聽到彼此做愛的聲音，還能評估隔壁的嬰兒是否順利產下，病情的嚴重程度，以及對方家中的長者何時會過世。

附近的地面上散落著古陶器和珠寶碎片，甚至有一個用來研磨玉米的石臼，手持的石杵，還有一點玉米穗軸。這是拍照的好時機，我把「寂靜之石」放在遠古先民留下的沉默器物之間。「喀嚓」一聲，我把「一平方英寸」跟另一個聖地相連起來。

現代美國大體說來是個沒有根的臨時社會，人民皆來自其他地方。我祖父來自澳洲，父親來自內華達，我出生於加州，從華盛頓特區外的高中畢業前，曾經在另外六個城市居住過。如今，當我靜靜坐在崖壁屋的下方，心中對家的渴望可能就跟對靜謐的渴望一樣強烈。這地方的所有事物都為我的靈魂提供不可或缺的滋養，那些我從小就無法獲得的養分。

梭特和我幾乎沒有交談，靜靜走回營地。此時，沒有任何事情比周遭大地對我們訴說的話語更為重要。我記得青少年時，被我奉為精神導師的智者亨利．賽門博士（Henry Simmons）曾對我說：「除非你能對寂靜有所改善，不然別開口說話。」他是替食品藥物管理局工作。

梭特看起來有點乾燥憔悴，但是他很快樂。如果他是一面鏡子的話，我想我看起來可能也差不多。我們在營地裡像流浪漢般躺在蔭庇處，單純地享受著這個地方的壯闊，品味今日的美妙成就，與裸露的大地相連。

然後兩名女公園巡守員闖入我們的營地，沒有招呼問好，就直接用手指比著我們吼出問題，期望我們回答。「你們為什麼在登記表的行車牌照上打問號？這是你們收集的嗎？」其中一名指向一些鹿角，它們已經在樹叢裡放了很久。她倆都瞇著眼講話，似乎懷疑我們是罪犯。其中比較火爆那位咆哮地提出最重要的問題：「你們為什麼**連續十年**來這裡，而且只待在這裡，沒去別的地方？」

他們問倒我們了。梭特不知道如何回答，他舉起雙手，手心朝天，彷彿在向寂靜祈禱。比較溫和的巡守員一邊把鹿角散開，一邊解釋說老鼠需要從食物裡攝取鈣，但因為太害羞，不敢到營地裡來囓咬鹿角。

先前她們以為我們是來盜取文物的人，了解我們不是之後，變得比較心平氣和。我問她們是不是打算在這一帶露營，脾氣火爆那位巡守員說，她們還沒決定。我注意到她們沒有揹背包，就問：「妳們的裝備呢？」她回答：「留在步道那邊，我們有人看守。」我心想，有人看守？為什麼需要人看守？她來自**別的地方**——這令人不快地想起峽谷邊緣的世界，我們終究必須回去的那個世界。

她們沒有為打擾我們的隱私、嚇我們一跳而道歉，如同來時一樣迅速離開。她們的打擾雖然短暫，卻已經打破魔咒。我們無法再反思今日稍早的體驗；開始回想她們說的話，想理解她們的作為。梭特認為，她們一定是透過電腦系統，才知道他已經連續十年在這裡露營。他肯定已經引起注意，或許是被當作違反常軌的徒步旅行者，因為他並沒有在營地之間健行。顯然即使是在荒野，在你最不預期的地方，老大哥依然監視著你。

這個令人遺憾的經驗反映出一種令人難過、不合邏輯的基本想法：亦即待在同一地點就有可疑之處的誤導觀念。待在同一地點或許不是常態，但是這麼做過的人，特別是在以所有感官來體會一個地方細微又壯觀的特質時，他所獲得的體驗經常會比其他人豐富許多。你有沒有在潮水坑旁跪下來過？只要等幾分鐘，沉靜的水池就會開始展現生命力。所有的小寄居蟹、小魚和海葵都會恢復正常的活動。這個小世界自成天地。在遼闊的沙漠裡，你需要數天，而不僅是數分鐘的時間，才能讓感官適應，才能獲得嶄新的體驗與感覺。要獲得這些並不難，除非有女巡守員介入。

我仍然對女巡守員的干擾感到氣憤，也為自己忘了通知她們主要步道有些路段被沖毀而感到懊惱。健行者可能會迷路或在黑暗中跌落岩棚，我真希望自己有說。我也希望自己曾告訴她們，如果步道沒有修復的話，讓民眾在宛如迷宮般的多條路徑上不必要地亂走，有可能會破壞先前他們警告我們必須避開的脆弱沙漠地表。

星期五凌晨三點左右，我起來錄製寂靜之聲。夜行飛蛾聽起來像模型飛機上捲起的大橡皮圈鬆開時發出的聲音。我聽到囓齒動物在山谷裡跑來跑去的細小腳步聲，遠方有一塊岩石從高高的峽谷壁掉落，類似的事件已發生過數百萬次，至今仍持續進行，共同塑造著這塊地方。

我回去睡回籠覺，直到黎明大合唱再度喚醒我。我架好設備開始錄音，但再度有噪音入侵，這次是來自眼前：撕開魔鬼沾的聲音，玻璃紙的沙沙聲。梭特也急著錄音，他打開錄音機的袋子，拿出麥克風的電線插上，他的足音也劃破了寧靜。最後我拜託他安靜一點，讓我安靜地錄幾分鐘。他鞠躬道歉，保持靜止不動。鳥兒的鳴叫立即傳來，轉化為一與〇的訊號，永遠保存下來。

早晨過去後，我們突然不約而同決定離開，而且是即刻動身。我們兩人從來不曾像這樣縮短行程，但是自從昨晚後，我們明白自己已經開始使對方不安。我們都已經達到來這裡的目的，但那目的已被奪走。我們追求的自然靜謐就像童謠裡的「哼菩堤—蹬菩堤」（Humpty Dumpty）[2]一樣，一旦粉碎摔壞就很難復原；至少這次旅行很難。

回程途中，我煩惱地想著又要再度適應峽谷地以外的生活。我從小徑旁摘了一顆杜松的莓子和一小枝北美山艾。這個世界充滿象徵符號，岩石畫並不是人類的第一種語言。我們豎立旗子，戴結婚戒指，把小紅石放在溫帶雨林長滿青苔的圓木上。我把這兩樣峽谷地的紀念品放進脖子上的護身符裡，繼續攀爬。

我們在日落前抵達莫亞布一家生意興隆的「莊園」墨西哥餐廳（La Hacienda），走進它的酒吧，等桌子清乾淨。雞尾酒女服務生走過來，我指著梭特，伸出兩根手指，大喊「海尼根！」。餐廳裡的吵雜聲高達七十四加權分貝，梭特看起來像野人。他用綠色印花大手帕綁住亂髮，領口的褶痕上黏著峽谷的塵土。我甚至還沒時間想到我自己的外表，梭特就靠過來說：「戈登，很難相信我們從二十加權分貝的地方跑到這裡！噴射機的聲音還比較安靜。」

1——普韋布洛人：美國西南部的印第安原住民，以泥磚建造的崖壁屋聞名。

2——哼菩提—蹬菩提：童謠裡的一名主角，是個狀似雞蛋的矮胖子，從牆上摔下便跌得粉碎。

7 通往靜謐的落磯路

完全圓滿的寂靜，是世上最偉大的聲音之一；
對我來說，寂靜也是聲音。

——交響樂指揮暨編曲，安德烈・科斯特拉尼茨（André Kostelanetz）

我履行諾言，待在莫亞布的日日旅館。我那輛福斯小巴看起來原封不動，只招來一些嫉妒的瞪視。但我已經改變，離開峽谷地後，只要待在房間裡，不管是任何房間，似乎都會有一種受到限制的感覺，不像在野外。當我們的牆壁和窗戶都這麼厚，把外界的一切隔絕起來時，我們的社會能有真正的環保意識嗎？相較於古普韋布洛人蓋在崖壁上的住所，我們的居所就像孤立的房室，使我們無法接觸到周遭的感官世界，極少例外。在峽谷地露營時，以曠野為床，感受聖潔的微風吹拂身上，或是睡在聲音能輕易傳入的帳篷裡，都讓我能跟周遭環境融為一體。這並不是說

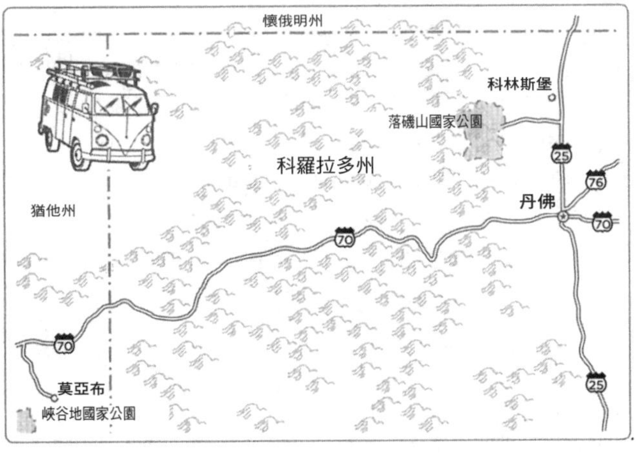

要把汽車旅館或我們的家變成帳篷，但我真的認為我們應該多花點時間到荒野，讓我們的感官保持活力，引導我們擁有正確的道德觀。如同美國前內政部長布魯斯・巴畢特（Bruce Babbitt）所說：「我們的國家公園很重要，因為它們是通往保育倫理的門戶。」當愈來愈多人住在聽不到也感受不到自然的地方，在這情況下，地球今日會面對許多層層交疊的嚴重環境危機，又有什麼好奇怪呢？

我在汽車旅館裡上網，得知我有數百封未讀的電子郵件，有二十通電話留言。我發覺我有重返人世的問題，得慢慢適應這忙碌奔波的生活才行。

我離開莫亞布，往北穿過科羅拉多河時，心裡仍沉浸在峽谷地夜晚令人感到舒適雀躍的寂靜，相較之下，我這輛舊福斯小巴比我吵多了。而且，以五十英里的時速奔馳，我錯過許多以兩英里時速旅行可以得到的獎賞。我聞不到植物的味道，也觀察不到花瓣細緻的顏色。在公路飛馳的速度下，許多景色細節都變成模糊而過的影像。

我連接七十號州際公路，朝東方的落磯山脈而去。一場傾盆大雨讓我的單速雨刷難以因應，只好在路邊暫停。大地的清新味道撲鼻而來，剛剛淋濕的沙漠土壤讓這味道更加濃郁，岩石粉末的味道帶著微微的香草與麝香味。

望著遼闊的猶他沙漠，沒有人會想到僻靜竟如此難尋，好不容易尋到，又發現為時如此短暫。部分原因就在於我車輪下如絲帶般蜿蜒的柏油路。七十號州際公路是州際高速公路系統的一部分，以前一度稱為艾森豪全國州際及國防公路系統（Dwight D. Eisenhower National System of Interstate and Defense Highways）。今日，這個在美國交錯分布的系統總長四萬六千八百三十七英里，足以沿赤道繞地球兩圈。很難想像美國如果少了這些重要的生命線會變成什麼模樣。現代高速公路讓美國人可以近乎毫無限制地抵達國土的每個角落。它們使交通變得便利，繼而帶動郊區擴張。有了它們，民眾才能做長途旅行，促成度假社區的產生。此外，高速公路使汽車進入高速齒輪時代，然後是國家風景公路（National Scenic Highways）和國家景觀大道（National Parkways）的誕生，最後則是日益增強的汽車潮經由國家景觀小路計畫（National Scenic Byways Program），進入美國大多數的鄉村地區。這一切並非不用付出代價，這代價就是美國許多鄉野地區的靜謐地點，都在無意中受到這種系統化入侵的傷害。

從該計畫的網站可以看到：「自一九九二年起，國家景觀小路計畫已經在美國五十州、波多黎各和哥倫比亞特區內，資助兩千一百八十一個與各州和國家指定的景觀小路有關的計畫。」該網站將在美國邊道上駕車觀賞風景，視為某種生態觀光的形式，因為不會留下任何足跡。他們甚至引用繆爾的話：「每個人需要麵包，也需要美，需要可以在大自然中玩樂和祈禱的地點，因為大自然能夠療癒，也能帶來喜悅，賦予身心力量。」但是國家景觀小路計畫的人員並不真的認識繆爾，因為他們不知道他是靠著雙腳旅行到所有地方，包括從印第安納波利斯走到墨西哥灣，也就是他著名的千哩徒步。這項計畫的名稱本身，就顯示出他們沒有真正看到事實，沒有注意到繆爾曾以熟練的技巧豎耳聆聽美國的自然奇景。該單位提倡景觀駕駛，卻沒考慮到這些地景的聲響之美，沒有注意到把一波波所謂的生態觀光客送入這些風景區的內燃機，會對自然聲境造成多大的傷害。

我上次回家途中就發現，即使喬伊斯的主要大街，也就是雙線蜿蜒、沒有任何停止號誌或街燈的一一二號華盛頓州道，最近也被指定為胡安德福卡海峽風景公路（Strait of Juan de Fuca Scenic Highway），成為國家景觀小路計畫的最新成員之一。不論油價飆漲到多高，我家的後院錄音室可能再過不久就會走入歷史，無法使用。

有人可能會認為，既然國家公園的使命是將「美國的俗世大教堂」（America's secular cathedrals）保存在原始「未遭破壞的狀態」，就不應該讓它們遭到這類發展的破壞。但事實並非如此。從大沙丘國家公園（Great Sand Dunes National Park）、紅木國家公園（Redwood）、高草草原（Tallgrass Prairie）到大煙山國家公園（Great Smoky）等等，甚至我們最珍貴的自然奇景，全都鋪設了柏油路，而且還會越鋪越多。優勝美地最大的爭議之一就在於，國家公園管理局首任局長史帝芬・馬勒（Stephen T. Mather）興建了提歐加山路（Tioga Pass road），供駕車觀光的民眾進入荒野。馬勒在一九二〇年時表示，每座國家公園的心臟地帶都應該有一條公路，供民眾進入偏遠地區。當時的「道路問題」竟然是因為沒有足夠的道路！馬勒說這是「管理局最重要的議題之一」，而且預測觀光客很快就會運用「優勝美地的每一個角落」。

幸好奧林匹克國家公園逃過這一劫。在馬勒自國家公園管理局退休九年後，這座國家公園才在一九三八年由羅斯福總統簽署成立，至今它仍是美國極少數沒有景觀公路橫越心臟地帶的國家公園之一。今天，它大概是國家公園體系裡最安靜的一座公園，但這**並非**刻意規劃的結果。事實上，國家公園管理局對它的自然聲境所知極少，甚至連丹佛管理中心（Denver Service Center，即最近起草奧林匹克國家公園總管理計畫的國家公園規劃室〔Office of Park Planning〕）都曾跟我連絡，想要詢問最基本的相關資訊：偏遠地區的「兩、三個」環境聲響平均值。我主動提供他們更多資訊，也很樂意這麼做。但是就像父母總是知道、也能詮釋子女聲音裡的細微變化，國家公園管理局也應該了解自身公園的話語才對。

吵鬧的汽車，吵鬧的州際公路。現在似乎到了我自己也要製造一些噪音的時刻，雨停了，我的慷慨陳詞也停了，我再度上路。下一站是：科羅拉多州科林斯堡（Fort Collins），國家公園管理局自然聲響計畫（Natural Sounds Program）的所在地。它成立於二〇〇〇年，宗旨在於「盡可能保護與恢復聲境資源，預防不可接受的噪音」，並採取以下四大重要原則：

1 自然與文化聲境均為國家公園訪客不可或缺的體驗。

2 每座國家公園的聲響均需符合該國家公園成立的目的與價值。

3 國家公園的聲境是為當前與未來訪客提供喜悅的必要資源。

4 適當的聲境對國家公園生態系統的整體健康和特定野生生物群落的活力至關緊要。

「自然聲響計畫」成立的頭三年，位於華盛頓特區，後來遷移至科林斯堡。我跟那裡的官員談過話，事實上，他們的規劃人員之一法蘭克・杜利納（Frank Turina）曾邀我為二〇〇七年一至二月號的《遺產》（*Legacy*）雜誌撰寫評論，那是美國國家解說協會（National Association for Interpretation, NAI）的刊物。該協會是一個致力於解說文化與自然遺產的專業組織，為大約五千名專業人士提供服務，例如國家公園巡守隊員，他們協助公園訪客獲得與大地相關的知識，並建立遊客對公園的情感。那期專刊的主題是「聲音在解說體驗中的重要性」。但是我從沒去過「自然聲響計畫」的辦公室，那裡是專為將近四百個國家公園單位，提供聲境規劃與管理協助的所在地。這些人肯定知道如何清除國家公園的噪音。

杜利納和凱倫・崔維諾（Karen Trevino）都隸屬於「自然聲響計畫」，在那一期的《遺產》中，兩人共同撰寫了主要報導：「大自然的交響樂：保護美國國家公園的聲境」。他們提出一些強有力的論點，指出噪音是破壞紐約市生活品質的最大因素，以及在紐約發現的環境噪音基本值，竟然跟國家公園已開發區域相當。他們引用環境保護局的資料，指出一九七四年時，有超過一億美國人居住在噪音等級已達不安全的地方。他們強調一個世代後，這種喧囂的衝擊明顯反映在國家公園管理局於一九九八年所做的調查，該調查發現「百分之七十二的美國民眾表示，保存國家公園最重要的原因之一是，可以提供體驗自然平和與自然聲音的機會」。他們指出國家公園的噪音污染與日俱增，擔憂體驗自然交響樂的機會正以驚人的速率快速消失。

怎麼會這樣？

在美國國家公園內，自然靜謐幾近滅絕的情況，顯然與一九一六年八月二十五日通過且促成國家公園誕生的「國家公園系統組織法」（National Park System Organic Act）相牴觸。以下是該法的部分條文，特別值得注意的是最後幾個字，那是今日並未力行的一項使命：

> 本法特此規定於內政部下成立國家公園管理局……該局之成立係以促進與規範聯邦地區之國家公園、紀念性建築與保留地之使用為宗旨，按此等方法及辦法載明之地區應遵守該國家公園、紀念性建築與保留地之基本成立宗旨，即保留風景與自然暨歷史標的，及其內所有野生生物，且此等地區之使用方法及辦法**不得對其造成破壞，以為未來世代所享有**。

國家公園管理局似乎不願或沒有能力實現其使命，在「自然聲響計畫」成立的前一年，我接受當時公園管理局荒野計畫主管韋斯・亨利（Wes Henry）的邀請，到西維吉尼亞雪佛斯鎮（Shepherdstown）參加一個工作小組。在一九九九年五月的那一週內，這個由美國各地聲響專家與國家公園管理局資源管理人員所組成的工作小組，擬訂出「參考手冊四十七：聲境保育與噪音管理」（Reference Manual 47: Soundscape Preservation and Noise Management）。我特別喜歡其中的第四・二節：「國家公園管理局將保存自然環境聲境，其為國家公園自然資源之一，存在於無人為噪音之時」，以及「國家公園管理局將盡力把已惡化的聲境復原至其自然狀態，並預防自然聲境因人為噪音而惡化」。後來寄給我審查的第三級草案是一份經過周詳考慮的重要文件，但從未獲得採用。它受到忽視，還被繼任者稱之為「過時」。一年後，另一份文件取代了它。「第四十七號局長令：聲境保育與噪音管理」（Director's Order No. 47: Soundscape Preservation and Noise Management），由國家公園管理局局長羅伯．史丹頓（Robert Stanton）於二〇〇〇年十二月一日簽署生效。其「聲境保育目標」（Soundscape Preservation Objectives）的措辭顯然遭到淡化處理：

> 確立聲境保育目標之基本原則，係保護或恢復自然聲境至與國家公園目的相符之程度，並將其他適用法律納入考量。在自然聲境目前未受不當噪音來源衝擊之地點，應以維持現有情況為目標。在發現聲境已惡化之地點，應以協助與促進該地點朝恢復自然聲境前進為目標。

「朝恢復自然聲境前進為目標」——完全沒提到自然公園的環境目標應該要讓那裡不存在人為噪音。我的慷慨陳詞顯然還沒結束，而且越接近科林斯堡，我就變得越激動。在大姜欣（Grand Junction）鎮外五十英里處，我又遇到暴風雨，再度停到路邊。豪雨的音量達到八十一加權分貝。這意味著路上可能會有大雪。就在七十號州際公路南方，有幾根瓦斯管伸出地面約十五英尺，以供安裝控制閥，然後再度伸入地下。

哎呀，雨從車頂滴下來，迫使我戴上帽子，並從儀表板下拿出一條毛巾擦拭座椅。短短數英里後，我的毛巾還在滴水，但我已沐浴在陽光裡，路面也非常乾燥。若你不喜歡科羅拉多的天氣，請多等幾分鐘！

我以六十英里的時速衝下山——耶！

在科羅拉多州道上，一塊看板上寫著必須安裝引擎煞車消音器，否則罰鍰五百美元並徵收附加費用。或許科羅拉多州有特別嚴格的噪音法？在來佛（Rifle）市外，一眼望去就看到六座鑽油塔。我開到格倫伍德泉（Glenwood Springs）後，依稀記得要在那裡轉往阿斯本。我在一長排的汽車旅館和速食餐廳前停下，看到康佛特旅館（Comfort Inn）前立了兩個牌子：「安靜時段：晚上七點到早上七點」，以及「嚴格執行噪音法令，違反規定者將遭起訴」。我打開筆記電腦，先「檢視網路連線」，尋找不安全網路。找到一個：「西部最佳汽車旅館」（Best Western Motel）。該是來上網路旅行社Priceline的時間了！阿斯本，兩星中等房間，四十五美元怎麼樣？這有可能嗎？一百四十美元的房間，最好出價五十五美元。我現在就聞得到有著濃郁奶香的果麥早餐！一九七五年我跟妹妹豪莉（Holly）從克瑞斯提德巴提（Crested Butte）開始健行，越過科南德倫山隘（Conundrum Pass），抵達阿斯本後，住在茂斯屋青年旅館（Mouse House Youth Hostel）時，吃的就是果麥！豪莉吃的是餐廳植物橘秋海棠花。網路旅行社打斷了我的回憶：「很抱歉……」

我關掉筆記電腦，開始按照傳統方式找旅館，對街剛好有一家「汽車旅館」（Motor Inn Motel）。熱水浴缸、三溫暖、Wi-Fi，六十九美元，看起來不錯。由於我該洗衣服和檢查電子郵件，就在櫃台詢問哪裡買得到洗衣皂，那位經理，一位迷人的東歐女士（她的老母親肯定在後門看著），不僅拿給我一盒洗衣粉，還把旅館專用洗衣房的鑰匙遞給我。我的直覺告訴我，在接下來前往東岸的幾個時區內，恐怕都不會再碰到這種善意和真正的信任。

檢查電子郵件後，我發現多了七百五十美元的新CD訂單，我正好需要這筆錢來減輕一萬五千美元的卡債，但可能要三星期後才有辦法處理，因為屆時我會暫停旅行，飛回去參加兒子在華盛頓大學的畢業典禮。其中有一封電子郵件特別引起我的注意，它是老客戶葛蘿莉亞・福克斯（Gloria Fox）寄來的，我製作了超過三打CD，她寫信告訴我為什麼她會買我的第一張CD。睡前聆聽大自然的聲音能幫助她鎮靜放鬆，她的腦部因為當時還沒診斷出來的疾病，常會有重擊聲，大自然的聲響能幫助她平息這些腦中風暴。後來她的病終於診斷出來，原來是腦血管疾病「動靜脈畸形」（arteriovenous malformation），經過手術治療已經痊癒。病好後福克斯依然購買我的唱片，經常把它們當禮物送人。

數個月後，她在電話裡跟我說：「要讓心靈寧靜是最困難的事情之一。我那位朋友，她罹患乳癌，要她平息心裡的恐懼聲音真的很困難，但那不是真正的你。真正的你更有深度，更有內涵，體會更深刻。一年前，我送她一張你的CD，她非常喜歡。那張CD幫助讓她重新與戶外生活的體驗產生連結，感覺自己充滿活力，非常健康——在那些生活體驗中，大自然扮演了非常重要的角色。」

福克斯住在曼哈頓北方約兩小時車程處，「在一片樹林當中，房子後面有一條小溪，前面看得到哈德遜河，非常安靜。」安靜到聽得見幾英里外的交通聲，但終究是不夠安靜，無法讓她打開窗戶或坐在庭院裡就能滿足她對聆聽自然的渴望。這就是她一直購買和聆聽我那些CD的原因，她有時會突然播放，讓共進晚餐的賓客驚喜一番。「它們是聆聽自然的禮讚，能幫助我們的身體回歸原點，回到自然狀態。這些是我們應該聆聽的聲音，能使心靈寧靜的聲音。」

我們可以把這稱為對「維他命Q」的需求，這是一種當你需要療癒時對靜謐（Quiet）的渴望。福克斯在身體發生危機時自我服用了靜謐，而且到現今都仍在服用這種「藥」。目前為止，跟我談過話的人都曾把靜謐當成一種治療方法，這是不是一種巧合呢？沃夫靠靜謐治療硫磺島的傷害。茱蒂在荷爾蒙出錯時，到蒙大拿州的兩點鎮尋求靜謐的撫慰。皮卡克靠靜謐撫平在越南的可怕經歷。靜謐也治療了我，每當噪音污染的程度不斷增加，到我難以承受並感到失望時，我就會前往霍河，讓靈魂重新充電。

科林斯堡看起來比較像馬里蘭州的洛克維爾（Rockville），而不像落磯山脈，這裡有高科技商業園區，修剪整齊的草坪，還有英特爾（Intel）、AMD、沃夫機器人（Wolf Robotics）、希爾頓（Hilton）等知名公司。我開著福斯小巴，晃進看起來像是現代社區學院的地方，駛進停車場。這地方景色優美，一棵棵枝葉舒展的楓樹提供庇蔭，還有一些高聳的雲杉和一座池塘。我拿出音量計，測得四十五加權分貝，大多來自遠方的交通聲和通風設備的哼鳴聲。

兩座高達二十多英尺的巨大青銅雕像立在一棟建築物的入口兩側，看來令人目眩，雕像表面有著類似岩石畫的雕刻。建築物裡相當安靜，彷彿空無一人。我找了一會兒才看到一個不起眼但堅固的門上寫著「一〇〇室，自然聲響計畫中心」。法蘭克・杜利納是專精政策的人，頭銜是規劃師，他像民謠歌手一樣蓄著灰白的山羊鬍子，舉止隨和。他來迎接我，帶我穿過一條狹窄的走道，途中經過幾間小辦公室後，直接到他的老闆凱倫・崔維諾位於角落的大辦公室。崔維諾是自然聲響計畫中心的主任，對於「一平方英寸」和我橫越美國到華盛頓特區的旅行非常了解，她熱忱地歡迎我說：「戈登，謝謝你一切的努力。我們需要有人在外頭給我們一些打擊。」

「我打擊到你們了？」我笑著說。

崔維諾繼續說：「相信我，這很有用。在這領域工作不容易，情況是有改善。我們有一位新祕書，一位新主任，但過去六年一直很辛苦。我們歡迎任何人做任何可以使這些議題獲得重視的事。」

崔維諾有著一頭棕髮，簡單的髮型襯托著瘦削的臉。她穿著長洋裝，外面套了一件咖啡色運動外衣，配上一雙棕色皮靴。國家公園管理局的一名前高階員工曾對我描述說，她是「一位聰明的女士，而且不屈不撓」。她是律師，一九九〇年代初曾在華府的世界野生動物基金會（World Wildlife Fund）服務，後來替阿拉斯加一家法律事務所的華府分部工作，專精自然資源，然後又在內政部擔任資深顧問，大多處理國家公園管理局的問題。三年前，當她接下現在這個職位時，她先生告訴她，這是她所能找到最好的工作，因為她天生聽力就非常靈敏。我想她會很高興知道她的辦公室有多安靜，於是伸手拿出音量計。

她看著我把音量計從保護盒裡拿出來，「你可以到紐約當交通警察。現在他們都會攜帶音量計，這是紐約市長彭博（Bloomberg）的噪音計畫之一，你知道這件事嗎？」

音量計的讀數是三十五加權分貝，這是在電燈和空調都打開的情況下，把燈關掉後，讀數降至三十加權分貝，太好了，知道國家公園管理局負責聲境研究以及針對國家公園的自然靜謐與人為噪音提出建議的人員，能在安靜的環境上班，令人感到鼓舞。不過，這個辦公室是負責諮詢。杜利納說，去年他們收到國家公園管理局所屬單位的十二項協助請求，在他任職這三年多來，大約收到三十六次左右。顯然大多數國家公園並不是很積極在進行聲境管理計畫。他說：「對許多公園來說，這問題並不是優先工作。其他問題搶去他們的時間與資源。通常要有某個契機出現，才會加速問題的處理，例如在錫安，他們的公園外就有商用飛機的導航塔，公園上空有大量飛機經過。」

崔維諾提到一些好消息。自然聲響計畫直接獲得高層支持，也就是國家公園管理局自然資源處華盛頓辦公室，他們的預算已增為三倍。但她緊接著又提醒我一些事，要我為兩個月後抵達華盛頓做好準備。

「聽其言，觀其行，」她說。「我發現人們很願意說正確的話，但言行不一定一致。以聯邦航空總署為例，他們說想要保護國家公園，轉過身後卻又做另一套。我剛發現他們試圖在不知不覺中強行擠進一些立法提案，這些提案將會使我們保護國家公園自然靜謐的能力大幅降低。

「他們公開表示會盡一切努力與國家公園管理局合作，但現在看來，他們更常做的是把我們剔除在整個過程之外。如果國家公園空中觀光管理法的目的是保護國家公園，我也確定應該是如此，那麼聯邦航空總署和國家公園管理局的關係一定要解決。」

「國家公園管理局的現行標準是什麼？」幾分鐘後，我這麼問。「他們有噪音標準嗎？」

崔維諾說：「你會問這件事還真有趣。過去這兩年，經過幾番波折，我已經注意到我們急需全面性的噪音管制計畫。這很困難。我們有國立休閒區、國家公園、國家海岸、戰場。當中有已開發區、人口稀疏的鄉下地區、荒野地區、沙漠、山脈和河川，它們造成聲響弱化的情況各不相同。這使得全面性的規劃變得非常複雜，但我們不應就此退卻，因為我們真的需要這樣的計畫，而且如果少了它，我們會無所適從，因為我們現有的種種法規，內容完全是相互牴觸。」

我提到我為了一篇有關靜謐的文章，跟《今日美國》（*USA Today*）雜誌一起去布萊斯國家公園，那時剛好有一隊哈雷機車呼嘯前往司徒吉斯（Sturgis），參加大型摩托車集會活動。

「我們在拉希摩山（Mt. Rushmore）〔國家紀念公園〕做了許多工作，」杜利納這麼說。「去年在司徒吉斯集會期間，一週內就有十一萬九千輛摩托車去那裡。」

我指出：「內政部長坎培松是其中之一。」

「是啊，他的確是，」他倆都同意。我們談到哪些地方適合和不適合騎哈雷機車，還有它們那種獨特的聲音。

我問：「黃石公園對摩托雪車的噪音管制規定，是不是也該適用於其他交通工具？」

崔維諾說這些議題經常是由個別國家公園的管理者自行決定，但現在的確有汽車噪音規定標準，而且跟所有的公園噪音管理規定一樣，是按分貝來計算。她說：「這也是我希望能對噪音採取全面性做法的原因之一。我們的規定全是以分貝為標準，就像去年所做的遊艇管制規定。首先，它是以分貝為量測單位，其次，這些分貝數是由製造廠商所提供，類似美國職業安全與衛生局（OSHA）要求的數字，像是音量多大時會把耳鼓震破。我幾乎像是趕在最後一刻，甚至可說是在最後一分鐘或最後一秒時提出警告。這個傢伙花了八年的時間擬定這規定，而且已經送到局長辦公室，等著接受最後審查。但我說它完全無法接受。我們的使命和任務不是要防止民眾的耳朵被震聾。如果我們打算進行量測或擬定規範，一定要以我們的任務為基準，也就是保護野生生物和……」

我承認我打斷了崔維諾的話，因為我實在太急著講出我的看法。我告訴她，我學的是植物學，如果我要負責管理植物保護區，我不會去研究野草，而會研究本土植物。然後再根據對這些植物所做的研究，實施可以處理掉那些野草的計畫。「但是我看到國家公園管理局一直以來的做法，他們沒有任何人在談自然資源，而是一直在研究噪音。對我來說，這完全是本末倒置。」

她同意我的看法，並強調以分貝為基準的規定具有她所謂的先天限制。「沒人了解分貝等級，包括我在內。它們根本不合乎邏輯，而且是以指數方式增加。聯邦航空總署喜歡用分貝，正是因為沒人知道那是什麼。所以我們現在正努力研究，看能不能找到一種度量方法，能夠更適切地與提供愉快的拜訪經驗、保護野生生物或文化資源相連，並用民眾能了解的詞彙來呈現，像是野生動物因為特定聲音而迷失的機會有多少之類。」

我提到「一平方英寸」最大的好處之一就在於：它非常簡單。在特定的地點沒有人為噪音。石頭靜靜地待在那裡，寂靜一圈圈從石頭開始向外擴散。這概念簡單易懂。

「你能在我們所有的國家公園裡都設置『一平方英寸』嗎？」她這麼問，心裡很明白這麼做不切實際。

我告訴她，如果奧林匹克國家公園採納了「一平方英寸」，我希望其他珍貴的國家公園也能複製這個概念，在精心選擇且受到良好保護的地方實施。

我謝謝崔維諾願意見我，接著我跟他們的一名生物聲學專家有約，就隔幾間辦公室而已，但赴約之前，我跟杜利納又談了一會兒。他繼續跟我說到國家公園管理局和聯邦航空總署之間，不得不就空中觀光飛行的問題進行合作的原因。這令我想到，如果這個備受爭議的問題想要得到解決，唯一的方法就是不要有空中觀光，這樣國家公園管理局就不必成立自然聲響計畫。這計畫是在二〇〇〇年國家公園空中觀光管理法通過之後成立的，目的是為了跟聯邦航空總署合作處理空中觀光飛行的議題時，代表國家公園的利益。

杜利納說：「這過程真的很複雜。由於聯邦航空總署對空域具有管轄權，他們是這項議題的主導機構，但法律又說這計畫必須經由國家公園管理局簽署同意。我們是協同機構，但也具有簽署權，這幾乎是把我們放在跟聯邦航空總署同樣的主導地位，因為如果我們不同意，我們就不會簽署。」

我想起安布洛斯曾經提到這些領導機構之間的一些意識形態與文化衝突（基本上這就像「地對空」和「空對地」一樣），於是我問：「聯邦航空總署還是把這項議題當成機場噪音研究嗎？」

「大致是這樣。他們收集和分析資料的方式，以及使用的度量類型都非常不同。我可以跟你說一個例子，每次聯邦航空總署考慮到空中觀光對自然資源的影響時，都是以當下周遭的所有噪音為基準。例如在拉希摩山，如果你站在觀景台的階梯上，你會聽到公路上汽車、巴士和摩托車的聲音，周遭的談話聲和空中噴射機的聲音。」

「他們等於在說，『如果伊利湖（Erie Lake）已經是座死湖，沒有經過淨化處理的污水對它還能有什麼影響？』」

「一點沒錯。他們的意思就是：既然已經有噪音了，空中觀光實際上並不會增加多少噪音，影響不大。

國家公園管理局的政策是要求以周遭的自然聲音為決定影響的基準，所以我們得到的影響程度完全不同。我們跟聯邦航空總署針對這一點討論很久了。」

「他們有聽懂嗎？」

「沒有，我們無法就這一點達成共識。」

結果是，在目前進展緩慢的空中觀光管理計畫裡，兩種周遭聲音都有採用——這是活生生的現實，卻也是缺乏進展的徵兆。杜利納說，拉希摩山計畫的進展好一點，但離完成還很遙遠，而該計畫早在二〇〇三年就已開始。

杜利納把名為「聲境相關之法律、規定暨政策」（Laws, Regulations and Policies Related to Soundscapes）的兩頁總結遞給我看，稍微瀏覽過後就可輕易看出，保護國家公園自然靜謐的相關法律已經累積了漫長的歷史，有許多聯邦法律通過，也有許多管理政策成為法定條例，但是到目前為止，實務進展仍然極為有限。

自從「大峽谷國家公園擴大法」（Grand Canyon National Park Enlargement Act）認定「自然靜謐本身即是一種價值或一項資源，必須受到保護，避免遭受重大危害」，至今已過了三十餘年，大約占了國家公園體系成立以來的三分之一時間。值得注意的是，這項法案特別提及直升機的噪音會對自然靜謐造成不利影響。沒想到三十年後，由於二〇〇〇年的法案不能溯及既往，每年仍有九萬架次的空中觀光飛越大峽谷，等著由上級責成發展的管理計畫決定它們的命運。二〇〇六年一月，美國審計署（U.S. Government Accountability Office）提出GAO-06-263號報告，評估國家公園空中觀光管理法的目標達成程度。報告指出：「在該法案通過六年後，必備之空中觀光管理計畫至今尚未完成」，以及「在我們調查的一百一十二座國家公園中，該法案的實施至今收效甚微」。

在這一片灰暗前景中，「二〇〇〇年國家空中觀光管理法」（National Air Tour Management Act of 2000）第八〇六條款中的數行條文帶來了一線曙光：「儘管有本法的其他條款或『美國聯邦法典』（United States Code）第四九篇第四〇一二六條的規定，但自本法案生效日起，任何商業性的空中觀光營運皆不得於落磯山國家公園的空域進行。」

我問杜利納國家公園管理局是否曾經建議，空中觀光與國家公園難以共存。若是如此，就沒有必須發展空中觀光管理計畫。

「我不知道是否有就這方面進行〔正式〕辯論，但有好幾位國家公園的處長已經提出這個論點。冰河國家公園（Glacier National Park）就在一般管理計畫中明述，他們傾向逐步廢止空中觀光。」

杜利納為我引介庫特•佛利斯羅普（Kurt Fristrup），他從椅子上站起來，伸出沒拿香蕉的那隻手跟我握手，他的辦公室看起來雜亂無章。佛利斯羅普穿了一件深藍色襯衫、卡其長褲、白襪和白運動鞋，同樣很謙和。我按照他們網頁上的資訊，結結巴巴地唸出他的頭銜 bioacoustician（生物聲學專家）。「我想，大家還在思考該怎麼稱呼我，其實我比較喜歡被稱為『科學家』，」他解釋說，他是在一年半前，從康乃爾大學的鳥類學實驗室到這裡任職，協助改善自然聲響計畫的資料收集與分析方法。

他說：「以往我們向來使用非常昂貴的設備，一組監視設備可能高達兩萬美元，需要三、四個太陽能板和三、四個鉛酸電池，還要兩到三個人才能裝好。由於儲存空間有限，我們每兩分鐘只錄十秒的數位聲音，對於一些噪音事件，這樣已經足以收集具有代表性的樣本，但是若要做詮釋性的說明，這種做法很可怕，因為相當於從完整當中切割出碎片。」

現在有些比較輕巧和便宜的新型設備，可以持續錄好幾天，然後製作出二十四小時的聲音圖像，產生非常類似心電圖的視覺表現，這樣就能立即描述特定地點的聲音事件。佛利斯羅普說：「我們不再做全體線性尺度，改用三分之一八音度音量測定值（one-third octave sound-level measurements），所以三十四個測定值就可以涵蓋整個範圍，我們可以在一張圖上畫出其中的十二條線。每條線代表兩小時，一張圖就可以涵蓋二十四小時。以這種方法或許看不到持續一秒的事件，但絕對可以看出持續五秒的事件，這樣就能真正得知平均的每日模式，同時可以看出異常情況。」

佛利斯羅普帶我走到附近一間辦公室，牆壁上貼了幾張這種聲譜圖的海報。其中一張標示著哈里亞卡拉國家公園（Haleakala National Park）上奇帕胡魯山谷（Upper Kipahulu Valley）的圖上，用不同的萊姆綠線顯示了自然聲音和人為聲音。標示著「昆蟲」和「鳥鳴」的箭頭指著水平、只有微升的音量。其他標示著直升機飛越上空和高緯度噴射機的箭頭，則指向圖上陡峭的尖峰。

另一張海報記錄的是大峽谷國家公園塞帕拉欣峽谷（Separation Canyon），圖上顯示暴風雨開始，然後是驟發山洪。「它很大聲，」佛利斯羅普這麼說，並要我注意下一張聲譜圖，「但是對我來說，有趣的是優勝美地村（Yosemite Village）在半夜的時候居然很吵，有發電機和冷熱空調的聲音。交通噪音量高達五十、六十多分貝，比我家附近還吵。我覺得國家公園管理局在審查我們支援的基礎建設時，可以注意這些方面。如果去優勝美地村參觀，主要聽到的是瀑布聲的話，不是很棒嗎？優勝美地的人口稀疏區看起來會像這樣，是深藍色的，很接近聽力臨界點。」

佛利斯羅普認為，這些影像在國會聽證會這類場合可能會很有用。他說：「特別是我們現在正朝制定更多自由飛行規定的方向發展，也就是邁向客運航空運輸系統分散化的時代，交通不再是由地面的導航塔來引導。這意味著噪音不再是集中在交通量大的航空通道下，而是會向外擴散至全美各地。」

他跟我分享一個從這些聲譜圖中得到的有趣且具有致命危險的發現。他解釋說，在山洪爆發之前，其實有幾分鐘的低量聲音，那是洪水正在推進的早期預警。但是這預警卻因為噴射機的入侵而幾乎注意不到，原因就在於噴射機的聲音落在聲譜圖上相同的區域，聽起來甚至非常類似。佛利斯羅普說：「我聽過即將來臨的山洪爆發兩次，還聽過一次雪崩，但是在這三次事件中，我的第一個反應都是這不是打雷，就是噴射機。這線索存在了許久，最後我才終於明白，不可能，這不可能是噴射機。於是我想，這有可能是一個重要議題，對西南部的一些峽谷地來說可能更重要。這對地面上的居民可能構成安全上的問題。我無法確定這種情況導致生死之別的頻率是多少，但這情形的確可能發生。造訪國家公園的遊客大多數都已習慣噴射機的聲音，而在高緯度飛行的噴射機會使人聽不到洪水接近的聲音，所以肯定要等洪水非常接近的時候，人們才聽得到。對於國家公園內的其他所有自然聲響，情況也一樣。當噴射機飛過上空時，人的聽覺世界就萎縮了。」

「你是說在荒野地區，飛機的噪音會使人的聽力範圍變小？」

「對，我們的聽力範圍會縮小，而受到影響的正是可以傳播最遠的頻率；摩托雪車的聲音也會造成相同的影響。我覺得很諷刺的是，國家公園管理局規範了公路交通工具、船舶和摩托雪車所能發出的最高音量，但執行卻相當鬆散或不足，而且，聲音在雪面和水面上的傳播速度明明就比其他地方都來得好，我們卻還允許摩托雪車和船隻發出比路上交通工具更大的噪音量。」

「這完全是逆向操作。」

「這就是歷史的遺產。我想在許多領域，推動美國噪音防治的力量並不是聲音資源的價值，而是噪音干擾得付出的代價，或是什麼樣的工業方法最容易達到控制噪音的效果。」

我告訴他，我最喜歡問人的問題之一是：「你能聽多遠？」

佛利斯羅普也理解擁有遼闊的聆聽經驗所具有的價值。「當你知道四百公尺外有一隻鳥，或半英里外有青蛙時，那是一種很美妙的經驗。在你了解到自己的聽力範圍有多廣闊，周遭又能有多安靜時，那是一種令人震撼和激動的體驗。我覺得寂靜真的是很罕見而且瀕臨消失的資源。」

「我認為人類可以聽到數英里外某些類型的自然聲響，」他補充說，低頻聲音可以傳播極遠的距離。「你可以在落磯山脈這裡架設好儀器，藉此聽到海浪拍擊兩岸的聲音，但人耳是聽不到這些聲音的。我們聆聽這些低頻聲音的效率很低，但鴿子卻聽得到很低的頻率。」

佛利斯羅普指的是頻率低於二十赫茲、人耳聽不到的亞聲，二十赫茲是人類聽力的最低限度，但有些動物可以利用它們來做長距溝通，例如鯨和象。相較之下，有些動物，例如蝙蝠和海豚，則是可以利用超過人類聽力上限、兩萬赫茲的頻率來進行短距溝通、回音定向，有時甚至可以用於震昏獵物。

後來我們繼續聊時，佛利斯羅普把寂靜的重要性，從國家公園的自然聆聽經驗擴大到其他特質。「深沉的寂靜所具有的價值也在於提供最佳的背景，讓我們能聽到可聽見的聲音。我們在造訪軍事紀念碑時，一般會希望能有默想沉思的心情，周遭愈安靜，感覺就會愈深刻。如果去參加公園巡守員的解說課，當這課程是在安靜的環境進行時，肯定會更吸引人。這也是我們非常注重教室內必須保持安靜的原因，在周遭沒有會爭奪注意力的聲音來源時，學習會容易得多。」

佛利斯羅普問我接下來幾天的行程，當我提到落磯山國家公園時，他建議我去他最喜愛的一個地點，威德盆地（Wild Basin）。我離開他的辦公室時，錄音機已經收進口袋，這時佛利斯羅普又跟我分享了最後一個想法，我趁離開那棟建築前，趕緊用筆寫了下來：「寂靜的喪失等同覺察的喪失。民眾逐漸失去寂靜，卻連自己失去了什麼都不知道。這是一種悲劇。」

下一站：落磯山國家公園東緣的埃斯特斯公園（Estes Park），我已經安排好，要在那裡跟美國女選民聯盟（League of Women Voters）的一名成員碰面，她會告訴我，她們是如何設法使落磯山成為唯一明文禁飛的國家公園。一路上的風景美不勝收。由於我的最高時速只有三十五英里，所以我每隔一段時間就會停到路邊，讓後面的車先行，並利用這時間欣賞白雪盈頂、參差不齊的山巒，以及山上背光白楊新生的春葉和漆黑的陰影。和西北部的漫射光線相較，這裡的景觀就像高解析度一樣銳利。

我駛進埃斯特斯公園時，八隻紅鹿就站在路中央歡迎我。雖然看起來跟西北部的羅斯福麋鹿類似，但牠們顯然是落磯山紅鹿。可惜現在是春天，不是秋天。我很想聽聽落磯山紅鹿號角般的鳴叫，確認這兩種亞種鹿在叫聲上的差異是不是比長相還大。我幾乎可以確定一定會差更多，因為牠們的演奏廳差別很大。

在我入宿汽車旅館八號房時，經理很有興趣地看了我的福斯小巴很久，然後興奮地說：「我以前也有一輛福斯，開它上落磯山真是有夠慢。」

早上，外面已整個結霜。鹿和麋鹿在鎮上閒逛；我測到四十加權分貝，路上車輛很少，沒有飛機，只有一些鳥在涼爽的黎明唱歌。開往星巴克（沒錯，這裡也有）的路上，我順道在Phillips 66把油加滿。如同在所有只供應無鉛汽油的現代加油站一樣，當我把油注入福斯小巴的逆向寬嘴加油口時，我不能倚靠自動停止器，而是得把耳朵靠過去，聆聽汽油流入的汩汩聲，藉此判斷是否已經加滿，不然汽油會噴得到處都是。但在Phillips 66加油站，音量高達六十六加權分貝，使得這項工作變得格外危險。加到二十美元左右時，我開始減慢加油速度，很高興沒有被噴濕。

我把車停在愛琳・里托（Irene Little）的房子外，看到車道上停了一輛嶄新的豐田Prius。愛琳親切地歡迎我，把我介紹給先生史帝夫（Steve）。她沒浪費時間，直接告訴我，落磯山國家公園之所以能成為禁止飛行觀光區，是美國女選民聯盟和當地其他組織的功勞，她只是其中之一。

愛琳出生於德國法蘭克福（Frankfurt）北方的卡塞爾（Kassel），說美語時仍帶有口音。里托夫婦很有魅力，人又友善，精力充沛，熱愛戶外活動，是你會夢寐以求的那種鄰居。他倆都有一頭灰髮，穿著不一樣的背心；她的是帶有聖誕氣氛的針織有鈕背心，但沒有扣上，背心上印有雪花和雪橇，或許還有馴鹿的圖案；史帝夫的則是紅色羊毛背心。他們是好主人，問起我的事，我很快跟他們提起一平方英寸的寂靜，並把寂靜之石拿出來。

「這就是寂靜之石啊！」兩人一臉欣賞地笑了起來。

「這是菸斗石嗎？」愛琳問。

「感覺像菸斗石，」史帝夫說，從他太太手中接過石頭。「在明尼蘇達州有一個菸斗石國家紀念碑（Pipestone National Monument），以前印第安人會在那裡挖可以做成菸斗斗狀部位的礦石。」

「我以為這是在海灘上發現的，但『四線』大衛有可能是換來的。」

要求落磯山國家公園禁止空中觀光的訴求之所以能成功，第二個關鍵因素是時機，而這是里托夫婦這些當地人的努力無法做到的。一九九四年，反對空中觀光的運動才剛起步，在民眾開始穿上「禁飛」（Ban the Buzz）T恤（上面的直升機圖案上有一道斜斜的紅線，還有一頭麋鹿用兩隻前蹄摀住耳朵）之前，並不存在空中觀光，只是傳言說有業者正在申請許可。「我想我們可以做到的唯一原因，」愛琳表示：「是當時這項產業還不存在。一旦存在了，就很難拔除。」

「那等於是你要把別人的工作奪走，」史帝夫說。

的確，因為女選民聯盟的鎖定目標中沒有既定的產業存在，動力得以快速成長。「我們獲得的支持很強，」愛琳說。「國家公園、整個鎮，還有最重要的，郡的地方長官，最後終於裁定，若要飛越國家公園上空，唯一的方法就是要從聯邦航空總署批准的機場起飛，由於最接近的機場位於山谷下方，如此一來根本不符合經濟效益。」

史帝夫解釋說：「拉瑞莫郡（Larimer County）讓這整個過程大大縮短，郡方表示：『讓我們在這裡擺點障礙』。如今這是否仍構成障礙，是另一個問題。我想最主要的原因是，當時直升機每英里的飛行成本比現在高得多。當時我們最大的麻煩顯然是聯邦航空總署。他們強烈抗議，不希望他們對這件事情的決定權受到任何限制。」

後來美國女選民聯盟發現，最保險的解決辦法，是越過聯邦航空總署，由國會立法。愛琳在我們前面的餐桌上攤開一張時間表。一九九六年五月，交通部長佛德利克・帕尼亞（Federico Peña）頒布暫時禁止在落磯山國家公園進行空中觀光的禁令，後來這項禁令變成聯邦航空總署授權法案並由國會通過，在某種程度上使落磯山國家公園禁止空中觀光的法令變成永久性的。

不過，雖然打贏這場勝仗，他們依然損失慘重，史帝夫解釋說，這跟他和愛琳的放鬆方式有關。「我們兩個都是天文學家，都對天空上發生的事很敏感。我們在外面的陽台裝了一個熱浴盆，晚上常愛在裡頭泡澡。我們有時會看到四、五架飛機飛過。國家公園在我們的西方，飛機是東西向飛行，這表示有相當大量的空中交通飛越國家公園上空。」這就是惱人的地方。二〇〇〇年的法案只禁止空中觀光，但沒有禁止從更高空飛過的商用客機，後者也會讓公園的自然聲境惡化。

道別前，我問我可不可以請他們跟寂靜之石一起合照。我們走到屋後的露天陽台，在明亮的陽光下拍下他們的合照。後來看照片時我才發現，愛琳和史帝夫各握著寂靜之石的一端，似乎很高興這麼做。

我啟動福斯小巴，沿七號公路往南行駛，朝佛利斯羅普先前建議的地方開去，「鷹羽」（Eagle Plume）和大鴞（Big Owl）這類路名讓我興趣大增。通往威德盆地的泥路上只有一組車轍，收費站也已關閉，兩者都是僻靜荒野的好跡象。我在半途停車，記錄松林的風聲（四十五加權分貝），就像輕柔的低語。在海拔八千五百英尺處，小徑沿溪而上，一直通到黑鶇瀑布（Ouzel Falls），然後連接黑鶇湖（Ouzel Lake）。

真棒的邀請！黑鶇是一種迷人的鳥類，也稱為河烏，平常以山上寒冷的溪水、湖泊和河流為家，牠們會涉入急流，用腳緊抓著岩石，在水邊獵食昆蟲。

某個春天早晨，我在奧林匹克國家公園的霍河河谷，暗中觀察一隻六英寸、圓滾滾、暗灰色的黑鶇在河邊蹲來蹲去，很想知道牠在做什麼。但是在我下到峽谷潮濕且覆滿青苔的河岸時，把牠驚飛了，我利用這個空檔架好麥克風，以便在霍河的背景噪音下清楚聽到牠的聲音。然後我開始等待，果然在大約十分鐘後，那隻黑鶇像箭一樣筆直低空飛來，回到水邊的同一塊岩石上，開始唱歌——我以前在繆爾的描述中就聽過的歌。牠有「瀑布轟隆隆的音調」，也有「湍流的顫音，漩滑邊緣的汩汩聲，平坦河流低柔的細語，也有從青苔末端滲出的水滴落沉靜池塘的甜美叮鈴聲」。黑鶇證明了一個物種只要有足夠的演化時間，就可以適應環境裡的寬廣音域。但是在現代世界，噪音來得又快又大聲，就像持續的爆破，中間沒有任何休息；生物也沒有時間適應。

威德盆地主要的外流溪聖瓦瑞溪（St. Vrain Creek）充滿活力，至少在今天，它有十英尺寬，大約八英寸深，自保齡球大小的花岡岩大圓石上沖刷而過。從溪上呼嘯而過的冷空氣，就像是有翼昆蟲的大眾運輸工具，許多像火箭般飛射到下方河谷。在松樹下陰影覆蓋之處，仍有片片積雪。白楊的樹皮光滑、呈淡青色，有些到這裡健行的人在上面刻下縮寫或字句。我想起峽谷地的岩石畫，但在這裡，由於時間和樹皮會復原的關係，許多字眼已變得模糊不清。沿著這條小徑走，我看不到溪流，但仍聽得到它的聲音。溪水的聲波在穿過松林時不斷擴大，由於高頻率的聲音比低頻率的聲音消失更快，造成白噪音愈來愈深厚，逐漸聽得到一種比較複雜的低沉悸動模式。

健行步道經常沿著溪河的邊緣走，不僅是因為水會流經阻力最小的地方，也是因為景色美麗。誰不喜歡看水？但是如果想走比較安靜的路徑穿過荒野，就得另尋他途，跟隨那些運用所有感官的動物，例如鹿和麋鹿，牠們把耳朵當成第一線的預警系統，避開可能的威脅，如果在湍急的水域旁行走，就做不到這點。我開始尋找可能的跡象，蹄印或動物糞便等，但毫無所獲，不過我的確在半山腰看到五隻鹿在陽光比較充足的地方囓咬已經冒出的嫩枝。

我又在水邊看到一些黑鶇不停地躬身，一隻接著一隻。但山谷陰暗處愈來愈冷，我很早就回到福斯小巴上，喝杯熱茶暖身。

接下來我前往這座國家公園的北部地區，去「上比佛草原」（Upper Beaver Meadows）探險，那裡沒有高速公路，大多數地方應該都可免除交通噪音。但在路上，我看到某種工程正在進行，砂石車的煞車發出巨大、刺耳的尖銳聲音，超過九十加權分貝。好幾輛砂石車已經裝滿砂石，放任柴油引擎空轉，把這個原本應該是充滿原始聲音的環境變成一座貨運場；我從一百英尺外測到的音量是五十四加權分貝。

在這趟旅程中，我再度因為這類諷刺事件而止步。我知道在上比佛草原附近，有一塊愛琳用照片秀給我看的告示牌，那是用國家公園保育協會（National Parks Conservation Association）頒給埃斯特斯公園女選民聯盟的獎金製作的。上面印著國家公園管理局的許可標記，還有落磯山國家公園的動植物以及驚人美景的彩色照片，在它的標題「保護自然聲音」下方有幾行字：

鶚的鳴叫
溪流的音樂
風吹樹葉的沙沙聲
冬季森林的肅穆

自然的聲響與自然的靜謐
是落磯山國家公園
受保護的資源。

自然的聲響與自然的靜謐
跟此座國家公園的在地動植物
一樣珍貴。

在關心此議題的市民戮力合作，

與埃斯特斯國家公園女選民聯盟的領導下，
美國國會於一九九八年正視自然聲響的價值，
永久禁止在本國家公園進行商業空中觀光。

這塊告示牌上也刻了交響樂指揮暨編曲安德烈・科斯特拉尼茨的話：「完全圓滿的寂靜，是世上最偉大的聲音之一；對我來說，寂靜也是聲音。」

然而在這裡，我卻找不到寂靜，至少現在還沒找到。但總有一天會找到。

為了避開噪音，我沿著一條死路開了數英里，抵達山谷終點的野餐區，觀察一群落磯山紅鹿和兩隻草原狼。但是就連在這裡，也聽得到卡車往返的聲音。我再度離開，到美麗的山巔眺望，希望能聽到陽光消逝的聲音，黎明的合唱揭開白日的序幕，而隨著氣溫下降，蟲蟋蛙鳴也逐漸低落：三十加權分貝。但是一架翅膀無法鼓動的飛機入侵，飛越頂空：先是六十五加權分貝，然後是七十加權分貝，最後是七十八加權分貝，顯然是私自來觀光的人。我坐著等待飛機振動的回音在幾分鐘內消散，這時一輛車開過來。一名攝影師跳下車，顯然很高興能及時趕上捕捉最後幾道逐漸褪色的光線。他的車沒有熄火：二十英尺外，四十六加權分貝。

8 逐漸消逝的自然交響樂

回音在某種程度上是一種原音，充滿魔力與魅力。它不僅是重複值得重複的聲音，也是樹林的聲音。

——亨利・大衛・梭羅（Henry David Thoreau）《湖濱散記》（*Walden*）

我很早就在科羅拉多州威根茲（Wiggins）旁的「Stubbs Sinclair」吃早餐，點了咖啡和蜂蜜小圓麵包。這個休息區位於七十六號州際公路與美國三十四號公路會合處，前一晚我就停在這裡，縮進車頂我的「蟲蟲」睡袋裡過夜。旁邊的搭棚裡有一夥油田工人，他們戴的棒球帽沾滿油污，我甚至看不到圖案。我聽到一對父子正在討論加州四美元一加侖的油價，可以讓他們開採先前不會獲利的油田。沒想到簡單如油價這樣的事物，也能對科羅拉多這類地方的聲境造成影響，而且竟然一直沒有人想到該把這項連帶效應計入能源成本的計算當中。在你提到「風力」以

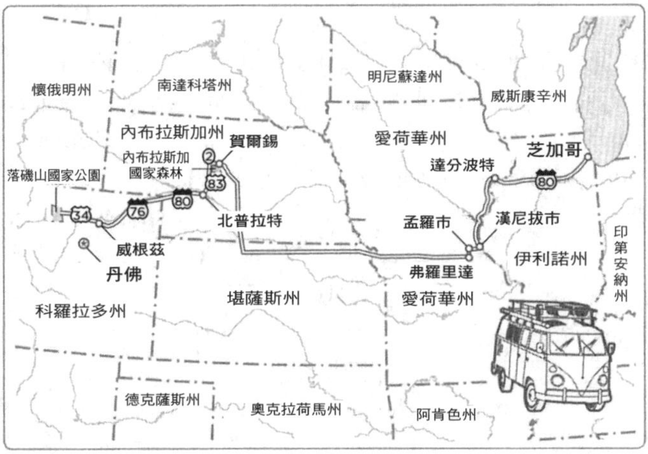

前，我想先提一下，風能並不是安靜的替代能源。我在加州、華盛頓和夏威夷看到的風力發電場，聲音吵得驚人，而且從無人居住的地方如雨後春筍般冒出（「只要不在我家後院就好」效應？），其中有許多原本是非常安靜的地點。保存靜謐真的一點也不簡單。

早餐後，我到Stubbs後面拿了一個厚紙箱，一邊走回福斯小巴一邊撕開，它仍停在極冷的停車場裡。我把一片厚紙板從車子後面塞到車子底下，然後我自己也跟著進去。每走一千英里左右，我就會檢查四個汽缸的汽門間隙，特別是三號汽缸。汽門調整不當，有可能成為福斯小巴的頭號殺手，但是只要正確調整好，就可以輕鬆預防它壞掉。釋迦牟尼無意間聽到一名西塔琴老師在指導學生時說：「不要太緊，不然弦會斷；不要太鬆，不然弦無法彈。這就是中庸之道。」我查閱Treo記事本上的筆記：「把〇・〇〇六英寸的測隙規從汽門間隙插進去。」這陳述簡直太過含蓄。這塊不鏽鋼薄片滑入間隙的感覺，必須像用剛磨好的剃刀切開奶油一樣。正確的調整幾乎感覺不到，卻是極端光滑。這就像是在人類聽力的門檻上聆聽。格外引人注目的是，即使在慢慢穿越落磯山脈的長途旅行後，這些閥門的狀況還是很棒。閥蓋填塞物看起來有點粗糙，但我把它們擦拭乾淨，判定它們還可以用滿久的；這些閥蓋輕輕鬆鬆就彈回原位。我只花了十五分鐘檢查，接著就上路了。

我得到的獎勵是立即見到明信片般的美景：綠油油的牧草地映著藍天和棉花球般的白雲。每開幾英里，就會有值得停車拍攝的風景出現。不到一小時，大約停留五次後，儀表板上的自動報警燈亮了，顯示油壓太低。我認為這是自動報警燈失靈，但為了安全起見，還是在路邊停車，走到後面，用鑰匙打開引擎蓋，立即聞到燒焦的油味，聽到類似玉米粒爆開前的聲音。我彎腰查看，發現閥蓋右邊在漏油，把熱交換器都浸濕了。油量計證實的確是沒油了。以這輛氣冷式引擎的福斯小巴來說，由於它跟刈草機的引擎一樣缺乏散熱器，這種情形通常意味著必須改造了，但我別無選擇，只能重新覆上閥蓋，撕開我的浴巾一角，把毛絨絨的織物塞到彈簧底下，希望它能頂住；然後我加了一些油，開始等待。二十分鐘後，我再度上路。由於不確定這臨時湊合的方法能不能持久，我每開幾英里就會查看引擎經過的柏油路面上有沒有油滴，也不時查看油量計。每次我都對自己隨機應變的權宜能力感到驚訝，慕斯和戴夫肯定會以我為榮。

我走七十六號州際公路，經過摩根堡（Fort Morgan），然後沿著南普拉特河（South Platte River），經過斯特陵市（Sterling）。和所有的大草原一樣，這片短草大草原是美國最早的農業用地之一。這片土地豐厚肥沃，沒有樹木，牲口和農田快速擴張。我現在正筆直朝內布拉斯加州前進，奇怪的是，這裡遍布著大草原，但卻是植樹節的起源地，擁有美國唯一一個完全由人工種植而成的國家森林。

在經過一塊寫著「牛肉。最理想晚餐」的看板後，我決定伸伸筋骨，離開公路，在距離內布拉斯加州大約十幾英里時，轉進科羅拉多州東北角，一個看似沉睡的小鎮。我很喜歡到這種沒有現代活動、呈U字型的河彎社區，希望找到一些我先前沒聽過的新奇聲音，或至少不是人造機器的嘈雜聲，美國各地有許多令人愉悅的典型鄉鎮，都因為遭到聲音破壞，愈來愈聽不到球棒揮擊的聲音，在榆樹枝椏間穿梭對話的鳥鳴，旗竿夾鏗鏗鏘鏘的聲音，還有雨信鳥自動灑水裝置「抽——抽——抽」的聲音，以前這些聲音會在微風吹拂下融為一體，就像是城鎮本身的氣息與話語。這類聲境以前在美國很常見，如今在持續不斷的馬達噪音攻擊下，已經很難聽到；聆聽者在跟小鎮居民打招呼以前，可以從這類聲境得知許多有關小鎮及鎮民的資訊。

從福斯小巴兩片式的擋風玻璃望出去，塞治威克（Sedgwick）的主要大街乍看之下沒任何活動，所有東西看起來都處於關閉狀態，但是這個小鎮還沒遭到棄置。有一個頭髮衣著都很整齊的人走過來自我介紹，原來是塞治威克鎮鎮長派崔克・沃特瑪斯（Patrick Woltemath），但他看起來像是已經下班的鞋子推銷員。沃特瑪斯熱心招待我，只差沒把城鎮鑰匙移交給我。他帶我去看兼做博物館的市鎮集會所，還帶我去看真正的投票箱，一本供當選官員宣誓用的一九二九年聖經，還有老式的手繪舊銀行金庫（裡面空無一物）。沃特瑪斯希望塞治威克鎮能列入科羅拉多州瀕臨消失的城鎮名單，以便獲得一些金援，支付廢水處理新標準的高昂成本，以及小鎮現代化的其他問題。一九五七年，塞治威克鎮有五百零四人，半個世紀後只剩一百八十二人。我很好奇這樣的小鎮會有什麼樣的聲音。

鎮上只有老舊的塞治威克古風旅館（Sedgwick Antique Inn）可以過夜，類似供應早餐和床的B&B，老闆露琵（Loopy）似乎很高興看到我，儘管是週六夜，她仍告訴我，可以自由選房間。「早上，樓下有供應早餐，酒吧那裡有披薩，」她說。「房價是三十或三十五美元，隨你付。如果你自己鋪床的話，只收二十五美元。」我看了幾個房間，最後選了前側的雙人套房，就位於已關閉的農民銀行（Farmer's Bank）入口上方。

我沒關窗戶，所以早上是在大自然的鬧鐘下醒來：黎明前，燕子吱吱喳喳地飛來飛去，捉最後幾隻夜行性昆蟲果腹。崖沙燕成群結隊地築巢，雖然在我們眼中，牠們長得一模一樣，但每一隻都很獨特，就像擠滿日光浴者的沙灘，看似一片，其實人人不同。華盛頓大學心理學暨生物學教授邁克・畢奇（Michael Beecher）是研究崖沙燕的社會生物學專家，他指出這些燕子能藉由各自單一叫聲裡的聲音特徵來辨識對方。牠們是一夫一妻制，共同分享築巢、孵蛋和餵養幼鳥的親職責任。最特別的是幼崖沙燕會發出由兩個音構成的「迷路」叫聲，而且只有牠們的父母才會回應。一九八〇年代中期，我還在做單車快遞的時候，畢奇教授曾邀我到他的實驗室，給我看了好幾本厚沉沉的相片簿，裡面有崖沙燕的臉部特徵還配上了聲圖——這些視覺符號記錄了叫聲的細微變化。連最簡單的叫聲也含有個別禽鳥所獨有的無數資訊。

在荒廢的主要大街另一邊的人行道上，有一道白紋扭動著往前走：原來是一隻臭鼬。在窗台上看夠了，我收拾好錄音裝備，戴上頭燈，準備上街，追蹤塞治威克清晨的寧靜，希望能增加我那聲音博物館裡的收藏。

在這片幾近平坦的地景上，幾乎沒有天然障礙，而且這裡的主要聲音令人驚訝，很像是遠方有火車愈開愈近，然後又逐漸遠去的轆轆聲。我原本以為隨時會聽到火車的鳴笛聲在整個鎮上的大街和大庭院裡迴響，結果我錯了，沒有鳴笛聲，轆轆聲是來自七十六號州際公路上的卡車。

將近二十年前，我曾在美國這一帶錄音，但是今天的鳴禽黎明大合唱比我記憶中稀疏得多，變化也少得多。五月上旬是鳴禽以歌唱來聲張地盤和求偶的黃金時期，我在一九九〇年春天經過這附近時，候鳥似乎是沿著河谷遷移，自然地融入地景。我觀察到這現象後，就開始攔截北飛的鳴禽，還特別限制了錄音裡鳴禽歌曲的密度。那時候鳴禽很多，所以春天黎明時的合唱經常會太吵，反而不太適合錄製，但今天沒有這種問題。鳴禽都到哪裡去了？

許多人在看到令人震驚的鳥類調查資料時，都問過這個問題。奧杜邦學會「二〇〇〇年觀察名單」（Audubon's Watchlist 2000）的報告指出，美國有四分之一的鳥類數目正在減少。麗色彩鵐的數目在過去三十年間，遽減百分之五十以上。深藍色林鶯甚至急速減少百分之七十。奧杜邦的「二〇〇七年觀察名單」列出五十九個美國本土鳥種及三十九個夏威夷鳥種已瀕臨危機。另外有一百一十九個鳥種被列為正在減少或稀少狀態。二〇〇七年的壞消息不僅於此，一般認為有二十種常見鳥類的數量正嚴重減少：

山齒鶉減少百分之八十二
黃昏蠟嘴雀減少百分之七十八
針尾鴨減少百分之七十七
斑背潛鴨減少百分之七十五

北山雀減少百分之七十三
東美草地鷚減少百分之七十二
普通燕鷗減少百分之七十一
呆頭伯勞減少百分之七十一
原野雀鵐減少百分之六十八
黃胸美洲草鵐減少百分之六十五
雪鵐減少百分之六十四
黑喉漠鵐減少百分之六十三
鷚雀減少百分之六十三
普通擬八哥減少百分之六十一
美洲麻鳽減少百分之五十九
棕煌蜂鳥減少百分之五十八
三聲夜鷹減少百分之五十七
角百靈減少百分之五十六
小藍鷺減少百分之五十四
披肩雞減少百分之五十四

每列舉一種鳥，我就會清晰想起過去二十五年中，那個鳥種曾經為我歌唱或鳴叫的時刻。我小時候在華盛頓特區郊外度過童年時光，在東部的硬木森林裡就常聽到山齒鶉的鳴叫。想到當今和未來的世代可能永遠聽不到大自然的所有曲目，就令人感到心碎。美國的地景生病了，正在失去它的聲音。

禽鳥唱詩班不僅愈來愈小，也開始忘記牠們的曲目。一九九九年，我接受史密森學會委託，到夏威夷大島（Big Island）火山國家公園外，為遊隼基金會（Peregrine Fund）的人工繁殖計畫，錄製數十種在地鳥類的叫聲，我錄到小考島孤鶇、蚋鶲，以及當時在野外只剩大約三十隻的夏威夷鴉。錄完後，我把這些錄音帶寄給哈克勞森林國家野生生物保護所（Hakalau Forest National Wildlife Refuge）的野外鳥類學家傑克・傑佛瑞（Jack Jeffries），他回報說，人工繁殖的鳥叫聲完全不具備野生鳥的特徵。鳥種可以透過人為方法來繁殖，但是牠們的本土語言卻沒有辦法。

在歐洲，自然靜謐已不存在，只有芬蘭和挪威等國的極北地區或許還保留一些，歐洲的所有鳥群都正在設法適應，使牠們的鳴叫在噪音污染的情況下還能聽得。《新科學家》（*New Scientist*）雜誌二〇〇六年十二月號報導說，在都市地區，禽鳴逐漸喪失音調較低的叫聲，朝較高的音調轉變，比較不會被交通噪音蓋過。有些研究特別注意到噪音造成的其他衝擊。荷蘭萊登大學（Leiden University）的漢斯・斯拉貝克恩（Hans Slabbekoorn）和艾文・里波米斯特（Erwin A. P. Ripmeester），在《分子生物學》（*Molecular Ecology*）上共同發表了一篇文章：〈禽鳴與人為噪音：保育的意含與應用〉（Birdsong and Anthropogenic Noise: Implications and Applications for Conservation），文中指出：

> 全球人類活動的急遽增加，已經在演化的時間尺度上，造成音調低的噪音突然增加。環境噪音可能會造成直接壓力，掩蓋掠食者抵達或相關的警示叫聲，或是干擾一般的聲響訊號，對鳥類造成不利。禽類

的聲音訊號有兩項最重要功能，一是捍衛地盤，二是求偶。當訊號效率因噪音量增加而降低時，這兩個功能都會受阻，直接對生存適應問題造成負面影響。公路附近有許多鳥種的數量變得較少，也有愈來愈多研究指出，在吵鬧的地盤上，牠們的繁殖成功率會降低。

噪音不僅存在於空中，海洋也愈來愈吵，原因在於地震探鑽，以及不斷增加的商業船隻發出低頻率的隆隆聲，還有傷害性可能最大的軍事聲納，科學家認為聲納可能是無數鯨魚擱淺的原因。「我幾乎一整天都待在海上，」海洋未來協會（Ocean Futures Society）的創建人暨會長尚米歇・考斯杜（Jean-Michel Cousteau）寫道：

> 許久以前，我父親曾說，這是「一個沉默的世界」。現在我們知道這世界一點也不沉默。事實上，靠聲音溝通、覓食、求偶與辨識方向的鯨和海豚，就是以這個世界為家。我很擔心聲音在工業、科學與軍事上的使用頻率過高，會使鯨與海豚受到傷害。海洋受到多種聲音來源污染的情形日益嚴重，每次侵害都會使海洋居民生存的環境品質惡化。

對白鱀豚（Yangtze River dolphin）這種海洋生物來說，生存環境已經惡化到牠們無法承受的地步。這種有「長江女神」之稱的生物可以長至六英尺長，重可達二百二十磅，牠們沒有視力，完全仰賴以聲納為主的感覺系統定向與覓食。白鱀豚是五十年來第一種滅絕的哺乳動物，最後一次出現是在二〇〇四年，一名漁夫所看到。儘管有學者援引過度漁撈、興建水壩與環境惡化，作為牠們滅絕的原因，但也有研究人員假設，是因為船運交通使這種動物的聲納系統無法發揮作用。這看法合乎道理，因為海豚運用聲音來覓食，並用刺耳的高頻聲音震昏獵物。我曾經在夏威夷科納（Kona）海岸錄到海豚的叫聲，希望牠們不會步上「長江女神」的後塵。

在撰寫本書期間，有關海洋噪音的爭論一直延燒到白宮，科學界與民眾普遍擔憂美國海軍使用響亮的中頻聲納的做法，有可能對鯨與海豚造成傷害，但布希總統無視於這些憂慮，宣稱海軍訓練「對國家安全不可或缺」，攸關「美國的最高利益」，允許他們不必遵守以保護海洋哺乳動物為目標的兩項主要環境法律，以及一項限制海軍使用聲納的聯邦法庭判決。

五月十三日星期日是母親節。我在離開塞治威克途中到露西之家（Lucy's Place Café）用餐，停車場上只有九輛車，餐廳裡卻顧客爆滿。有許多母親和祖母，可能是把廚房瑣事拋開，暫時出來玩一天。

「對不起，您可能得等一會兒，」一名婦女說，我很快就了解她一定是露西本人。我在門邊排隊時，因為看起來不像當地人，於是有人告訴我要點露西特餐，「有飯後甜點、飲料，還有一份全餐」。今天的特餐有大比目魚餐（九點九五美元）、煎雞排（七點九五美元）、炸雞排（七點九五美元）和烤牛肉（六點二五美元）。拉門牆邊有一個冷飲冰箱，釘了釘子的木板上掛著二十幾個喝咖啡的馬克杯，那些都是顧客從家裡帶來，上面標示著他們的名字，旁邊有一些動物的照片和諺語（「天才在工作」）。我一邊盤算到了沙拉吧要拿什麼，同時評估各項點心，一邊跟排在我前面的一位男士閒聊。雖然我沒帶音量計，但這裡顯然是我這趟旅程中最安靜的忙碌餐廳。用餐時，我覺得這個地方很容易讓人感覺受到歡迎，餐廳老闆親自招呼，餐點豐富，價格實惠，附近餐桌上的對話像小聲的流水聲般傳過來，聽在耳裡就像森林小溪，讓人更加體會到這裡的獨特，幾乎就像精緻餐點的第四道菜一樣。（我最後點了煎雞排。）

吃飽後，繼續上路，駛上東向的八十號州際公路，準備前往內布拉斯加。開不到一小時，四周就瀰漫著一股惡臭，從奧加拉拉（Ogallala）飼牛場飄散過來。聲音與氣味息息相關，「noise」（噪音）這個字可以追溯到拉丁文的「nausea」，意指「噁心」。有害的聲音與有毒的氣味幾乎無法讓人忽視。我們演化出嗅覺，部分原因是可以保護自己不受毒素侵害，也讓我們具有逃離腐爛臭味的反射本能。我們難道不該尊重這種演化的智慧？

現代規範氣味的法律是由荷蘭在一九六〇年代率先創立，「EN 13725:2003」是歐洲目前普遍採用的氣味測量標準，規定不能有「任何會造困擾的合理原因」存在。但是最早的氣味法律是在一八五八年倫敦「大惡臭」（Big Stink）後頒布的，當時遭到污染的泰晤士河惡臭，導致國會議員不得不停止辦公。不久，當時有百萬居民的倫敦，就興建了第一條下水道。這起事件發生後，人類很快就了解到水污染與空氣污染對健康的影響，但是對於噪音污染所造成的深遠影響，了解的速度就慢得多。

聲音與氣味在早期哺乳動物的演化上扮演了決定性的角色，如威廉・史戴賓斯（William Stebbins）在《動物的聽覺》（*The Acoustic Sense of Animals*, Harvard University Press, 1982）中所說的：

> 在演化過程中，哺乳動物運用聽覺的程度，無疑比其他任何脊椎或無脊椎動物來得多。牠們在生活中廣泛全面地運用聽力，以及牠們極度多樣化的聲響能力，已逐漸成為科學研究的對象，我們最近才開始了解哺乳動物在聆聽上的表現有多成功。這一切是怎麼發生的？
>
> 早期出現的哺乳動物應該是經歷過一連串複雜的適應過程，才能成功度過大型爬蟲類及其他生物的統治時期。牠們主要在夜晚獵食與覓食，因為體型小（事實上，跟尖鼠差不多），所以當白天大型爬蟲類在

外活動時，牠們能安穩地窩在樹上或地下洞穴。雖然牠們的夜視能力可能相當不錯，但無法辨識色彩。牠們發展出異常敏銳的嗅覺，再加上聽力方面的改善，讓牠們得以在夜晚活動。

想想看：哺乳動物具有絕佳的聆聽能力。我們也是絕佳的聆聽者！人類的聽力範圍遠遠超過說話與製造音樂的能力，如果把我們的聽力以頻率範圍和分貝程度繪製成圖的話，很快就會看出人類說話的聲音位於此範圍的中央部分。我們能製造的音樂範圍比這更廣。鋼琴上的最低音是C（二十七赫茲），最高音是C8（四千一百八十六赫茲），遠超過我們平常的發聲範圍。而我們能聽到的聲音，則是遠遠超過短笛和定音鼓的聲音範圍，遠及大自然的聲音。

大自然經常低語，像是紅杉種子輕輕飄落在凍結雪面上的聲音。大自然有時也會咆哮，我聽過自然聲音傳揚最遠的距離是一百七十二英里，大約相當於華盛州的寬度。當時是一九八〇年五月十八日，我在靠近加拿大邊境的北瀑布國家公園（North Cascades National Park），以假蠅作餌釣魚。我原本以為是炸藥，但當時是週日早上，怎麼會有炸藥？數分鐘後，不同方向也傳來這種爆裂聲響。數小時後，天空飄下灰。聖海倫火山爆發了！從聲音的傳播速度大約是每秒一一三〇英尺，而一英里相當於五二八〇英尺來計算，聲波傳一英里只要四點七秒。聖海倫火山爆發的聲音花了十三點五分鐘傳到我那裡，這時間足夠讓我釣到一條虹鱒，在週日享受烤得熱滋滋的早午餐。隨後的聲響事實上並不是真正的回音，而是聲音從差異很大的傳播路徑，在不同的溫度與氣壓下，以不同的速度傳播的結果。

我在內布拉斯加的北普拉特市（North Platte）外圍，駛上美國北八十三號公路穿越沙丘大草原（Sandhill

prairie）。這片鄉域覆滿青草，丘陵綿延起伏，只有在偶爾經過的河流旁才看得到樹木，在這樣的地方，很難想像森林的存在。但是一八八〇年代，內布拉斯加大學的植物學教授查爾斯・貝西（Charles E. Bessey）博士，卻提議用手種出一片森林，除了提供居民木柴之外，還能銷往東部市場。今日，內布拉斯加國家森林（Nebraska National Forest）的管理面積高達九萬公頃，樹木大約占據二萬二千公頃，最早全是用苗圃內的樹苗，以人工種植而成。換句話說，這座國家森林並不是自然形成的，但我仍希望能有聆聽的好機會。

植樹節起源於內布拉斯加，最早是由名叫史特林・墨爾頓（J. Sterling Morton）的底特律記者發起，他搬到沒有樹木的大平原，寫到樹林在防風、穩固土壤、提供庇蔭與木材等方面的好處。他提議內布拉斯加將一八七二年四月十日定為第一個植樹假日，根據估計，當天內布拉斯加種下了超過一百萬棵樹。不到十年，這個構想廣受歡迎，演變成全國性的活動。今日，全球共有三十一個國家有植樹節，包括冰島與突尼西亞。

我在塞德福德（Thedford）轉入二號公路，往東駛向貝西（Bessey），然後繼續開往賀爾錫（Halsey），打算在那裡補充雜貨。但是自我上次於一九九八年春天造訪後，賀爾錫已經改變了，它似乎面臨了與英戈馬和塞治威克相同的命運。以前鐵路工人經常留宿、唯一的一家汽車旅館已經關門。沒有雜貨店，沒有加油站，甚至沒有可以買零嘴的便利商店。無論當初是鐵路促使這個小鎮誕生，還是因為有了小鎮才興建鐵路，總之現在鐵路都不在這裡停留。柏林頓北方鐵路公司的火車仍然隆隆經過鎮上，日夜都可聽到引擎的怒吼，還有火車經過平交道時的鳴響，但是它們已經不在這裡停留。一名年輕的母親喟嘆說：「這裡是個小鎮，一個正在凋零的小鎮。」

看來今晚我得拿罐頭食物當晚餐了。我開回貝西，那裡有內布拉斯加國家森林的行政人員、遊客中心和一個新的休閒綜合區，還有游泳池、排球場、籃球場和網球場，甚至還有棒球場。我打算到那裡稍微架高的草地區，也就是稱為求偶場的地方去聆聽。

每年春天，長相類似雞的尖尾榛鷄都會聚集在這些求偶場，表演年度求偶的歌唱與跳舞儀式，這儀式已經持續了數千年或至少也有數百年之久。牠們若不是在這方向，就是另一個方向一百碼左右的地方，總之不脫離求偶場。這些求偶場已經繪在地圖上，附近也建造了隱密的觀察站，提供拍攝或欣賞牠們的人使用。

我花十美元向一位女士買了一張塑化地圖，她說這些隱密觀察站採取「先到先用」原則，還教我看地圖。「你可以找標有風車圖案的小數字，這個森林裡有超過兩百個風車。我們有一些領有許可證的人在這裡養牛，」她解釋說這些風車是為了抽取地下水而建造的。「現在應該有人會把牛帶出來，你可能看得到。如果你打開任何一道柵門，一定要記得關上。」她告訴我，到隱密觀察站的最佳時機是日出前一個半小時，而這裡的日出在早上六點左右。沒有任何一本旅遊小冊曾提及這些求偶場的美妙音樂會。

由於我會在明天凌晨天未亮以前抵達，所以想事先到聆聽地點做準備。我先開柏油路，經過一個混合了一些闊葉樹的松林，然後沿著一條石子路穿越一片片林間草地。最後，我經由鋪了沙的雙線道路，穿過範圍廣大的草地，停在一座風車旁。這座風車是五十英尺高的鋼鐵結構，上面轉動的大輪是以十八塊金屬葉片構成，這些金屬即使旋轉速度慢，仍會發出鏗鏗鏘鏘的聲音，跟帶有鳴鈴的浮標在起伏的波浪中發出的不和諧音類似。這種一分鐘平均五十加權分貝的聲音，對草地是很嚴重的入侵，因為聲音在草地上可以傳得比森林地區遠。另一個問題是這些噪音時斷時續，意味著它在音量低的情況下，比持續的噪音還聽得清楚。幸好，我預定要聆聽的時間，比風在日出後開始吹動的時間早得多。

我設法駛過一些沙丘上鬆軟的路基，看到一條響尾蛇早在我的車輪駛過前就迅速迂迴地溜下路面。那條蛇無疑是察覺到我正逐漸接近。蛇雖然沒有外耳，但牠們的內耳還是可以感覺振動。我經過另一座風車，駛下一段斜坡後，抵達長滿青草的小圓丘，這時我隱約看到一個低矮建築，於是在半英里外停車，前往察看，原來那裡是為觀眾而非聽眾設計的。數個觀察孔大得足以讓相機的鏡頭伸出去，但它們是從會阻絕聲音的三夾板上割出來，而不是能讓聲音通過的織物。一道下午的微風吹過鬆動的玻璃天窗，引起一陣卡嗒聲。同樣是在微風吹拂下，織物垂簾上沒有綁住的帶子，輕輕拍打著建築，就像滴著水的水龍頭，讓人有一種受到歡迎的感覺。

很難相信這個求偶場會有跟胡士托音樂節（Woodstock）類似的日出搖滾音樂會，但是仔細研究地面後，我發現地上有類似雞的足印，在隱密觀察站前方大約三十英尺處，有因為經常使用而裸露的地面，數量很多。這個求偶場顯然經常被使用，我知道雄尖尾榛雞會像滾石樂團歌手米克・傑格（Mick Jagger）一樣昂首闊步地走路，伸展翅膀，頭垂低又抬高，因為有交配的機會而興奮到無法控制，不停撲騰跳躍，唧唧咕咕地大聲叫著，臀部不停搖擺。理論上，我的麥克風可以架在任何地點，但我希望這場表演能發生在舞台中央。我還找了兩個靠近地面又有綠草庇蔭的地方，覺得草地應該能使聲音增色；我希望會有微風輕柔的低語，讓聆聽的人更能體會風吹過大草原的遼闊。在走回福斯小巴前，我提醒自己要記得用一些重物固定天窗。

在拿「Dinty Moore」燉牛肉罐頭當晚餐後，我縮回福斯小巴車頂，很快入睡。後來我在滿天無法計數的星辰下醒來，草原上一片寧靜，可能只有二十加權分貝，甚至更低。草地發出輕輕的沙沙聲，大約二十三加權分貝，在短短不到二十秒的微風吹過前，最高達到三十加權分貝。我拿好裝備，靠頭燈健行回隱密觀察站。在黑暗裡，照亮的圓錐形空間讓人有一種親切感，每次點頭，光線都會輕輕撫過草深的山腰。天氣寒冷，我希望冷到響尾蛇不會出來。

抵達隱密觀察站後，我拿出兩包電池壓在天窗上頭，再把麥克風放到定位，然後把電線連到隱密觀察站裡，透過錄音系統聆聽。在頭十五到三十秒內，只有一道微風經過，就像清楚吹過草叢的氣息。在大約十分鐘後，我聽到角百靈的鳴叫聲從非常遙遠的地方傳來，然後是一陣幾乎聽不清楚的隆隆聲。十五分鐘後，一隻西美草地鷚在三百碼外一棵王蘭光禿的莖上唱歌，聲音就像微風一樣細膩，然後近處傳來「歐，歐，歐—啊」的叫聲。

一隻尖尾榛雞已經悄悄走過來，正站在三十英尺外，而我高度敏感的麥克風甚至沒有偵察到。

「哇噗，哇噗，哇噗」，牠的翅膀快速拍撲，飛到一個好位置。「哼嗡嗡嗡嗡嗡」，非常遠的地方傳來飛機的嗡嗡聲。

「吧噗，吧噗」，第二隻雄鳥的尾巴急速抖動了一下。

「啊拉—埃。啊拉—埃。啊—呼。啊—呼。」第三隻尖尾榛雞飛到。

求偶場很快熱鬧起來，十數隻雄尖尾榛雞擺出比賽的姿勢，每隻都以更加滑稽的姿勢，努力超越其他雄鳥，希望能受到引來觀看的四隻雌鳥之一青睞。

在將近四十五分鐘的時間內，原先幾乎聽不到的隆隆聲愈來愈清晰。一聲汽笛響起，幾乎可以確定是火車的隆隆聲，可能是從塞德福德平交道傳來的。火車的汽笛聲引來遠方草原狼一陣嚎叫，但尖尾榛雞似乎不受影響，即使又聽到從其他平交道傳來的三聲鳴笛，牠們仍繼續神氣活現地擺姿勢和唱歌。最後，一隻雌鳥走到兩隻雄鳥中間，把自己獻給選中的最愛。牠們交配的速度太快，我沒看到，但是在牠們分開後，我倒是有看到幾根絨毛般的羽毛掉落。

我一動也不動地在隱密觀察站坐了數小時，戴著耳機從最大的觀察孔往外看，彷彿自己在舞台中央般聆聽。後來一隻羚羊從求偶場中央漫步而過，打散了這一場尖尾榛雞秀，鳥兒們紛紛展翅，在長長的滑翔後飛走。尖尾榛雞離開後，我聽到松雞科的另一種成員，草原榛雞，從遠方傳來「卡—嗚嗚，卡—嗚嗚，卡—嗚嗚」的聲音。那聲音是從另一個求偶場傳來的，或許那裡正在舉行另一場狂野舞會，真是令人驚喜的早晨。

松雞科裡的迷人成員艾草榛鷄，今天沒有表演。相較於牠們的近親尖尾榛鷄，艾草榛鷄就像B-52型轟炸機。我曾經在科羅拉多州瓦登市（Walden）外，於一片漆黑裡，躺臥在覆滿霜的高草原上，等待第一道陽光升起，這時一隻巨無霸般的松雞自頭頂飛過，發出「呼嗚嗚嗚」和「嘶嘶嘶嘶」的聲音，開始古老的求偶儀式。這些雄鳥為了爭取雌鳥的青睞，發出巨大的響聲，以及出自喉嚨的吼聲。在這種時候，你必須保持絕對靜止，也必須藏匿身形，因為這些動物極度畏縮，一見到不請自來的客人就會立刻飛逃。由於我事先已經設好錄音設備，所以藏身在一個橄欖球場外的地方。

然而，最近鑽取天然氣的裝備大量增加，再加上隨之而來的卡車交通，日夜不休的噪音對艾草榛鷄交配活動造成的破壞，遠超過在空中賞鳥和聆聽鳥聲的人。根據一項研究所做的紀錄，懷俄明州深入地底鑽取天然氣的設備，已經讓艾草榛鷄族群的規模減少了一半。儘管化學污染等其他因素可能也是原因之一，但主要嫌犯是噪音：在四分之一英里外仍高達七十加權分貝。

加州大學戴維斯分校一名尋求科學證據的演化學暨生態學助理教授葛兒・派崔西里（Gail Patricelli），率領一支研究生團隊，到四個不同的求偶場，把擴音機藏在石頭裡，播放鑽氣地點和相關卡車交通的錄音。即使他們用的是小擴音機，也把噪音源控制在一個地點，但是初期結果仍然顯示噪音造成的效應相當嚴重。派崔西里說：「我們發現我們製造的噪音讓求偶場的鳥類減少。播放鑽氣噪音時，到求偶場的鳥類減少了百分之二十五，可見鑽氣噪音的確會造成妨礙。鑽氣噪音包含很多低頻發電機之類的噪音，也有敲擊和轉動的高頻噪音，而且這些聲音一直持續不斷。它們一天二十四小時，一週七天鑽個不停，接連數月。」

就算沒有壯觀的交偶儀式，早晨的鳥囀也總是能帶給我喜悅。生氣勃勃的聲音令我想起孩童醒來時的天真喜悅與熱情。我想這已經變成我的世界觀，我看這世界的方式。無論前一天發生了什麼事，無論事情有多糟，只要聆聽黎明時活潑的大合唱，我總是能恢復精力，找到新的熱情。愛因斯坦曾經說，一個人總會在一生的某個時刻，有意識或下意識地決定，生命的本質是美好的或惡劣的。這種世界觀會影響他們所做的每一件事。我相信生命的本質是美好的，我也在破曉時的鳥類大歡唱中找到我所需要的一切證據，特別是在今天的草原上。

我的福斯小巴朝東駛向早晨的陽光。今天早上錄音時的火車噪音並沒真的困擾我，因為我對火車有特別的好感，覺得它們經過平交道時響起的鳴笛聲，總會令人想起一些景色，也因為在距離很遠的情況下，即使高亢的鳴響也會變得緩和，形成多層次的音調在山坡上迴響。

和大自然一樣，火車也有節奏，也能創作音樂。我錄製過歐洲、英國、亞洲和美國一些著名火車的聲音。在火車強大的引擎裡，每個連鎖裝置都會發出聲音，讓我們把這種節奏與搭火車旅行的經驗連結起來。鐵道本身也有音樂，從載物沉重的火車經過時的震盪聲，到每節車廂或貨車經過軌道縫隙時所發出的「喀哩喀—喀啦喀」聲。在比較老舊的鐵道上，這些縫隙是在兩條鐵軌上交替出現，因此搭乘座車或臥舖時，可以聽到一種美妙的立體聲效。貨車車廂也一樣。我第一次懂得欣賞火車的聲音，是在一九八一年我第一次跳上貨運列車，去記錄那些露宿車上的流浪漢故事。

我一直想錄製鐵軌「喀哩喀—喀啦喀」的聲音，因為在美國大多數地區，隨著一節節的鐵軌逐漸變成連續不斷的鐵軌後，這種聲音也逐漸消失，變成現代版的「嗞——咻」。所以，在堪薩斯州和密蘇里州的大多數地區，我會把福斯小巴沿著鐵軌開，一邊聽一邊尋找一節一節式的鐵軌。我在橋上和轉彎處找到一些「尚未改善」的鐵軌，但它們的長度太短，無法形成美妙的鐵軌節奏。一般一噸重的車輪在慢慢駛出調車場，經過鐵軌之間的縫隙時，會發出「喀哩喀—咚—嗒，嗶—嗒—喀連」的迴響聲，而且愈來愈快。然後在經過轉轍器時，會突然爆出「砰—唉克拉特—喀哩—嗒」的聲音，接著才駛到主線道，這時節奏真的會形成歌曲，當車輪輪緣繞過第一個彎道時，會發出水晶玻璃似的「咿咿咿咿咿」。葛倫・米勒（Glenn Miller）的〈查塔諾加火車〉（Chattanooga Choo Choo），約翰・丹佛（John Denver）的專輯《全體上車》（*All Aboard*），以及強尼・凱許（Johnny Cash）的〈我聽到火車來了〉（I Hear the Train a Comin），全都是向火車對美國音樂的貢獻表示敬意。

在內布拉斯加州和密蘇里州之間的路上，我注意到揮手的人愈來愈少，這些令人鼓舞的揮手似乎跟當地人口成反比。在人口稀少的鄉村地區，每當與反向來車交會時，彼此都會把手舉出窗外或在駕駛盤上揮動，比出友善的手勢，表示對彼此的尊重，也暗示如果你在路上拋錨，另一輛車會停下來幫忙。車輛愈多，會揮手的人愈少。當然，現代交通量一直處於穩定增加中。

抵達密西西比河後，雖然實際上還沒到我的華盛頓之旅的一半，但至少心理上我覺得自己已經完成了一半路程。我朝北走，要去密蘇里州漢尼拔鎮（Hannibal）外處理一些未完成的事。漢尼拔市是因為美國最著名作家馬克・吐溫而興起，他的《頑童流浪記》（*Adventures of Huckleberry Finn*）可能是最多人讀過的美國小說，但我想許多人應該沒聽過書裡描述的聲音。至少我第一次在小學讀這本書時是沒聽過。一直要到一九九〇年，在我進行橫越美國的聲音薩伐旅時，我努力想在密西西比河谷尋找沒有噪音的地方記錄聲音，為了打發兩次錄音機會之間的空檔，我拿起一本《頑童流浪記》重讀。由於我當時就坐在那本書裡描繪的地景之中，所以當我讀到第十九章開頭那一段時，我那趟冒險之旅也跟著有了改變：

兩、三個日夜過去；或許我該說這些日夜是游過去的，反正這些日夜過得安靜、順暢又愉快。我們的一天是這麼度過的。這裡的河大得像怪物，有時寬達一英里半；我們趁夜裡逃亡，白天停船躲藏；夜晚將盡時，我們會停止划行，把木筏繫好，挑選的地點幾乎總是沙洲下的死水；接著把三葉楊和柳樹砍斷，將木筏藏在它們中間。我們把繩子擺好，然後溜進河裡游泳，清爽一下；之後在沙質河床上停留，河水只到膝蓋，望著日光來臨。四野一片寧靜，完全靜止，彷彿整個世界都已安睡，只有牛蛙偶爾鬼叫兩聲，應該是牛蛙吧。沿著水面望過去，第一個看到的東西像是模糊的線，其實那是另一邊的樹林；其他什麼都看不見；然後是天空裡出現一塊蒼白；然後更多蒼白出現；然後河水開始變得柔和，不再一片漆黑，而是灰色；你可以看到遠方有小暗點漂過，那些是做生意的平底船之類的，還有長黑的條紋，可能是木筏；有時可以聽到尖銳的划槳聲或混雜的聲音，由於四下非常安靜，聲音傳得很遠；不久，你可以看到水上有一道條紋，從形狀看來，應該是沉木，急流衝擊著它，讓它變成那形狀；水上的薄霧繚繞升起，東方漸漸變紅，河水也是，遠遠另一邊河岸上的樹林邊，看得出有一棟小木屋，那裡可能是鋸木場，或只是假裝成鋸木場，你可以隨處扔一隻狗進去；然後輕柔的微風吹起，拂過身上，帶來一陣清爽，也聞得到樹林與花的芳香；但有時會恰恰相反，因為他們把死魚留在地上，像是長嘴硬鱗魚之類的，形成惡臭。接著是整個白天，萬物在陽光中微笑，鳥兒歡唱！

我很快讀完，又從頭讀了一次，這次特別注意馬克．吐溫對聲音的描述。他一再證明自己是一位卓越的聆聽家，他利用鳴禽來預測天氣變化，同時正確指出雷雨在一天中抵達密西西比河谷上下游的正確時間，知道暴風雨一般是由南向北移，愈靠近河的上游，它們發生的時間就愈晚。藉由研究馬克・吐溫的書，我得以避開密西西比河谷吵雜的現代世界，即使只有一小段時間，我也因此找到絕佳的錄音地點，他肯定也會喜歡那裡：一個「萬物在陽光中微笑，鳥兒歡唱」的地方！

後來我讀了馬克・吐溫的自傳，對於他在密蘇里州漢尼拔鎮和弗羅里達鎮的生活有更多了解。在搜尋馬克・吐溫兒時常去的地方時，我總是會靜心聆聽，以前的他肯定也是如此，因為他是極度重視靜謐的人。只要聽到房裡時鐘的滴答聲，他就會離開。朗讀時，他一定會要求節目單的紙質必須含有大量布料，也就是說，必須是不會製造噪音的紙。在他的兩部偉大作品《頑童流浪記》和《湯姆歷險記》（*The Adventures of Tom Sawyer*）裡，馬克・吐溫把他筆下的英雄從男孩變成男人，在靜得令人驚異的背景裡，成為自由思考的獨立個人。哈克獨自在密西西比河上轉型，決定即使會有可怕的下場，也要幫助吉姆。湯姆的轉型則是發生在寂靜的洞穴裡。

馬克・吐溫自傳裡有一段文字引起我的注意，內容描述夸爾茲舅舅（Uncle Quarles）位於弗羅里達鎮外的農場：

> 沿一塊地走下去，有一棟小木屋跟房屋並排立著，就在橫木柵欄旁；樹木茂密的山丘往下陡降，經過糧倉、玉米穀倉、馬廄和加工儲藏菸草的屋子，最後到清澄的小溪，它歌唱著流過含有砂礫的溪床，蜿蜒前進，不時自懸垂的群葉與藤蔓形成的陰影下飛躍而過——這裡是涉水的好地方，還有一些游泳池，那裡禁止我們前去，但也因而成為我們常去的地點。因為我們是基督的子民，很早就學會禁果的價值。

山繆・克利門斯（Samuel Clemens，馬克・吐溫的真名）小時候就是在夸爾茲舅舅農場上的一個「游泳池」裡，遭遇瀕臨死亡的經驗。他被拉出水面時已經沒有生命跡象，是由他舅舅的一名奴隸救活的。他後來就是根據這名奴隸，塑造出與哈克一起乘木筏逃走的同伴吉姆。他那次差點溺死的經驗令我感到好奇，如果他從未寫下一個字會如何？如果年輕的山繆當天就死了，又會如何？因此在一九九二年，我沿著密西西比河旅行，先從艾塔斯加湖（Lake Itasca）順河下到紐奧良，接著溯河而上，我決定試著找出那條溪，馬克・吐溫對那條溪上的音樂知之甚詳。在馬克・吐溫博物館（Mark Twain Museum）館長的建議下，我最後採取逐門訪問的方式來尋找線索，最後找到一位名叫雷諾斯（Reynolds）的人，他指著附近一座長滿樹的山頂說，那就是夸爾茲農場的住宅所在地，在它下面就可以找到那條溪。

然而，即使那時是五月，那條溪卻呈現乾涸狀態，岸邊顯然已遭到過度放牧牛群的破壞，水池也因淤泥而堵塞。舊農場的住宅都已消失，溪裡也沒有溪水流動，我只能在心裡回味馬克・吐溫描述的音樂。望著布滿石塊的溪床，我可以聽到吐溫說：「清澄的小溪，它歌唱著流過含有砂礫的溪床，蜿蜒前進，不時自懸垂的群葉與藤蔓形成的陰影下飛躍而過。」我突然有所領悟：那些石頭就是音符！我可以收集一些那裡的石頭，在附近找一條溪來演奏它們。

我真的這麼做了，只不過不是在附近，因為那附近的小溪河全都遭遇相同的命運，而且就算找到仍然順暢流動的溪流，附近也充斥著各種人為噪音。我一直走到兩百七十英里外，愛荷華州的新艾爾賓（New Albin），才終於得償所願，但相當值得。〈清澄的小溪〉（Limpid Brook）是一支愉快的曲子，我認為它在美國最偉大的聆聽者之一的生活中，重新創造了一個重要背景；這支曲子在我的網站和 iTunes 上都找得到。

如今，經過十五年後，我重返舊地，造訪這座我個人用來紀念年輕的山繆・克利門斯的聖所。我想看看夸爾茲舅舅農場的現況，並在事先電話聯繫後再度停在雷諾斯的家門口，一棟兩層樓的白色房子，裝有紅色的百葉窗和屋頂，跟地面等高的小前廊上有一張白色搖椅。我才剛走到通往前門的廊道，一隻混血的小可卡獵犬就衝上來，對著我的腿汪汪叫，然後是一隻看似梗犬的狗和一隻老當益壯的獵狐犬。接著芭芭拉．雷諾斯（Barbara Reynolds）走出來，跟我打招呼。

「我們從一九七一年就住在這裡，」她在外面的草坪上告訴我。「在我們之前，這塊地的主人是比爾的祖父母。比爾的祖父知道這裡是馬克．吐溫度過童年的地方，不過我想這應該不是他們買下它的原因。他們是跟一家保險公司買的，我猜應該是再前一任的屋主失去它的。」

她指向北方：「那裡是夸爾茲的地方，就是那片樹叢那裡。」她說現在那塊地屬於名叫凱倫．杭特（Karen Hunt）的女士，杭特在一九八一年完成碩士論文，探討的主題是鹽河河谷（Salt River Valley）早期農場的文化影響，而且跟我一樣知道夸爾茲農場在歷史上的重要性。她急著保護這裡不受未來的開發影響，也希望這裡能成為州立古蹟，所以在一九九一年向比爾買下這片二十八英畝的土地。她即將在這裡進行考古挖掘，希望能找到建築物的地基，甚至是文物。

「下面就是小溪，」我指向老房舍舊址下方。

「對，那裡就是小溪。」

我請她准許我再收集一些石頭，希望能有更多取自清澄小溪的石頭，得到允許後我立刻沿著雷諾斯家的車道朝下開，途中看到一棵枝葉茂密的大橡樹下掛著一只輪胎鞦韆，然後沿著山丘開到幾近平坦、也幾近乾涸的溪旁，現在那裡只剩先前溢流留下的淺水坑。這片能左右水流能量的斜坡，就像一個大圓丘；溪床上的石灰岩塊是水流下緩坡時所彈奏的音符。沿著這條屬於雷諾斯家的小溪岸散步時，我煩惱地想著，若是沒有獲得認可，這裡可能永遠不會受到保護。我看到一些比較脆弱的岩石音符已經被沉重的牛蹄踩碎。

我該收集哪些石頭或音符？我看到許多風化的岩石，如同月球表面般坑坑洞洞，我選了幾十個不同大小的代表，想像這些不規則的石塊會在流水的撫觸下發出什麼聲音。我來回福斯小巴許多趟，用布把石頭一一包裹起來，放進特別為這場合攜帶的硬質塑膠冷藏箱裡。稍後若這裡能列為受法律保護的聲響古蹟，我會滿心歡喜地歸還這些石頭，否則它們就會留在我這裡。我希望也能擁有這支管弦樂團的另一篇樂章，所以收集了許多較為光滑、經過水磨光且沒有凹孔的石頭；這些可以提供不同細緻水聲之間的靜默期。但我仍不滿足，又抱走好幾懷的石頭，因為它們的外觀和觸感很特別。最後，我拿下掛在頸上的「寂靜之石」，把它放在最深的水池中央的一塊岩石上，拍了一張照片，以前馬克・吐溫肯定曾在這裡游泳過。然後我就離開了，很快就沿著印第安人喬的營地與水濱（Injun Joe's Campground and Waterslide）抵達漢尼拔鎮的「Fed-Ex」取件點，花了許多錢寄走大部分收集到的石頭，只象徵性地留下一個帽子的量，放在福斯小巴裡的木製火爐旁陪伴我。

我開到芝加哥郊區，第二度暫停旅程，因為我得飛回西雅圖，參加奧吉的華盛頓大學畢業典禮。我的飛機訂在五月二十五日，也就是明天，我得在上飛機和別的乘客比鄰而坐之前，把自己清理乾淨。於是我住進離奧黑爾國際機場（O'Hare International Airport）不遠的旅館。這次我沒有上網找最便宜的旅館，而是根據行銷保證選了「AmericInn」，這家連鎖旅館在美國半數的州都設有據點，它保證提供「一天完美的終點：一夜的寧靜休息」。我在電梯中得知，其他旅館是以餐廳裡的美味牛排特寫來吸引客戶，但AmericInn展現的是填有專利隔音泡沫物質的「SoundGuard」石磚照片。

這裡很適合測試AmericInn是否真能提供他們保證的安靜，因為旅館大門距離繁忙的五十五號六線道州際公路，只有用力投擲棒球的距離。我在旅館大廳外測到的交通噪音是六十九點五加權分貝，兩道門之間是五十加權分貝，到了大廳是五十五加權分貝，那裡有電視持續發出的聲音。其他的聲音紀錄如下：

電梯等候處：四十五加權分貝。

電梯起降期間：五十五加權分貝。

我二樓房間外的走道：三十五加權分貝。

房間窗戶邊，可以清楚看到下午三點的公路交通：三十七加權分貝。

因為天氣熱打開空調後的窗戶邊：五十三加權分貝。

那天晚上十點五十五分，空調關掉後，我再度測量窗邊的音量，讀數是三十加權分貝。這旅館在窗戶方面做得很仔細，分為三片窗玻璃，而且都可以打開。窗戶打開時，交通噪音會湧入房間，使讀數增加至五十五加權分貝。這表示，光是這扇由三片玻璃構成的窗戶，就可以造成二十五加權分貝的音量差別。我也注意到我完全聽不到隔壁房的聲音或電視聲。浴室把門關上、把燈閉掉後，我測到二十八加權分貝——真的很驚人，比我原先的預測低得多。我睡得很熟，AmericInn 太棒了，感謝你們給我一個安靜的夜晚。

退房前，我上網看了一下累積的電子郵件，其中一封是西雅圖居民羅蘋・布魯克絲（Robin Brooks）寫來的，她在信中讚揚「一平方英寸的寂靜」的構想，但也寫到一些不滿：

「一平方英寸的寂靜」計畫令人讚嘆，發人深省，這幾個月我一直期待能親自造訪那裡。去年秋天我從Triple A的會員資訊得知這項計畫後，一直想等天氣比較暖和後到那裡旅行。不過我很好奇，您為什麼要帶那顆原始的「寂靜之石」去做「宣傳之旅」。對我來說，這破壞了它原先具有的精神與象徵目的。在我等待漫長多雨的冬季結束，去到這個特殊地點，結果那塊原始之石卻不在那裡，我肯定會非常失望。更糟的是，它不只是離開一個禮拜或一個月，而是一整個夏天。這當然會降低這趟旅行的吸引力，現在我不確定自己是否會去。

我回信給她說，照現在的情況來看，我會返家一小段時間，而且會帶著「寂靜之石」回去。我問她：「妳有沒有興趣跟我一起帶著『寂靜之石』沿霍河河谷健行過去？」

接著我先把福斯小巴停在萬豪套房旅館（Marriott Suites）的自費停車場，然後搭旅館巴士到奧黑爾機場，阿拉斯加航空的登機層。我早到了，辦好登機手續後，到處逛了一會兒。

美國稍有規模的機場中，有哪個不是一直處於工程進行狀態？這次是建築物本身正在施工，巨大的噪音以八十七加權分貝的最高音量，從全白牆面的另一邊傳過來，那裡有兩名工人正拿著焊接機和研磨機在處理橫樑。我發現這道臨時牆的內側貼了一張告示，上面寫著：

注意：芝加哥市航空局已將此地區劃為可供個人與團體分發文宣、呼籲捐款之適當地點，並可進行其他受「美國憲法第一修正案」保護之活動。但芝加哥市允許使用者利用本地點表達構想或意見，並不代表本市支持該構想或意見。

既然在這裡可享有言論自由，我也打算行使這項權利，至少在本書中行使，因為當時在那個地方，根本沒人聽得到我的聲音。自然人聲介於五十五至六十加權分貝，但這個自由言論區的興建噪音比人聲高出二十七加權分貝，也就是說，這些噪音的能量強度比我說話的聲音高出四百倍！在這裡，能聽到誰的聲音啊？在施工噪音的漩渦裡貼這個告示，根本不是支持言論自由權。要記得一七八七年時，獨立紀念館（Independence Hall）前的圓石子路儘管有碎石，卻安靜無聲，因此我們的祖先才能在不受噪音干擾的情況下起草美國憲法：「我們，美利堅合眾國的人民，為了組織一個更完善的聯盟，樹立正義，保障國內安寧……」美國憲法的每一個字都有其含意。「Domestic」（國內的）是形容詞，意指「固有的，或在一國之內生產或製造的」；非外國的；本土的。「Tranquility」（安寧）：名詞，意指「安寧的品質或狀態；平靜；和平；安靜；寧靜」。我主張憲法賦予我享有**安靜的權利**，但有人聽得到我的聲音嗎？

若森林裡有一棵樹傾倒，但因噪音太大而聽不到，這樣算是有製造聲音還是沒有呢？

插曲

當我們將整個地球設想成一顆點綴著大陸與島嶼的碩大露珠，和其他所有星辰宛如同一個整體般，一起散發光芒，歡唱著飛過宇宙，整個宇宙看起來就會像是一團無窮無盡的美麗風暴。要融入「宇宙」，最好的方式莫過於穿越森林荒野。

——約翰・繆爾《阿拉斯加之旅》

帶我進入這個宇宙的入口是霍河步道，它的兩旁高木林立，長滿蕨類，可以通往「一平方英寸的寂靜」。自我最後一次造訪已經過了兩個月，彼此相隔也有數千英里遠。今天是六月四日，我渴望能回霍河邊境，補充我需要的食物和水。自然的靜謐不是奢侈品，而是人類的必需品。我們所有人心中都有一份靜謐，一份沉靜，但我們需要倚靠自然的靜謐，才找得到內心的靜謐。

奇的是，遊客中心的停車場幾乎空無一車：只有一輛休旅車、一輛摩托車和四輛轎車四散停在原先為十倍多車輛規劃的柏油停車場上。其中兩輛車載的是即將跟我一起健行的人。我看到一張熟悉臉孔，新聞記者愛德華・瑞迪克韓德森（Edward Readicker-Henderson），他曾經報導有關我和「一平方英寸的寂靜」，目前正在寫一本書，描述他自己在世界各地搜尋靜謐的經驗。兩名女士走了過來。羅蘋・布魯克絲先自我介紹，然後是她的室友凱特・派克（Kate Parker）。布魯克絲曾寫電子郵件給我，責備我帶著「寂靜之石」從事「宣傳之旅」，但也接受我的邀請，在今天加入我的健行。

我們拿了背包就出發，步道入口的布告板上寫著天氣預報：「有可能下雨，多雲，最高溫將近華氏五十九度，東南南風，風速每小時九至十四英里，後轉西南西風，降雨機率百分之七十。」以雨林來說，這算是晴天，非常適合享受僻靜的氛圍，光線細微的變化，以及芳香的森林浴。

布魯克絲的衣著五顏六色，桃紅色羊毛夾克、白長褲，加上淡藍色軟帽。我把「寂靜之石」遞給她時，她笑得很開懷。她說自己是「演員兼劇作家」，解釋說她目前在西雅圖伊芙艾爾瓦多劇院（Eve Alvord Theatre）擔任劇院經理，那家劇院是兒童的天地，開放供一車車學童參觀現場表演。「大約有一千四百人來這裡，我的聲音得蓋過觀眾，引起他們注意，」她說：「最近我發現，如果你必須靠喊叫來蓋過噪音，自己的聽力也會受損。」

布魯克絲最近從家鄉密西根州搬到西雅圖，現年三十二歲，甚至還不到比爾•沃夫的一半年齡。她還記得小時候位於密西根州上半島（Upper Peninsula）的家極度安靜。「我上床睡覺時已經沒有燈光，」她說：「一片漆黑，什麼也聽不到。飛機似乎停飛了。後來我住過的每個地方整天都很明亮，也很吵鬧。」布魯克絲也渴望靜謐，渴望搜尋年輕時深入她心靈的那份安寧。她在追尋「一個能讓我的思緒不受打擾的地方」。為什麼？「因為我認為那是真正的我，」她說，先前她曾在城市裡尋找安靜，卻未能成功。「我去過植物園，但仍聽得到交通聲。我也去過探索公園（Discovery Park），但仍聽得到汽艇聲。」所以當她在雜誌上讀到「一平方英寸的寂靜」後，才會這麼興奮。

「我今天可以麻煩妳拿寂靜之石嗎？」

「當然！」

我把石頭放回小皮囊，用兩手拿著繫繩，像戴花圈一樣放到她頭上。

我的音量計測到三十五加權分貝，然後在我聽到遙遠地方傳來熟悉的「噠——噠——噠——噠——噠」聲後，上升到三十八加權分貝。在兩個橄欖球場外的地方，有一隻啄木鳥在「青苔殿堂」敲擊出獨具特色的鼓音，自高大的花旗松、錫特卡雲杉和西部鐵杉間傳來。不過，結伴來霍河健行的人通常要走不少路後，才能開始享受自然的靜謐，我們也不例外。健行的頭一英里，我們是最大的噪音來源。在其他地方變得過度興奮的心靈，需要時間才能沉澱與沉靜下來，但總是做得到。今天也不例外，當我們在路橋上看到瀑布時，一切聲音旋即停止。湍急的小溪擊敗一切想說話的企圖，把大自然推到舞台的正中央，使人聲靜默下來。

我們繼續往「一平方英寸的寂靜」前進，魚貫接近長滿青苔的圓木，並在林間各自找了一塊地方。布魯克絲選擇傾倒的鐵杉頂，面對遠方霍河傳來的流水聲，背對我們。派克在山酢漿草間休息，面對自雲杉枝椏間透入的光線，姿勢跟羅丹（Rodin）的著名雕刻《沉思者》（*Thinker*）相同。瑞迪克韓德森融入蕨類裡，在厚厚的青苔床上舒服地休息，整理「靜謐思緒之罐」裡的紙條。我選擇待在我最喜歡的越橘樹叢旁，品嚐鮭魚卵大小的小紅莓，嗅聞是否有羅斯福麋鹿最近到此一遊的證據。附近隱約傳來不同的有翼昆蟲不同音調的微弱叫聲，我們全都保持靜默，沉浸在自己的思緒和敏銳的感知裡。

我是第一個離開的人，在主步道上等他們。大家都知道想在那裡待多久都可以。回程路上，慢慢開始有些許小聲交談。布魯克絲談到她的沮喪，因為事實證明，她想追尋的慰藉實在難以捉摸，原因在於我們抵達「一平方英寸的寂靜」後，不到五分鐘就有一架飛機經過，在我們守候靜謐期間，總共有兩架飛機飛越我們上空，打斷我們的寧靜。她說飛機聽起來極大聲，應該是她聽過最大聲的飛機。我告訴她，其實沒那麼大聲，只是在霍河河谷安靜的環境下顯得特別大聲。儘管失望，她仍覺得這趟旅程相當值得。又往下走了一段路後，她問道：「你可曾覺得，你是一個知其不可為而為之的人？」

「我只是一個人，」我回答。

她看起來困惑不解，彷彿她期望我說出不同的答案。坦白說，如果我們是在西雅圖的話，我的答案有可能不同。而這正是國家公園成立的目的：讓我們能離開現代世界，面對真實，對環境有全面了解。是的，我的確只是一個人，但我並不覺得我的目標遙不可及。我們正在行走的這條步道兩邊到處都是奇蹟，從巨大的雲杉和樅樹，到布魯克絲在上山途中看到的黃褐蛞蝓，全都壯觀無比。跟創造萬物的工程相比，拯救「一平方英寸的寂靜」只算是小小的工作而已！

走回停車場的路上，我們在周遭的寂靜中交談；寂靜就像被人低估的第三個聲音，它從不打擾別人，而且表達的總是值得訴說之事。

9 有毒噪音

說噪音令人厭惡，
就像說二手菸只是讓人不便一樣。

——前美國衛生局局長威廉・史都華博士（Dr. William H. Stewart）

我搭乘阿拉斯加航空二十二號班機，打算回芝加哥取我的福斯小巴，繼續前往首都的旅程。我坐在靠窗位置，從窗戶往外看，下方是棋盤般的田地，可能是愛荷華州或威斯康辛州南部。看來我會比原定的飛行計畫看到更多草原景色，因為駕駛剛剛宣布我們要繞道避開一陣雷雨。北方暗雲密布，頂層是白色，偶爾還有閃電掠過。好吧，他們可以因為天氣惡劣，繞過跟奧林匹克國家公園差不多大的面積。聯邦航空總署顯然可以為了安全起見，臨時通知飛機改變飛行路線。

飛機既然可以為了惡劣天氣改道，為什麼不能為了保存「一

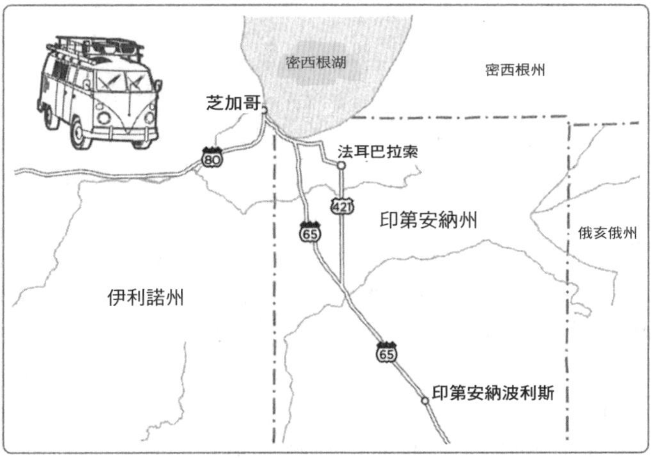

平方英寸的寂靜」而繞道飛過奧林匹克國家公園？雖然其他航空公司也飛越這座公園，許多是來自或飛往亞洲，但其中以阿拉斯加航空進出西雅圖—塔科馬國際機場的班機最多。二〇〇五年，我寫信給阿拉斯加航空，告訴他們有關「一平方英寸的寂靜」的事，要求他們繞過奧林匹克國公園。航班營運副總裁凱文・費南（Kevin Finan）回信說：「從西雅圖飛阿拉斯加的正常班機的確會飛越國家公園上空，但是聯邦航空總署從空中交通管制的觀點來看，偏好這條路線。若是偏離這個交通模式，會造成延誤增加，燃料量增加，排放的廢氣也會增多。」我已經有接受委婉拒絕的心理準備，但是他接著寫道：「阿拉斯加航空是注重環境的公司，為了協助您達成努力的目標，我們將制定公司政策，鼓勵所有非例行性航班的飛行機組人員，避免飛越奧林匹克國家公園。」

每一小步進展都值得慶祝。先前我用WebTrak查到總公司設在西雅圖的波音飛機集團（Boeing Airplane Group）在偏遠的奧林匹克半島測試噴射機，或許他們會跟進，保護靜謐。然而，到目前為止，波音公司對我的請求一直沒有回應。朗恩・尼爾遜（Ron Nielsen）擔任正駕駛有四十年經驗，其中三十年是飛商用客機，目前已經退休，最近他以飛行駕駛的角度談到這件事：「如果我要從鳳凰城飛到舊金山，一定會飛越優勝美地。飛行計畫肯定是這樣，算是飛行的高速公路。如果能提供我（或其他有決定權的人）動機的話，我會願意繞路，但是你可以想像一下，搭乘飛機的初始原因就是為了能直接從甲地到乙地，也因為不必彎曲繞遠路。節省時間，也節省燃料。但是在今日的環境下有時做不到這點，原因就在於從甲地飛到乙地，或從丙地飛到丁地的飛機太多，彼此之間難免會有衝突，不得不繞些路，如果你願意的話，可以說這是稍微彎曲的高速公路。

「我們駕駛從來不會干涉飛行路線，航空公司也不會有興趣做你建議的事（繞過「一平方英寸的寂靜」），因為這意味著他們必須特別要求起降許可，以及燃燒更多油料。」

但是尼爾遜也承認，地面上的特殊利益的確可以對飛行模式造成影響，比方說加州南部的奧倫吉機場（Orange County Airport），就在位於起飛跑道附近的紐波特海灘（Newport Beach）富裕居民的強力要求下，將飛機的起飛方式做了改變。「飛機得先以陡坡爬升到一千英尺，然後平行飛離，同時還得抑制引擎的推進力，保持慢速前進，等飛離海岸六英里遠後才能恢復正常的爬升速度。我們這麼做完全是為了減少噪音，」他把這種飛行策略稱為核准程序。「他們〔當地居民〕有影響力，『如果你們不遵守我們社區設定的噪音標準，我們就會讓你們不能在這個機場飛』。駕駛進行這項程序時必須非常留意，如果可以不要做，其實會比較安全，但是經濟壓力再加上航空公司想進出那個地區，還有從奧倫吉機場起飛的票價比洛杉磯機場便宜〔所以我們就做了調整〕。」

他繼續說：「飛機駕駛不會單方面說：『避開優勝美地或黃石公園』，要求這麼做的人數不夠多。買機票的人有多少人會想這麼做？」

他是對的。就目前而言，大多數人都不會想到班機噪音對地面造成的影響。但是如果他們能獲得更多的資訊，情況是否會不同？

尼爾遜說：「嘿，我本來就支持這種做法，我會希望有一些不受到任何干擾、保持原始風貌的地區。」他繼續說了一些令我振奮的話：「〔要改變飛行路線〕其實很簡單，必須要有一個有權威的人說：『我們要設定新的優先順序。在從甲地直接飛到乙地時，必須繞路避開對噪音干擾敏感的地區』，這樣才行。」

「這是優先順序的問題，就像說：『從這一刻起，我們要採取這種飛法，因為我們不想對地面上國家公園的原始風貌造成干擾。』」

至於燃料問題，尼爾遜估計，稍微繞開「一平方英寸的寂靜」可能得多飛三十秒，「額外耗費的燃料微乎其微」。在二〇〇六年，航空運輸協會估計每多飛一分鐘，營運成本會增加六十六美元。是的，燃料價格從那時起開始攀升，但是稍微改變一下飛行路線以保護靜謐，似乎並不會貴得離譜。尼爾遜強調：「其實這對燃料的影響並不那麼大，要考慮的反倒是改變飛行計畫後所耗費的能量，以及所需要的人為注意力。」

我等不及要到華府去詢問聯邦航空總署對這件事的看法。

「嗡嗡嗡嗡嗡嗡嗯嗯嗯嗯。」我很高興聽到起落架下降的聲音，然後是噴射引擎的一聲怒吼，接著是飛機著陸的震動。我拿著袋子，搭公車到奧黑爾君悅酒店（Hyatt-Regency O'Hare），先前我已經透過 Priceline 以好價錢訂到房間。在車上，我跟一群健談的駕駛和飛行員坐一起，他們以七十加權分貝的聲音交談，比正常的談話音量高出十加權分貝，或說兩倍音量。但是在吵雜的飛機（起飛時，機艙內的噪音量高達一百零八加權分貝）還有大城市的高速公路待了這麼久後，這種交談的音量聽起來似乎很正常，連到旅館酒吧點一杯雙份蘇格蘭起瓦士威士忌時，周圍吵鬧的聲量也顯得再正常不過。

「哎喀，哎喀，哎喀，哎喀——喀哩喀。」我那台收音機式鬧鐘用的是許多現代鬧鐘常見的壓電型揚聲器，會發出號笛聲和「Wake up」（醒來）、「Help is on the way」（救援上路了）或「Your meal is ready」（飯煮好了）之類的聲音。這些聲音的聲波都跟大自然裡常聽到的不同，目的在於引人注意。這些機械聲音的聲波不是上下平順滑動的曲線，而是方形、甚至鋸齒形的聲波，所以它們跟人耳的交互作用極為不同。早晨鳥類的鳴叫跟聲波呈鋸齒形的壓電型鬧鐘之間的差異，就像晨間按摩跟空手道切擊一樣。今天早上這鬧鐘的喚醒聲像是對我的耳朵敲了一記重拳，迫使我起床。

我把兩包咖啡粉都倒入 Hamilton Beach 咖啡壺，它隨即「咕嚕咕嚕、逼逼撥撥、唏唏嘶嘶」地演奏起水的協奏曲，就像「蘇格蘭飛人」（Flying Scotsman）蒸汽火車頭空轉時的聲音。緊接在一道快速而強勁的蒸汽聲之後的，是逐漸減弱的嘶嘶聲，然後是另一次爆發的聲音，最後終於一聲長嘆。我的咖啡煮好了。

濃郁的咖啡香讓我想起在中西部上大學的時候，我開始學著自己磨咖啡豆，忍受吵鬧的磨軋聲。沒幾年後，我讀到一個令人吃驚、但仍有爭議的發現，內容說有些品種的大老鼠和家鼠，如果在幼年時曾暴露在巨大噪音裡的話，以後容易因聲音而引發痙攣，有時甚至會致命，看到這則報導時，我忍不住想起當時研磨咖啡的噪音。更令人驚奇的是，這些容易受到噪音影響的動物，第一次暴露在巨大噪音裡是在十五到二十五天大的時候，成年後再度暴露。幸好大多數的科學家認為，這類由聲音引起的痙攣僅限於這些特定的實驗動物品種。

我開始準備修理引擎，我的計畫是先去長期停車場取回福車小巴，用我先前寄到奧黑爾君悅酒店的零件，換掉圍在活塞蓋上、被汽油浸濕的抹布。我去拿包裹時，發現它包在堅固的塑膠袋裡，裡頭至少有一罐一起訂購寄來的汽油添加劑，瓶蓋已經在運送過程中爆開，就像艾克森瓦爾迪茲號（Exxon Valdez）漏油事件的翻版[1]，只不過規模相當迷你。這是什麼預兆嗎？

我接了一通家庭老友艾咪・柏克（Amy Burk）打來的電話，她問我這趟旅程如何，還回憶說她小時候常在華盛頓吉格港（Gig Harbor）附近的海灘上醒來，在寧靜的海邊，只有海水拍擊的聲音，她可以聽到狗沿著海灘蹓躂，檢視被潮汐沖上岸的東西。她可以從狗的腳步聲中，聽出牠什麼時候找到有趣的東西。

這故事證明了安靜的環境能讓人聽到這麼細微的聲音，但這故事沒能安慰我，反倒令我感到苦悶。儘管離開霍河河谷才沒多久，但是我已經開始想念那裡能洗滌身心的寧靜，想到接下來的旅程，我的心情就跟只能拿麵包和水充當食物的美食家一樣。從堪薩斯州開始，我的橫越美國之旅就再也沒有靜謐的時刻。我變得焦躁易怒，我承認，我對於重新開啟這趟旅程，已經不像先前那麼熱中。

我問艾咪：「到底是知道比較好，還是不知道比較好？」是體驗過真正的寧靜，明白它能提供的好處，然後在無法享有時飽受折磨好？還是從一開始就不知道寧靜的力量，無憂無慮地過著缺少寧靜的生活好？如果你不知道有更好的東西存在，你就可以開開心心地欣賞裱了框的天鵝絨貓王畫像，而不需要林布蘭的畫作？

「噢，當然是知道比較好啊，」艾咪立即回答：「好太多了。這就像愛一樣。寧可愛過然後失去，也不願從沒愛過。認識寧靜比從沒體驗過寧靜好。」

所以從這裡開始，我會打起精神，因為我知道寧靜是什麼。我不期盼在重返霍河之前，能有再次體驗寧靜的機會。

我付了一百六十六美元的停車費，管理員顯然很高興看到我，他興奮地說：「原來這是你的車，好多人注意到它，老少都有，他們會特地下車幫它拍照。」

隔沒幾分鐘，我就陷入芝加哥看似隨時都在堵塞的車陣中。這座城市的高聳建築從大老遠就能看到，東向九十號州際公路就像移動緩慢的停車場，車子真的是首尾相接。今天早上已經夠熱了，但福斯小巴的氣冷式引擎還不斷朝我的腳噴熱氣。一輛卡車剛好在這時煞車，發出尖嘎聲後停住。今天早上我在床上多躺了兩小時，眼睛圓睜著，就是害怕會陷入這種大都會的混亂。現在我開始擔心福斯小巴會過熱，因為它的引擎實際上就像一部割草機；它會一直變熱，如果沒有足夠的空氣流經，就會因過熱而停止運轉。就像我如果一直沒休息，就會失去行動力一樣。噪音防治基金會最近引用的一項研究指出：「〔長期〕暴露在高音量的交通噪音中，與心血管疾病有明確關聯。」

通過阿迪生街（Addison Street）出口時，我的時速是十英里，從那裡可以通往利格里原野（Wrigley

Field）。我的車被夾在兩輛大卡車中間，當輕軌電車從公路中線呼嘯而過時，我的音量計讀數是八十加權分貝。合格護士麗莎・葛伊恩斯（Lisa Goines）及醫學博士路易斯・海格勒（Louis Hagler）二〇〇七年曾在《南部醫學期刊》（*Southern Medical Journal*）發表一篇論文，名為〈噪音污染：現代瘟疫〉（Noise Pollution: A Modern Plague），文中指出：「超過八十分貝的噪音量與攻擊行為的增加和助人行為的減少息息相關。」

我？我的時速已降至四英里。於是我吹起口哨，一首差強人意版的芝加哥藍調，但顯然很能呼應現況。一小時後，我仍朝著南方的地平線慢速龜行，還沒進入印第安納州。我不僅有時間拍車窗外的風景，也有時間在車內自拍：拍我映照在後視鏡裡的臉。我看起一副可以留院觀察的模樣，眉頭在都市的擁擠與噪音下苦惱地深鎖。

在《南部醫學期刊》的那篇論文裡，葛伊恩斯和海格勒將噪音污染與二手菸相提並論：

> 有愈來愈多證據顯示，噪音污染不僅令人困擾而已；它和其他形式的污染一樣，會對健康、社會與經濟造成種種負面影響。最近（二〇〇六年九月）在「國家醫藥圖書館」（National Library of Medicine）這個資料庫裡，查詢與噪音污染對健康造成不良效應的相關資料時，可以找到超過五千筆引用文，其中有許多是近期著作。隨著人口增長，以及噪音來源日漸增加且日益增強，暴露在噪音污染下的機會愈來愈多，而這可能對公共衛生造成深遠影響。噪音，甚至是不會對聽力造成傷害的噪音量，也會在潛意識裡或甚至睡眠期間被視為危險信號。人體對噪音會產生「打或逃」的反應，連帶引起神經、荷爾蒙和血管方面的變化，影響深遠。

二〇〇二年六月，美國交通部公布一份文件：《交通噪音對健康的總效應》（*General Health Effects of Transportation Noise*），書中指出，根據環保局一九八一年公布的資料估計，當時有超過二十萬名美國人，在每日平均噪音量超過八十加權分貝的地區生活和工作。

亞琳・布朗薩夫特（Arline Bronzaft）在曼哈頓上西城做過一份權威性研究，研究中指出，受到影響最大的族群之一是學童。布朗薩夫特和貝拉・阿布朱格（Bella Abzug）一樣，是活躍的人民運動支持者，她在約翰・林賽（John Lindsay）擔任紐約市長期間，被任命為運輸顧問。她積極想讓紐約地鐵變安靜，減少高架鐵路對附近居民的影響，並因而構思出一個開創性的實用研究。

布朗薩夫特回憶說：「我當時覺得，如果我能證明孩童會因為噪音而無法學習，或許我們就可以設法讓那些地鐵安靜下來。」她是深諳城市生存之道的紐約客，現在是萊曼學院（Lehman College）環境心理學的榮譽教授，也是紐約市環境諮詢委員會主席。她明白受害學童遠比受運輸噪音危害的低收入居民，更能引起注意。在將近六十所位於地鐵附近的公立學校中，布朗薩夫特選了第九十八公立學校作為研究對象，並於一九七五年在《環境與行為》（*Environment and Behavior*）期刊上發表結果。這所學校有一位支持行動主義的校長，准許她使用學童二年級到六年級這四年的測驗成績進行研究，而學校的建築也有助於她控制實驗設計。布朗薩夫特在描述實驗的控制組時說：「半數的班級面對鐵軌，另一半在建築物另一邊。」

布朗薩夫特解釋說：「當電車經過時，噪音量〔靠鐵軌那一邊的教室〕從五十九加權分貝跳升至八十九加權分貝。每四分半就有一輛電車經過，對班級上課造成干擾。老師得被迫停止授課三十秒。」老師的思緒被迫中斷，學生的注意力也受到干擾。有效教學時間迅速下降。布朗薩夫特也訪談了那裡的老師，發現在噪音較大教室教學的老師，比較常表示一天結束時感到筋疲力盡。但更顯著的是，她發現教室在吵鬧那一邊的學童，到了六年級時閱讀能力落後了一級。

交通運輸管理局向來願意減少車站的噪音，但布朗薩夫特的研究有助於將減少噪音的工作沿著鐵軌傳布出去。布朗薩夫特說，他們在鐵軌上鋪設橡膠軟墊後，教室內的噪音降低了六至八個加權分貝，而第九十八學校的後續研究也證明閱讀能力的差距消失了。她說：「我希望〔面對鐵軌的教室〕能更安靜，但是能讓閱讀能力達到相同的水平已經夠了。足以讓交通運輸管理局說，他們願意為紐約市所有學校做相同的事。但對我來說，第二項研究更為重要，因為它證明了，只要採取行動，就能創造不同。」

即使已經過了芝加哥，交通情況仍然很糟，甚至更糟，兩個方向的汽車都動彈不得。駕駛開始在中間的安全島上非法迴轉。我想起艾倫・納帕斯特克（Aaron Naparstek）所寫的優秀小書《俳句：開車抓狂時的禪宗解藥》（*Honku: The Zen Antidote to Road Rage*），他把美國人與汽車之間的愛恨情仇，以簡潔扼要的俳句形式描繪出來：

儘管令人難忘
你那輛車的聲音系統
引發我的偏頭痛

看到林立的高壓電線時，就意味著印第安納州蓋瑞市（Gary）到了。數十年前，我剛從高中畢業時，在「SS山雀岬號」（SS Sparrow's Point）上當普通船員，這艘礦船把角岩從蘇必略湖的珊德灣（Thunder Bay），經由蘇城聖瑪麗（Sioux St. Marie）的一道道水閘送到密西根湖，那裡有許多跟狄更斯筆下的工業城市類似的現代工業中心，例如蓋瑞市和勃恩港（Burn's harbor）。在那時候，也就是一九七〇年代晚期，美國環保局噪音減量防治室（Office of Noise Abatement and Control）表示：「不受歡迎的聲音是美國最普遍的擾人事物」，並將噪音歸類為真實存在的危險，每天有超過兩千萬名美國人暴露在噪音當中，對他們的聽力造成永久性損害。當時，吹葉機、配有尖端立體音響的轟隆隆汽車，以及讓MP3使用者暴增為數百萬名的耳機都還沒問世，而全國普查人口也只有三億人。如今噪音已變得無所不在，即使上了太空也擺脫不了。國際太空站的太空人和太空飛行員，月復一月、一天二十四小時暴露在儀器產生的噪音當中，工作區的噪音量高達七十五加權分貝，睡眠區也有五十加權分貝。他們當然覺得很諷刺：宇宙的寂靜觸手可及，卻永遠無法獲得。

好不容易，公路上的壅塞交通終於舒緩，如同清通的水管一樣，車輛開始流動。一隻蟬飛到擋風玻璃上，讓被交通狀況搞得昏昏欲睡的我清醒過來，激勵我趕緊離開州際公路，開到偏僻小道，靠我的聽力導航。

我在印第安納州法耳巴拉索市（Valparaiso）外的高樹植物園（Talltree Arboretum Gardens）裡，發現蟬與青蛙是奇特又怪誕的組合：牠們的叫聲從五十八加權分貝經過一連串長拍後，爬升到六十七加權分貝。我拿起錄音設備。已經成熟的闊葉樹林提供了青蔥景色，讓人暫時擺脫公路的柏油。我發現清涼小溪和一方池塘，還有一些供人步行的小徑。然而即使在這個相當偏遠的地方，在這個自然的環境聲音跟人類的交談聲一般大小的宜人環境中，遠方馬達的隆隆噪音還是聽得非常清楚，非常響亮，破壞了難得的自然聲境，就像是在大自然的藝術作品上胡亂塗鴉。我不斷改變麥克風的位置，不想錄到噪音，但試了一個小時之後，終於沮喪地放棄。我想，許多知道這個景點的人可能會很難相信，但是在六月中旬週一下午三點到四點我停留的這段時間，確實沒有一分鐘沒有馬達的聲音，不是來自天空，就是來自陸地。高樹植物園有個美麗的名字，但我的設備不會說謊，儘管我努力尋找，但是這裡連些微安靜的時刻都沒有。

六月十二日週二凌晨三點二十五分，法耳巴拉索八號汽車旅館（Motel 8）一〇二號房。即使房間位於旅館後側，遠離州際公路和高速公路，但是從打開的窗戶仍聽得到交通的聲音，也聞得到清晨森林露水傳來的芳香。那些頻率較高的交通噪音是經由森林葉片的反射，傳進我的房間（四十八加權分貝），蓋過大自然裡比較細微的其他聲響。

即使在腦子已習慣噪音後，身體仍會傾聽：「心血管干擾跟睡眠干擾互不相關；不會干擾睡眠的噪音仍可能引發自律反應，以及腎上腺素、正腎上腺素和可體松的分泌。」（《南部醫學期刊》二〇〇七年三月號）

噪音真正的衝擊要怎麼計算呢？你可以先從它對健康的影響開始算起：喪失聽力、失眠、可能傷害胎兒、罹患心臟疾病的風險增加，也可能因此縮短壽命。但這還不是全部。噪音對學習也有負面影響，會減少生產力，增加生病的天數。此外還可能造成誤解與溝通不良：老師的智慧之談，第一次約會時微妙開始的熱絡對話，以及一些說出來的話語，都在環境聲音的影響下沒被聽到。道格・皮卡克會提醒我們，顯著的人為噪音是最近幾百年的現象，但卻對人類造成巨大衝擊。噪音擾亂了自然的寧靜，使我們與自然世界隔離開來，使無限的美失去聲音，也使重要的相互關係變得模糊不清，使人類這個物種失去與自然起源之間的聯繫。

在八號汽車旅館的床上醒來後，我還想睡回籠覺，但我也同樣想念一種更細微的東西。我可以聽到一輛接著一輛的車子駛過數英里外的道路，但是我這雙屬於動物的耳朵，卻聽不到一根小樹枝掉落森林地面的聲音。這跟艾咪・柏克聽得到狗在潮汐線附近走動的情況，真是天壤之別。我們會不會是最後一代還記得要聆聽真實靜謐的人？

黎明。我該趁白天氣溫還沒升到華氏九十度以前，趕快修理福斯小巴。我滑到車底，把塞在引擎裂縫旁、早已浸滿油的抹布使勁拔掉，再把彎曲活塞蓋的彈簧拿開。我看到新的活塞蓋是用鋁合金製成的，太好了，看起來很不錯。我很快擦拭一下引擎，然後把用軟木塞合成物製成的填塞物裝到活塞蓋上，喀嗒一聲，兩個零件順暢地鎖在一起。我從車底下滑出來，啟動車子。

福斯小巴開起來很順，但我卻不太好。自我診斷很簡單：急性靜謐缺乏症（Quiet Deficit Disorder），我想不出更貼切的病名。昨天的我跟平常不同，我的態度很惡劣！我得改一改。

我在法耳巴拉索的波特紀念醫院（Porter Memorial Hospital）急診室附近停車，我的身心都很健康，會到這裡，是來拜訪急診室主任薩瑪拉•凱斯特醫生（Dr. Samara Kester）。自從她開始聽我的唱片，藉此排解在急診室工作一整天的壓力後，她就一直透過電子郵件跟我保持聯繫。這位以前曾在搖滾樂團吹橫笛的醫生，現在也開始注意起醫院噪音問題。在她的工作領域，也就是經常忙亂不堪的急診室裡，帶輪病床的移動，儀器喀喀嗒嗒的聲音，斷斷續續的命令聲，還有生命狀況不穩定的緊張氣氛等等，都在堅硬的表面上迴盪著。根據約翰霍普金斯醫院（Johns Hopkins Hospital）急診部門的研究，急診室的嘈雜聲平均介於「令人擔憂的」六十一到六十九加權分貝，這裡本來就是一個可能因為誤解話語而斷送生命的地方，這樣的噪音量讓溝通變得更加困難，而且凱斯特指出，這使得工作壓力變得更大。她也特別注意到，急診室的噪音在本質上相當矛盾。醫院本該是療癒的地方，但是噪音無法治療人，反而會造成傷害。德州大學西南醫療中心（University of

Texas Southwestern Medical Center）針對加護病房的患者進行研究後指出，病患的睡眠模式太淺，「幾乎沒有任何睡眠時間是處於有助於療癒的恢復階段」。

在德州大學西南醫療中心教授燒傷、創傷與危急照護的藍道・傅利斯博士（Dr. Randall Friese）特別提到：「這些病人的睡眠異常，主要有兩個原因，一個是病程本身的病理生理學，另一個則是加護病房的環境壓力太大。如果我們能減輕壓力，或許可以縮短住院時間，降低感染風險，改善病人的創傷治療。」

即使在夜晚，醫院也不是安靜的地方。病房內的監控設備，可攜式X光機器推過走廊，還有換班，這些都是一九九九年研究過的一些噪音來源。研究者是聖瑪麗醫院胸腔手術中級照護區一群關心噪音的護士，這家醫院位於明尼蘇達州羅徹斯特市，是梅約醫學中心（Mayo Clinic）的附屬醫院。這項研究結果發表於《美國護理學報》（*American Journal of Nursing*），文中指出住有病人的雙人病房，平均噪音量是五十三加權分貝，超過環保局規定的夜間醫院噪音量：三十五加權分貝；空病房的噪音量也超過這項標準，平均在四十五加權分貝。換班時間通常就是醫院噪音量最高的時段，最高可達到一百一十三加權分貝。醫院居然這麼吵！還是在晚上！

他們做了許多改變，像是換用比較安靜的紙巾容器，重排清晨三點到四點的補給品運送時間，在輸送文件的氣送管系統底部加上墊子等等，這些都有助於將尖峰時段的噪音量降至八十六加權分貝，將有人病房的平均噪音量降至四十二加權分貝。察覺，關心，行動：這就是聖瑪麗醫院的做法。

其實，這並不是什麼新做法。早在一百多年前，南丁格爾就在她一八九八年出版的重要著作《護理筆記》（*Notes on Nursing*）中建議：「為了提供這些〔病人〕安靜的環境，任何犧牲都是值得的，因為無論空氣再好，照顧再周全，若沒有安靜的環境，這些都無法發揮功效。」

南丁格爾要求我們注重安靜，這項呼籲是否能迅速得到全世界的回應，凱斯特的看法並不樂觀。她說：「五十年後，我們現在的做法看起來會顯得很原始。未來的世代回頭看我們這個時代時會說：『這是在搞什麼？』但是人體的結構並不會改變。身體需要獨處。我會告訴每一名病人：『好好休息，保持安靜，喝很多水。』」

跟凱斯特道別後，我直接從四二一號公路開上六十五號州際公路，前往印第安納波利斯，我會在那裡待兩天。我等不及想離開馬路，天氣熱得令人難以忍受，感覺就像有火焰從車底的管道冒出來，烤著我的腳，我的臀部在已經壞掉的駕駛座上滑來滑去。自從在蒙大拿州凹凸不平的道路上開過一陣後，座椅就變得鬆脫，不管我用什麼固定它，一次頂多只能撐五百英里。我已經快要受不了，想大聲尖叫。幸好，今晚我會跟一位有耐心的聆聽者碰面。

約翰・葛洛斯曼（John Grossmann）已經持續二十年密切關注日益消失的自然靜謐。我是在一九八八年九月十三日下午的一通電話上，與他結識，當時他正在為《創意生活》（*Creative Living*）雜誌撰寫一篇關於安靜的文章。從那時起，他就跟我一起到東西兩岸和密西西比河進行錄音計畫，並為《大泛》（*Omni*）、《費城詢問者報》（*The Philadelphia Inquirer*）雜誌、《美國週末》（*USA Weekend*）、最近的《天空》（*Sky*），以及三角洲航空（Delta Airlines）的飛機雜誌撰寫文章。就是他那篇報導「一平方英寸的寂靜」的文章，促成了這本書的誕生，以及我倆的合作關係。他已經從紐澤西的住處飛來印第安納波利斯，準備跟我碰頭，這裡是我這趟旅程的重要一站，因為我能獲得精神上的支持。

明天我們會去艾羅科技（Aearo Technologies）參觀，它是世上最大的聽力保護裝置製造商之一，現在屬於3M。艾羅的資深科學家伊里亞特・伯格（Elliott Berger）是我信任的好朋友，他會給我們一些直接的答案。伯格已經幫我們規劃好行程。他希望先檢查我的聽力（我也是），然後讓我試試定製的昂貴耳塞。快速用完晚餐後，我們會去欣賞印第安納波利斯交響管弦樂團演出的戶外音樂會，他們將演奏齊柏林飛船（Led Zeppelin）的熱門曲目。第二天，我們三人會一塊去印第安納波利斯賽車場（Indianapolis Speedway）看計時賽。然後我們會到市區找一個歷史地標，慶祝我心目中美國國家公園的誕生地：一八六七年一場工業意外的地點。我對這樣的行程很滿意，也期待跟朋友相聚。

艾羅科技公司與分貝和失聰之間的關係，就像慧儷輕體減重公司（Weight Watchers）與卡路里和肥胖之間一樣，只不過艾羅的知名度低得多，儘管它的公司名稱明白指出了該公司的業務性質（ear〔耳之意〕）。艾羅在全球有將近十二家工廠，兩千五百名員工，總公司與生產設施位於印第安納波利斯，在不規則發展的工業園區裡占有三棟建築。

伯格到其中一棟建築的大廳來接我們，帶著像醫生一樣好奇的探究態度：表情冷靜，直視著你（但不會銳利逼人）；他戴了一副金屬框邊的大眼鏡，頭髮和鬍鬚理得短短的，脖子上沒有聽診器，反而掛著兩端各有一個耳塞的彈力線。我們旋即開始參觀。

「這棟建築主要生產噪音防治材料和隔振器，也就是阻尼材料，」伯格這麼說著，一邊強調減少噪音的英文是「noise damping」，而不是一般誤用的「noise dampening」（dampening，「潮濕」之意），「沒有什麼東西會變濕。」他請材料發展工程師葛瑞格・賽門（Greg Simon）帶我們參觀，他先帶我們去塑膠材料發展實驗室，那裡負責測試和發展不同種類的泡沫塑料和彈性材料，幫助吵鬧的世界變得寧靜一點。無論是筆記電腦裡會旋轉的硬碟，或是爬升至巡航高度的飛機，只要是生產移動型零件的廠商，幾乎都會用艾羅的產品來使自家產品變得安靜一點。賽門指向一堆粉紅色、黃色和綠色的泡棉樣本，不同的顏色代表不同的硬度，可根據特定用途做選擇。「這是飛機用的，質地很輕。它是用於機身內側的殼板減振泡棉，能減少共振。其實這是一整套組合零件，我們會替每架飛機準備一個大盒子，裡面裝有一百五十個切割好的這種零件，每一個上面都有標籤，還有一張安裝說明圖。」安裝它們的方式跟拼拼圖很像。

艾羅的產品可以上天，也能下海。他們為美國海軍特別製作四種隔振器，讓潛艦上的導航陀螺儀保持安靜無聲。至於為其他客戶生產的產品，儘管挑戰性不是那麼高，但仍富有意義。我們在另一個房間看到一名員工彎腰在處理一個類似打字機的裝置，原來是盲人點字機，他的工作是減少鍵的敲擊聲，以保護使用者特別敏感的耳朵。

賽門總結說：「我的工作是防止噪音，伊里亞特的工作則是保護人們不受噪音傷害。」

雖然艾羅銷售多種聽力保護產品，但主力仍是便宜、可重複使用、不分尺寸的產品，也是許多人在該用時不用，或用了卻沒按照正確方法使用的產品：耳塞。艾羅的旗艦設計是自一九七二年銷售至今的「E-A-R」經典型泡棉耳塞，它們是在隔壁的建築裡，從一張張專利黃色泡棉中壓製出來的，數以百萬計，那裡也是我們的下一站。

泡棉耳塞跟便利貼一樣都是無心插柳下的產品，事實上，它們的創造者是一名年輕化學家，名叫羅斯·賈德納二世（Ross Gardner Jr.），他是在研究新一代填縫劑時，開始注意聲學。賈德納在一九六〇年代中期受雇於美國國家研究公司（National Research Corporation），也就是負責大量製造盤尼西林，使即溶咖啡和冷凍橘子汁商業化的那家公司。賈德納在研究一些樹脂時，意外發現一個特性：它們很會吸收能量。這些會吸收能量的樹脂（energy-absorbing resin，E-A-R 即為該辭的首字母縮寫）先是促成乙烯基減噪材料的誕生，讓鑄造業得以控制噪音，然後又在幾乎違反直覺的情況下，製造出能有效減少噪音的乙烯基泡棉耳塞。

沒有人想到質量輕得像羽毛的泡棉，竟然有大幅衰減噪音的功能，換句話說，它能減少聲波的強度，但是賈德納卻想到了。他在跟伯格合寫，並於一九九四年在第一二七屆美國聲學協會會議上發表的一篇論文中，提出自己的懷疑：「那種能量吸收材料就像以分子為基礎的合成吸震器或彈簧系統，在靜態時可以非常柔軟，而在動態時可以非常堅硬，特別是在遇到前進狀態的音波時。」他希望能用這些樹脂來大幅改進當時在市場上以乙烯基或以棉花和蠟為材質的耳塞。

賈德納最後終於製造出來的最佳結果，是直徑〇・六一英寸的短圓柱體。他先用拇指和食指將它們搓細，然後就可以塞入耳道。他不可思議地發現，這些耳塞在沒有搓揉時會慢慢膨脹回原本的大小，有效塞住耳道，讓他聽不到實驗室裡大多數的噪音，連低頻噪音也可以隔絕掉。賈德納知道有些人肯定會持懷疑態度（「但它們只是一小塊泡棉……」），但仍邀請公司的一些主要配銷商，參加一場示範說明會。他在說明會中所用的方法，就像挨家挨戶推銷吸塵器的推銷員在潛在顧客的地毯上潑灑灰塵一樣大膽。

賈德納先遞給每個人一副他研發的耳塞，然後示範把它們塞入耳道的正確方法，包括像大猩猩一樣，一手繞過頭頂把耳朵往上拉，以便讓耳塞塞得更深。然後賈納德先請他們確認是否還聽得到他說話，接著拿鎚頭敲一塊鋼板後，再度問他們是否聽得到他的動作。接著賈納德在繼續敲的同時，指示他們把耳塞拿掉。他的證明就在於重擊聲。這時令人受不了的噪音逼得大家立即蓋住耳朵，按賈納德的說法，有些人甚至奪門而出。在重擊聲的反襯下，這種泡棉耳塞阻隔噪音的能力立刻變得顯而易見。

伯格帶我們到艾羅的第二棟建築，介紹我們認識聽力保護產品部（Hearing Conservation Products）的副總裁布萊恩・邁爾斯（Brian Myers）。快到工廠樓層時，我們都戴上安全眼鏡，然後他們把必備物品遞給我們：我的是一副耳罩，葛洛斯曼的是一副耳塞。邁爾斯在前頭帶路，我們走近把專利泡棉打出粗短圓柱狀的機器時，我測到音量是八十三加權分貝。不久，我們走到一台機器旁，看它如何把款式不同的耳塞配上藍塑膠線，這些模鑄成適合耳型的耳塞，看起來像蘑菇狀的路燈。它們的特色是有三層凸緣，逐漸變細成圓錐狀的頭，下面連接基柱。這台機器先把線端塞進基柱底部，再用接合劑把這兩種聚合物黏合，用塑膠線把兩個耳塞連起來。這裡的音量是八十四加權分貝，我在一台包裝機附近測到八十八，在靠近有空氣軟管轟隆作響的生產線時，我走到不能再接近的地方時，測到一百零五加權分貝。

我戴的輕耳罩上標示的噪音減低評估值（Noise Reduction Rating, NRR）是二十分貝，保護葛洛斯曼的耳塞則是二十五分貝。這些數字指的是理想情況下的噪音減低量——工廠的噪音量從將近九十一直到一百多分貝，NRR值指的是，處於這種可能對人體有害的職業分貝量中，為保護人耳所能減低的音量值。但是這些NRR值是在最佳化的實驗室條件以及耳塞以正確方式插入的情況下所測定的，跟日常的使用情況不同。艾羅有一份由伯格撰寫的簡冊，稱為《吵鬧的生活：了解聽力保護》（*Life can be LOUD: know your hearing protection*），文中解釋各式各樣的聽力保護裝置所具有的NRR值「一般介於十五到三十五之間，實際上，真正能達到的保護效果大約在十到二十分貝之間」。因此他呼籲在特別吵鬧的環境裡，最好採取雙重保護——耳塞加上耳罩。

由於周遭的環境嘈雜，再加上我們都戴著減降噪音的聽力保護裝置，所以只能簡短交談，要真的談話並不容易。我們等到離開現場，來到比較安靜的走道後才開始交談，那時的感覺就像是從洞窟走到明亮的陽光下一樣。

美國政府估計全美在吵鬧環境中工作的人數，大約在五百萬到三千萬之間。資深聽力研究學家暨美國國家職業安全衛生研究所（National Institute for Occupational Safety and Health, NIOSH）聽力損失研究協調人馬克・史帝芬森（Mark Stephenson）博士說：「現在沒有我們可以信賴的數據。」他對伯格在走道上提供的數據倒是很滿意：大約有一千萬名美國人、兩千隻耳朵處於職業風險當中。

邁爾斯說：「而且其中大約有百分之九十到九十五的人所接觸的噪音，比你們剛才在包裝區聽到的還高一點。」

美國聯邦勞工統計局（Federal Bureau of Labor Statistics）在二〇〇六年十月公布的報告中指出，職業噪音性聽力損失（noise-induced hearing loss, NIHL）是頭號職業疾病，超過皮膚疾病和呼吸危害。聯邦政府的確有職業噪音量標準，但是它所形成的安全網並不完整，因此仍有許多人容易受到傷害。此外，由於這標準把重點擺在聽力是理解人類交談的能力，因此很不幸地忽略了其他類型的聽力損失。這當中涉及兩個聯邦機構：國家職業安全衛生研究所和美國職業安全與衛生局（Occupational Safety and Health Administration, OSHA）。前者在一九七〇年「職業安全衛生法」（Occupational Safety and Health Act，公法九一—五九六）的授命下，負責研究工作地點的安全問題並提出建言，「以確保美國每一名勞工均享有安全衛生之工作條件，及保護我們的人力資源。」ＯＳＨＡ則負責制定規範與執行。

ＮＩＯＳＨ建議八小時的工作天以八十五加權分貝為上限，然而普遍在聯邦機構間引起疑慮的，並不是這個數字，因為ＯＳＨＡ採用的是九十加權分貝。這兩者之間的差距相當顯著。ＮＩＯＳＨ最新的噪音標準研究預測，在長達四十年的職業生涯中，暴露在八十五加權分貝的工作場所，職業噪音性聽力損失的風險會增加百分之八到十四。若按照主管機關ＯＳＨＡ的噪音標準準則，亦即採取九十加權分貝為噪音上限標準，則額外風險將激增至這類工作者的百分之二十五至三十二：亦即每四名勞工中就有一人！我們無法事先得知自己是在幸運還是不幸的那一群裡。因此，ＯＳＨＡ的標準才會被譴責為「只是記錄聽力損失的方式而已」。

伯格強調：「如果要確保每一個人都絕對安全並保護內耳容易受損的人，就必須（把NIOSH的數字）再降低十分貝（到七十五加權分貝）。」這剛好是環境保護局在一九七〇年代建議的數值，也是世界衛生組織現行的建議。

規範標準不是唯一的問題，OSHA噪音標準並沒有涵蓋所有的勞工類別，例如農業勞工就沒有包含在內。此外，OSHA對聽力損失的定義很狹隘，只限定在喪失兩千至四千赫茲與人類言語相關的聽力範圍。這種以人類為宇宙中心的觀點令人悲哀，這正是造成全球環境危機的主因。OSHA標準的目的在於保護我們聆聽彼此說話的能力，而不是聆聽自然聲音的能力。鷦鷯的歌聲在四千赫茲以下，許多鳴禽的音樂也是；優勝美地瀑布、瑞亞托海灘和密西西比河谷的雷鳴，則遠在兩千赫茲以下。聆聽這些人類言語範圍以外的聲音的能力，仍然不受重視，也沒有受到保護。難怪許多美國人愈來愈聽不到自然的聲音。

在艾羅嘈雜的製造區，每一隻耳朵都受到保護，但其他的工廠和工作場所顯然並非如此。邁爾斯指出，營建業在聽力保護裝置的使用上特別馬虎。伯格估計暴露在多種職業噪音中的人，大約只有百分之三十到五十佩戴聽力保護裝置，當然這意味著超過五百萬人沒有使用這類裝置，因此處於噪音性聽力損失的風險當中。

這可以部分解釋艾羅為什麼要製造大約四十八種不同款式的耳塞。除了為特定用途（例如發射武器者）所做的設計之外，艾羅也提供多種顏色與圖案的美觀產品，希望吸引X和Y世代的勞工，甚至對立體音響與摩托車雜誌中一些會製造噪音的廣告做出反制。伯格說：「去年我們推出一種稱為『顱骨螺釘』（Skull Screw）的推入式產品，外觀相當有趣，由一塊泡棉和柔軟的基座構成，不需要搓揉，就可以直接塞入耳朵，功能跟搓揉型一樣好。在我們的廣告裡，有一個用X光照射的人頭，上面可以看到耳塞直接通到大腦。我們還有一款稱為『刺青』（Tattoo）的耳塞，外面印有倒鈎鐵絲網的圖案。我們希望藉此吸引所有不同的世代。」

由此看來，耳塞似乎可以視為地球愈來愈吵的指標之一。每年在世界各地，有六家左右的公司生產數以十億計的耳塞，其中又以印第安納波利斯這裡生產的量最多，輪兩班都無法因應需求。邁爾斯說：「我們的生產線一週七天，全天二十四小時運作，這世界變得愈來愈吵，我們一週需要八天才夠因應。」

當然，人類至少還可以用耳塞，但動物不行。

噪音性聽力損失不是只有在工作時間才會發生，使用馬達的休閒運動也有可能造成危害，例如水上摩托車、摩托雪車、越野摩托車、越野車等等，不勝枚舉。聽大聲的音樂也一樣。我們在走道上討論可以製造高音量的MP3播放器時，我提到女兒艾比聽iPod時總是調得很大聲，令我很沮喪，伯格聽了說：「我是全國聽力保健學會（National Hearing Conservation Association）音樂性聽力損失委員會的委員。我們正在開發的一種產品不僅能隔絕周遭的噪音，還能限制進入耳朵的音量。現在市面上可能也有類似的產品，但我心想，誰會買它們呢？戈登，你十六歲的女兒會買嗎？」

「光是『限制』這個詞就足以嚇退他們，」我同意他的看法。

邁爾斯提出建議：「如果你能說服他們相信，只要能阻絕周遭的聲音，就算音量較低，音質卻會較好。這對我們來說是很明顯的事，但要說服別人卻很難。」

的確如此，後來我用電話跟聽力專家布萊恩・傅里格醫生（Brian Fligor）聯絡時，就證明了這一點。傅里格是波士頓兒童醫院（Boston Children's Hospital）診斷聽力部的主任，研究音樂播放器的潛在傷害已經多年。他曾為《美國醫學學會期刊》（*Journal of the American Medical Association*）撰寫相關文章，發表過名為〈聽力損失與iPods：把音量轉到十一？〉的文章。文章標題的問句，顯然是取自電影《搖滾萬萬歲》（*This Is Spinal Tap*）的著名場景，劇中人令人發噱地想把聲量調到比最大的十還要大。然而，儘管這是個有趣的典故，傅里格醫生卻是相當認真地想要保護數百萬人的聽力，特別是青少年和年輕人。

他說：「我們應該關心這個議題。直截了當地說，濫用一般耳機和耳塞式耳機會造成聽力損失。我可以提供你最樂觀的估計，在定期使用耳機的人當中，大約只有百分之零點五左右的人會有聽力損失的情形，這比例不大，卻相當重要。」

這個比例雖小，但換算成人口數後卻相當顯著。傅里格估計，蘋果的iPod和iPhone的全球銷售量大約是一億四千萬台，百分之零點五就相當於七十萬台。他補充說：「這還只是蘋果公司而已，若把所有能播放音樂的手機，像是索尼、愛立信、諾基亞等國際大廠都計算在內，總數大約有數十億。每個人都因此戴上耳機，他們也都有能力這麼做。」

傅里格指出，其實許多人戴耳機是為了在日益嘈雜的世界中，「取回自己對聲境的控制權」。他又說：「民眾不是設法使一切安靜下來，而是用自己能控制的噪音來取代無法控制的噪音。除非是為了享受音樂，否則音量勢必得比背景噪音大許多才行。不幸的是，耳朵無法分辨悅耳的樂音和工廠的噪音。儘管大腦對這兩種聲音的感覺差異極大，但是對人耳來說，這兩種聲音是相同的，都會對耳朵造成傷害。」

法國已經通過立法，將個人音樂播放器的聲量上限定在一百加權分貝。傅里格說iPod可以高達一百零二加權分貝，並強調兩個加權分貝的差異絕非微不足道：因為這相當於音量增加超過百分之六十。噪音污染資訊中心（Noise Pollution Clearinghouse）的創建人暨領導人列斯・布洛伯格（Les Blomberg）表示：「我不喜歡法國的方法，原因就在於他們設定了上限，暗示只要在上限內就是安全的，但這是完全錯誤的。」傾聽時間的長短也會造成很大的差異，布洛伯格指出，就算是聽音樂也一樣。

「如果你聽的古典音樂有寬廣的動態範圍（dynamic range）[2]，大小聲的差距達到一百分貝的情形並不是很稀奇。如果聆聽華格納（Wagner）的歌劇或是威爾第（Verdi）《安魂曲》（*Requiem*），你應該會在那裡看到地獄，你可能會想待在那裡——至少一兩秒。但問題是，搖滾樂的動態範圍可能只有五分貝，這時麻煩就大了。我其實同意自由論者的觀點：每個人都必須對自己的耳朵負責，如果你想毀了它們，儘管做。但問題是有許多使用者是小孩，他們還沒有能力在這方面做出選擇。」

此外，只有少數的成年人（遑論兒童）了解政府和衛生組織建議的音量暴露值，但這些指導方針有助於指出MP3播放器的音量問題。以NIOSH對工作場所的建議為例，在八十五加權分貝的噪音環境中僅能工作八小時，它在配套建議裡提出所謂的三分貝交換率，目的在於對更高的噪音暴露示警，所謂的交換率是指音量每增加三分貝，噪音暴露時期就必須減半：亦即在八十八加權分貝的噪音環境中，暴露時間不得超過四小時，九十一加權分貝是兩小時，九十四加權分貝是一小時，九十七加權分貝則是半小時。因此，工作人員最多只能在一百加權分貝的環境裡暴露十五分鐘——一百加權分貝剛好是法國對iPod等個人音樂播放器規定的上限。布洛伯格擔心的正是這一點，因為以iPod shuffle數位音樂播放器來說，十五分鐘根本相當於才剛開始聽而已。

對於這個問題，布洛伯格提出從教育著手的新方法：他發明了一種能附加在MP3上的軟體，並已提出專利申請，這種軟體讓使用者能測量暫時性的聽閾轉變（temporary threshold shift）。「我的發明可以指出你聽的iPod是否太大聲，」布洛伯格解釋說，他的聽力測驗會發出一系列單一頻率，也就是四千赫茲的單音，四千赫茲是發生聽力損失時最常受到影響的頻率之一。受試者在聽iPod前先計算可聽見的音，過一會兒後再計數一次。若第二次聽到的單音較少，代表有噪音性暫時聽力損失發生，從而引起疑慮，這樣就能以量化回饋的方式，指出音量需要降低。布洛伯格說：「這程式會在你打開播放器時啟動，並在你關掉時再度啟動，測驗大約只需要五秒。」他宣稱蘋果公司不願回應他的呼籲。

蘋果公司自稱是思維不同的公司，它會在乎自家產品使用者的聽力可能受損嗎？一般自然希望它會在乎，但實情很難得知。二〇〇五年十二月七日，有一件美國專利申請案的內容是：「為提供自動化音量控制參數以保護聽力的可攜式音響裝置」，專利權人列的是蘋果公司。由於我想詢問其他的 iPod 細節以及至今為止的總銷售量，就在蘋果公司的企業公關室留言，因而有了下面一段對話：

「我知道您想對 iPod 提出一些問題。」

「是的。」

「您可以瀏覽我們的網站，所有公開資訊都可以在那裡找到，網址是 apple.com/pr. 。」

「換句話說，我不能問活生生的人？」

「不能。」

「不能？」

「不能，您寫書時所需要的一切，應該都可以在我們的網站上找到。」

「那麼，如果我想問的問題是跟貴公司的一項專利申請有關，要是我沒能在網站上找到資訊的話，我該怎麼做？」

「您可以試著先寄電子郵件，但通常我們不會回答這類問題。」

「電子郵件是不是寄給妳就可以？」

於是克莉絲汀・摩納根（Christine Monaghan）把她的電子郵件地址給我。

蘋果公司的網站沒多少用處，我在搜尋框裡輸入「iPod and decibels」（iPod與分貝）和「iPod patent application」（iPod專利申請）後，得到的回應都是**找不到符合項目**。後來我寄給摩納根的後續追蹤電郵，也沒有獲得回應。

傅里格醫生強調不當使用MP3播放器的危險：「我想最好的說法是它使耳朵永久老化。想想看你才二十五歲，耳朵卻已經五十歲的情景。三十五歲卻有六十歲的耳朵。你耳裡還可能聽到鈴鳴聲，這時會有另一個問題，一個生活品質上的大問題：耳鳴。這是很嚴重的疾病，因為它會使人完全無法享有安靜。對於罹患耳鳴的人來說，最痛苦的事莫過於置身安靜的場所。」

工廠參觀結束後，我們接著要去一個安靜的地方。在伯格的帶路下，我們抵達音響實驗室，裡面有一個迴響室，這裡大概是一家公司不用花上一百萬美元就能得到的最佳隔音室，底噪（base noise）量只有十七加權分貝。

地球上最安靜的室內地點是歐菲爾實驗公司（Orfield Laboratories）的無響室，位於明尼阿波利斯（Minneapolis）的邊遠地帶，底噪只有負九加權分貝。半無響室的地板是硬的。歐菲爾公司這間取得金氏紀錄證明的無響室，所有的牆壁和天花板上都插滿吸音楔，就連網狀地板下也有吸音楔。這家實驗公司的創建人與董事長史帝芬・歐菲爾（Steven Orfield）把它形容為有六面牆的房中房，因為它外面還有一個房間包覆著，使噪音更加無法進入無響室內部——有點像建築版的俄羅斯娃娃。歐菲爾大約於二十年前，在一場類似火災受損物品大拍賣的場合，以不到一輛賓士車的價格買下整個工廠。他從音響界的傳言中得知，日光公司（Sunbeam Corporation）將關閉在伊利諾州蕭姆堡（Schaumburg）的研究中心，就在芝加哥外圍，而且不會再用到它的無響室，於是話傳出來：這公司會以便宜的價錢，把它賣給任何能在兩週內把它遷走的人。有兩家大公司詢問，但只有歐菲爾能在期限內把它移走，因為他設法獲得芝加哥大學橄欖球隊的協助（他的兄弟在那裡任教），把無響室拆掉，裝到三輛半拖車式的大型貨車上，運到明尼阿波利斯，結果這批建材零散地在那裡存放了七年。

無響室的測量採取點到點的方式，不是從牆和天花板最深的凹陷處開始，而是從室內上下垂直突出或四面水平突出、排列整齊的吸音楔末端開始量起。歐菲爾的無響室長十二英尺，寬十英尺，高八英尺。曾在這裡進行量測的產品有冰箱（以協助證明楷模牌〔Kenmore〕冰箱如該公司在消費者調查中所說，是最安靜的冰箱）、睡眠呼吸輔助器、機械心臟瓣膜，以及手機（與鈴聲無關，而是為了測量發光顯示屏幕的聲音）。歐菲爾設有一個持續性的賭局，如果有人能在這間無響室裡，在不開燈的黑暗情況下待四十五分鐘，就能贏得一箱啤酒。他坦承為了防止太容易輸，他採取剝奪兩種感官的雙重打擊，熄燈就是重要的第二擊。

他說：「我們對空間的方向感需要兩項重要提示，分別是聽覺和視覺。如果把這兩項感官都奪走，人很容易喪失方向感。」他指出美國航太總署會給太空人做類似的訓練。「我聽說他們不到半小時，就出現幻視和幻聽。」即使在開燈的情況下，坐在加權分貝量只有負九的無響室裡仍然很具有挑戰性。他猜想可能還是有人能堅持半小時，甚至一小時。

同一時間，我前往艾羅的密封室測驗聽力。這個密封室一般是用來測試艾羅和其他公司的聽力保護產品，例如跳傘頭盔。艾羅會付錢請人到這間密封室參加測試，大多是他們的員工，也有員工的朋友和一般民眾，做一次二十五美元，大約兩小時。我跟他們一樣要聽一系列的測試音，但我的耳朵不會受到任何阻礙，就像在野外時一樣。

伯格帶我進去後就把門關上，並解釋說：「這個房間是用水泥塊建成，在結構上是完全孤立的。天花板是厚水泥板，再上面是纖維玻璃。房間內部裝有鋼牆，地基是建在獨立的磁封彈簧系統上。」

太棒了！在探索這空間時，我的耳朵可以享受它的空無，我終於看到一個有空調、但沒有機械性副作用的房間。房間裡的燈光昏暗，中央有一張簡單的金屬椅，只有座墊，沒有扶手。這讓我突然想到「訊問」這個詞，但在這裡面絕對不會有任何疼痛。我戴上罩住整個耳朵的耳機，進一步阻隔任何有可能透牆而來的噪音。這時我完全聽不到聲音，就像開關突然被關掉了一樣，我仔細聆聽，搜尋任何微弱的振動，但是毫無所獲。艾羅的一位資深音響專家隆納德·基培（Ronald Kieper）遞給我一把特製的T形把手（精巧地設計成無聲扳手，把手指放到光電開關上就可以控制），把門關上，讓我完全與聲音隔離，只聽得到耳機裡傳來的聲音。

今天的聽力測試會顯示出我這趟旅程的代價嗎？有沒有暫時性聽閾轉變？或更糟的永久性聽力損失？我告訴自己，別想了，專心聽。

一個低低的耳語傳來：「哈囉，戈登。」

耳機裡傳來指示，真的相當簡單。基培從這個音響實驗室隔著牆的另一邊告訴我，在第一次聽到脈動聲時，就把手指放到T形把手的槽裡。其中最重要的字是**第一次**。

我們先試了幾個中等範圍的音，「嗯波—嗯波—嗯波—嗯波」。他說我的動作有一點慢，所以我讓自己更加放鬆，動了動食指，讓心裡放空。來吧！在我心裡，我就像牛仔之都道奇市的警長一樣勇氣十足，我可是世界一流的聆聽專家。但是我的耳朵先前畢竟經歷過漫長單車快遞歲月的洗禮，再加上我在年少輕狂的時代玩過不少爆竹的愚行，另外就是作為我的聽力器官，它們已經運作了五十四年，全年無休。換句話說，我的星形徽章已經因為社會性聽力損失（因生活在種種社會噪音裡而損失聽力）和老年性聽力損失（因老化而損失聽力）而有點蒙塵。這兩種聽力損失者經常難以區分。

做完測試後，我去音響實驗室找其他人，基培把結果拿給伯格。

伯格說：「我真嫉妒。戈登的聽力很好。正常是零分貝加減十，在十五分貝範圍內都算可以。若在二十五分貝，就算開始有可偵測的〔聽力損失〕。所以戈登的聽力很不錯，右耳在一千赫茲的聽力很棒，六到八千赫茲時似乎開始有一點因老化導致的聽力損失，主要是左耳。」伯格指的是我已經懷疑多年的事：左耳對四到六千赫茲高頻聲音的敏感度降低，許多昆蟲的叫聲剛好都在這個範圍。我最近也注意到，有時我右耳會聽到蟲唧，但左耳卻沒聽到，即使我轉了頭也一樣。為了避免錄音受到我這個聽力損失的影響，有時我必須盯著數位錄音機的讀數表來調整麥克風，直到左右兩個聲道相當為止。

接下來到了用濕濕的環氧樹脂到耳朵裡轉一轉的時間。他們把一種冷涼、濃糖漿般黏稠的物質先後注入我的兩耳，這樣就能複製我的耳道，製造出跟我的耳道完全貼合的耳塞。這些耳塞裡還會加入聲音過濾器，讓樂音變小。整個製作過程需時數週，來不及用於今晚印第安納波利斯交響樂團的戶外演奏會。但是交響樂又能有多大聲呢？

我在謝謝基培時，忍不住注意到設備架上的一張磁貼，看起來剛好適合我用，但是基培說，不行，它已經在那裡十五年了。

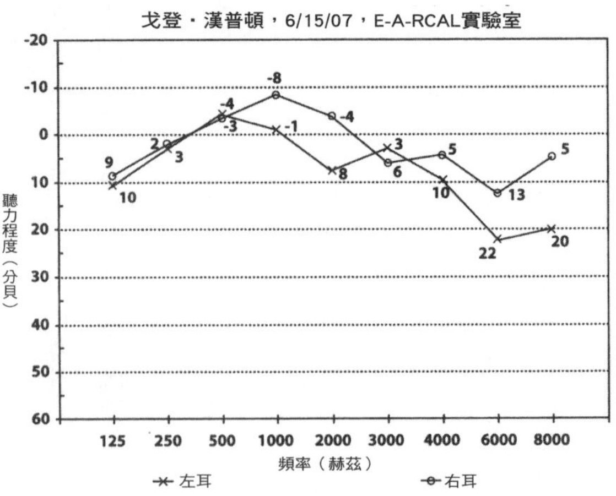

它上面摘錄了一句西雅圖酋長的話：「地球不屬於我們，我們屬於地球。」

接著伯格帶我們去他的辦公室，做一些嚴肅的展示和解說，當然又是以我的耳朵為例子。他要我坐下，把頭稍稍偏向一邊，然後他拿起一個加裝燈光的檢耳鏡，小心把圓錐形尖端伸入我的左耳。由於它的尖端裝了微小的纖維光學攝影機，所以檢耳鏡伸入我耳道的美妙過程，可以顯示在他的電腦螢幕上。

伯格開始解說：「我們要進去了。這是耳道前壁，那些是耳毛，這是你的耳道。」

「那些是耳毛？」葛洛斯曼對長在我耳道內壁上的稀疏森林感到好奇。道路塵埃的微粒零亂地四散著，黏在耳垢上。

伯格說：「我們現在看到的，是你的耳道前壁。」他細心地把檢耳器朝看不見的聽覺認知功能區又推進了一點，「這裡是你的耳鼓。」他用手指描繪電腦螢幕上的環狀輪廓。接著他的手指跳到薄膜上突起的地方，「這裡是突出於耳鼓中間的三塊中耳骨中的第一塊。」

我被迷住了，好奇地想知道耳鼓那塊突起後面的構造。在伯格的建議下，我們看了巴的摩爾醫學圖解專家布蘭登・普萊奇（Brandon Pletsch）製作的動畫，這些影片是用來向醫學從業人士解釋人體的運作。他的動畫《聽覺傳遞》（*Auditory Transduction*，可見於YouTube上看到，網址：http://www.youtube.com/watch?v=PeTriGTENoc）做得栩栩如生，仔細說明了聲波如何穿過耳朵，轉換成腦可以詮釋為聲音的電氣脈衝。這部影片說明聲波在傳入狹窄的耳道後，抵達耳鼓或鼓膜，這時聲波能會使鼓膜開始振動。低音會使鼓膜緩慢振動，尖銳的聲音會刺激耳膜快速振動。如果聲音非常大聲，鼓膜內外振動的幅度會很大，如果聲音很微弱，鼓膜幾乎不會移動。鼓膜幾乎總是以複雜的模式在振動，跟波浪起伏的海洋一樣，這是因為大多數的聲音事件是由許多聲音同時構成。

從耳鼓的側面圖可以看出，它呈圓錐形並且連接到一個很小的骨頭，稱為槌骨（亦即我在我的耳鼓上看到的突起），槌骨又連接至砧骨，形成由三塊骨頭構成的微小骨鏈。鼓膜上的振動沿著這個小機械系統傳送，它會使振動放大並傳至充滿液體的螺旋狀系統，稱為耳蝸。在耳蝸裡，數千個微小的毛細胞會把聲波的能量轉換成電子訊號。哺乳動物的毛細胞分為兩種：內毛細胞和外毛細胞。內毛細胞產生的訊號會在聽覺神經裡製造電氣脈衝，送往大腦。研究人員已經可以追蹤這個過程到達分子層級，此外也測出這個反應的速度，比眼睛對光產生反應時的類似過程快一千倍。如果小心措詞的話，你是可以打贏聲速比光速快的賭。神奇的是，腦也會把訊息送回耳朵，事實上，把訊息傳給腦的感受體（內毛細胞）數量，是接受大腦訊息的感受體（外毛細胞）的三倍。這讓人不禁想問一個至今仍未有解答的問題：大腦到底在說什麼？

去晚餐的路上，葛洛斯曼問伯格，他耳朵裡好像戴了類似聽力輔助器的裝置。

伯格有些認命地說：「這些是耳鳴掩蔽器。」

美國有一千兩百萬人飽受耳鳴之苦，也就是耳朵會聽到鈴聲，而伯格正是其中之一。根據美國耳鳴協會（American Tinnitus Association）的估計，每十二人當中就有兩人會因耳鳴太過嚴重，影響到日常活動。雖然暴露在噪音下是主要原因，但耳鳴也可能是由血管疾病、過敏或耳朵感染而引發，也可能是耳毒性（ototoxic）物質造成的副作用，在《醫師的案頭參考書》（*Physician's Desk Reference*）中，就列了超過兩百種這類物質，其中包括布洛芬和鏈黴素（streptomycin）。

伯格遭受耳鳴之苦已有三個月，他的情況就跟我先前的聽力問題一樣諷刺，說不定還比我更糟。他說：「我是教耳鳴的老師。」

我說：「我知道，你所謂的小紅點。」伯格經常用視覺盲點來比喻耳鳴，也就是視野中央有一個小紅球，無論你朝哪個方向看，那個該死的球永遠都在！

「那根本不足以形容。以前我處理過各種疼痛，不管是情感上或身體上的疼痛，我都會用冥想或放鬆來處理。但是現在這些都沒用了，因為耳鳴會使人無法安靜地放鬆。」

他解釋說，安靜不再是朋友，而是敵人，而且是要避開的敵人，因為如果在我們要去的餐廳沒有交談聲可以蓋過耳鳴，或是沒有用耳鳴掩蔽裝置提供樂音，他就會一籌莫展，因為耳鳴的鈴聲根本逃不掉。

他說：「起初我睡不著，不能專心，也不能放鬆。我的體重開始減輕，有人因耳鳴而自殺。」

我們在音樂會前抵達美味的快餐店，也就是以濃湯著稱的得獎餐廳雅茲（Yat's）。我們在櫃台前跟著伯格點了紅豆、飯和蘑菇燉湯。在我們等待叫號取餐時，伯格繼續剛才還沒說完的話題。

「掩蔽裝置的構想有點像重新連接大腦，因為大腦的可塑性強，可以重新學習事物。我的腦會專注於耳鳴，當然一部分的問題無疑在於我的耳朵，因為它已經受損，儘管我做過聽力測驗，而且沒有額外的聽力損失。但有另一部分的問題在於我的聽覺皮質，所以就算把耳朵拿掉，我可能還是會有耳鳴。」

他解釋說：「這就是其中一個問題。聽覺皮質跟視覺皮質不同，它需要一直接收刺激。原始人類不會想要耳蓋，因為他們的耳朵會警示是否有東西在追他們。聽覺皮質不會休息，會一直想要聲音輸入，特別是如果你因噪音而有聽力損失，致使耳朵在某個區塊無法產生跟原來一樣多的輸入時，大腦就會自行代償修補，就像在說：『我要聽到東西，我要聽到東西，它在哪裡？』這就是耳鳴為什麼經常會伴隨聽力損失而來的看法之一。」

用餐時，我們談到在戰爭時會暴露在爆炸聲中，導致耳朵受損。武器噪音可以說是最大聲的噪音。點二二口徑的手槍：一百四十加權分貝；M16步槍：一百五十五加權分貝；點〇五口徑M2機關槍：一百五十三加權分貝；獵槍：一百六十加權分貝；一五五釐米一九八型榴彈砲：一百七十八加權分貝，聲音大到只要一次就可能造成永久性聽力損失。維吉尼亞州普茲茅斯（Portsmouth）的海軍醫療中心（Navy Medical Center），在《噪音與兵役：聽力損失與耳鳴的影響》（*Noise and Military Services: Implications for Hearing Loss and Tinnitus*, 2005）的執行總結中指出，從一九七七年到二〇〇五年，所有老兵的聽力損失所造成的費用將近七十五億美元；另外，光是為了耳鳴就耗費了四億一千八百萬美元：

> 維吉尼亞州的報告指出，在二〇〇三年會計年度底，領取失能補償金的兩百五十萬名老兵，大約有六百八十萬項與兵役有關之失能。聽覺系統失能，包括耳鳴與聽力損失在內，是第三常見類型，在這些老兵中占總失能數的將近百分之十。對於在二〇〇三年開始領取補償、大約十五萬八千名的老兵，聽覺失能是第二常見的失能類型。以這些老兵而言，在其總數約為四十八萬五千項失能中，聽覺系統失能約占七萬五千三百項。

艾羅為軍方製造的特殊耳塞，採取二合一的雙端式設計。插入這種軍用耳塞（Combat Arms Earplug）的綠端時，士兵會受到噪音減低評估值二十二分貝的噪音防護，最適合用於減少持續性的噪音，一般是交通工具或機械裝置的噪音。在戰鬥狀態時，士兵可以改用黃端，噪音減低評估值是零分貝，所以士兵仍能聽到長官的命令、同袍的警告或敵軍的聲音，同時由於基座裝有專利非線性過濾器，所以在必要時仍可提供聽力保護。這種過濾器會在武器發射或爆炸突然發生時自動啟動，將噪音衝擊減降至比較安全的程度。

伯格查看手錶的時間，我們趕緊把食物吃完，擠出門外，準備前往白河草坪州立公園（Lawn at White River），那裡是市中心一個由向上傾斜的草坪所形成的自然露天劇場。中年群眾蜂擁而至，現場一片期待的吵鬧聲。我們的票上寫著：「印第安納波利斯交響樂團，演奏齊柏林飛船樂團的曲目。」我們三個都記得在七〇年代唸大學時聽過「齊柏林飛船」的重搖滾樂，所以預期會聽到一些熟悉的重擊聲——或許它們會經過重新詮釋，變得柔和一點。我們會在近距離欣賞音樂，伯格拿到一些精華票：第H排，就在正前方，靠近中央舞台的右側。

「搖滾到另一邊……」

預先設定播放的音樂是七十九加權分貝，對我的耳朵來說稍微大聲了一點，但是只要靠攏一些，我們仍然可以交談。伯格帶了一個劑量監測器，可以測量我們的噪音暴露量並記錄數據，供日後研究之用。它應該可以讓我們知道，這種公開演奏會的聲音是否在安全範圍內。

我們在交響樂團成員走出來時鼓掌歡迎，他們穿著白色馬球衫和卡其褲。接著是介紹樂團指揮。我們隨即明白這將會是一場混合型音樂會。一名搖滾鼓手坐到指揮正後方的鼓組前，而他的樂團成員、電吉他手和顯然要有的長髮主唱也擠上舞台。

我們悔不當初，應該做好準備的。事後回想起來，舞台兩邊的巨大揚聲器已經提供了兩大條線索。我們先聽到「噔嗯嗯嗯嗯嗯」的巨響，就像車禍發生前，經常可聽到的尖嘎煞車聲，原來是音效師把音量調得老——高的聲音。我本能地用手蓋住耳朵，就像孟克（Edvard Munch）名畫《吶喊》裡的人一樣，然後在一道巨大的搖滾音牆像怪物般的巨浪猛然打在我們身上時，用手指塞住耳孔。伯格沒這麼幸運，他的肩上還夾著劑量監測器的麥克風。他戴的「ER15」提供不了足夠的保護，（「ER15」是「EEtymotic Research」製造的音樂家專用耳塞，也是今天稍早為我特別鑄型製造的耳塞），所以他被震得七暈八素，直到戴上「E-A-R」泡棉耳塞才好轉，葛洛斯曼也是。我趁著比較安靜的時刻，拿出自己的耳塞戴上。伯格皺眉搖頭，我相當同意。我們在座位上連第一首曲子都聽不完，就站了起來，迅速離開那一排，走到離那組揚聲器較遠的安全距離外。

伯格去找接待員或活動主管，看能不能換到其他座位。後來在耳塞和專業知識的協助下，他成功為我們取得企業貴賓區的座位，那一區是一個階梯式平台，有供應啤酒、葡萄酒和雞尾酒，更幸運的是離舞台足足有五十碼遠。我們仍然戴著耳塞，而且幸好戴了，因為有一段吉他獨奏的音量超過一百加權分貝，另外還有好幾次，連從我們離舞台有一段距離的座位，都仍聽得到超過一百加權分貝的聲音。後來，從伯格的劑量監測器印出的讀數表顯示，我們的耳鼓受到的第一次攻擊是一百一十五加權分貝，後來還有好幾次超過一百加權分貝的音量讀數——這還是在整場音樂會中，我們有百分之九十九的時間是在離舞台很遠的情況下測出的。

伯格去跟負責混音的兩名音效人員聊了一會兒，他們的位置介於我們的新座位和舞台之間，他回來後告訴我們，那些音效人員也戴著耳塞。在人山人海的觀眾中，可能只有我們五人戴著耳塞。我們趁著天還沒暗到看不見以前，瞧了又瞧，但都沒有看到其他戴著聽力保護裝置的人。世界衛生組織建議參加音樂活動的人，四小時的加權平均音量不要超過一百分貝。根據伯格的劑量器，我們的加權平均音量是九十四分貝，而且幾乎全是在離舞台較遠的地方測的（參見附錄B）。若是我們仍留在前頭，噪音暴露肯定高得多。

如果草坪噴灑了殺蟲劑，一定會豎立警告標示。如果洗手間的地板剛抹過，入口處一定會用橘色圓錐物和警示語，提示地板可能濕滑。然而，這裡沒有任何警語，沒有任何標示提到必須戴聽力保護裝置，入口處也沒有提供耳塞，這裡看似沒有任何需要擔心的原因，沒有任何理由會讓人想到，在公共場所參加戶外活動有可能危害健康。但是我幾乎毫不懷疑，在二〇〇七年六月十五日印第安納州印第安納波利斯市的白河畔，在淡紅的夕陽和清爽宜人的夜裡，民眾的健康在毫無警告的情況下受到傷害。

噪音法令呢？沒錯，大多數的城鎮都有噪音法令，但是談到在這類戶外場地、酒吧和夜總會，或其他大型場地放送的大聲音樂時，噪音法令甚至連提都沒提到噪音性聽力損失。它們只是為了禁止妨礙而設立的法令，只是為了保護附近居民不會受到不受歡迎的噪音干擾。如果相關的城市或俱樂部老闆想保護音樂聆聽者（或是要保護暴露在噪音中的員工），其實市面上已經有方法可用。只要花七百五十美元，就可以向康乃狄克州西雷丁市（West Redding）的「金線」（Gold Line）公司購買一台SLC1音量控制器。它跟其他許多公司一樣，都有銷售能持續記錄音量的設備。這種設備能在音量超過預設的分貝值時，使警示燈閃動；若有必要，還能在音量超過限制時，調降音量或關掉音樂。然而，在「金線」公司提供的產品中，音量控制器卻是乏人問津的產品。

「金線」的總裁馬丁・米勒（Martin Miller）解釋說，他賣掉的少數幾台音量控制器，買家並不是什麼善心大發的俱樂部老闆。它們安裝的場所都是曾經遭民眾打電話向噪音警察（在英國這類人員稱為噪音督察）投訴的地方，遭受投訴後，這些場所的擁有者在法院命令下必須保存音量紀錄，而且該場地的音量不得對鄰居造成干擾。米勒說，另外就是在「跟DJ有關的情況。有些孩子在玩設備時經常興奮過頭，有時會過度使用擴音器和系統，結果使（屬於俱樂部老闆的）設備蒙受大量損壞，因此這些老闆會購買音量控制器，但原因是為了保護設備，而不是人耳」。

一名在大城市的環保部門服務許久的噪音控制主管證實說，他的屬下會注意大聲的音樂，全是因為鄰居抱怨。他們發出的傳票都是與鄰居或對街的音量過大有關，而不是因為離俱樂部的揚聲器僅數英尺的顧客聽到巨大的聲響。「根據我們的不成文法，如果你買票去一個地方……就得承擔那裡的音量所帶來的風險。」

「真的？」

「真的。噪音的定義是不受歡迎的聲音，因此當你買票參加自己喜歡的音樂活動時，就意味著那對你不是噪音。」

由於噪音暴露的效果是累積的，今晚這場由交響樂輔助的搖滾音樂會（和其他的音樂會），對聽力累積造成的效果可能要到多年後才會顯現。印第安納波利斯市以及其他的活動贊助者或音樂場所，怎麼能規避這個責任？聽力可以說依然是公眾關切議題中的盲點。

對於一些人而言，大聲的音樂無疑是悅耳的。我年輕時，也會在宿舍用揚聲器播放搖滾樂，還會把音量調高，甚至會打開窗戶，讓大家跟我同樂（所以，艾比，我很了解妳聆聽iPod的行為，但仍為妳擔心）。但後來科學家發現，耳朵附近負責覺察人體所在位置的器官「球囊」（sacculus），會受到大聲的音樂刺激。它也會啟動人腦內的愉悅中心，對某些人來說，它的影響力顯然很大。根據波士頓東北大學（Northeastern University）聽力語言研究所（Institute for Hearing, Speech and Language）瑪麗・佛羅倫汀（Mary Florentine）的說法，習慣大聲聽音樂的人在突然失去這些分貝毒品後，會出現跟上癮者類似的脫癮症狀。

一人的愉悅可能是另一人的痛苦，但事實上無論是愉悅還是痛苦，高音量的聆聽經驗都可能造成聽力損失，而這會進一步造成掉毛。國立失聰暨其他溝通障礙研究所（National Institute on Deafness and Other Communication Disorders）所長詹姆士・巴提（James F. Battey）醫學博士曾寫道：

科學家一度相信噪音性聽力損失會因為音量大的振動力量而破壞〔耳內的〕毛細胞。在此情況下，唯一

> 的預防方法是減少聲音暴露和（或）使用耳朵保護裝置。然而，最近的研究已經發現，噪音暴露會引發一些分子（自由基）的形成，而且這種分子會引起毛細胞死亡。
>
> ——二〇〇六年二月十四日致麻薩諸塞州議員艾德華・馬基（Edward J. Markey）函，回應其對MP3播放器導致聽力損失的憂慮

酗酒已經促成許多宿醉療法問世，包括用蘋果、香蕉、維生素A和C來提供精力給遭酒精毒害的身體，同樣地，現在針對**音癮**（bangover）行為也有療法開始出現。在聖地牙哥製藥公司「美國生物健康」（American BioHealth）集團的網站上，已經可以預購聽力恢復藥（Hearing Pill）。九十五顆四十四點九五美元，該公司宣稱這些藥丸可以減少耳蝸內的有害毒素量，維護毛細胞的健康。美國生物健康集團公開陳述說，雖然該產品的活性成份N—乙醯半胱胺酸（n-acetylcysteine），是美國食品藥物管理局（FDA）核准用於其他醫療用途的藥物，但FDA尚未對該公司產品的聽力保護功效表示支持。不過無論如何，這個領域已經引起研究人員的關注。

密西根大學克萊斯基聽力研究所（Kresge Hearing Research Institute）耳蝸信號傳遞暨組織工程實驗室（Cochlear Signaling and Tissue Engineering Laboratory）的主任喬瑟夫・米勒（Josef Miller）博士告訴《美國新聞與世界報導》（*US News & World Report*）說：「未來我們可以看到恢復聽力的營養棒。」該雜誌在二〇〇七年七月十六日號中報導：「他和其他人已經證明，綜合使用抗氧化劑維生素A、C和E以及鎂，不僅可以在噪音暴露前保護內耳，也可以在危害發生後，限制損失達七十二小時。」

第二天早上，伯格帶我們到當地的一個機構，對數百萬賽車迷來說，那裡肯定相當於國家殿堂：印第安納波利斯賽車場（Indianapolis Motor Speedway），碰到「印第五百」大賽舉行的那個紀念週末，觀眾會超過三十萬人。今天是「一級方程式」的計時賽，群眾預計會少很多。葛洛斯曼跟我都沒有看過賽車，出於好奇，我們就去了。我們想知道觀眾席到底有多吵，看看有多少人會戴上聽力保護裝置。我們拿到耳塞，擦了防曬油，還戴上帽子。今天肯定是一個酷暑日。

我們離賽車場還有一英里遠，就已經聽得到嗡嗡聲，除了我在一九六九年一時興起，跑去胡士托音樂節那次之外，我從沒看過這麼多觀眾。休旅車和派對帳篷已經在一些較大的場地，圈出使用範圍。駛近賽車場後，我驚訝地發現，這裡居然是住宅區。如果住在這裡，你最好是賽車迷，不然也要能享受賽車迷的陪伴。每棟房屋前面的草坪（若是剛好位於轉角，連側邊的草坪也一樣），停滿一輛輛頭尾相連的車子。二十美元似乎是公定停車費。伯格在離賽車場幾條街的地方，找了一棟房子，把車停在路邊出口，方便回去時能早點駛離。伸手跟我們要停車費的人，就站在一個耳塞廣告的看板旁邊。伯格主動問起有關耳塞的事。

「很多人沒有耳塞，我一副賣兩塊錢，」他說。「我向紐約一家公司進貨，他們是經過美國職業安全與衛生局核准的，可以擋掉多達一百二十五分貝的音量，一級方程式的音量大約是一百七十五分貝，所以你可以受到四分之三的保護。」

伯格要求看包裝，認出它是由加州競爭者製造的。

那人補充說：「一個週末，我在四十五分鐘內就可以賣掉兩百副。」

最後這句或許是真的，但其他就離事實很遠了。走近賽車場時，伯格把正確資訊告訴我們。他說碰到賽車日，四周停滿車輛的時候，尖峰音量不是一百七十五分貝，而是大約一百二十五到一百二十八分貝左右。

「地球上最吵的工作地點是飛機機艙，大約一百五十分貝。至於耳塞，我們不會說最多可以擋掉多達少音量。這些耳塞的等級是三十三，從字面上看，如果你的安全音量是八十五分貝，它們的保護範圍就是一百一十八分貝。而且，這是指連續暴露八小時的情況，所以它們足以在賽車期間提供耳朵保護。」重點是：那個人提供的分貝資訊是錯的。這不足為奇，不過販賣聽力保護設備並沒有錯。我又看到一些人在通往賽車場的路上賣耳塞。或許這是個好兆頭，表示在跑道邊耳朵可以受到很好的保護。

我們買了普通入場票，沿著觀眾席外圍走了好幾區才進入賽車場。葛洛斯曼跟我坐在R排，跟賽車道隔了十八排座位，位於雙層座位下的涼爽陰影裡。伯格打手機給朋友，到上層看台去找他。現在是中午十二點四十分。音響系統播放著披頭四的〈狂扭尖叫〉（Twist and Shout）。我的音量計現在的讀數是八十五加權分貝。耳塞塞上。

附近有觀眾對空吹號角，還有按喇叭，播報員說了一些話，但是在這些噪音下，我除了知道他有英國口音外，什麼都聽不到。

我突然聽到一聲巨響，一輛有四個輪子的火箭車從洞裡升起，急轉向右邊，然後咻地就衝過我們眼前。我從沒見到移動這麼快、或是這麼大聲的地面物體！瞥了一眼音量計，一百零二加權分貝。過一會兒，又有一輛車冒出來，然後又一輛。這三輛車像憤怒大黃蜂一樣繞著賽車場跑，只留下隱約的車影，還有呼嘯而過的噪音（一百一十一、一百一十二和一百一十五加權分貝），這些聲音顯然都直衝著我們周圍這些人的耳朵。好吧，應該說這裡所有人的耳朵。我看到右邊一名婦女用手指塞住耳朵。很快掃視一下，可以算出有十六人戴了耳塞或耳罩（有些可以提供保護，還可以收聽特殊的賽車頻道）；三十一人沒戴任何東西，顯然願意冒著在噪音中喪失聽力的風險。

在這些觀眾席的其他地方，也有一些人的耳朵沒有受到保護。伯格發現在上層看台靠近彎道的地方，大約每十名觀眾就有四名沒戴耳塞或耳罩，而那裡的汽車聲音甚至更大，因為是在屋頂下。伯格發現音量計的讀數高達一百二十六加權分貝，幾乎達到令人耳痛的界限。後來，我們再度會合時，伯格以蓋過噪音的聲音喊著說，他真希望他有帶相機來，好把聽力缺乏保護的情形拍下來。我把我的相機借給他。在他拍的一張照片中，有十五隻耳朵是看得到的，意味著它們都沒有受到任何保護。在其他一些照片上，有些人的耳朵裡有泡棉的耳塞突出來，就像科學怪人脖子上突出的把手一樣，換句話，這些人塞耳塞時並沒把它們轉緊，所以這些耳塞無法妥善地封住耳道，能降低的分貝量也就極為有限。但是他也有拍到好的一面，這得要感謝一對父母（或祖父母）：一名小寶寶躺在嬰兒車裡，在令人汗毛直豎的環境裡睡得香甜，而且戴著某種類似靶場上那種雙耳式耳機的保護裝置。

下午兩點時，我們從跑道下方的隧道抵達內野，這裡也是很受歡迎的觀賞地點，可以看到這個大獎賽車道的U形急轉彎道。這時一架直升機飛過頭頂，讓周遭變得更吵，我決定我已經看夠了，也聽夠了。等直升機飛到不會干擾我講話的距離時，我對招待的主人說：「要不要去找繆爾？」

伯格知道我對繆爾的「感覺」，所以他很樂意在開車回他家時繞點路，讓我能去尋找我在書上讀到的一座歷史紀念物，它豎立在印第安納波利斯市區，就在山脈俱樂部（Sierra Club）胡爾分會（Hoosier chapter）旁邊。沒錯，是山脈俱樂部。我們在南伊利諾街（South Illinois Street）和西麥里爾街（West Merrill Street）交會處的羅素大道（Russell Avenue）上發現它。它立在一塊三角形的小草地上，附近有一座停車場和一個大郵局的分支中心，正好落在施工中的RCA圓頂橄欖球露天體育場的陰影裡，離自然環境相當遙遠。

這裡在將近一百五十年前，也不是原始或安靜的地點，當時繆爾在奧斯古史密斯公司（Osgood, Smith &

Company）的馬車工廠工作，這裡就是那家工廠的所在地。繆爾在威斯康辛大學攻讀植物學後，一八六六年來到印第安納波利斯，後來又到加拿大漫遊並收集植物，有些人說他是為了逃避美國南北戰爭。當時那家馬車工廠是用迴轉帶提供動力，而那些迴轉帶則是靠細帶綁在一起，繆爾在用銼刀拉緊這些細帶時，一時手滑，銼刀劃過他的右眼，他甚至看到眼睛裡的一些玻璃狀液體滴到他手上。那是他在很長一段時間裡最後看到的影像，他的左眼因交感反應也跟著失明。在其後的黑暗歲月裡，繆爾的生活因為離開工廠噪音而變得比較安靜，這時他向神祈禱並發誓說，如果他能恢復視力，就會把一生奉獻給神的創造物，而非人類的發明。

後來繆爾的確恢復了兩眼視力，如同這塊歷史紀念碑上所說的，他「於一八六七年九月一日離開印第安納波利斯，開始四處旅行，這些旅程最後於一八六八年三月於加州結束」。在這些旅行期間，他的確沉浸在自然環境當中，實現自己對神的承諾。他先是搭火車旅行到傑佛遜維爾（Jeffersonville），然後搭渡船到肯塔基州的路易斯維爾（Louisville）。之後他就徒步旅行，他寫道：「我打算穿越最荒涼、最茂密、最杳無人跡的路徑往南方走，盡量接近原始森林。」他的目的地是一千英里外的墨西哥灣。我懷疑那時他的視力仍有受損，眼睛還在療癒當中，所以他才會對聲響特別敏感，也很仰賴雙耳——這不僅是為了學習荒野知識，也是為了求生。這位在後來成立山脈俱樂部，並且成為美國國家公園之父的人，在他的《墨西哥灣千哩行》（*A Thousand-Mile Walk to the Gulf*）中，詳細敘述了這趟旅行的開始：

九月十二日。在浸濡全身的山霧中醒來，在烈陽驅走山霧之前，霧景壯麗非凡。我在昆布蘭山脈的東坡頭，經過簡陋的蒙哥馬利村。在一棟乾淨的屋子裡取得早餐後，開始下山。眼前是遼闊的鄉間美景，山脊和分水嶺橫列在遠方兩側。經過克林奇河（Clinch River）的支流，一條寬而涼的溪流。在大自然中，

> 以山溪的言語最為豐富，這是我生平第一次見到的山溪。它的兩岸長滿許多罕見而美麗的花朵，枝葉蔽天的大樹，形成大自然裡最涼爽舒適的地方之一。這條美麗溪流的每一棵樹，每一朵花，每一道漣漪和漩渦，似乎都顯得神聖非凡，讓人深深體會到偉大造物者的存在。我在這塊庇護地裡留連好長一段時間，全心感謝上帝的仁慈，讓我能進入這裡，享有一切。

「在大自然中，以山溪的言語最為豐富，這是我生平第一次見到的山溪。」十五年前，我第一次讀到這個句子後，它就在我心頭縈迴不去。就像羅斯福迷急著想去這位美國第三十二任總統位於哈德遜河的故居參觀，以便對他的生平與性格能有更深刻的了解一樣，我長久以來也一直渴望能找到繆爾的「第一條」山溪，想坐在清涼的水邊，跟繆爾一樣聆聽。現在，以華府為目的地的我，終於有時間暫時繞點路去做這件事。

後來伯格問我一個這兩天顯然一直在他心頭縈繞的問題：「這個，戈登，你老實告訴我。在知道這一切後，你真的認為你可以在華府促成一些改變嗎？你真的認為可以找到對的人談這件事，並造成影響嗎？」我跟伯格是多年好友，他對我的這項使命懷抱相同熱情。但我察覺到他話裡的停頓語氣有點不同。

伯格和我初次見面，是因為他無法去上我在奧林匹克國家公園學院開的「聆聽之樂」課程，於是聘我當私人老師，到瑞亞托海灘為他上課，我倆從此結為好友。我們曾經一起沿著華盛頓州的海岸線，健行五英里。他跟我去過「一平方英寸的寂靜」。我們對許多課題的看法相同。剛剛，我在他的聲音裡聽到懷疑，至少是朋友的關切。其實我自己也有點懷疑，而且這種感覺在整趟旅程中一直在我腦海裡徘徊不去，就像福斯小巴裡一直都存在「噹啷」聲。

「我不知道能不能改變現狀，」我回答說：「但我知道我一定會嘗試。」

或許我早已經知道，特別是在霍河河谷的時候，這件事不是能做或不能做的問題，而是在對與錯之間做選擇。當你置身在大自然裡時，對與錯的分別就會變得清晰起來，而且經常是極為明顯。寂靜賦予我成為地球好公民的力量，我知道拯救寂靜是正確的事。我不知道是否真能拯救寂靜，因為拯救寂靜要許多人的聲音。

1——艾克森瓦爾迪茲號漏油事件：一九八九年，一艘名為艾克森瓦爾迪茲號的油輪，在阿拉斯加威廉王子灣（Prince William Sound）觸礁，造成三萬噸原油流入海中，是美國歷史上最嚴重的漏油事故之一。

2——動態範圍指的是一首樂曲中最響的音樂片段與最弱的音樂片段之間的差距。例如最響的片段為一百一十五分貝，最弱的片段為二十五分貝，動態範圍就是九十分貝。

10 追尋繆爾的音樂

在大自然中，以山溪的言語最為豐富，
這是我生平第一次見到的山溪。

——約翰・繆爾《墨西哥灣千哩行》

我再度回到路上，孤單但快樂：我很高興來到田納西州，享受自科羅拉多以來第一次遇見的山脈，也很高興展開拖延許久的追尋。我的舊福斯小巴就像我的田納西獵犬一樣，嗅聞出些許的和平與寧靜。我真的等不及要下車！等不及讓雙腳親吻大地，跟隨約翰・繆爾的腳步穿越美國，或許能踏上他先前走過的地面，聆聽他筆下清涼山溪所發出的「大自然的最豐富言語」，這是繆爾在一八六七年寫的話。

自從我小心慎重地開始閱讀繆爾十九世紀後半葉的著作之後，他就一直是我迫切渴求的精神導師。我原本擔心這位被喻為

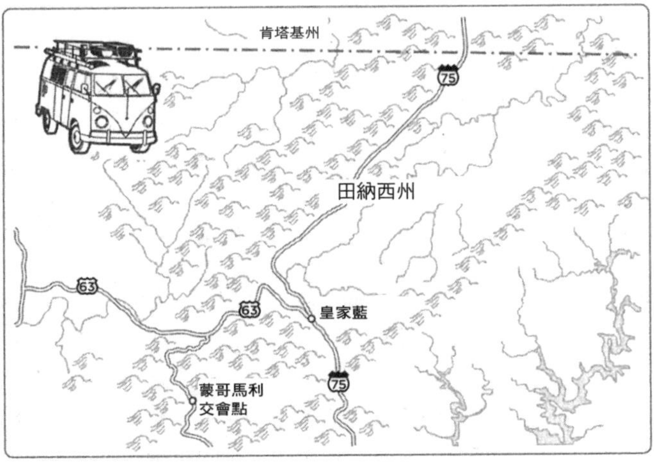

「國家公園之父」的傳奇人物，可能只是歷史上的名人，怕他之於美國國家公園管理局，就像人行道上的裝飾之於麥迪遜大道（Madison Avenue）一樣。但我很快就迷上繆爾的文字：

> 我自熱情洋溢的音樂與運行中漂流而過，穿越許多峽谷，從山脊到山脊；我經常在岩塊的陰影下尋求庇護，或佇足觀察傾聽。即使在這首宏偉頌歌飆到最高音的時候，我仍能清楚聽到個別樹木變化多端的音色，像是雲杉、樅樹、松樹和無葉的橡樹等等……每一棵都以各自的方式表現自我：它們唱自己的歌，創造自己的獨特紋理……光裸的枝椏與樹幹發出深沉的低音，轟隆隆地像瀑布；松葉迅速而抽緊的振動化為尖銳的聲響，嘯嘯嘶嘶，接著又降低為絲般柔滑的低語；月桂樹叢的沙沙聲在小山谷裡迴響，葉片互相敲擊，發出類似金屬的清脆聲音——只要專注傾聽，就可以輕易分析出所有的聲響。

我著迷了。繆爾顯然是利用當時現有的技術記錄自然聲音的專家。他的聆聽功力以及捕捉大自然裡多種交響樂曲的本事，令我震驚。我貪婪地閱讀他的《發現荒野八書》（*Eight Wilderness Discovery Books*），同時有系統地把每個有關自然聲音的描述輸入可搜尋的資料庫，然後分析他的觀點，希望找出他最喜愛的主題及經常聆聽的地點。我決心彌補他的文字及我的了解之間的差距，於是開始實際追隨他的步履。我「在四月一日左右」到優勝美地，留著鬍鬚，甚至嘗試他在荒野裡吃的素食，盡我最大的努力體會他的精神，跟他學習如何成為更好的自然聆聽者。他把山谷與河流描述成樂器，把自然之聲形容為音樂，有時還會搭配地震重新排列由大花崗圓石所構成的音符。繆爾打開了我的耳朵，讓我能把自然當成音樂聆聽。

空氣是翅膀留下的音樂。萬物都在音樂中舞動，譜曲。老鼠、蜥蜴和蚱蜢一起在土洛克（Turlock）的沙上歡唱，與晨星共鳴。

繆爾最常描述的聲音是水。他是這樣描述海拔兩千四百二十五英尺高的優勝美地瀑布：

這高貴的瀑布擁有山谷裡最豐富和強大的聲音，它的音調變化萬千，有時像風自活橡樹光滑葉片間吹過時帶起的尖嘶聲和沙沙聲，有時像松林裡溫柔細緻、令人安寧的聲音，有時又像是在山巔危崖間衝撞怒吼的狂風與猛雷。有時碩大的水塊會在危崖表面與兩塊突岩上的空氣相遇，在衝撞與爆裂下發出不斷迴響的轟隆低音，如果情況理想，五、六英里外就聽得到，一塊突岩在我們腳下，另一塊在它上方大約兩百英尺處。這些如慧星般巨大的水流在高水位時會持續不斷出現，而爆破般的低沉音調則是狂悍地時斷時續，這是因為除非受到風的影響，否則大多數沉重的水流會從懸崖表面激射而出，所以會飛越過突岩，直衝而下，但在其他時候則會撞擊突岩，轟然爆發。偶爾整個瀑布都會擺離危崖表面，然後突然間又整個衝上去，有時則會如鐘擺般左右搖晃，造成變化萬千的形式與聲響。

繆爾首次聆聽水聲，是在田納西州蒙哥馬利市外的清涼山溪畔。據我所知，自一八六七年起，就沒人曾刻意到那裡像繆爾一樣專心聆聽，或同時在內心迴盪著繆爾的話語。於是我決心找到那條溪，追蹤它的聲音。

隔天早上，在美麗日出的橘色光芒下，我察覺到空氣中有一股熟悉、辛辣的草香，就像……就像我小時候在荒僻林地漫遊時聞到的落葉味。那時我總愛從位於馬里蘭州波多馬克的家跑出去玩，愈跑愈遠。

大約在諾克斯維爾（Knoxville）市外三十八英里處，我從六十三號州道出口離開，卻發現自己來到一塊商業區：有康佛特旅館、史塔基連鎖商店、一家電視購物商店（As Seen On TV Outlet），和一個稱為泰坦（Titan）的大型煙火販賣店。六十三號州道西側是小丘連綿的地形，然而宛如畫作的山谷風景卻令人感到沮喪：幾乎每個主要山谷都有一條道路通過，交通聲會在丘陵間迴響。我知道我在橫渡水牛河（Buffalo River）時錯過了原本應該轉彎的叉路，於是我打了U形迴轉，這次是轉到諾瑪路（Norma Road）上。我的心跳得很快，遠遠的下方有一條河，鐵道沿河鋪設。那些鐵軌看起來亮閃閃的，可能仍在使用。我回頭望向坑坑洞洞的狹窄柏油路。現在我得冷靜下來，仔細觀察和聆聽我的位置。我駛上路肩，把車停在一棵橡樹涼爽的樹蔭下，旁邊是一輛已經生鏽且沒人看顧的運木拖車。

在我這輛福斯小巴乘客座那邊，是一片樹木茂密的陡坡，直接連到下方的河流。我走向陡坡邊緣，看到各種顯然是從我的站立地點丟出去的垃圾：塑膠瓶、油漆桶、保麗龍杯、輪胎、聖誕節用的人造花圈裝飾。然後我注意到一些書，它們有著褐色封面，書背上印著暗綠和金色條紋：《世界百科全書》（*World Book Encyclopedia*），就跟我小時候擁有的那套一樣！我在華盛頓州柏衛市湖丘小學（Lake Hills Elementary）唸五年級和六年級時，很愛窩在家裡一頁頁閱讀這些百科全書，直到看膩。

我小心地走下陡峭的河岸，謹慎避開到處都有的毒藤，打開我拾起的第一本百科全書，第十六冊，厚厚一本全是以S開頭的字。我注意到它的版權年份是一九六一年，並且開始翻找：Saliva（口水）、salmon（鮭魚）、Siberian husky（西伯利亞哈士奇犬）……silence（寂靜）、Tower of Silence（天葬塔，參見Tower of Silence）。該死！我找不到T開頭的，我不停翻，直到找到Sound（聲音）為止。

聲音的種類。噪音。噪音以兩種方式使人受傷。強烈的噪音有可能造成失聰。鍋爐工人、鋼鐵工人和其他長期暴露在強烈噪音下的人有時會失聰。噴射客機經常製造干擾人的巨大噪音，因此在某些機場禁飛。持續或周期性的噪音可能導致疲倦或暴躁，即使不是特別大聲。持續往復的鋸子聲或間歇規律的電話聲，可能使工人的產量減半。建造商經常在辦公室和工廠的內牆上裝設毛氈、軟木製品或其他吸音材料，以減少噪音，改善工人的工作效率。樂音。樂音是由三種類型的樂器發出，分別是弦樂器、管樂器和打擊樂器。

我想起繆爾在十九世紀晚期的音樂，回想起他所說的話：

只要活著，我就可以聆聽瀑布、鳥與風的歌聲。我會詮釋岩石，學習洪水、暴風雨和雪崩的語言。我會熟悉冰川與野生花園，盡可能接近這世界的心。

我上方的馬路傳來一陣隆隆聲，把我驚醒，回到當下，那比我聽過的任何聲音都來得大。我看到以英文字E開始的那一冊，讓我們來看看一九六〇年代的人對於生態有何看法。

生態學是生物學的分支，探討生物彼此之間以及與環境（周遭）之間的關係。專門研究這些關係的科學家稱為生態學家。無論植物或動物，任何生物都無法單獨生存。每一種生物都以一定的方式依賴其他生物或無生物，才能生存。生活在相同地區或群落的動植物，都以一定的方式互相依賴。……生態學的研究增加人類對這個世界及其生物的了解。這一點很重要，因為人類的生存與福祉取決於世界上現存的所有關係。

爬回我的福斯小巴後，我仍可以聽到剛才那聲巨響自遠方傳來的回音。但在它消散以前，另有一聲巨響開始傳來，這次我看到聲音的來源：一輛運煤車。等我找到繆爾筆下清涼的山溪時，勢必得等到夜幕低垂，過了運煤卡車司機的下班時間後，才有希望聆聽靜謐。

回到車上後，「注意：道路中斷」這類路標多少帶給我一些鼓舞，提醒我正深入偏遠地區。我開到一條通往搖擺橋路（Swinging Bridge Road）的分叉點，繆爾肯定會在這裡右轉，下去清涼一下。現在已經沒有搖擺橋，但我很高興能看到類似諾曼・洛克威爾（Norman Rockwell）[1]插畫的景象：兩個小孩輪流用繩子盪到河岸邊可供游泳的地方。他們一看到我用遠距相機對準他們的方向，就在盪出去前做出讓我的照片更加值得的事：偌大的天真笑容，然後「喀——噗通」一聲跳下水！

諾瑪路逐漸變成石子路，比較危險的路面已鋪上柏油，現在它的總寬度單是運煤大卡車走起來都很勉強，更別說多了在反向「車道」上行駛的我的這輛老福斯。每次有卡車朝我迎面駛來，總是只差幾英寸就會擦撞我的車門，還會揚起漫天塵土，黏在我汗濕的身上，車上每樣東西都無法倖免。一輛水車開過來，灑水減少路上的塵土，但水分迅速蒸發，沒幾分鐘，塵土再度飛揚。那輛水車就像現代煤鄉版的薛西弗斯，只不過薛西弗斯是把滾落的石頭反覆推回山上，這輛水車則是反覆運水。若從名稱和地點來看，這條路可能是一條鄉下小路，但它所承載的卻是工業交通。

我看到一個寫著「昆布蘭步道」（Cumberland Trail）的路牌時，就知道自己開過頭了。我肯定沒有注意，直接開過蒙哥馬利。好吧，現在換我到河裡冷靜一下，沖掉身上的塵土。新河（New River）的河道寬大，流速緩慢，高大雄偉的樹牆圍著池底的岩石，形成美妙的自然露天劇場。我潛入較深的水池，觀察昆蟲把這條河流當高速公路般使用的情形，偶爾會有覓食鱸魚飛濺的水花形成的漣漪，同時也聽得到卡車聲在枝葉茂盛的峽谷間迴響。我在河岸的小圓石之間看到閃著虹光的小石油坑。

把身上的水滴乾後，我仔細研究地形圖，看接下來該往哪裡走：沿著朝東方的側谷往上開到蒙哥馬利分叉口，往盧斯汀伊耳泉（Roosting Ear Spring）的方向走。沿路一個寫著「野生動物管理區」的路標，讓我多了點信心。

這個受到保護的側谷延伸出數個小凹谷，形成天然的露天小劇場，四周環繞著橡木、山胡桃和楓樹。山谷中央有一條小山溪，一定是它！就算它不是繆爾筆下清涼的田納西山溪，肯定也跟它同出一源。

我把車停在高地，以免引擎冷卻時「劈啪、喀嗒」的聲音妨礙我聆聽，我扛著錄音設備，徒步走下布滿塵土的路面，朝山溪的呼喚聲走去。我從突出的樹葉間瞥到水池和各種各樣的石頭反射著最後的陽光。走了幾分鐘，一條美麗的小溪出現眼前，我剛要到水裡架設設備，一隻畫眉鳥就發出豎琴般的歌聲，彷彿在給予這一刻最後的祝福。我立即停步不動，深怕驚走這隻跟知更鳥差不多大小、天性害羞的小鳥，然後悄悄把三腳架架在淺淺的溪水裡，按下錄音鈕。

然而，我的計畫還是未能實現。一輛美國國家煤礦公司的卡車開進來，停在離我大約一百碼的上游處，像口渴的大象般開始吸水。原來這裡是道路灑水車取水的地方。這個口渴的怪獸讓小山谷充滿刺耳的機械聲。我的音量計讀數猛升到七十一加權分貝——這種事竟然發生在野生動物管理區，簡直不可思議！

我放棄任何錄音的想法，走過去跟卡車駕駛說話，他襯衫上的名牌寫著「藍帝」（Randy）。他告訴我，他一次取四千加侖的水，一直工作到凌晨三點，然後別人會接手繼續做十二小時，以便減少路上灰塵，這些水也用來補充煤礦場的水池。

「沒有水，就沒有煤，」他邊說邊打量我的衣服：汗濕的褐色T恤、曬白的卡其獵人背心、帆布短褲和Teva牌戶外運動鞋。「你在這裡做什麼？UPS？」藍帝肯定以為我是UPS快遞員，身上穿的是適合高地的制服。

我告訴他，我想錄製鳥的聲音。

他告訴我，每次補充水大約要十五分鐘，他一個晚上要跑七到十二趟。這次的水是要送去補充煤礦場裡快乾掉的水池。「他們沒有水，就不能處理煤。小豎坑，一週一兩次沒什麼用。這條溪的水位通常在八、九月以前不會這麼低。」我把這視為意外的錄音消息，因為這應該比較符合繆爾在九月十二日造訪時的情況。

噪音加上他的口音，讓我無法立即了解他的意思，經常會落後一句。現在我才聽懂他剛才講的是「沖澡」，原來他在問我是不是要拍攝飛來這條溪的鳥。

「不是，我來聽約翰・繆爾一八六〇年代在他日誌裡寫到的聲音，有點像是在做歷史旅行。」

「這樣啊。」

「那麼，」我問：「國家煤礦場離這裡有多遠？」

「大概三點五英里，頂多四英里。」

這就像壓垮駱駝的最後一根稻草，完全行不通，因為就算我能趁藍帝換班的短暫空檔錄音，在那段空檔裡也會有另一種噪音：人類為取得能源而鑽入地底深層的嗡嗡聲。這跟蒙大拿州老沃夫自耕農場的問題一樣。

「你知道蒙哥馬利怎麼走嗎？」

「就在這裡，就是這裡。這條溪就叫蒙哥馬利溪（Montgomery Creek）。這個橋架下的小溪，叫做羅奇溪（Roach's Creek），很漂亮的溪。到這裡為止都很漂亮。」

我們看到水溢出卡車頂。「我加滿了，」藍帝說，跑過去關掉幫浦。

「嗶—嗶—嗶—嗶」，他按喇叭警告我，他要倒車，接著就掉頭開回礦場。

我按照藍帝的建議，沿羅奇溪往山谷上方走，假想自己正在追隨繆爾的腳步。走在溪水裡，我可以聽到它的聲音不斷變化。沒有兩顆岩石是一樣的。任何一道水流都不同。每走一步都是一個新的組合，新的音符。在不同的時代，例如繆爾的時代，我有可能沉迷在這些細微的變化裡，但是在國家煤礦公司第十一號礦場自遠方傳來的噪音下，我幾乎無法心平靜氣地聆聽。繆爾在離我此刻位置很近的地方，於日誌裡寫道：「在大自然中，以山溪的言語最為豐富。」如果他得負責寫維基百科裡有關生態學的條目內容，以今天的情況，他會怎麼寫呢？

我倒是知道繆爾寫了下面這一段話：「心靈的感官肯定比身體的感官優越得多！」我希望他是對的，因為我們未來得靠來自心靈感官輸入的野生情報，度過下一個千禧年。

我得在星光出現前走出這裡，因為單靠星光，無法安全走過這些滑溜的岩石。在回到我的老福斯旁，等待茶水煮開時，我從繆爾一八八八年七月寫給他太太露依（Louie）的信裡汲取勇氣：「晨星仍一齊歌唱，而這個尚未成形一半的世界，每天都愈見美麗。」

沒錯，這也是我心裡的想法。我現在比以前更確定，我要繼續前往華盛頓。這世界正處於生成之中；它「尚未成形一半」。在噪音污染愈演愈烈的情況下，現在正是我們應該採取行動的時候。

1——洛克威爾（一八九四—一九七八）：美國畫家及插畫家，擅於描繪美國人的日常生活情景，作品廣為流傳。

11 走向華府的一百英里

唯有在靜水中，萬物的倒影才不會扭曲。
唯有平靜的心，才能充分感知世界。

——哲學家漢斯・馬哥里奧斯（Hans Margolius）

在馬里蘭州的威廉波特（Williamsport）鎮外，一條八英尺寬的石子路旁，豎立著徹薩皮克灣與俄亥俄運河（徹俄運河）第一百英里的里程標。威廉波特是一個古色古香的寧靜小鎮（建於一七八七年，人口一千八百六十八人），鎮上的房屋是用殖民時代風格的磚石蓋成，屋外圍著白色柵欄，波多馬克河岸有一大片橡樹林。一八五〇年時，這個鎮因為位於新商業路線上而繁榮起來，這裡指的是連接華盛頓特區與馬里蘭州昆布蘭郡的徹俄運河。菸草、穀物、威士忌、毛皮和木材等貨物，由馬匹或騾子沿著運河旁維修完善的道路送抵碼頭後，就改用細長平底的載貨船

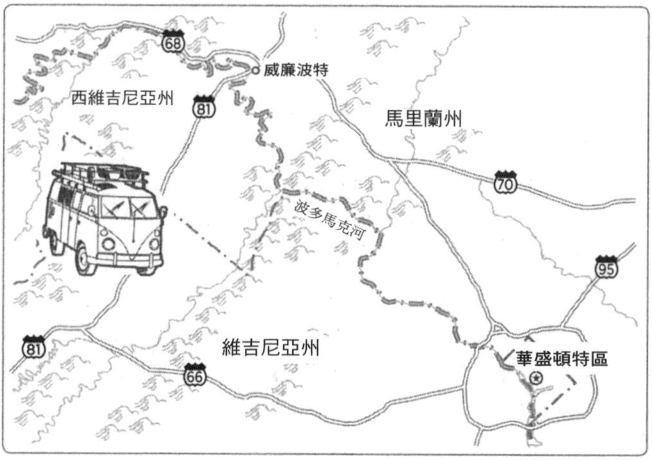

順著運河送到別處。徹俄運河於一九二四年關閉後，威廉波特鎮也跟著沉寂。

三十七年後，一九六一年，在最高法院法官威廉．道格拉斯的帶頭努力下，徹俄運河從昆布蘭到華盛頓特區全長一百八十四英里的範圍，經由立法程序正式劃為國家保護區（National Monument），並在一九七一年更名為徹俄運河國家歷史古蹟公園（C&O Canal National Historic Park），由國家公園管理局負責管理。

現在我離華府已經不遠，希望很快能見到聯邦官員，包括公園管理局局長。至於最後這一百英里，我希望能用走的。我打算採取繆爾的做法，匯集思緒，然後「在走路中一一釐清」，皮卡克可能會這麼說。我先前駕著福斯小巴迂迴橫越美國，沿著道路走了一萬英里，現在將換成林蔭步道，道格拉斯法官先前曾讚揚這裡是「一塊庇護地，一處桃花源，是首都後門的一長條寧靜平和之地」。

華府附近也是我熟悉的地區，我的高中歲月是在馬里蘭州的波多馬克度過，我在那裡唸溫斯頓邱吉爾高中（Winston Churchill High School），經常跟好友約翰．雅各布森（John Jacobsen）和史庫特．詹姆士（Scooter James）在路上和河裡嬉鬧。我們也會露營，有時一連數天，在營火上烤豬肉、豆子和煮咖啡，喝掉半打啤酒。有時早晨醒來時，我們的法蘭絨睡袋上會結上一層霜。我們知道那裡有最高大的懸鈴木，會爬到它們高聳的枝幹上，有時還會看到一堆堆萬壽果，如果我們夠安靜的話，還可以看到收集這些果子的松鼠。當時我們還幻想，可以在這樣無憂無慮的最後一段寶貴年輕歲月中，做出一番大事。後來史庫特抽徵兵籤時，抽到一號，號碼小的要從軍，所以他馬上就進了軍隊。約翰跟我抽到的號碼較大，高中畢業後，我去上大學而強尼到營建業工作。

現在我再度回到年輕時留連的河畔，抵達威廉波特東波多馬克街上紅屋頂旅館（Red Roof Inn）的停車場，現在這裡是供運河旅客搭乘火車的小站。很多人忙著處理戶外使用的裝備，由於天氣濕熱，有些人拿著水往頭上淋，消些暑氣。每一個人都揹著背包或戴著單車頭盔，有十幾輛登山自行車，上面載滿東西，靠著汽車旅館的牆放著。

接待櫃台後的女士遞給我一串房間鑰匙，表示我可以在健行到華府期間，把福斯小巴停在這裡。晚餐時，我開始為稍後的數英里之行儲備能量，吃了一堆食物──披薩和啤酒。

第二天早上，我在河岸的曳船路上為健行做準備，把專業錄音設備散放在福斯小巴旁的草坪上，一旁還有偽裝色的背包、水壺、食物和雨傘，這些東西引起另一名早起者的好奇，過來介紹自己是鮑伯（Bob）。我稍微解釋了一下我的職業，鮑伯說了一點關於自己的事，他現年六十八歲，住在印第安納州的艾凡士維爾（Evansville），自稱是獵人和漁夫。我猜他應該花很多時間待在戶外和寧靜的地方，就問他是否注意到環境的任何變化，他提到美國最近轉向乙醇生產的情形：「我們中西部現在遇到最大的改變是乙醇生產計畫。農夫開始買回保育合約，在休耕了十年的土地上栽種。他們可以在任何地點種植，這等於摧毀了大量鳴禽，山齒鶉算是已經消失。在我狩獵的西部地區，在懷俄明和蒙大拿境內，全球暖化已在過去五年讓可以狩獵的鳥種消失無蹤。我想今年的乾旱已經是第十二年，牧場無法種植新鮮牧草，環境改變的速度快得嚇人。」

「你去打獵的時候，有沒有發覺野外的聲音有任何不同？」

「那一帶原本有七種獵鳥，現在都消失了。」

「聲音改變了？」

「對，完全改變了，很可怕。我家鄉也一樣，」鮑伯說。「聽到的聲音跟多年前常聽到的不同。我們的湖裡沒有任何青蛙，夜晚也聽不到蛙鳴，以前牠們多到數以千計。」

我說聲音是一種警訊。鮑伯提到事情開始改變「大約是在他們發明那〔除草〕機器的時候」。他開始侃侃而談。

「這個截然不同的世界來得很快，讓人害怕，真的。因為一旦看到這些事情發生，最終必定會影響到人類，而且我覺得可能早就影響到了，那些癌症就是。我們必須做些改變，只可惜金錢和工業的聲音比較大。」他繼續又說了一會兒，然後絕望擔憂地大力搖頭，就像狗把身上的水甩掉時一樣。「這是可以改變的，沒有理由不能改變。就在前天，泰森（Tyson）公司才宣布不會再在雞裡添加抗生素。」

大口喝完咖啡後，最後又檢查了一次福斯小巴的車門是否已經鎖好，接著我把背包甩上肩頭，朝通往運河的小丘走去。我穿著質地輕便的長袖襯衫，游泳衣和Teva涼鞋。由於今天的氣象預報說氣溫將達到華氏八十度，加上我對這數英里的路況並不熟悉，預期腳會腫大，Teva涼鞋因為比較寬鬆，就算腳腫也沒關係。這是我在十五年前汲取到的教訓，那次我從舊金山走到優勝美地，全程二百五十五英里。

徹俄運河國家歷史古蹟公園的說明看板上寫著下列歡迎詞：

看看四周。您所處的這座公園是在關心民眾的努力下，才得以存在。一九五四年一月，美國最高法院的威廉・道格拉斯法官響應《華盛頓郵報》社論，把徹俄運河轉變為公園大道的建議。他寫下支持將這條運河以國家公園的方式進行保護的話：「這是每一位熱愛森林的民眾都能享有的聖所——只要一條窄窄的雙線公路就能把它徹底摧毀的聖所。」

看板接下來說明道格拉斯在一九五四年三月二十二日發起的健行，同行的還有一些自然主義學者，為一塊健行的編輯與記者說明徹俄運河的自然史。他們那趟路程備受讚揚，因為它讓民眾願意支持興建國家公園而非興建公路。

這不就是最好的證明！一個地方，加上誕生自地方的構想，就會構成強大的力量——但我們得願意花時間傾聽才行。我想道格拉斯運用了無上智慧，因為他傾聽了當時的實情，再加上這地方在當時是「首都後門的一長條寧靜平和之地」，所以能提供資訊，協助政府做出重要的土地利用決定。

踏上曳船路才短短幾分鐘，路上就只剩下我一人。我可以聽到皇葦鶲鶲「起司伯格、起司伯格」的叫聲，還有主紅雀「丟–丟–丟」的鳴叫，在運河兩邊的拱圓形闊葉樹林間迴響。黑桑樹結滿纍纍的甜桑椹，它們只有外觀跟我在西北部看到的黑莓類似，因為這些果子甜而不酸。我很高興這棵樹沒有刺，果子很容易摘，適合當成新鮮點心。

「勒勒勒勒勒勒勒勒。」一艘船尾附有馬達的船在波多馬克河上激起浪花（運河本身禁止行船）。我聽到「哼——砰——哼——砰」的聲音，很像附近一座高架路橋的交通聲。我希望在我深入數英里，把這個鎮遠遠拋到身後之後，這個五十四加權分貝的船聲以及其他入侵的噪音都會消失。但是我從樹木之間的大空隙看到一座電力塔，原來是煤炭火力發電廠：那裡有數棟建築和一堆堆的煤與輸送帶。先前我以為的陸橋噪音其實是那裡傳來的。現在可以聽到倒車警鈴的「嗶、嗶、嗶」，然後是用擴音器呼叫某人的名字。這些聲響的回音在四百英尺之外就高達六十五加權分貝。

在運河第四十四號水門處，曳船路上有一個標誌，上面用方體字寫著提醒單車騎士的內容：

在車速接近一百英尺時，

必須按鈴警示（車鈴／喇叭）。

這又是一個可能發生的噪音，我希望單車騎士能運用常識，在經過我旁邊時放慢減速。我原本也可以騎單車，我以前在送快遞時騎的登山自行車所用的鐵絲網籃還在，我的彈力繩也夠多，幾乎什麼都可以載。但是對於這趟旅程，用健行的方式來完成似乎比單車來得恰當。這趟旅程在霍河河谷時是以健行開始，最後也應該以健行方式結束。我父母替我取了一個好名字：我的中間名是Walker，走路者的意思。

在曳船路上走了一小時後，我進入由茂密森林創造而成的林蔭隧道。這裡安靜到能聽見我的足音，也能享受鳥兒的啼鳴。我在標示著「九十八英里」、三英尺高的紅棕色水泥柱旁，測到四十三加權分貝的音量。有兩名健行的人一邊交談一邊走近，另有四名單車騎士經過，沒有人遵照警示標誌的規定做，感謝老天！在接下來的兩英里，除了我腳下的曳船路外，沒有任何人類活動的證據，至少眼睛看不到。馬達噪音不時出現在遠方，但這裡仍然相當安靜，我嘰嘰嘎嘎的足音甚至讓一隻烏龜產生警覺，在我接近時溜進運河裡。早上九點五分，一架定翼飛機經過，造成輕微的嗡嗡聲，它是我今早看到的第三架飛機。

奔放華麗的鳥鳴在這條林中長廊裡迴盪，我不禁停下腳步。這是我進入田納西州以來，第一次聆聽到以自然聲響為主的聲境，音量計的讀數是三十九加權分貝。一隻大鵰鴞飛離棲木，默默地拍動翅膀，顯然對我的出現感到焦慮。「堆噗」，一根小樹枝掉落森林地面。

「早。」我在紅屋頂旅館遇到的一對夫婦一起跟我打招呼。他們騎協力車從我身旁經過：凹凹凸凸的輪胎一路把小石子彈開，七十一加權分貝。在噪音消失後，防蚊液（Cutter 牌）的味道仍滯留不去。這是好跡象：空氣穩定地足以把氣味留在原處。空氣穩定的時候，是絕佳的聆聽環境。

這片林蔭闊葉林具有大教堂般的聲響效果，跟國家大教堂（National Cathedral）類似，我希望等我到華府後能去那裡參觀。我相信這些原始自然的大教堂（向更高的力量表示崇拜、敬畏、尊敬與順從的地點），仍然具有重要的意義。

我在里程標九十六英里處停下，聽到微弱的「嗺咿咿咿咿咿」聲，然後是一次暫停，接著又一聲「嗺咿咿咿咿咿咿」—：有一隻昆蟲隱身在連指手套狀的擦樹葉片下。「唧—唧—唧」，一隻主紅雀發出聲波雷射般的叫聲，嘹亮的聲響沿著林蔭地道傳送，產生《星際大戰》般的效果：四十六加權分貝。

「味咿—唷—味咿。呼—噢—呼。」森鶇！但是在我有機會量測牠的歌曲前，一架螺旋槳飛機以四十四加權分貝的聲音破壞了這個音響交流的機會。我從林間空隙看到一艘漁人的平底方頭小划艇停在波多馬克河上，顯然對於能靜止不動、望著河水流過感到滿意。

我八歲的時候第一次握釣竿，學會釣魚的技術，這對靠玉米片長大的小孩來說，是不小的挑戰，我父母對此感到很驚訝。我可以長時間專注地看著釣魚竿的尖端，我的釣竿是用堅固的玻璃纖維製成，金屬藍色，長六英尺，加上鍍鉻的導桿和套圈。當時我在里程標二十二英里附近，坐在紫羅蘭水門（Violet's Lock）旁的石雕工藝品上。純粹想捕捉到某個還看不到的東西的期待，會有一種類似聖歌的效果。世上極少有能讓人覺得再怎麼多也不夠的經驗，而釣魚正是其中之一。

我停下來讀「瀑布」（Falling Waters）的歷史說明牌：「南部邦聯軍隊在蓋茨堡戰役後撤退時，因波多馬克河的河水高漲而受困七天。」

我知道波多馬克河高漲的速度可以多快，又可以漲到多高。我父親以前是聯邦通訊委員會（Federal Communications Commission）的航空海事通訊長，有一次他為了搜救我而請假兩天。我唸高中時，有一次在降下豪雨的暴風雨後，划船到波多馬克河上的一個小島。當時我誤以為最壞的時期已經過去，不知道許多雨是降在上游，而河水即將暴漲。我划船出去，搭起帳篷，還好玩地把錨扔進一棵樹裡。事實證明，最後這個突發奇想還真是意外好運，因為隔天早上，我的小划艇漂浮在水面上，而原本面積有一百英畝的小島，竟然縮小到只剩幾英畝。我當時認為這真是偉大的冒險！從沒想到我父親正沿著曳船路，瘋狂地尋找受困河上的兒子。

第一位騎著登山自行車的人接近我，年紀不到三十歲，耳裡塞著iPod耳機。他顯然專注在運動或自己的小世界裡，騎在路中間，迫使我得走向路旁。他駛過後，我開始記錄美國鵝掌楸、白楊、菩提樹、山胡桃、黑檀木、漆樹、黑櫻桃樹和黑胡桃等等種類不同、聲音也不同的樹。

尤艾爾・吉本斯（Euell Gibbons）以著作《追蹤藍眼扇貝》（*Stalking the Blue Eyed Scallop*）成為我的英雄，後來我讀了他的所有著作，包括《追蹤野生蘆筍》（*Stalking the Wild Asparagus*）。當時我的目標是完全自給自足，我週末的時間幾乎都花在這裡，在波多馬克河岸露營，盡量搜尋最好的野生食物，建造冒煙的火堆來驅趕蚊子。我通常獨自探險，但有時也會邀朋友一起去。我們會把分叉的大木塊推入河裡，因為有分叉，不會旋轉，我們坐在上面時才不會被拖進河裡。我們快樂地往下游漂浮，抵達大瀑布前划開，通常是在史旺斯水門（Swains Lock）附近。然後我們一路唱著歌，慢慢走回紫羅蘭水門，邊讓風把衣服吹乾。那時的生活很有趣，沒有社會的規範與壓力，自行創造快樂。

我們夜裡最大的娛樂就是打節奏，我們會找特別容易產生共鳴的木塊，開心地試敲每一塊找得到的橫木，接著把（可以移動的）好木塊搬到營地，圍著營火放好，開始敲打狂野的節奏——史庫特、約翰、韋恩、馬克、大衛和我一起。那時有許多瘋狂的夜晚，我們從來沒想過自己有可能驚擾到這裡的寧靜。嘿，我們那時只是青少年。

我盡可能找時間在野外覓食，以灌木旁的野生蘆荀為食物，很快就學會挖多汁的馬齒莧具有堅果風味的球莖來吃。它們和榛果的大小相當，藏在美麗白花下方大約兩英寸處的柔軟泥土裡。我還收集芥菜葉當沙拉，甚至在冬天挖萱草的塊莖。最後這個舉動讓我深深體會到植物學學位的價值。我在樹林裡痛苦地躺了一整晚，直到天亮都無法動彈。顯然我在急著找晚餐時，誤挖了一、兩個有毒的塊莖。

後來我的植物學學位顯然不僅讓我的野外飲食更加豐富，在我成為自然聆聽者後，也證明它極有價值。植物不僅是森林音樂廳的主結構體，也跟野生動物息息相關，不僅提供牠們庇護，也供應食物，而我更是把植物當成某種樂譜。只要仔細研究森林的照片，就可以正確辨識出拍攝的季節和時間，以及當時正在發生的生物聲響事件。具備這些知識之後，我就可以為正在設計博物館展場或想要增加線上百科全書內容的客戶，提供聲音內容。

回想起來，我年輕時在徹俄運河旁漫遊時，就已經出於本能地傾聽自然。從紫羅蘭水門往下游走一小段路，有一條小溪匯入運河。這是我自己設的記號，大約再往前走五十步後，我會把裝備放到忍冬糾結成團的藤蔓下，然後去冒險——游泳、覓食、探險。在這些夜裡，當我於黑暗中回到這裡時，會靠這條小溪獨特的潺潺聲來尋找裝備的位置，它的聲音充滿生氣，甚至顯得快樂，彷彿是由泉水注入，相較之下，其他同樣匯入運河的小溪則會大幅漲退，記錄著最近降雨的歷史。

鳥的鳴叫現在已經安靜下來，正午的音量讀數是三十二加權分貝。一隻孤獨的主紅雀開始唱歌。「波—咧噗，波—咧噗，嘟—嘟—嘟—嘟—嘟」：在牠飛到一棵棵樹頂端時達到最巔峰的五十八加權分貝。然後一股溫和的微風吹來：三十八加權分貝。一百碼外，行經運河的汽艇是五十八加權分貝，跟主紅雀的聲音一樣大，但聽起來一點也不悅耳。我獨自走在曳船路上，雙腿感覺舒適，就像終於能擺脫福斯小巴的狗狗一樣快樂。

一隻母浣熊跑過曳船路，但牠的三隻小浣熊決定迅速爬上樹，而不是冒險跟在牠身後。「喀嚓。」我拍了一張牠們好奇地朝下望著我的照片，同時從另一棵樹裡傳來母浣熊不贊同的咕噥聲。

我剛好碰上摘野草莓的時節，並在森林的陰影裡看到一些，於是就從曳船路走過去，摘了好一些扔進口裡。「嗯——嗯——。」這種歐洲草莓雖然不像玉米穀類或油酥糕餅裡使用的草莓那麼甜，卻很鬆脆，就像飛魚卵一樣能讓人口頰一醒。可惜我來的時節還太早，萬壽果還不能吃，不過我已經看到一些尚未成熟的果實。我搖了一株個子小但已完全成熟的樹，可惜沒搖下半顆。但這動作卻使一隻鹿嚇了一跳，牠從藏身地點跳出來，衝進森林深處的陰影裡。又走了幾步後，我找到更多食材：野生的甜辣椒，從螺旋狀的卷鬚辨識出來的貓藤，還有早已成熟的黑莓，就在曳船路旁，而且已經從直徑兩英尺的樹上掉落地面。單車騎士可能會在不知不覺間咻地騎過，錯過這場盛宴，但慢吞吞的我反倒得以享用。

一架直升機從附近飛過：四十五加權分貝、五十三加權分貝、六十三加權分貝。曳船路有一段被沖毀，所以我得繞路，在熱得令人發昏、毫無遮蔭又沒有路肩的地方道路上，走了六英里。我一看到房屋，就前去敲門。來應門的女士在看到揹著背包、站在太陽底下的我時，似乎很困惑。但她對我簡單的請求感到驚訝，而這也是當個好鄰居的機會。她很快把我的水罐裝滿清涼乾淨的水，拿回來給我。

回到曳船路上後，我把熱呼呼的腳浸到第四號水壩排水口旁的河水裡：在距離水壩四百碼處測到的音量是五十六加權分貝。噢，天哪，感覺真——棒！從灰暗的地平線上可以看到雷雨正逐漸接近，我希望它能使氣溫涼爽下來。強風突然颳起，天空開始飄下細雨：五十八加權分貝。（來自遠方）溫和的雷聲：六十八加權分貝。暴風雨過去時，遠方傳來尖銳的雷聲：七十七加權分貝，加上轟的一聲嗚響。

我繼續朝蹄鐵灣營地（Horseshoe Bend Campground）前進，那裡距離威廉波特大約二十英里，不包括繞行的五英里。在逐漸黯淡的光線下，寧靜的森林最適合聆聽，能跟貝納羅亞音樂廳提供同樣美好的餘響時間（大約兩秒）。但遠方傳來交通的嗡嗡聲，就像聲音系統裡出現了一條火線。UNGROUNDED WIRE。我已經筋疲力盡，再加上沿路吃得很飽，感覺沒必要吃晚餐。我搭好帳篷，滑進裡面。這裡即使只穿一件T恤，還是很熱，所以我只穿了短內褲躺在帳篷裡，一闔眼就沉入寂靜當中。

醒來已過了半小時，正聽著雨滴輕輕打在帳篷頂上的聲音，我第一次看錶是清晨三點半，三十加權分貝。周遭靜得驚人，卻又能讓人放鬆，雖然把耳朵貼近地面，仍可聽到某人的音樂從遠方傳來，可能是來自徹俄運河河畔的住家，也可能是在河上某個地方下錨的船。一隻鴞「呼呼」地叫了起來，然後又是一聲。

我仍躺著沒動，全心感受著一個地方甦醒時的細微變化：四點零七分，河對岸傳來遠方火車的鳴笛聲；四點五十五分，遠方交通的節奏；五點整，河對岸傳來第一聲鳥囀，但是相隔實在太遠，分不出是哪一種鳥，只是聽起來像鳥鳴：二十九加權分貝，只比安靜時的貝納羅亞音樂廳高兩分貝。這肯定是附近最安靜的時刻。

我在享用了兩杯茶，加上一根活力棒後，就拔營，重新揹上背包。我再次穿著Teva涼鞋踏上曳船路，但是因為腳上起了許多水泡，我頭半小時的走姿很笨拙，直到疼痛變輕；我不可能繼續維持跟昨天一樣堅定的速度。到華府的路程開始下坡，里標數也開始下降：七十九、七十八、七十七。我經過今天第二組徒步旅行背包客，一名男士和一名女士，年齡都在五十多歲。我們互相道了聲「早安」。稍後，兩名漁夫在河中央交談，他們的身影映在晨光中，雖然看不清長相，但聲音清晰可聞。

頭頂一架噴射機飛過，噪音量四十五加權分貝，接著又一架，五十六加權分貝。我肯定已經接近杜勒斯國際機場（Dulles International airport），那是美國首都的三座機場之一。

一名年輕女子騎著登山單車自我身邊呼嘯而過，戴著耳機聽iPod。在里程標七十五的地方，一道涼爽的微風吹過懸鈴木，引起一陣嘎嘎聲（五十八加權分貝），聽起來比機械還大聲，比較像動物，而不是植物。一條鱸魚躍出運河水面，發出啪啦聲響：在四十五英尺外測是五十四加權分貝。又一名慢跑者經過，同樣戴著耳機聽iPod。

在經過里標數七十的地方後，我抵達安提坦溪（Antietam Creek），根據公園管理局的地圖，這裡是隨到隨用的營地。我已經非常疲倦，很快搭起帳篷後就鑽了進去，想在到河上欣賞落日前小盹一會兒。

大約一小時後，我在吼叫聲中醒來。我鑽出帳篷，發現有超過十二名男童軍和一些隊長在紮營。這個營地允許單車進來，這正是這些男童軍的旅行方式。但是就在運河的對面有一個很大的停車場，他們的支援車接著一輛大拖車後面，上面標有這些童軍的編號及贊助他們的義消隊。拖車的後方已經打開，男童軍和他們的父親正把裝備拿下來，包括草坪椅、爐子、全開大小的墊子，還有保冷箱。

「喂，我們有沒有碗裝食物？」一名男童軍以五十五加權分貝的聲量朝七十五碼外的隊長大喊。

整個晚餐過程中，不斷有這種大喊聲。

「他的嘴唇差點燒到。」

「拿一個來給我！」

兩名男童軍像小熊一樣，打鬧著互相推擠。一對母女的交談聲在三、四十碼外測量，就高達七十加權分貝。沒有人是不動的，沒有人是安靜的，彷彿有個標誌要求大家：「請大聲講話。」跟我四周寧靜的自然聲音（蒼鷺嘎嘎的叫聲、蟋蟀的唧唧聲，還有魚的濺水聲）相比，這些來露營的人似乎太吵了。

附近的田野在螢火蟲的閃舞下，變得相當活潑。蟋蟀溫柔地大合唱，為這場冷光芭蕾提供甜美的配樂，這情景我已經有許多年不曾見過。但是似乎沒有人在欣賞或聆聽，大家似乎都罹患了慢性聲音城市炎症（chronic sonic urbanitis, CSU），應該可以這麼說吧。他們已經習慣為了蓋過城市裡普遍可聞的人為噪音而大聲說話，所以在比較安靜的地方時，無法立即調整交談的音量，而會繼續像在城市裡一樣說話。罹患CSU症的人靜不下來，所以他們錯過了原本想來追尋的靜謐，以及沉靜下來的體驗。

「男童軍之夜！」一名男童軍大吼，他從草坪椅上站起來，伸高雙手。

公園的地圖顯示，要到下一個營地，至少要走五英里。我鑽進帳篷。男童軍沒有干擾這裡的平靜時（我提議給安靜的人頒發徽章），有可能聽到魚躍出水面，或在夜晚抓魚的鷺鷥啼叫聲。晚上十一點四十五分，周遭的噪音量是二十七加權分貝。我可以分辨遠方的噴射機，遠方的汽車經過，露營者的打鼾聲，狗的吠叫，還有從安提坦溪較遠那一端傳來、故意調低的交通聲。寂靜不是因為缺乏事物的存在，而是一切都存在。

一大早我就回到曳船路上，由於腳起了水泡，所以我決定慢慢走。一名漁夫獨自在早上七點十分駕汽艇往上游航去，他站在十五英尺長的船中央，在寧靜的波多馬克河上留下一道航跡。五分鐘前，我就聽到他駛過來的聲音，現在他大約在一百英尺外，跟我齊頭前進，他也留下了聲音的痕跡：七十八加權分貝，要五分鐘，這聲音才能消失。

清涼的早晨到了中午就已熱到華氏九十度，悶熱難受，直到午後的微風吹拂過一片巨大的美國懸鈴木，聽起來就像高山瀑布細微的飛濺聲。「布拉克—布拉克—布拉克—布拉克—布拉克」，青蛙從附近的乾涸運河裡一個隱蔽的地方發出抗議聲。「康克、康克、康克——康克、康克」，啄木鳥在一棵枯木深處搜尋昆蟲。

「推伊—戴爾—伊」，一隻鶇開始牠的交響詩。即使蚊子的「嗡嗡嗡嗡」聲也聽得很清楚，這跟遠方飛機傳來的嗡嗡聲同時發生。被豔陽曬乾的闊葉掉落森林地面，連這也聽得到。這些聲音相加，總計四十三加權分貝。

到波多馬克河游泳，聽起來就很棒。我把衣服披在一叢光禿的樹枝上，讓它們風乾，然後涉到淺水處，潛入，起來，再潛入，再起來。微風在我的皮膚上吹起一陣雞皮疙瘩，於是我回到岸上，在橡樹茂密的枝葉遮掩下著衣。我很晚才在河邊用「Sterno」罐頭煮麵湯當午餐，然後又走了幾英里，才在里程標六十二英里附近的哈克貝利丘營地（Huckleberry Hill Campground）紮營。

晚上八點二十五分，營火的火焰向上竄起，我聽到歌鶇的叫聲，以及遠方噴射機傳來的嗡嗡聲：三十三加權分貝，接著隨著歌鶇逐漸高亢的叫聲上升至五十加權分貝。昨晚，在溜進帳篷前，我就著最後的天光看到兩架噴射水上摩托車（Jet Skis），自清澄如鏡的波多馬克河上呼嘯而過，在寧靜的河岸引起一陣夾雜著波浪拍打聲的嘈雜。

清晨瀰漫著霧氣，幾近完全無聲，只有火車的汽笛聲自遠方傳來（三十七加權分貝），在森林遍布的波多馬克河上來回迴盪。接著是一連串鴞的叫聲（三十三到四十五加權分貝）、魚兒的濺水聲，還有多種鳥類的大合唱（包括鷦鷯、主紅雀、森鶇、林鶯和綠鵑等等），還有晨空的交通尖峰時間：五十三加權分貝。

這時候的波多馬克河非常寬廣，看起來像瀰漫著薄霧的田野，而不是一條河，許多小島像房屋似地穿霧而出。還沒成熟的萬壽果，到處都是。陽光剛剛開始穿透迷霧，在曳船路上留下點點葉影。河裡一道道淺急流開始發出聲響（五十四加權分貝），蓋過幾乎所有其他聲音，只有噴射機隆隆的聲音不受影響。今天的早餐是幾把桑椹和野草莓。

我走近西維吉尼亞州哈柏斯渡口（Harper's Ferry），里程標六十一英里處的時候，發現國家公園管理局的水泵已經不能使用，水泵臂被移走，我假設是因為這裡的水不適合飲用，於是我沿著鐵路橋樑穿過波多馬克河，到約翰伯朗咖啡與茶店（John Brown's Coffee and Tea）補充水分，然後走回曳船路上，先前我把設備藏在橋基底下。

里程標五十九英里處，河流在運河與曳船路下方二十英尺的地方流動，活潑的鳥鳴大約在五十加權分貝左右，然後是震耳欲聾的火車聲，八十二加權分貝。現在曳船路上唯一的交通，是一名男子坐在裝了橡膠輪胎的電動輪椅上，透過從脖子延伸出來的管子呼吸，還帶著iPod，以大約五英里的巡航時速顛簸前進。

經過里程標五十五英里處後，我開始尋找能游泳的水池，想在水裡甩掉中午的炙熱，在路上我偶然碰到布朗什維克營養物質去除計畫（Brunswick Nutrient Removal Project），這計畫的廢水處理設備正在興建當中：七十三加權分貝。再往下游走了一會兒，在清涼的樹蔭下有一些迷人的營地，那裡的河岸邊坡比較和緩，可以輕易走到河邊。河水看起來很乾淨，我沒有看到污水的明顯證據，所以我假設入水很安全。我在水上漂浮，感覺到有東西輕咬著我的皮膚，原來是無數兩到三英寸長的魚群聚在我四周，有些只是觀看，有些輕咬我的皮膚，吃上面的鹽。以前在亞洲熱帶瀑布下方的水池裡，我就有過被魚打理的經驗，但是我不知道這裡也有同樣會替人服務的魚。我享受著成為注意焦點的樂趣，但一隻溫和的輕咬者突然重重地咬了我一口，驚得我以比入水時還快的速度跳出水面。

里程標五十三英里處，「砰—砰—卡砰」，我聽出是貨運火車的聲音，一個柴油火車頭吞吐著煤渣，拉著貨物轟隆隆地跑著。我倒是感到非常意外，甚至沒測量它的分貝讀數，但先前我曾在不同的場合到美國的火車調車場錄製這種聲音，所以知道即使在五十英尺外，它的噪音就算沒有一百加權分貝，輕易也能超過九十加權分貝。相較之下，歐洲的調車場完全不同，幾近無聲。歐洲的貨運火車不是用巨大的關節相連，會發出巨響，而是用巨大的彈簧相連，而放置彈簧的兩個活塞狀巨室就像緩震器。從火車頭到鐵路工程，從鐵路碎石的設計到緩衝器，歐洲火車幾乎在各個方面都比美國火車安靜得多。

里程標五十一英里，靠近曳船路附近，火車的鳴笛響起，音量超過九十加權分貝。沿曳船路往下走一點，一塊塊被棄置的鐵路枕木四散在運河裡：一些有人撿拾、浸過木材防腐劑雜酚油的木塊無人清理，污染著國家公園。

在里程標四十八英里處，我抵達卡利科岩營地（Calico Rocks Campground），發現我已經走了十四英里，從大自然走到鐵軌旁的營地！但因為別無選擇，我只好在那裡紮營，測到火車以超過九十加權分貝的音量鏗鏗鏘鏘地駛過，在周遭美好的環境裡，這突兀的噪音顯得很不協調，就跟今天令人難以忍受的溫度一樣。

沐浴時，昆蟲和魚在河面上、眼睛高度的地方，點出一圈圈慢慢向外擴散的漣漪，形成美麗的圖案。月亮已經有三分之二圓滿，鋤足蟾從兩旁的河岸發出類似羊咩叫的長鳴聲。然後巨大的隆隆聲呼嘯而過，顯然一架波音七三七剛剛抵達，正往杜勒斯國際機場飛去。為了避開這些噪音，我把頭完全沉入水裡，讓波多馬克河清涼的河水流過全身，直到必須浮出水面換氣為止。

今天早上的鬧鐘不是鳥兒愉快的歌聲或鴞的呼咕聲，而是在清晨五點五十五分駛過的貨運火車，金屬相互摩擦的尖嘎聲非常刺耳。在一列列吵鬧的火車行經下，儘管我極度缺乏睡眠，卻還是一夜無眠。這些吵得睡不著的噪音平均七十五加權分貝，最高的時候遠遠超過九十加權分貝。我在拔營時，又有另一列火車把音量計的讀數推得更高，到達九十六加權分貝，連要對錄音機清楚說話都不可能，一直到火車沿著鐵軌遠去之後才能錄音。

里程標四十七英里。波多馬克河如鏡面般光滑，映照著青蔥的兩岸。曳船路的兩旁，巨樹林立。那些樹幹直徑粗達七英尺的大樹，在十九到二十世紀時為騾車伕和運河上的船伕提供了庇蔭，就像我現在享受到的一樣。儘管如此，此刻的天氣已經相當悶熱，跟我昨晚看到橘色月亮後預測的結果相同。

啄木鳥已經加入晨間的鳴禽大合唱，嘹亮的歌聲在闊葉林間迴響。有些樹發出不同的音調，每隻啄木鳥的節奏也有所不同。有些喜歡觀察鳥類的人光靠聆聽牠們咚咚的啄木聲，就可以正確辨別牠們的種類。有些人只要仔細聆聽鳥叫聲，就可以推論出更多的事。我在亞馬遜錄製日常的聲音循環時遇到過一些當地人，他們只靠聆聽我每天的「收穫」，就可以正確說出我錄音的時間，誤差在五分鐘以內。我之所以會知道，是因為我的數位錄音機可以顯示錄音的時間日期，但那些當地人靠的卻是認真聆聽大地的聲音。當然，那也是我身在這裡的使命：傾聽大地，同時理清思緒。健行也可以使心思變得通透。

里程標四十四英里處，遠方傳來螺旋槳飛機的聲音，和小溪的低語。這裡的運河裡再度有水。現在是早上十點，很快我就會開始找可以游泳的水池。我以每二十分鐘一英里的速度前進，我的腳步聲（四十三加權分貝）在這趟旅程中愈走愈輕，我的心呢？

到了里程標四十三英里處時，鐵軌已經跟運河分道揚鑣。我聽到鳾的「寧─寧─寧─寧─寧─寧」聲，還有昆蟲的「哼嗯──」聲（三十一加權分貝）。一隻狐狸嘴裡叼著一隻松鼠，跑過曳船路，可能是想帶回巢穴餵小狐狸。我走在陽光下，完全暴露在熱氣裡，現在我真的很渴望找到能游泳的水池。

在里程標四十一英里的地方，我聽到工業的聲音，還有一種臭氧的怪味道。那聲音愈來愈大，終於我看到聲音的來源：波多馬克電力公司（Potomac Electric Power Company, PEPCO）的工廠。快到正午的時候，我在往下游再過去一點的地方滑進河水裡，渴望清涼一下。

河水是溫的，到離岸五十英尺、更深的河水裡時，儘管水在流動，卻令人感到更溫暖。原來我是在工廠排放的廢水裡游泳。沿著曳船路又往前走一段後，我遇到一條比較清涼、不斷流動的小溪，就把腫脹又長了水泡的腳泡在溪水裡，著迷地看著一隻閃著虹彩的藍色蜻蜓在水邊飛舞著，飛向渦漩處。要是曳船路的上空只有大自然裡的生物飛舞就好了。

只可惜事與願違，波多馬克河和徹俄運河可說是接近雷根機場的視覺指標，我離華盛頓愈近，在道格拉斯法官所說的「首都後門的一長條寧靜平和之地」，聽到的噴射機聲愈多。黃昏時，在周遭開始沉靜下來後，仍然每隔幾分鐘就可以聽到它們的聲音：六十二加權分貝，七十一加權分貝。

大約在晚餐時間，又熱又累的我終於抵達龜跑營地（Turtle Run Camp），背幾乎彎不下來，附近一名露營者從一大群單車騎士那邊走過來說：「我們買了太多食物，如果你需要的話，我們有漢堡和各種佐料。」他一說完，我就答應了。

睡覺前，我又到河裡洗了一次澡。今晚沒有火車聲，但我卻因飛機聲而失眠，並且開始計數：五十五加權分貝，六十四加權分貝。一直到深夜十一點十五分時，都還有飛機經過。根據我原本的計畫，沿曳船路健行時，我會仔細思考這趟橫越美國的旅行，為即將與聯邦官員進行的會面整理思緒，但是這裡卻吵得讓我的注意力無法集中夠長的時間：又一架飛機飛過頭頂，八十二加權分貝。昨晚我走了十四英里到鐵軌旁的營地露營，今天我健行了十八英里，在飛往雷根機場的飛機下設法入眠。道格拉斯法官若地下有知，肯定也會摀住耳朵。

第二天早上，我一睜開眼睛就聽到一架噴射機的聲音：六十五加權分貝，所含的能量大約是人類正常講話聲音的兩倍。我拿起相機，從枝葉間拍了幾張飛機飛過的照片，倒不是怕自己忘了它們飛得有多低，而是擔心若沒有照片，沒有人會相信它們飛得離地面有多近。

我迅速把裝備收好，回到路上。我腳上的水泡已經破裂，走路時還是一碰就痛，我的心情也有一點敏感。由於有智慧手機Treo，我一直能跟葛洛斯曼以電子郵件聯絡，他把安排好的會議最新資訊告訴我，在華府已經有一連串會議等著我們，我們將坐下來跟前國家公園管理局副局長丹尼斯・蓋文詳談；另外還有國家公園管理局局長瑪麗・波馬（Mary Bomar），內政部部長德克・坎培松，以及美國環保局噪音規定室一名已經有三十年經驗的人員。然後我會去見我的參議員之一，瑪麗亞・坎特威爾（Maria Cantwell），利用她定期在週四早上為選民提供的咖啡時間跟她會面，最後我會跟聯邦航空總署的官員見面，談談我希望飛機能繞過「一平方英寸」飛行的構想。但若沒有一個安靜的環境讓我好好整理思緒，我要怎麼為這些會議做準備？若是如此，我只能依賴直覺和聆聽，講出心聲，這是我在霍河河谷培養出來的能力。

里程標三十英里。我的額頭全是汗水，這還是一天裡最涼快的時候。隨著氣溫上升，濕氣跟著增加，這時聲音（或噪音）傳播得更快，被大氣吸收得更少，這意味著能聽到聲音的時間更長，若是在空氣稀薄、氣溫低且濕度低的山頂，聽得到的時間就會比較短。在運河邊的空氣中，聲音傳播的速度大約每小時七百六十英里，或每秒一千一百二十五英尺。在類似波多馬克河這類的淡水中，聲音傳播的速度是每秒四千八百九十八英尺，是空氣中的四倍以上。

我以前跟許多人一樣，以為介質的密度愈大，聲音傳播的效率會愈高，但我最近得知，其實不然。音速取決於聲波能量轉移的效率，這跟堅硬度比較有關，而非密度。用手腕快速擊打緊繃的繩子，比用鬆垮的繩子來傳輸要好得多。在物理世界，水比空氣硬得多，而金屬甚至更硬。在金屬線中，聲音傳播的速度大約是每秒一萬六千英尺左右。

在里程標二十六英里處，又有一個水泵壞掉，而我已經沒有水了，但或許我還沒完全絕望：一輛白色雪佛蘭廂型車朝我駛來。這輛雪佛蘭在路旁停下，我看到國家公園巡守員的識別證：美國內政部國家公園管理局。我告訴這兩位國家公園的代表，有關水泵壞掉的事，而他們是出來查看的。他們認為這水泵是因為把手失蹤而故障，稍後會回來修理它。他們不僅向我道歉，其中較年長那位還伸手從駕駛座後面拉出一只大保溫瓶，說他太太每天早上都會在裡面替他裝冰井水。他幾乎把我的空水壺都加滿了，後來我也發現那是我喝過最冰、最乾淨的水之一。

離華府愈近，里程標的里數愈少，而噪音則是愈來愈大。一架直升機飛過，七十二加權分貝。我發覺我的感官平衡開始轉移，聽覺注意力減弱而視覺注意力增強。在有美景可欣賞的時候，何必要聽不悅耳的聲音？我可以了解為什麼我們視自己為以視覺為主的物種，或許這是真的，但並不代表一直都是如此。我們的自然存在方式是透過感官平衡來達成，每一種感覺都能提供不可取代的必要知識，協助我們求生，其他的高等脊椎動物也是一樣。若是失去了感官平衡，人類身為地球的實際管理者，又怎麼可能使地球保持平衡？

到了里程標二十二英里附近，我已經靠近國家公園管理局地圖上的懷奧蕾特水門（Violettes Lock），也就是我所知的紫羅蘭水門，我記得那裡是我小時候愛去的地方，我也曾在這裡把父親於一九六二年我九歲生日時送我的魚竿，擲過運河。我記得四月下雨時，河水會變得泥濘，還有為了尋找水門紅色的沙岩牆，踩在掉落的橡樹葉上發出的沙沙聲。以前我會坐在水門旁，用蟲子釣魚。我曾驚嘆地看著壘球大小的桑橙從低垂的枝條上落下，發出「卡—噗通」一聲巨響，嚇走魚群。當一條大翻車魚偷走我最後一條蟲後，我曾在岩下翻找更多的餌。紫羅蘭水門是我的第一個自然庇護地。

我父親在替聯邦通訊委員會工作以前，曾經擔任過海岸巡邏隊員，他以前希望我能跟隨他的步履，靠海維生。雖然他從沒這麼說過，但我向來知道。我小時候的確熱愛水域，許多年少歲月都是在水的節奏中度過，先是在五大湖區的商船上擔任攜帶商船文件的船員，然後又到阿拉斯加灣（Gulf of Alaska）和白令海（Bering Sea），在美國海洋暨大氣總署（National Oceanic and Atmospheric Administration）的「發現者號」（Discoverer）當船員。但是海上生活並不適合我，因為我總是渴望聞到夏雨過後土地散發的味道，也喜歡踩在土地上的堅實感覺。

數年過去，在我獲得啟發，成為自然聲音錄製家後（當時這職業甚至不存在），我父親曾經到西雅圖來看我。我向巴克單車快遞請假一天，好跟他一起搭渡船到奧林匹克半島，開車前往我最喜歡的瑞亞托海灘。那是一個美麗的黃昏，太陽逐漸滑落到地平線下，太平洋的海浪激出白色的浪花後才撞擊海岸。空氣裡散發著混合鹹魚和海帶的味道，我希望父親看到我工作的情形，於是把錄音系統在水邊架好，仔細傾聽後開始錄製海浪沖過海灘卵石的聲音：先是如歌劇風格般的低沉呼吸，在短暫停頓後爆發出哄然的喝采。那是一場美妙的音樂會，全都用當時最尖端的「Nagra」牌捲盤錄音機錄了下來，那款錄音設備的價格相當於送七千五百次快遞所賺的錢。

我轉向父親，希望看到他認可的表情，但卻看到了困惑和痛苦。他問我：「戈登，既然可以來這裡，為什麼還要買錄音機來錄呢？」他無法想像會有人買我錄的聲音，擔心他兒子注定要失敗。我在難堪的沉默中收拾裝備，在開四小時車回西雅圖的路上很少交談。我知道他愛我，替我擔心，但我也感到受傷和困擾。當時他為什麼不聽呢？不是聽我說，而是聽大自然的海邊音樂會。一直到十年後，我因工作贏得一座艾美獎，他才肯定了錄製自然聲音的價值。

里程標十七英里處。我的右踝腫起，吞了兩顆止痛藥。一架直升機飛過頭頂：七十二加權分貝。西方地平線應該還是亮的，現在卻已幾近黑色：雷雨接近了。我在史旺斯水門營地帳篷，一陣陣風暴開始侵襲森林的枝葉。我累得無法煮湯，就拿什錦果麥片當晚餐，等待暴風雨過去，至少在這裡，暴風雨是尋常可見的。天空打了幾次響雷，每次都像大木桶滾下階梯一樣，雨並不下得特別厲害，後來我就沉入夢鄉了。

天剛破曉，我的帳篷仍在滴著昨夜的雨。我泡了茶，吃了一根活力棒，現在沒必要拔營。我會把大多數裝備留在帳篷裡，讓它們乾燥，以減輕我的負擔。我只會揹水壺和裝了午餐、音量計、錄音機和照相機的肩袋。等我父親在華盛頓特區接我後再回來拿裝備，現在該衝刺最後一段了。

曳船路已經變成一條寬大的石子路，將近十英尺寬。這裡的運河也變成三倍寬，寧靜詳和，在森林高大樹木的庇蔭下顯得隱密、和平。但我的耳朵卻傳來不同的訊息。我聽到遠方交通的怒吼聲，陸地和天空都有。現在的聲境明顯有城市的感覺，曳船路上的車輛也開始增多。我看到更多慢跑和散步的人，而且今早前兩個小時遇到的單車手，比我先前走的五十英里都要來得多。今天跟我一起在這條路上行走的人，行為舉止也不同。他們的臉上少有微笑，也很少打招呼或揮手，這些在鄉下地區很常見的行為，在這裡卻付之闕如，就跟許多城市街道一樣。民眾變得內向，心思像在別處，或許在思考或體會公事或私事，或許在尋求內心的平靜。

里程標十五英里意味著大瀑布（Great Falls）已經不遠，那裡也是高中時代我在森林、河流裡像頑童流浪記裡的主人翁一樣遊蕩時，會到的最南端。天空下起微微細雨，感覺很舒服，可見今天一天都會保持涼爽。路旁又見到一個提醒單車騎士要按鈴或喇叭警告行人的標誌，遠方瀑布的吼聲和一般的城市聲音大約是四十四加權分貝。一架波音七三七在接近雷根機場時的音量是六十五加權分貝，而且每隔幾分鐘就有一架噴射機經過。

在里程標十英里處，徹俄運河自四九五號州際公路下經過，這條環狀公路繞著華盛頓特區而行。在從陸橋下經過時，我聽到交通的轟隆聲：七十加權分貝。然後，另一邊有一架軍事直升機飛過：七十八加權分貝。我感到曳船路彷彿正帶我進入混音器。我的足音早已淹沒在這些聲音裡。

下一個里程標非常舊，就像公墓裡的墓頭石：「離華盛頓□區九英里」，代表特區的「D」字已經被磨掉了。

在一棟需要維護的歷史建築物牆面上，掛著一幅標語，上面寫著：「拯救美國的珍寶。」

里程標三英里處，這裡的聲境以麥克阿瑟大道（McArthur Boulevard）的交通聲為主，我的音量計測到的尖峰音量高達七十五加權分貝，然後跳升到八十六，並在噴射機經過時跳至更高的九十八。

里程標二英里。運河對岸現在已經是水泥牆，上面有一個個排水管口，使得這裡充斥著未經處理的污水臭味。

里程標一英里。這裡的聲音？路面交通、咆哮的除草機、飛過的噴射機。更遠處，有兩隻騾子拉著載滿觀光客的運河船。這些船和騾子都很安靜，但我的音量計仍衝到七十五加權分貝。

里程標零英里的標誌失蹤了。曳船路變成喬治市波多馬克街一〇〇〇號。在離家六十天後，我終於抵達華盛頓特區。我的健行之旅已經完成，但我橫越美國的旅程還沒結束。我還有更多路要走，但接下來大多是在聯邦辦公大樓裡。最後我得拍一張重要照片：在華盛頓紀念碑（Washington Monument）前替「寂靜之石」拍照。

「喀嚓。」

在這道高聳入雲的白色石灰岩方尖碑前，表面因經常執握已經磨平的多角形紅石，看起來顯得微不足道。我有可能把它變成不朽的紀念物，象徵國家的覺醒與聆聽，願意把霍河河谷與飛機隔開，協助保存美國僅餘的偉大靜謐之地嗎？或許在接下來的幾天就可以知道結果。

「拓荒者的血統，」我父親總是這麼告訴我。「兒子，你什麼都不必擔心，因為等事情開始棘手時，記得你有拓荒者的血統。」我母親的家族出了詹姆士・馬里恩・威爾遜（James Marion Wilson），美國憲法與獨立宣言的簽署人之一。我父親那一邊的家族，則可以追溯到一位駕著篷馬車抵達內華達的移民。我曾在父母身上，見識過這種堅忍剛毅的精神。那一天我坐在母親床邊，父親站在對面。母親病得很重，無法言語，她把結婚戒指褪下來，交給丈夫，無聲地表達她希望他能在此生再度找到真愛，不到兩天，她就過世了。

父親和他的第二任妻子瑪麗把車停在華盛頓紀念碑附近，可供殘障人士進入的停車場，兩人一起熱烈歡迎我。我留在史旺斯水門的裝備可以明天再去拿，能坐車、讓腳休息一會的感覺很棒；回到家的感覺更棒。

我們走二七〇號州際公路到馬里蘭州的蒙哥馬利郡，也是我度過童年的地方。在馬里蘭州波多馬克郵遞區域二〇八五四、人口四萬八千八百二十二人的這個區域內，便利帶來的負擔不容小覷。在蒙哥馬利郡，擁有一棟價值將近一百萬美元的中型房屋、一家三口的家庭，減掉一般扣除額後的年收入高達驚人的二十三萬美元。我會住在三千英里外，並不是偶然。喬伊斯鎮才是適合我的地方。

到了，我討厭刈的草坪（幸好它看起來才剛除過草）。還有在前門飄揚的美國國旗。我把揹包和空水壺丟到我以前的房間裡，然後回到樓下，經過在廚房料理美食的瑪麗，到起居室找我父親，那裡有一套過分鬆軟的沙發，一些郵件四散著，還有顯眼的兩支遙控器。

「我們能把電視關掉嗎？」

「當然，這台大電視是我買過最划算的。它是Radio Shack用來展示的電視，在十五年前大約一千兩百塊。它的體積太大，不方便送修。它的保固大約七年，所以他們會來這裡維修。我們的電視太多，所以得用訊號增幅器。」

「有多少台？」

「五台。」

好吧，這裡是蒙哥馬利郡。我父親在開始收集電視以前，愛收集鐘，他帶隊到瑞士參加電訊會議時，從那裡帶回來好幾座鐘。這些年來，房子裡充滿鐘聲。地下室裡還有一座船鐘，會發出橋鐘的聲音。他把其他鐘放在樓上展示，它們都很華麗，跟他同樣愛收集的上等家具很搭配。我從這些鐘響的時間準不準，就可以知道我父親的生活過得好不好。但我發現這些鐘幾乎都不見了。

「奧吉怎麼樣？」他開玩笑地問：「我沒聽到他的什麼壞消息。」

我也沒有，於是我提供這個關於我兒子的消息：「嗯，我常聽到他罵人。」

「很好，我們不應該常罵人，但是我在當船長的時候，如果有緊急狀況，我就會罵人。這樣大家就會注意你，因為我平常不罵人。一罵起人來，他們的動作就會快一點。」

「他偶爾也會罵髒話。」

「嗯，這就不好了，」我父親補充說：「喝點馬丁尼好了。」

「現在幾點了？」

「三點十五分，大約遲了十五分鐘。一大堆時區，我們就不能假裝在法國或別的地方嗎？」

「謝謝，」接過我父親遞過來的馬丁尼。晚餐棒極了。

那天稍晚，我躺在以前的床上，讓窗戶敞開著。我面對著衣櫥的門，以前我畫上去的大和平象徵和美國國旗已經不再醒目。我的思緒從過去飄回來，明天我要去內政部鮮為人知的博物館裡，看看華府最著名的一些紀念物，它們全都是由國家公園管理局負責管理的。

凌晨一點半我還是睡不著。現在周遭非常安靜，只有遠方二七〇號州際公路傳來的交通聲，音量是二十四加權分貝，幾不可聞，但因為四下太過安靜，所以我還是分辨得出轎車和十八輪大卡車的聲音。

12 華盛頓特區

對人性改變最大的，莫過於失去寂靜。印刷術、工藝學、義務教育的問世等等，沒有任何事物對人類的改變，比失去與寂靜的關聯來得大，原本應該跟我們頭頂的天空或呼吸的空氣一樣自然的寂靜，已經不再存在。失去寂靜不僅意味著喪失人的一項特質，而是連人的整個構造也跟著改變。

——麥克斯・皮卡德（Max Picard），一九四八
引自《寂靜的世界》（*The World of Silence*）

星期天早上，晴朗明亮，我待在父母家中，躺在床上，聆聽窗外傳來鳥兒的合唱。在外面七十五英尺高的橡樹上，這些鳴禽的聲音已經響亮到四十加權分貝，甚至一度蓋過遠方二七〇號州際公路傳來的嘈雜聲。

我還需要為接下來與聯邦官員的會議做準備，我原本是打算利用沿徹俄運河健行的時候，好好思索一下策略，可惜這計畫未能實現。誰知道在國家公園裡竟然看得到往返雷根機場的飛機？

於是我問父親和繼母，能否去國家大教堂整理思緒。我也想研究那裡的建築結構，聆聽和回想在徹俄運河沿岸的天然大教堂裡聽到的黎明大合唱。那些一度非常安靜的自然拱形結構，曾經是人類首度膜拜天地的自然地點。或許我在國家大教堂可以集中思考，想好該問的問題。

父親在過去數十年的通勤歲月中發現許多避開交通堵塞的捷徑，所以我們沒多久就把車停在威斯康辛街三一〇一號，特別選在禮拜儀式結束後抵達，方便自由行動。

國家大教堂的興建工程始於一九〇七年，可以說從沒完工過。這座大教堂至今仍不斷創造出許多輝煌的建築成就，它的中央塔高超過三百英尺，占地超過八萬三千平方英尺。進入主建築物後，我立即聽到與闊葉樹林類似的聲響：一種混合的迴響聲。

現場有觀光客四處亂逛，這對我倒是有用，因為我正想聽聽這裡的聲響，了解聲音的**行為**。我抬頭望向直徑九英尺、刻有凹槽的宏偉樑柱，它們形成拱狀的天花板，間隔大約二十英尺，令人聯想到遠古的森林。一組較小的拱形就像森林的下層一樣，至少在我眼中看來是如此。我跟一名經過的導遊說，這座宏偉的禮拜堂讓人有森林般的感覺，她說早期建造教堂的人原本是造船員。後方有架管風琴開始彈奏（六十四加權分貝），然後又停止（五十五加權分貝）。

我覺得置身這裡，就像在茂密的樹林裡一樣，跟在曳船路里程標九十五英里處的感覺很像。無論是教堂管風琴的演奏，還是鳥兒的歌唱，都令我感到振奮，能夠讓本能和極度理性的思緒互相平衡。由於理性思考比較容易溝通，所以經常受到高估。對照之下，內心的智慧就像細語一樣。真正的聆聽是一種崇敬的心。我們全都能在寂靜中體會神聖。現在我就要默默地祈禱，體會神聖。

隔天，葛洛斯曼跟我在杜邦圓環（Dupont Circle）附近碰面，穿過十條街前往位於C街的內政部大樓。抵達那裡之前，天空突然陰暗起來。我們加快腳步，想在下雨前趕到，可惜失敗了。天空落下傾盆大雨，強到足以把迅速漫過路邊石的洪流衝下道路，我們不得不衝進一棟建築的樑柱之間避雨。我知道這棟建築！它是「美國革命婦女會」（Daughters of the American Revolution）的憲法廳（Constitution Hall）。我唸高中時，會跟我母親在週五夜晚來這裡，她以前會為我們買國家地理雜誌系列講座的季票。現在，雨被風斜吹進來，雷聲撼動著華府以石灰岩建成的市區峽谷，先是九十五加權分貝，然後升至九十七加權分貝，最後達到令人顫慄的一百一十二加權分貝。這麼大的聲量若在印第安納波利斯高速公路上，不會引人注意，但是除了冰河崩裂、地震和雪崩以外，這可說是大自然中最大的聲響之一。

內政部大樓的安全戒備相當森嚴，金屬探測器、X光、手提箱搜查等等一應俱全；他們不僅要求我把手提電腦拿出來，還在安全日誌上記下它的型式、型號和製造序號。然後是紅色的名牌。此外我也不得拍照。我猜這是聲音的好處之一，沒有人會想到要說：「別錄音。」內政部長坎培松的照片掛在布希總統的一張照片下面。我們跟坎培松的會面是在兩天後，明天我們會先去見國家公園管理局局長瑪麗．波馬。

「這裡是不是有『美國國家公園之美展』（America's Beautiful National Parks）？」我問駐守在內政部博物館入口的騎警。幾年前，這座博物館的館長大衛．麥肯尼（David McKinney）曾請我提供二〇〇五年的展出音樂，我花了數星期準備，這也是我現在急著來參觀的原因。

「大約一年半以前，」他公事公辦說：「有些展品在二樓，有些放在其他辦公室，但你們不能進去。」

「我們能到二樓嗎？」

「我可以帶你們上去。」

在遵照他的提議以前，我決定先去看看目前的展覽，「以當代服飾重現傳統暨美國印第安設計」（Reinventing Tradition and American Indian Design in Contemporary Clothing）。展場裡有各式各樣由艾德華・寇蒂斯（Edward S. Curtis）¹所拍的照片，還有用印第安珠飾製作、令人驚嘆的美國國旗，還有一區展示土地管理局。整座博物館裡只有我們兩個人，也只有通風設備的噪音（四十二加權分貝），然後我們走到另一個展示區，屬於內政部的另一個部門：魚類暨野生動物局。平板螢幕上播放著「自然地」，搭配有語音介紹，但完全沒有自然的聲音。牆上有一個看板上問道：

我們為什麼要保護瀕臨絕種的物種？

國會在「瀕危物種法」中提醒我們：

美國的魚類、野生動物與植物

對美國及其人民均具有美學、

生態、教育、歷史、休閒與科學價值。

一名小孩又加上一個原因：「因為我們做得到。」

自然靜謐也已瀕臨消失。那名小孩所說的「因為我們做得到」，具有很重的分量，因為未來保存寧靜地點的努力能否成功，完全取決於人類的選擇。

該去二樓看照片了。騎警柯克・戴茲（Kirk Deitz）帶我們上去，在電梯裡告訴我們，「美國國家公園之美展」有六幅照片現在掛在部長辦公室，而那裡是不得參觀的禁區。其他的則掛在二樓走廊牆上。

「這些是冰河國家公園的四種不同景觀，」戴茲說。

我們欣賞了一番，然後繼續往前走。

我們走過巨幅照片前，戴茲不必讀它們的名稱，就指著說：「沼地國家公園，阿卡迪亞國家公園，」他來這裡許多次，早已熟記在心。「我的頭十年是在西部各地度過，」他靜靜地說：「這些大國家公園我全去過。」

我們對戴茲的興趣跟對這個展覽一樣濃厚。他下個月打算揹著背包，深入英屬哥倫比亞的熊鄉，因為他喜歡「擺脫一切」。戴茲來這裡以前住過的最後一個鎮，大約只有一百二十人，位於與納瓦荷國度（Navajo Nation）相鄰的四州交界區（Four Corners），就在聖胡安河（San Juan River）畔。他當時住的公寓以前是一家名叫「銀元沙龍」（Silver Dollar Saloon）酒吧的廚房。約翰・韋恩在紀念碑谷（Monument Valley）拍電影時，常在那裡喝濃度百分之三點二的啤酒。

「紅杉，冰河，大提頓（Grand Teton）……」我們的導遊繼續說。

我對這些名字全都很熟悉。在為這些照片準備配樂時，我仔細在我巨大的音樂庫裡搜尋過。當時沒有聲音預算，只有一長串的公園名單，其中大多數我在早十年前就已經錄過音。我把所有其他的工作推到一邊，認為這個博物館的正式場合，可以讓參觀者仔細聆聽，那麼等他們造訪真正的景觀時，就可以更仔細聆聽。

「錫安，落磯山，大盆地……」

蓋林・羅威爾（Galen Rowell）、馬克和大衛・穆耶屈（Marc and David Muench）、派特・歐哈拉（Pat O'Hara），以及勞倫斯・帕倫特（Laurence Parent）總共貢獻了三十八大幅照片。在艾咪・蘭姆（Amy Lamb）的策展下，這些照片在全美各地巡迴展出。但是為它們製作的聲音卻沒有一起展出。在最後一刻，這項展覽的音樂部分被除去，目的是為了充分展現這些照片的豐富性。這又是視覺擊敗聽覺的例子，同時也喪失了一個大好機會：讓民眾了解以聲響形式存在的自然寶藏。這項展覽的最後改動，令人感到苦樂參半。這些照片的確令人讚嘆，但它們的展示原本可以豐富許多。相較於自然風景，自然的聲響與靜謐就像是二等公民，我希望「一平方英寸的寂靜」能協助遏阻這種趨勢。

我們交回紅色名牌後簽名離開，打算前往林肯紀念堂（Lincoln Memorial）。

在林肯紀念堂的階梯上，可以聽到四周傳來軟底鞋緩慢的腳步聲，以及模糊不清的話語，主要是外國語言（五十八加權分貝）。紀念堂裡有將近五十人，林肯巨大的坐姿雕像矗立在堂內，基座上有數個醒目的標語寫著：「肅靜，尊重。」沒有人大聲說話，連兒童也知道不能喧嘩，這座紀念堂似乎自然會令人想保持肅靜。靜默會令人感到安慰、冷靜和發自內心的敬意，這也是我們要以默哀向國家英雄和過世親人致敬的原因。

我們到附近由國家公園管理局負責經營的資訊站索取地圖，找路去羅斯福紀念公園。這座紀念公園在一九九七年完工時，我早已離開華府地區。一架噴射機自頭頂呼嘯而過，然後又一架，而我們才剛拿到地圖，正在聽資訊站的公園巡守員指引方向；雷根機場就在波多馬克河對岸。這時已近黃昏，空中交通開始陷入夜間尖峰時段，我們問巡守員，飛機噪音對遊客在紀念公園內的參觀體驗有什麼影響。

她回答說：「羅斯福紀念公園的情況比這裡還糟。我在講話時經常得中斷三次左右，因為實在聽不到。」她帶著些微的南方口音，我心想可能是來自阿肯色州或密蘇里州，但這時第三架飛機以八十加權分貝的音量轟轟地飛過，我已經聽不清楚她講話。羅斯福紀念公園比這還糟？

我們在前往羅斯福紀念公園的路上，先到韓戰紀念公園（Korean War Memorial）轉了一會兒。在一片樹林和矮灌木中，立著一個個醒目的美國大兵青銅雕像，他們像在巡邏似的，每個士兵都顯得因戰鬥而疲憊，昭示著戰爭對個人造成的創傷。這時，頭頂傳來軍用直升機的聲音：七十八加權分貝。想想看，這對立在這裡的老兵們有何影響，這裡是國家為了紀念他們的貢獻舉行儀式的地方，但是頭頂卻有攻擊用的直升機不停發出「威克—威克—威克—威克—威克」的聲音，足以喚起過去對戰爭的可怕記憶。

我們跟著地圖走到羅斯福紀念公園，它位於潮汐湖（Tidal Basin）和波多馬克河之間，一塊植樹眾多且地點偏僻的綠地上，占地七英畝半。這座紀念公園有一連四個水平分布的戶外「展室」，是由地景建築大師勞倫斯・哈普林所設計，他也是西雅圖高速公路公園的設計人。我猜想哈普林在這裡是不是也想用流水聲來蓋過都市的喧囂聲，就像用水聲蓋過穿越西雅圖市區那條州際公路的吵鬧聲一樣。我們在遊客中心得知可以由導遊陪同參觀半小時左右，戶外開始下起稀疏的小雨，我們的導遊回裡面拿出一只透明塑膠套，蓋在他的公園服務帽上，然後我們就出發了。

那名擔任導遊的巡守員說：「這裡的設計是為了讓你感覺你並非置身在大城市裡。」

哈普林曾在有許多圖解與照片的《羅斯福紀念公園》（*The Franklin Delano Roosevelt Memorial*）一書中，描述他的建築目的。在這本書中，**安靜**（quiet）一辭出現過兩次，一次是指他在這座紀念公園裡大量使用的巨大紅玉髓大理石塊（「由於同時擁有暗色的斑點和閃亮的雲母薄片，〔這些石塊〕既醒目又柔和，塑造出的整體印象是安靜的力量與尊嚴」），另一次是在說明他希望如何將代表羅斯福一九三三到一九四五年不同任期的展區串聯起來：「當遊客準備離開第二任期的展區時，會進入引導他們通往第三展區的通道。這條通道跟第一條通道一樣，都是安靜、沉思的空間。」

一架噴射機飛過，音量計讀數是七十八加權分貝，跟高架鐵路旁的學校教室差不多吵。

「飛機這麼近的時候，我通常會停止說話。」巡守員還告訴我們說，雷根國家機場就在河下游大約一英里處。我還是能了解他說的話，但很吃力。他解說了羅斯福總統的生平與任期，也介紹了這座紀念公園。「它是柯林頓總統致力完成的，但有點爭議，因為這座紀念公園裡幾乎沒有羅斯福總統坐在輪椅上的圖像。在十二萬五千張他的照片當中，只有兩張是坐在輪椅上。」他指著羅斯福坐在輪椅上的雕像說，那是後來加的。

這座紀念公園揭幕那天，顯然有另一件未曾公開的爭議。為了避免飛過的噴射機破壞揭幕典禮的肅穆，柯林頓政府請求聯邦航空總署協助，但他們的請求未受到理會。聯邦航空總署不願讓飛機改道，所以飛機像平常一樣飛行，蓋過了演講人的話語，包括不太高興的柯林頓在內，他被迫停止演說，等到飛機的轟隆聲過了才繼續。

哈普林的設計有多成功？我的評價是他成功做到了視覺遮蔽，每個戶外展室依序呈現，彷彿不是走在同一個地方，而是穿過由現代景觀建築構成的景色。事實上，他在許多地點運用水的效果。在第二展區，有一個田納西河谷管理局湧泉（TVA Fountain），看起來像洩洪道或水壩。在三十五英尺外測到的水聲是七十五加權分貝，幾分鐘後，一架噴射機飛過，音量計讀數立即跳升到八十一加權分貝，巡守員的聲音已經被瀑布和噴射機蓋過。如此看來，流水聲的確多少能遮蔽城市的聲音，但這種聽覺效果無法讓人放鬆。當你必須大聲說話別人才能了解，而且還要附耳過去才聽得到對方說話時，這種被迫形成的親近並不自然，而且會令人不知不覺地產生疑慮。

我們得知在葬儀區的水景要素是「平坦、沉靜、平穩」，用意在於喚起死亡的肅靜感。巡守員的說明又因另一架噴射機而中斷，這次的噪音高達九十一加權分貝。在紀念公園的底端有一面花崗岩牆，上面寫著羅斯福總統著名的四大自由：言論自由、宗教自由、免於匱乏的自由、免於恐懼的自由。在這趟旅程被噴射機的噪音打斷無數次後，葛洛斯曼忍不住問：「你有鑿刀嗎？我們要在這裡加上『免於噪音的自由』。」

第二天早上醒來時，腦海裡想著高中時代的歲月，慢步走到樓下。今天的早餐有咖啡、柳橙汁、半熟蛋，還有立在烤麵包機上的英國馬芬鬆糕，這個可以烤兩片吐司的烤麵包機以鉻合金製成的外觀依然閃亮，跟我的兒時記憶一模一樣，一條寬寬的辮帶還在。我不知道父親是怎麼把它保存得這麼好，我看到桌上一邊堆的都是他的處方藥，藥水瓶多得我一眼數不完。

「你今天有什麼特別的節目嗎？」他開玩笑地問。他不常看到我穿西裝，打領帶，而我知道他看得很樂。這跟我綁著馬尾的打扮，相差甚遠。

「今天早上約翰和我會去找國家公園管理局前副局長，他知道該找哪些人。午餐後，我們跟管理局局長瑪麗・波馬有約。然後我們會去環保局，看它為什麼裁掉噪音減量防治室。」

「祝你好運了，兒子。」

父親提醒我搭地鐵回家的路上，給他打個電話，他好去接我。「記得在懷特夫林站（Whiteflint Station）下車。」

地鐵紅線快捷又方便，在一九六〇和一九七〇年代，這裡的交通總是非常壅塞，停滯不前，地鐵完工後改變很大。我在車上查看電子郵件和Treo上的電話留言。我們原本希望明天能跟內政部長會面，但現有可能落空，因為我們被告知他生病了，有可能不進辦公室。

我在杜邦圓環跟葛洛斯曼碰頭，一起走到西北向十九街一三〇〇號，然後搭電梯到三樓。門後面是國家公園保育協會（National Parks Conservation Association），牆上浮雕著一句標語：「為後世子孫保護國家公園」。這不是國家公園管理局的工作嗎？當然應該是，但國家公園保育協會深知政府政治的現實，所以努力扮演好幕後監督者及保育主義者的角色。這協會的成立要歸功於許多先前在國家公園管理局擔任高階主管的人士，他們奉獻了經驗、人脈與視野，他們跟長期擔任副局長的丹尼斯·蓋文一出現在接待區，就受到熱烈歡迎。即使離開職位已經數十年，這些全心奉獻的人士仍然熱愛美國未受破壞的珍貴野生地，持續關懷會對國家公園造成影響的議題，並在必要時發聲。蓋文曾在一九八五至一九八九年以及一九九八到二〇〇二年間，擔任國家公園管理局副局長，他和另外十名內政部前高階官員在二〇〇七年三月二十六日共同簽署一封信，遞交給內政部長坎培松，信中提及：

> 我們必須表達我們對黃石國家公園提案的憂慮，因為它徹底違反二〇〇六年管理政策的精神與內容。該提議將使摩托雪車的使用增加至目前平均使用數的三倍，但科學研究已經確切證明，過去四個冬季，摩托雪車的平均使用量降低三分之二，是國家公園遊客、雇員與野生生物的健康得以顯著改善的主要原因。最近國家公園管理局的研究詳細指出，允許黃石公園摩托雪車日平均使用量從二百五十輛增加至高達七百二十輛，將使該公園逐漸復甦的自然境況再度受創。特別是該研究指出，摩托雪車的噪音將對遊客目前能享受到的自然聲響與靜謐地點再度造成干擾。

信中繼續指出，國家公園管理局的宗旨是「盡可能保存國家公園的自然聲境」，而增加摩托雪車的提案與此宗旨不符。

多年前，我在讀完理察·塞勒斯（Richard Sellars）一九九七年由耶魯大學出版的著作《保存國家公園的自然》（*Preserving Nature in the National Parks*）後，原本以為國家公園管理局可以有效保護美國荒野的想法開始破滅。塞勒斯撰寫這本書時，是受雇於國家公園管理局的歷史學家，因此有機會獲得先前難以取得的資訊。他談到管理局允許獵殺美洲獅，以便讓麋鹿和鹿等草食性動物能夠更加安全地在具有觀光價值的景色中漫遊。他也寫到引入非本土種，例如一些鱒魚種類，以改善漁業的做法。塞勒斯指出一個關鍵問題，這問題至今依然存在：「長久以來，國家公園服務管理的主要困境在於：究竟該保存什麼……景色是最初成立國家公園的原因，而且透過觀光之助，也是它們存在的主要理由。因此，管理『外觀門面』便成為國家公園最通行的做法……長期以來，外觀管理對民眾、國會和國家公園管理局都比嚴苛的科學管理來得有吸引力。」

蓋文走出電梯，只比我們晚幾分鐘。他的身材高高瘦瘦，體能看起來很好，能揹背包做徒步旅行，不過他現在穿著運動夾克，裡面一件白色馬球衫，一枝筆斜夾在扣上的鈕釦下方。他的右肩上揹著一個Lands' End牌帆布製公事包。國家公園保育協會的法律代表布萊恩・法納（Bryan Faehner）把我們介紹給蓋文，並帶我們大家到會議室有陽光的一角。布萊恩先前曾在北瀑布國家公園管理處擔任解說員。

我解釋我的橫跨美國之旅、「一平方英寸的寂靜」，以及那裡不容許絲毫噪音入侵的構想。我把一頁說明遞給他們，一人一張，並說我們今天下午會跟國家公園管理局局長波馬會面。「我並不期待瑪麗・波馬說：『這想法很棒，讓我們來推動』，但是我希望能嘗試所有可能的做法，而這些單位的反應，無論是聯邦航空總署還是環保局，都會被寫進這本書裡。我們希望這些對話有助於形成一股力量，引導輿論。」

蓋文先前曾在國家公園管理局任職長達三十八年，現在則是國家公園保育協會的理事，他針對國家公園管理局有關自然靜謐的管理政策，提供了一些資訊。他說：「一九七〇年時，沒有任何與自然靜謐有關的政策，一九八八年時，出現了兩項。」他曾參與一九八八年管理政策及二〇〇一年更新內容的撰寫。他提醒我們，在小布希的第一任期內，國家公園管理局的政策曾引發極大爭論。「那次爭議始於一項行政草案，它會破壞二〇〇一年政策的實質效力。最後在多方抗爭下〔包括由國家公園保育協會、荒野協會及大黃石聯盟（Greater Yellowstone Coalition）〕，政府終於退讓，二〇〇六年的政策大體上跟二〇〇一年相同。對自然靜謐的保護承諾至少是跟二〇〇一年一樣。」

至少在紙面上是如此。

蓋文繼續解釋說：「一九八八年和二〇〇六年政策的差異主要在於，自然靜謐不僅和人類有關，如果想保護自然環境的所有生物，自然靜謐是我們必須追求的目標，因為靜謐對生物很重要。失去靜謐的環境對牠們有害，亦即大量噪音會造成危害，如同今日的夜空已不再寧靜。現在我們知道這對生物具有深遠影響。在聖塔莫尼卡（Santa Monica）這類地方，由於缺乏夜空，蠑螈的繁殖習慣已告中斷，海龜的遷移模式也是。牠們孵化後會朝水的方向走。在暗黑的夜晚，水會顯得比陸地明亮。然而，自從海灣群島（Gulf Islands）後面有了塔拉哈西城（Tallahassee）以後，孵化後的海龜都會爬錯方向。這個領域的相關文獻仍然很少，研究也不多，但數量已經開始累積。」

蓋文對於國家公園內的噪音有第一手經驗，那是在一九六〇年代晚期的大峽谷國家公園，當時他在那裡訓練新森林警備員。他會健行到魅影牧場（Phantom Ranch），在那裡過夜，第二天再健行出去。他記得曾寫過一份備忘錄給區域主任，內容大致是：「在大峽谷內健行就像在忍受第二次世界大戰時的英德不列顛之戰，隨時都聽得到飛機的聲音。」那是在直升機觀光開始之前，也是在國會試圖遏阻噪音以前的事。

我提到「一平方英寸的寂靜」這個簡單的方法，還有我放在圓木上的「寂靜之石」，我對靜謐的呼籲，以及若這呼籲能實現的話，將能改變奧林匹克國家公園廣達一千平方英里的聲境管理。那裡將會成為全世界第一個靜謐庇護地。

蓋文覺得這個構想很有意思，也很合理。於是我詢問他的意見：「這跟努力保存一項資源有關，而且這項資源原本就在現今管理政策的保護範圍內。我要怎麼讓這一點獲得認可？」

他說：「不論任何管理模式都牽涉到三位重要官員。一是公園管理處處長。漠不關心的處長會讓局長的政策失去實質效力。目前總共有三百九十個單位，總會有人『就是搞不懂』，就如同約翰・甘迺迪在古巴飛彈危機時所說的。我代理過多次局長，再加上擔任過副局長的職位，我能看到局長簽署的所有信件。我不知道一個月有多次，我會在看到某份檔案還有某個處長寫的內容時，心裡想著，這實在太荒謬，根本不符合國家公園體系的政策。另外兩個重要的人物是國家公園管理局局長，也就是政策制定者，此外區域主任也同樣重要。」

我跟他提到我在二〇〇六年時跟奧林匹克國家公園管理處處長比爾・萊特納，一起健行到「一平方英寸的寂靜」。「我認為他對自然靜謐深有同感，但並不真的想向聯邦航空總署挑戰。」（萊特納處長在二〇〇八年初退休。）

蓋文說：「聯邦航空總署在這當中也很重要。從我跟他們打交道的經驗來看，他們對於為了自然資源的價值或人類的舒適而規範飛機，一點興趣也沒有，這麼說一點也不誇張，除非是白宮下令。」

葛洛斯曼指出：「但依法，他們應該要有興趣的。」

蓋文同意但也承認：「那是我二十年前的經驗，但聽起來他們的態度沒多少改變。他們總是談噪音，但是從不談自然靜謐。」

蓋文同樣以他在公園管理局服務多年的經驗繼續說道：「這跟空氣品質的問題很像。『空氣清淨法』（Clean Air Act）讓國家公園管理局有機會參與清淨空氣的相關討論，因為該法指出，超過一定大小的國家公園都必須列為一級區，也就是空氣品質不得降低的地方。因此在一九七〇年代，國家公園管理局開始設置空氣品質室，監測國家公園的空氣品質。這三十多年來，國家公園管理局在鄉野空氣品質上有許多發現，例如區域運輸等議題，大峽谷的一些空氣污染其實是來自洛杉磯。很難想像我們竟然不知道，但我們的確不知道。污染物擴散的程度，真的令我們大吃一驚。在區域運輸與煙霧對鄉野空氣品質這個議題上，國家公園管理局的確是很重要的發聲機構。在我看來，現在的自然靜謐問題跟二十五年前的空氣品質問題很像。」

蓋文指出一個關鍵點：國家公園管理局與其把保護國家公園內的自然靜謐視為責任與負擔，不如把它視為打擊噪音污染的機會，而方法就是支持世上第一個靜謐庇護地的構想，禁止摩托雪車（除了當地利益團體的政治力量外，還有什麼人會想讓這些摩托雪車在公園裡橫行？），減少空中觀光，利用馱獸和健行等方式取代直升機來進行研究活動。

蓋文還建議說，國會是美國土地利用的最高政策制定機構。

我問他：「所以如果國會可以通過法案……」

蓋文和法納都認為這會是最好的方法。

「你的策略也不錯，」蓋文說：「集中在一個國家公園的一平方英寸，要比挑戰整個系統簡單得多，因為整個系統的變化和變數太多，再加上各種不同的政治觀點。」

葛洛斯曼跟我感謝蓋文花時間跟我們會談，接著搭電梯到樓下大廳，心情因蓋文的見解和樂觀感到振奮，我們開始找地方吃午餐。我們找到一個食物不錯，但地板很硬、天花板很低的地方，在人聲吵雜又忙碌的中午，音量達到七十五加權分貝，很難交談。由於時間不多，我們叫了計程車到內政部大樓，這次我們對安檢搜查已經有心理準備。

「叮。」今天電梯在三樓打開，我們走出去時，我忍不住在走廊上測起音量：五十八加權分貝。頭頂上，風扇的葉片轉個不停，走廊裡傳來聲響，周遭只有一棵植物帶來一點綠意，我覺得自己離霍河河谷好遠。

我們向接待員說明來意之後，瑪麗・波馬局長很快就出來，親切歡迎我們，並親自帶我們去她廣敞的辦公室，示意我們到擦得光亮的會議桌旁，分別坐在她的兩邊。國家公園管理局自然資源計畫（Natural Resources Program）的雪倫・克里溫斯基（Sharon Kliwinski）也加入我們，內政部公眾事務室（Office of Public Affairs）基於禮節也派了一名代表過來。波馬局長各遞給我們一張名片和一枚國家公園管理局的別針，它跟公園巡守員別的一樣，是給我們的紀念品。

波馬說：「我看過你在做的事，先前讀過。」

我說：「謝謝您挪出時間見我們。」

「真的不客氣，因為這對我們非常重要，」她說著，邊在面前放幾張筆記，然後兩手交疊放在膝上。她穿著時髦的灰褐毛呢套裝，戴著金耳環，昂貴的髮型襯托著溫暖的微笑。附近一片牆上滿是照片，包括在二○○六年任命她擔任局長的布希總統，還有她跟第一夫人蘿拉・布希（Laura Bush）的合照。

波馬問我是否帶著「寂靜之石」，可見她或她的部屬曾經瀏覽過我的「一平方英寸的寂靜」網站，知道我帶著它一起旅行。她在手中把玩它的時候，我說明它來自哪裡，以及它象徵的單點聲境管理策略。

她很快看了一下筆記後，開始說話。

「我從小在英格蘭的鄉村長大，那時我們家在英格蘭第八大城市列斯特（Leicester）有一家工廠，生產襪子。我很習慣城市的聲音，但也經常旅行。」

早先她替國家公園管理局工作時曾在費城住過，但現在住在華府，而在她搬到美國並成為美國公民以前，則是住在倫敦。

「昨晚我在七點半到家後，睡覺前很快看了一下電子郵件，整理了一些筆記，這些就是我想到的一些事。有一本很棒的書叫《失去山林的孩子：拯救「大自然缺失症」兒童》（*Last Child in the Woods: Saving Our Children from Nature-Deficit Disorder*）。為了我們的百年目標之一，我們已經辦了四十場集會聆聽民意，那真的是民眾可以站出來告訴我們，該怎麼讓我們的國家公園在未來的百年間充滿活力，還有他們希望國家公園能為下一代和子孫做哪些改變。聲境，夜空，我們還聽到『損害』這個詞，其實我很驚訝聽到美國民眾提到這個詞，街上的人談到損害和讓公園保持自然……

「但我真的有想到過山林裡最後的孩子，我們擔心孩子會失去與大自然的〔連結〕，我們已經計畫在接下來的七到十年間，在七座公園試辦把孩子帶回國家公園，編造包括動植物在內的物種清單，清查國家公園的自然資源。」

她滔滔不絕地說著，就像迷你高爾夫球場上的風車障礙一樣一直不停，我好不容易逮著一個空檔說：「這幾個地方，有在美國西半部的嗎？」

「它們散布在美國各地，從羅克溪（Rock Creek）開始。」

克里溫斯基說：「雷斯岬（Point Reyes）是其中之一。」

我說：「我幾乎造訪過美國所有擁有荒野的國家公園。過了密西西比河以東，白天根本找不到真正的靜謐，即使在西半部也非常稀少。我還發現不僅是兒童需要教育，在奧林匹克國家公園，就連巡守員也需要教育。他們對於公園裡的聲響特徵，連十二種都說不出來，而且我希望『一平方英寸的寂靜』能明確傳達一個訊息，那就是奧林匹克國家公園是聆聽者的優勝美地，這也是我搬到奧林匹克的原因。」

波馬局長問：「所以你住在那一帶？」

「對，我住在安吉利斯港附近，」我回答並告訴她，我曾經跟國家公園管理處的處長比爾・萊特納一起健行到「一平方英寸的寂靜」。

「我多年前就認識萊特納了。擔任國家公園管理局局長有很多好處，我的好處就在於我是一路升上來的專業雇員，所以多年來認識了許多國家公園處長。我擔任國家獨立歷史公園的處長時，彼得・詹寧斯（Peter Jennings）有一次對我說，『老天，瑪麗，國家公園處長真的是很特別的一群人』，他們真的很特別。」

我瞥了桌子對面一眼，葛洛斯曼的眼睛慢慢地轉了半圈，我知道他在想什麼。我們拿到的開會時間是四十五分鐘，而現在已經過了一半。

波馬局長繼續說：「國家公園管理局是由七大區域構成，我猜你們已經知道。我們有七個區域主任，總部就在華府。我們局裡的國家領導委員會一年召開四次會議，只要辦得到，每年我們至少會設法讓其中的一、兩次到野外……」

葛洛斯曼開始破除風車障礙，插嘴說：「您最近一次到偏遠地區聆聽，深刻體會大自然的靜謐是什麼時候的事？」

波馬局長想了一會兒說：「兩個月前吧，應該是錫安，因為那裡有非常完善的國家公園運輸系統，民眾可以順暢地上下。錫安沒有交通噪音，可以聽水聲，溪水聲，只是單純地聽水的聲音。以個人來說，我很喜歡樹的聲音，聽樹葉的沙沙聲，還有鳥鳴，有一天傍晚我坐在那裡一棟小木屋外面時，有一些意外的驚喜。」

我問：「您在那個人煙稀少的地方時，有沒有聽到飛機的聲音？」

「沒有，相信我，如果有的話，我一定會注意到，特別是我就住在華盛頓特區的史萊特巷（Slater's Lane），離雷根國家機場很近。」

我從來沒有嫉妒過別人的經驗，特別是寧靜的經驗，但是這和錫安國家公園平常的真實情況截然不同，山脈俱樂部的噪音暨飛行專家狄克・辛森（Dick Hingson）一直都有告訴我，他在錫安和大峽谷奮戰的情況。他已經通知我，錫安偏僻地區受到飛航的影響很大，已經到了一小時有十五次飛行噪音入侵的地步（每四分鐘一架），每次持續兩到四分鐘。

我提到我對國家公園之父約翰・繆爾的情感，還有我詳讀過他對自然音樂的描述，特別是他在優勝美地國家公園的體驗。我告訴波馬說，我上次試圖在那裡錄音時，有一半以上的時間聽得到飛行噪音。

我說：「我知道國家公園管理局捲入了一些國家公園的爭議，大峽谷、黃石、夏威夷火山等等都包括在內，那些都是經年累月的艱困奮戰，不會很快就解決。我想說的是，奧林匹克國家公園的情況完全不同。在那裡的偏僻地區，噪音入侵的情況很罕見，無噪音間隔期有時長達數小時，那是我在其他造訪過的國家公園裡沒有見過的。」

波馬局長說：「這倒是令我感到驚訝，你再多說一些。我經常講一個故事，有一次我到新月湖泛舟，帶了五個區域主任出去，目的就是要傳達回到國家公園，回到大自然的訊息。我想，那時我才剛獲得證實。事實上，我把我們的國家領導委員會延後，因為我要傳達給領導委員會的訊息，對我來說很重要，我們的領導委員會是由七個區域主任和我們這個辦公室的六名主管構成，包括助理局長和一些高階主管。那時我上了獨木舟，一艘很大的獨木舟，我們大家一起划，還有兩名很棒的年輕實習生當嚮導，告訴我們新月湖的故事。我划一會兒，就會停下，因為湖中央實在太美。我沒有聽到任何交通的聲音，但有人對我說……」

「那時候是幾點？」我只是想問這問題，因為我很熟悉那個湖，它離我在喬伊斯的家只有六英里。

「大約下午兩點，」波馬繼續：「所以我們在划船，我注意到如果我停止划，其他人也會停止。我以前就會用這個故事來表達：我是這裡的領袖。我會坐上這個位置是因為我有卓越的領導技能，不怕承擔風險，我一生都不怕失去，但一定要做對的事情。不過我已經注意到，每次我停止划，其他人也會停下。大家都在湖上時，我對他們說：『只要停下來聆聽就好，因為我們平常不會有這個機會，我們都忙於電腦，坐在辦公室裡』。」

她的小故事令我大吃一驚，而且我也嘗試告訴她這一點。「我得說很多美國人覺得我們的國家公園仍然很安靜，對於這樣的看法，我會直接假設，他們不是鮮少有機會去，就是沒診斷出聽力已經受損。現在一〇一號公路繞著新月湖的邊緣走，以下午兩點來說，無噪音間隔期就算存在，也絕對不超過一分鐘。這說法一點也不誇張，我家離那裡只有六英里遠，所以我擔心您有聽力損傷，也擔心您可能感受不到靜謐的變化特質和它能帶來的好處。所以我想藉這個機會邀您造訪『一平方英寸的寂靜』，因為即使您認為已經在錫安或新月湖體驗到靜謐，您仍然應該去霍河看看。」

我們繼續談，我說到「一平方英寸的寂靜」，波馬局長則談到她小時候在英格蘭體驗到的靜謐，在談話中她突然插了一句：「對了，我的聽力很好，風吹過草地和樹葉，大自然的聲音，還有鳥叫聲，沒錯，這些我都可以形容。我心裡有個非常明確的願景。」

葛洛斯曼問：「您會想念那些嗎？」

「噢，當然，那時完全沒有壓力，也能體會到它帶來的安靜。我相信這是民眾去國家公園的原因之一，它們令人愉快，也是很適合停留的美麗環境。聲音對我來說很重要，這是因為我先生從小在密蘇里州最南方長大，現年六十七歲，但現在我已經發覺自己經常必須重複說過的話，我先生的聽力已經不如從前。隨著年紀增長，每一個人的聽力也會跟以前不同，以這情景來看，再加上我對感覺所寫的一些看法，享有好聽力、好視力是非常重要的事；我很幸運，每天早上起來仍看得到，也聽得到，為此我感謝上帝。」

儘管已經超過我們預定的四十五分鐘，但波馬局長很親切地繼續跟我們談下去。幾分鐘後，葛洛斯曼從他的手提箱裡拿出一些紙，把一張海報攤開後舉起來，上面有一條荒廢的砂土路蜿蜒地穿過一片染上秋色的闊葉林。海報底下有一行字，**靜謐**：一種國家資源。

「我很喜歡，」克里溫斯基輕聲說。

接著葛洛斯曼又拿起一九七九年十月號的《環保局期刊》（*EPA Journal*），那一期的內容都跟噪音和環境有關。它的封底內頁就是剛才他拿給大家看的那張海報，只不過比較小幀。「但我真正想跟大家分享的，」他用拇指往前翻了幾頁，指著一段用立可貼標示的話，「是〈靜謐是一種國家資源〉（Quiet as a National Resource）這篇文章裡的一段話，作者是大衛・赫爾斯（David Hales），他是當時內政部主管魚類、野生動物暨公園事務的副助卿。」赫爾斯在一九七九年寫道：

> 未來國家公園管理局的適當角色，事實上也是必要角色，將是保存一些沒有噪音污染的特別地方，就像我們不會讓它們遭受骯髒的空氣或水污染一樣。在這些地方，以人為方式引入不必要的聲音，不僅會使人因為聽到這些聲音而引起急躁。在本質上，這是一種搶劫行為，偷走自然屬於這些環境的聲音，以及美國重要的自然與文化遺產。

波馬局長說：「我非常同意。我小時候就住在樹林邊，當我看到那張圖的時候，我心裡立刻想到自然資源裡的真正靜謐。我昨晚寫下的事情之一是：我們要禁止噪音，就必須禁止人類。我們先前談到損害，有些衝擊勢必會發生，所以能減少交通量的新運輸系統非常重要。昨天我們談到可以用雪地公車來取代摩托雪車，我們肯定得這麼做，我真的很讚佩你的作為。我們是不是找到了所有的答案？當然沒有。我看到放在你後面的錄影帶，BBC拍攝的《行星地球》（*Planet Earth*），它才剛送來，而我已經急著想看……嘗試在遊客服務和保護自然資源之間達成平衡，向來是一大挑戰，未來也一樣。我絕不會避而不談，而會像現在坐在這裡跟你談一樣，因為這件事對我非常重要。」

葛洛斯曼又拿出一份文件，那是二〇〇七年五月內政部長坎培松寫給布希總統的一封政策令函，函中提出國家公園管理局在其即將來臨的一百週年紀念日前，必須做到的優先工作和目標：「在這封名為『美國國家公園之未來』（Future of America's National Parks）的政策令函中，坎培松說：『國家公園管理局需要大膽的目的，明確的目標，以及為未來制定的具體策略。』『一平方英寸的寂靜』剛好符合，它的構想大膽，目標明確，又有非常具體的策略。我們真的希望它能在經過慎重考慮後，成為達成管理目標、為美國未來世代保護現有資產的方法之一。如果我們再不注意，就會失去它。」

波馬局長說：「這真的很重要，你說的很對。」

我們又談了一會兒，接著她示意會議已經結束：「最後我要跟你們分享一個特殊的想法。我總是說我是自行選擇成為美國人的，但我真的覺得有一些特別的地方，可以讓我們美國人真正團結起來，國家公園正是這樣的地方之一。我在跟新朋友開會結束時，總是會說一件事，那就是美國的聲音是我跟許多美國人的靈魂之歌。在談聲境的時候，我經常會想，原始人類聽到的是什麼？探險家第一次來到這個偉大的國家時聽到的又是什麼？最近我到詹姆斯鎮（Jamestown）參加四百週年紀念，很榮幸獲得跟女王見面的機會；短短幾天後，在她造訪這裡期間，她問我是什麼時候到美國的。我們有這麼好的機會，所以我希望能透過百年紀念，大膽達成許多目標，以便使我們的國家公園保持活力。所以套句一般常說的話，請繼續關注後續發展。」

我們要離開時，她補充說：「我真的認為我們是站在同一邊的。」然後她問我是否有網站。

在走道上走向電梯時，克里溫斯基莫名地笑出聲，但卻不是真心的微笑。我問她為什麼笑。

她說：「這些都是相對的。你們談到偏僻地點，但我就住在雷根國家機場旁邊，在九一一事件發生後，我聽到什麼？我第一次聽到腳步聲，鄰居在家裡的聲音，還有社區的聲音，這情形持續了三星期。當航班恢復飛行後，靜謐旋即消失，而我也哭了。」

我們的下一站可以追溯到十五年前，一名現在已經退休的聲響顧問遞給我的紙條，這位顧問名叫巴茲‧湯恩（Buzz Towne），替聯邦政府做過許多工作。他說：「如果你到華府的話，就找找這個人。」那張紙條上寫著肯‧費斯（Ken Feith）和美國環保局的簡稱EPA。費斯以前曾替環保局噪音減量室工作，我打電話向他自我介紹後，發現他現在仍替環保局工作。我希望他能告訴我，先前有一個解決美國靜謐需求的計畫原本很活躍，後來為什麼莫名停止。我在電話裡介紹完後，費斯說：「當然好，過來吧，我在舊郵政部長大樓（Old Postmaster General's Building）。」

這棟建築是由公共事業振興署（Works Progress Administration）[2]建造的，看起來彷彿來自印第安納‧瓊斯（Indiana Jones）的電影。空曠的長廊上，打蠟打到晶亮的大理石地面，反射著天花板上燈泡閃耀的光線，每隔幾個門就有一盞燈，一路照亮長廊。我們找到環保局空氣暨輻射室（Office of Air and Radiation），通報來訪後，旋即被帶到一個小會議室，裡面只有夠放一張桌子和幾張椅子的空間。

幾分鐘後，一名高大男子大步走來，頭髮跟襯衫一樣白，打著一條可能來自紐約現代美術館禮品店的領帶，帶著長者的歡迎態度。費斯親切地歡迎我們，看起來比較像會打扮成聖誕老人待在家裡，而不是深諳華府生存之道的人。先前聯邦有一個以防治噪音污染為主的計畫，但早已遭到刪除，費斯可說是該計畫碩果僅存的人。他顯然有很長的故事可說，而且並不急著說完。

「話說在開始的時候，摩西創造了……」費斯開玩笑地拿名人的傳說開頭。他解釋說，他在一九五〇年代末，申請伊利諾科技學院（Illinois Institute of Technology）一個研究助理的工作後，就進入了聲響學的領域。冷戰期間，他替海軍的反潛艦戰計畫和「多個不同的祕密機構」進行聲響監測計畫。他問我們：「你們是橄欖球迷嗎？有沒有看過在電視螢幕上標示戰術的動畫裝置？我是發明電視解說系統（Telestrator）那家公司的共同創立人。」

費斯在一九六九年以企業家的身分來到華府，三年後，也就是一九七二年，國會通過了「噪音防治法」（Noise Control Act）。費斯自一九七五年起擔任環保局的顧問，在空氣、噪音暨輻射室（Office of Air, Noise and Radiation）替噪音減量防治室（Office of Noise Abatement and Control, ONAC）的計畫工作。

費斯說：「當時做了許多卓越的工作。我們在大學設置十個為噪音而建立的區域卓越中心，提供社區互助計畫（Each Community Helping Others, ECHO）儀器和多種材料，因為知道他們會朝外擴展，這樣就能獲得樹狀效應。」噪音減量防治室出版了多種簡冊，像是《噪音：一種健康問題》（*Noise: A Health Problem*）、《住家四周的噪音》（*Noise around Our Homes*）、《靜靜思考噪音》（*Think Quietly about Noise*），更不用說還有厚厚的《噪音效應手冊：噪音對健康福祉之影響案頭參考書》（*Noise Effects Handbook: A Desk Reference to Health and Welfare Effects of Noise*）。今天稍早我們給波馬局長看的「靜謐：一種國家資源」海報，也是在同一時期製作的。

費斯解釋說，雷根總統就任後不久，就任命一位大量削減機構的行政官，那位女士四處尋找可關閉的機構。費斯說：「管理水的機構不會關閉，當時我們又有大量放射性廢棄物，因為有人因呼吸道疾病瀕臨死亡，空氣相關計畫也不能關閉，所以最後她就看到噪音部門。」

費斯中斷這個故事，先說起另一個故事：「環保局的噪音計畫起初形成的原因並不是為了環保，而是為了促進各州之間的通商，當時第一個領域是鐵路修築與經營業。在五〇、六〇和七〇年代，不同的團體各自建立標準，使交通減少。」他解釋說，後來鐵路協會前往國會，要求建立適用於全國的單一商業法。貨運業聽到風聲後也要求加入，航空業也跟進。「所以，當有吵鬧的產品跨越州界時，是由聯邦政府負責管理重大的商業噪音來源。」費斯繼續解釋在一九七〇年代，聯邦政府強力介入範圍較廣的社會噪音議題，但後來草草收場，原因就在於有人促使那位新環保局主管注意到，「在噪音防治法裡，州政府和地方政府才是保護人民不受噪音相關損害的主要負責機構。」

於是在她的大刀闊斧下，只留下一家區域噪音中心，其餘的全數關閉，設於華府的噪音減量防治室也未能倖免，當時費斯就是噪音標準與法規科的主任。原本每年有一千萬美元的經費，雇有六十名員工的機構至此幾乎完全消失。費斯說：「最後只有我留下，我就像影子噪音計畫，保存著那個機構的記憶。他們把名牌上的『噪音』一詞拿掉，成為現在的空氣暨輻射室。」

葛洛斯曼問：「後來各州有接手嗎？」

「沒有，州與地方政府說：『既然聯邦政府不再認為這很重要，我們的經費可以有更好的用途。』大多數的噪音減量計畫都消失了。我們有寫任何新法規嗎？沒有。自一九八二年以後，我們就沒有制定過相關法規。我們有預算嗎？沒有，我們沒有獲得任何編列預算。」

「那你的工作是什麼？」

他笑著說：「很少，我在環保局的主要角色是貿易協商員。兩個禮拜前我才剛從歐洲回來，根據世界貿易組織的協定，任何國家對進口產品的要求都不得比本國產品來得嚴格。但是各國都有保護本國產業的傾向，我負責處理對美國運輸領域造成影響的環境規則，汽車、卡車、公車和摩托車都包括在內。噪音是我負責的項目之一，基本上我扮演兩個角色，一個是代表美國環保局的外交官，參與聯合國裡為有輪交通工具的環境績效發展『全球一致』規定的組織，另外由於我有噪音方面的背景，所以另一個角色是運用工程與物理學的專業知識，加入為汽車、卡車和摩托車發展噪音規定的專家小組。我在那裡的功能，是要確保無論聯合國發展出什麼規則，都不會對美國不利。

「噪音防治法並沒有賦予環保局解決社區噪音的權力，所以依法我們無法採取任何行動，我們唯一獲得法律授權的是規範產品的噪音，像是割草機和吹葉機。那麼，我們有在做嗎？沒有。因為沒有經費。」

我告訴費斯，我們去震耳欲聾的「印第五百」賽車場參觀，結果大家就開始討論起摩托車的噪音，費斯坦承這也是環保局在規範噪音上力有未逮的領域。他說：「我們對新生產的摩托車設有噪音限制，但是賽車例外，它們要多吵都行。」他補充說，這也使得更多噪音有湧入城市街道的機會。「看一個例子就好，哈雷公司出產的〔職業級〕『吼鷹』（Screaming Eagle）排氣系統是專為比賽製造的產品，不得用於街道，但是到了〔獨立〕商人手上後，這一點卻可能遭到忽視。如果他手上有價值三百四十美元的排氣系統要賣，剛好遇到年輕買家，當然一拍即合。」

根據環保局的規定，排氣系統的辨識印記必須與摩托車上的對應號碼相符，並禁止擅自改造排氣系統（一個常見的方法是把硬金屬桿塞入排氣管，切斷可以降低噪音的內調節裝置）。安裝違法排氣系統的商人會遭到高達一萬美元的罰鍰，而聲音過大的摩托車騎士也可能被罰鍰。但費斯坦承環保局無法執行這些法規，必須由州和地方進行管轄，但其中只有少數真正承擔起這個責任。

他告訴我們，在一九七〇年代，噪音減量防治室有一個「購買安靜」（buy quiet）的活動。「我們做了很多研究，發表文獻，指出可以尋找的各式產品。」他稱讚說他家的洗碗機非常安靜，「幾乎不知道它是啟動的。」他還提到他在選擇冷暖氣裝置時，會優先考慮市場上最安靜的機型。事實上，在產品上標示噪音等級的做法，已經有長足進步。

費斯繼續說：「我們跟草坪維護業者簽訂諒解備忘錄。當時我們正要制定割草機的規範，但草坪與庭園維護業者來找我們，『拜託，不要用規定打擊我們，我們會發起標示產品噪音等級的活動，也會採取減少噪音的措施』，於是我們簽訂了諒解備忘錄。在短時間內，西爾斯（Sears）的產品就加了懸掛式標籤。我去本地商店問銷售員，這些標籤上的數字代表什麼意義。他說：『那是額定功率，數字愈大，代表力量愈強』。」

費斯不停搖頭，並從長期以來的經驗說：「真正能夠決定我們該重視還是忽視噪音的，是民眾的看法。噪音一般為時短暫，如果你的鄰居在週日早上七點起床刈草，你會生氣。八點半，他刈完草後，你就會冷靜下來，喝續杯咖啡。還記得吹葉機的遭遇嗎？社區被吹葉機惹火，禁止使用，但它們依然存在，而且還不斷使扛著吹葉機走動的人逐漸喪失聽力，因為它的音量大約一百一十分貝。特別是在美國，我們很善變，只處理眼前的問題，沒有做長遠的思考。噪音問題之所以棘手，原因就在於：街上看不到屍體。我們無法把它跟癌症之類的事情相連，民眾不了解噪音對健康的重大危害，他們就是不明白。」

他繼續說道：「這也要看是誰坐在有權力的職位上，你們知道，我們設置環境副主席已經八年，但什麼都無法做。他在就職典禮後的那一天，到環保局召開全體大會，他走上講台大談環境，後來我們就再也沒有見過他。」

費斯本質上是一名教育家，這解釋為什麼他一直期望發展兩項都市試行計畫，教導年輕學童有關噪音危害的知識。他提到俄勒岡州波特蘭（Portland）有一個稱為「危險分貝」（The Dangerous Decibel）的模範計畫，可以發展為教學單元，在全美例如十個訓練中心教授，然後全面推廣至學校。「我們〔噪音減量防治室〕以前最成功的計畫是在小學，小學童會把這些帶回家，而且會是很棒的溝通者。」

我問費斯「一平方英寸的寂靜」是否有可能獲得動力，將寂靜是一種自然資源的觀念重新介紹給民眾，同時指出這個資源已瀕臨危機。

他建議說：「你知道你需要什麼嗎？應該是類似多年前一個印第安人淚流滿面的廣告，或許現在他已經因摩托車而頭痛欲裂。我不知道你要怎麼做，我早過了大多數人退休的年紀。我從事這一行已經太多年，就像我在最近一場會議裡說的，我最不滿的就是專家總是跟專家對話，我們已經重新定義噪音問題太多次，但問題並沒改變。關於噪音，我們該了解的都了解了，我們知道怎麼量測，知道如何量化，但卻不知道該如何阻止。

「如果民眾想要靜謐，就會得到靜謐。但想要靜謐的民眾必須夠多才行，我想這是可能的。雖然我們在環保局只有小小的推廣計畫和極少的經費，但我們仍會嘗試，這樣或許就能茁壯。」

我們謝謝費斯，在跟他道別後就前往地鐵，那時我心想或許真的會茁壯。許多人都關心噪音問題，渴望靜謐，只是每個人尋求靜謐的方式不同。巴塞爾・喬帝和馬克・雷汀頓的方式是設計比較安靜的室內空間，比爾・沃夫和提娜瑪麗・艾克的方法是提醒民眾甚至環保人士，光重視景觀價值是不夠的。傑・梭特的方式是寫能啟發靜謐的詩。凱倫・崔維諾則是領導美國國家公園管理局的自然聲響計畫，即便某些官員有脫離現實的情形。伊里亞特・伯格協助設計產品，教育民眾保護聽力。今天，在網際網路的盛行下，美國和其他國家的許多基層組織已經開始注重噪音污染和保護靜謐的重要，包括噪音污染資訊中心、無噪音美國協會（Noisefree America）、噪音減量協會（Noise Abatement Society）、溫哥華的靜謐權利協會（Right to Quiet）、英格蘭噪音地圖（Noise Mapping England），在肯塔基州路易斯維爾市，有要求執行當地噪音法令的零汽車噪音協會（No Boom Cars），另外還有反對汽車噪音的降低汽車噪音基金會（Lower the Boom），反對在國家森林裡使用汽油引擎的安靜使用聯盟（Quiet Use Coalition），以及證明在遼闊偏遠、人口稀少的州，同樣有噪音問題的阿拉斯加安靜權利聯盟（Alaska Quiet Rights Coalition）等等，不勝枚舉。

今天的第一件事是去拜訪我那個選區的參議員之一，參加她每週為選民舉行的咖啡時間。我們在數週前就先打電話預訂，但不是私下跟她會面，而是和一群人一起。我們不知道這咖啡時間會怎麼進行，但它的確讓人能接近在國會山莊制定政策的人。

我在國會大廈廣場（Capitol Plaza）搭乘擠滿通勤者的扶手梯離開地下鐵。今天萬里無雲，在美國國會大廈附近，參議院辦公大樓的鄰近地區（基於安全原因）沒有車輛通行，令人感到特別振奮。葛洛斯曼和我輕鬆通過德克森參議院辦公大樓（Dirksen Senate Office）的安全檢查，找到屬於華盛頓州資淺參議員瑪麗亞・坎特威爾（Maria Cantwell）的辦公室，坎特威爾是第二任期的民主黨員，先前有許多環保事蹟，剛好同時是監督聯邦航空總署的運輸委員會（Transportation Committee）以及必須保護國家公園管理局利益的能源暨自然資源委員會（Energy and Natural Resources Committee）的成員。

潔白的接待區莊嚴堂皇：灰棕色的牆壁邊邊漆著蛋殼白，角落立著美國國旗和華盛頓州獨特的綠色州旗。我看到熟悉的西北部印第安藝術版畫，一系列內嵌的臉龐顯然是同一個人，還有一排前華盛頓州參議員的加框相片，包括綽號「史庫普」的傑克遜（Scoop Jackson），他領導樹立了環境立法上的重要里程碑，例如一九六四年的「荒野法」，以及要求提出環境影響說明書的「一九六九年環境政策法」（1969 Environmental Policy Act, NEPA）。

我們簽到後，我也報名跟參議員合照。在接待區，快到八點半的開始時間時，他們提供我們和其他幾個人咖啡（當然是星巴克的），帶我們進入有一張大桌子的會議室。我坐在離門和桌頭最近的位置，葛洛斯曼坐到我旁邊，另外還有兩對夫妻和一位男士，大家的年齡都不到五十。

因立法事務延誤短短幾分鐘後，坎特威爾步伐穩健地走進來，為遲到道歉，站在我的左手邊。她穿著白色套裝，黑色短衫上掛著瑪瑙項鍊。她親切地微笑，轉身直接看著我說：「現在說說看，你們來這裡的原因是什麼？」

我顯然是最先站起來的，然後大家輪流說出姓名，以及想跟美國參議員面對面談一些話的原因。這我倒是做得到。

「我關心奧林匹克國家公園和保護靜謐的事。」

「是什麼問題呢？」她開玩笑地說，「動物不乖嗎？」

大家都笑了起來，包括我在內。然後我盡量快速簡潔地解釋，我在過去這幾天重複過許多次的話：我到世界各地收集自然聲響，年復一年尋找靜謐的地點，卻日愈困難，即使國家公園的深處也充斥著人為噪音。我說：「奧林匹克是聆聽者的優勝美地，長期以來一直保有自然的靜謐。直到空中交通破壞了自然聲境。我曾在清晨四點，在霍河河谷的深處被飛往西雅圖—塔科馬國際機場的噴射機吵醒。」

「這樣不對，」坎特威爾參議員這麼說。

我又多說了一點，然後她看向我的右邊，其餘的繼續介紹。葛洛斯曼為自己是紐澤西選民而道歉，引起一陣笑聲，然後解釋他跟「一平方英寸的寂靜」之間的關係。麻沙島（Mercer Island）的一名猶太拉比，對美國外交政策與人權侵害問題表示關切。一名叫羅德（Rod）的州議員表達他對小型企業的關切，他太太則是談到學生貸款的償還問題。會議桌旁的另一位女士擔心不斷增加的交通成本。

坎特威爾參議員說：「你們提出一些很重要的問題。」她接著提到她對環保的支持，針對每個議題都說了一點，然後把主題轉向她心中的首要議題：伊拉克和美國的外交政策。她連續說了將近二十分鐘，提出坦率的見解與憂慮，一過早上九點就結束會面。說完時，她謝謝大家的參與，然後我們都走到外面的接待室，我很快走過她身邊，準備跟旗子拍照，我拿出「寂靜之石」。

她問：「這是什麼？」

「這是標示『一平方英寸的寂靜』的石頭，」我邊說邊遞給她，「我相信只要能使一平方英寸的土地完全不受人類噪音的干擾，就可以使國家公園獲得一千平方英里的靜謐。」

「喀嚓」，照片拍好了。

然後我給她一張「一平方英寸的寂靜」的單頁傳單，她立刻開始讀。

靜謐之地

「國家公園管理局將致力於使該局體制下各單位的自然資源、過程、系統與價值保持在未受損害的情況，永久保存其完整狀態，以供現今與未來的世代有機會享有它們。」——二〇〇一年國家公園管理局管理政策四・〇節

「國家公園管理局將盡最大努力保存公園的自然聲境」，而所謂的自然聲境指的是「不存在人為聲響的狀態」。——二〇〇一年國家公園管理局管理政策四・九節

奧林匹克國家公園擁有最多樣性的自然聲境，無噪音間隔期（的自然靜謐）是所有國家公園中最長的。

基於上述理由，希望奧林匹克國家公園的霍河河谷能按國家公園管理局長令，指定為**靜謐之地**——一個現今與未來世代都能享有靜謐、不受噪音污染損害的聖所。

希望新指定的靜謐之地能以「一平方英寸的寂靜」這項簡單但有效的聲境管理工具，作為保護與管理的方法，原因如下：

- 只需要保護一平方英寸的偏遠荒野地區，就可以管理一大片面積（有可能超過一千平方英里）。
- 唯有製造噪音衝擊的個人或企業會被要求改變噪音製造行為。不會製造實際噪音衝擊的個人和企業不會受到影響。
- 這問題可以用簡單友善的方法解決。在「一平方英寸的寂靜」，噪音入侵不是聽得到就是聽不到。入侵者必須移除聽得到的噪音，不能重複。這是自發的行動。
- 矯正行動的費用不高：利用「一平方英寸的寂靜」作為聲境管理只需要兼職、非技術性的人員。目前奧林匹克國家公園的獨立研究計畫，一年的開支大約是兩千美元，完全靠捐款來進行。
- 這項新方法能提供立即的結果，不需要長期的基準研究，也不會妨礙有可能具體處理生物聲響學的長期自然聲境管理計畫。
- 詳情請瀏覽 www.onesquareinch.org。

坎特威爾參議員一邊看傳單，一邊輕輕彈著掌中的「寂靜之石」。

她輕聲對自己說：「我想寫這個。」

然後她看著我說：「我想寫一個法案。」她搜尋著接待室裡的一名助理說：「約耳（Joel），我想寫一個法案。你帶戈登和約翰去另一個房間開始進行？」

我跟坎特威爾參議員握手，謝謝她，我的心跳開始加速，心情飛揚。我高興地想著，內茲佩爾塞印第安部落（Nez Percé Indians）喬瑟夫酋長（Chief Joseph）所說的話是對的：「事實不需要太多言語。」

我們回到會議室後，跟參議員的助理約爾・莫凱爾（Joel Merkel Jr.）和顧問阿密特・羅南（Amit Ronen）談了超過一個小時，羅南是能源與自然資源方面的專家。他們針對「一平方英寸的寂靜」問了許多坦率的問題，其中之一是禁飛區需要多大。我告訴他們，我想應該是山谷每邊大約各二十英里。他們解釋說，任何法案都會送到能源暨自然資源委員會，因為國家公園管理局的事務是由它處理。他們問我是否已經跟我的眾議員談過，也就是任職許久的諾姆・狄克斯（Norm Dicks）議員，他有奧林匹克國家公園的教父之稱，剛好也是國會撥款委員會（House Interior Appropriations Committee）的主席。他們說會跟他的辦公室聯繫，並建議強調生態觀光可能為華盛頓州的貧窮地區帶來利益。他們建議任何法案都需要廣泛支持。我從他們的話中得到一個清楚的訊息：這會議只是另一趟漫長旅程的第二步。

回到外面，呼吸了清新的空氣後，我們同意：至少喝了一些咖啡。「喀嚓」，我以國會大廈為背景，拍了「寂靜之石」的照片。如果提出的法案真的進展到可以在「美國聯邦公報」公布的程度，我就必須前往作證。或許有一天我會在國會聽證會上舉起「寂靜之石」。老天，在聽到意料之外的好消息時，心跳真的會加速。但是回到現實，我檢查訊息，坎培松部長打電話表示身體不適，我們或許可以重新安排在華府的會面。所以現在只剩下跟聯邦航空總署的會議，先前一位國家公園管理局的官員曾形容他們為「八百磅重的大猩猩」。

葛洛斯曼跟我前往西南區獨立街（Independence Avenue）的路上，經過人行道上的國家廣場（National Mall），但已經設了柵欄。我們看到數十名騎著重型哈雷機車的警察，在用橘色錐形交通路標所排成的迷宮般的障礙道之間穿梭。原來今天是摩托車警察國家競賽的前夕，這裡提供賽前練習之用。他們的技巧令人印象深刻，賽道裡的急轉彎使許多腳踏板微微刮過柏油，但那些警察順暢地一一繞過，沒有撞倒任何一個錐形筒。然而，儘管他們騎的看似是相同的機型，但聲音並不完全一樣。在一組組障礙之間的短距衝刺，有些摩托車使音量計衝到一百加權分貝以上，幾乎跟三天前令人顫慄的霹靂雷聲一樣大，我懷疑這裡的一些哈雷可能已經非法改裝過。對於警察想騎聲音大的摩托車，我只想得到一個理由：增加力量感。而且這是真的：每增加三加權分貝，聲音的能量就會倍增。無論合不合法，聲量大的摩托車對我都有威嚇作用。但是以維護寧靜的警察而言，安靜的摩托車不是比較適當？它們不是更能促進社區寧靜，也更容易察覺罪犯？比較安靜的摩托車不就可以不必問一個問題：如果警察本身都忽略噪音法令，我們怎麼還能期待它具有意義呢？

聯邦航空總署的辦公大樓很好認，因為它占據了從賀胥宏博物館（Hirshhorn Museum）開始的整個街區。周遭的聲音：五十七加權分貝。我們通過跟機場類似的安全檢查後，看到一架真正的飛機，儘管是一架小飛機，懸吊在天花板上，而且可能具有歷史價值。等待接待人員期間，我想詢問有關那架飛機的事，但一項能提供更多訊息的展覽引起我的注意：政府與產業的民航合作。這讓我想起聯邦航空總署的署長原先就是航空產業的遊說人士。展覽裡展出的九幅照片和七段文字中，包括西南航空波音七三七於一九六七年四月九日的首航。我先前就是在這一型飛機的客艙裡，測到八十一加權分貝的噪音量。「喀嚓」，我拍了一張照片。相機發出的閃光立即引來警衛，告訴我這些**公開**展示不得拍照，於是我把相機收進袋子裡。

替我們安排今天這次會議的人，是聯邦航空總署的公眾事務官塔咪・瓊斯（Tammy Jones），她到大廳跟我們碰面，帶我們上樓，準備在下午一點展開圓桌會議。我們跟系統營運領空暨航空資訊管理主任南茜・卡里諾威斯基（Nancy Kalinowski），環境能源副主任琳恩・皮卡德（Lynne Pickard），以及空中交通管制與環境專家提娜・蓋茲伍德（Tina Gatewood）互相寒暄，交換名片。聯邦航空總署還多來了一名公關人員亨利・普萊斯（Henry Price）。我在取得同意與准許後，開始替這次會議錄音。

他們問到我名片上印的頭銜：「聲音追蹤者」，我剛好藉由回答的機會，說明我的職業需要自然靜謐、沒有人為噪音的地點，我也熱愛這些地方，同時也相信霍河河谷是美國極少數僅餘的這類地點。我遞給他們一張錄有奧林匹克國家公園自然聲境的唱片，還有我用來解釋「一平方英寸的寂靜」這個活動的傳單。

我解釋說：「我的目標是想讓霍河河谷成為世界上第一個明文制定的靜謐地點。要達到這項目標，必須使它成為禁飛區。我希望在座各位能提供如何達成這目標的資訊。」我提到我們昨天從環保局那裡得知，聯邦航空總署有自己的噪音標準，想請問總署曾頒布哪些公告提醒飛航駕駛注意噪音敏感區。

瓊斯突然插話，談到程序上的基本原則：「如果你想在書中引用我們所說的話，請您務必先拿給我們過目。我們所說的話應該都是公開資訊，正因如此，我們希望能檢閱所有的引句。」

我們若是不同意，恐怕就無法繼續，因此我們同意把任何引用自今天這場會議的話，提交聯邦航空總署過目。

葛洛斯曼問：「國家公園適用的噪音標準是什麼？」

皮卡德回答：「我們正在發展一套標準。我是不是先跟你們介紹一下我們在航空噪音方面所做的工作？你們剛才也提到，聯邦航空總署負責處理航空噪音，我們有一個相當成功的案例，可以讓你們很快明白我們做了哪些事。」

她遞給我們一人一張紙，上面有一個彩色圖表，標題是「六十五航空噪音日夜音量下的美國航空成長與噪音暴露量：實際／預測的噪音暴露量與美國搭機趨勢，一九七五—二〇〇五」。

「如果你看藍色區域，它顯示在一九七五年大約有七百萬名美國人住在機場附近，顯著暴露在噪音下，而且噪音量很高。二〇〇五年是這張圖表上的最後一年，可以看到這數字已經下降到大約五十萬人，」皮卡德說，並證實所謂的顯著噪音是以日夜接觸的平均噪音量六十五加權分貝為準。她強調儘管飛行旅客，亦即班機數目有增加，但噪音暴露量已經下降。有些家庭遷走，有些家庭用三層玻璃窗之類的方式來阻擋噪音。但她說最大的原因是由於聯邦法規的規範與比較新型的飛機，有助於降低民眾接觸的噪音量。

她邊說邊遞給我們第二張表格：「這是我們為未來二十年規劃的願景。從現在到二〇二五年間，我們預期美國的航空需求將會增為兩到三倍。這是龐大的成長量。」她補充說：「但是我們對噪音的願景是儘管航空量成長，我們也要使顯著的噪音降低。」

皮卡德談到另一個環境議題，也就是高空飛行噴射機所排放的物質對全球暖化的衝擊，但我把主題拉回聯邦航空總署對顯著噪音衝擊的定義，提出：「除了航空日夜噪音量六十五加權分貝外，對於我們所說的噪音敏感區，你們有沒有其他的顯著定義？」

皮卡德回答：「如果你指的是國家公園，我們並沒有已經進行多年的工作成果。我們是以數十年的工作成果為基礎，才找出測量與定義顯著航空噪音以及機場周邊其他顯著交通噪音的最佳方式。我們現在正努力針對特殊地方，例如國家公園系統，發展工作內容。現在跟國家公園管理局合作的，是我的辦公室，我們也投入大量經費在研究上。

「講到較低的噪音量時，那跟較高噪音量完全是兩回事。對國家公園來說，要釐清噪音什麼時候會成為問題，是比較困難。」

這時她又拿出一份文件，上面有聯邦航空總署和國家公園管理局的徽章，包括一個「時間點」的圖，上面顯示出在大峽谷聽得到的數種聲音的分貝數與次數。

「這張表上除了其他資訊外，也可看到航空噪音，」皮卡德說：「這是低航空噪音量，介於十到二十分貝之間，比鳥鳴還低。如果你現在站在那裡的話，兩種聲音都聽得到，你聽得到鳥叫，也聽得到昆蟲的聲音。以這個案例來說，你還聽得到麋鹿的聲音，那可比飛機的聲音大得多，你是會聽到飛機的聲音，但不會很大聲，如果你在走路、沒有注意或在跟別人說話，你可能完全聽不到飛機聲，因為它的噪音量相當低。

「在機場附近有非常高的噪音量時，你很容易就知道這是問題。但是要釐清飛機所製造的低噪音量會造成什麼問題，就比較困難，就像這個問題到底有多嚴重，嚴重到聯邦政府必須做出不能飛越特定地區的決定，或是必須嚴格限制飛行，這對美國將會是一項重大決定。南茜可以告訴你們，為什麼那會是一項重大決定和重大問題。」

我插話打斷：「我很快談一下，這是大峽谷的情況，但若這是霍河河谷呢？因為我一個月去那裡好幾次，也會用音量計做測量，就像我今天在這裡一樣。飛機的噪音量通常不是只有二十分貝而已，而是介於四十五到五十五加權分貝之間。確實比這張圖表上的任一點都吵得多……」

「當然，當然，你有可能測到不同的噪音量，」她回答，一邊開始讀這張表上的不同部分。「這些是國家公園噪音量的實例：樹葉摩擦的沙沙聲〔大峽谷國家公園〕，二十加權分貝；蟋蟀相當大聲〔錫安國家公園〕，大約四十加權分貝。這是軍用噴射機的聲音〔育空—查理河〕，看起來像訓練飛行，很接近地面，大約一百公尺高，音量是一百二十加權分貝。大家都會同意，這的確很大聲。但是來到這些噪音量比較低的地方，問題就會變成這樣的音量是不是大到我們必須採取行動，要求飛機繞行？特別是這種要求並不容易做到。這會造成一些問題。」

我問：「所以聯邦航空總署在做這類決定時，會考慮哪些類型的數值？」

「我們現在嘗試針對人們在國家公園裡對噪音的反應，找到比較好的解決方法。光是要了解民眾是否有聽到飛機的聲音，就不是一件容易的事。我們直到前不久才弄清楚，一個聽力正常的人是否聽得到飛機的聲音，事實上現在我們已經有一個不錯的模型，不過是這兩年才建立的。我們現在可以用測量值和電腦模型，計算能聽度（audibility）。軍方在潛艦方面做了許多有關噪音可偵察度的研究，以便偵察敵軍的聲音，我們的計畫就是以這些為基礎。」

她伸手拿另一份文件，這次是厚厚的一本出版品：《飛機飛越國家公園體系上空之效應：送交國會之執行總報告》（*Report on Effects of Aircraft Overflights on the National Park System: Executive Summary Report to Congress*）。她說裡面是針對國家公園訪客的調查結果，它「確認我在講的現象，也就是較低的噪音所造成的衝擊很難了解，因為他們已經獲得一些統計，看訪客對他們本身沒聽到、但我們測得到的噪音所產生的反應。在嘗試釐清這類噪音對訪客的影響時，情況很複雜。我們也很想知道它們對野生動物的影響，並參考其他野生動物的研究，想釐清什麼時候噪音對國家公園來說太吵，但對其他環境卻不算太吵。」

於是我問：「如果霍河河谷或奧林匹克國家公園的訪客覺得，這些地點應該保持安靜或比現在還要安靜，或是他們認為耳中傳來的飛機聲不應存在，而聯邦航空總署同意這些，你們也覺得它們足以代表訪客經驗的話，聯邦航空總署是不是會因而要求飛機避開奧林匹克國家公園？」

「不一定。再次拿我們從機場周遭得到的大多數經驗為例。我們已經知道現在有五十萬人仍住在機場附近有顯著噪音干擾的地方，而我們已經有一些附加計畫，希望能使飛機聲變得比現在安靜，我們的目標是把機場的日夜噪音量維持在六十五分貝以內。我們已經有改善噪音減量飛行程序的計畫，也有改善機場附近土地利用規劃的計畫，以便降低日夜噪音量，而我們也已經派了人去現場，但這並不意味著我們會限制機場的營運。我們仍必須在國內航空運輸系統與環境衝擊之間取得平衡，所以這並不一定意味著要關閉機場跑道，或以你的情況來說，這並不代表要關閉一條航線。我會請我們的航空交通專家談一下，這麼做會遇到的一些困難。」

卡里諾威斯基說：「由於國家公園管理局要求我們考慮，我們就做了一個研究，看如果把大峽谷列為禁飛區的話會是什麼情況。他們對高空噪音以及我們過去十五年跟他們在空中觀光營運方面的合作很關心。一般想到西部時，經常會把那裡視為開闊的空域，其實不然。那裡有大量的空域是供軍事活動使用，還有一些顯著的地質界限，使得一些地區的飛行困難重重，而我們在那裡又有許多空中交通。因此變更航線首先就會造成明顯的安全問題，這是我們的一大考量，此外也會造成效率不彰以及更多延誤，造成排放到大氣裡的廢氣增加。所以基本上我們無法變更大峽谷的航線。」

我提到最近在飛往芝加哥時，我的班機曾因為雷雨而繞過跟奧林匹克國家公園大小相當的地區。

卡里諾威斯基回答說：「我並不是說不可能繞道，因為我們每天都繞道，原因有可能是重大的軍事演習或暴風雨，但這總是會對系統造成很大的負擔，民眾得承受嚴重的誤點。我們得讓地面的飛機停飛，空中的飛機不能降落。我們的主要目的和需求向來是安全，然後才是最大的效率和減少空中交通系統的延誤，而我們設計路線時是想盡可能達到最大的效率。自從航空時代開始，飛行路線的設計一直是以地面導航系統為準，而我們現在正朝衛星導航系統的方向前進。許多航空公司都有這樣的能力，而我們也在努力提供能讓他們盡量使用衛星導航的空域和基礎建設。當然，在密西西比河以西的地區這麼做，要比在以東的地區來得容易。

「這意味著會有更多點對點的直接飛行，而不必遵循從VOR（特高頻多向導航台）到VOR或從導航塔到導航塔的地面航線，這種航線目前多少會呈現鋸齒狀。他們希望能把燃料使用減到最少，同時使飛行時間降到最短。」

葛洛斯曼問：「這樣的新系統不是也會使飛機繞行變得比較容易，就像繞過奧林匹克國家公園？」他注意到西雅圖—塔科馬國際機場的空域，一點也不像大峽谷附近的馬卡倫國際機場（McCarran）那麼擁擠。

卡里諾威斯基說，最近空域重新設計的焦點大多放在人口密集的地區，例如紐約到紐澤西、費城、芝加哥和亞特蘭大。「西雅圖也做了一些空域重新設計的工作。在這方面，我們的目的和需求向來以安全為重，然後才是效率和減少延誤，但是國內任一機場或航線有任何變動，我們一定會做環境研究。如果高度在一萬（英尺）以上，會有不同的環境標準。當然，如果高度超過一萬八千以上，就不必做環境評估，但我們會把想避開的噪音敏感區納入考量。在費城，我們向來會嚴格評估飛航對約翰海恩茲動物保護區（John Heinz Refuge Area）的鳥類所造成的影響。在大峽谷則向來非常注重環境層面。」

皮卡德口徑一致地說：「而且我們正在為下一代的系統做準備，逐漸擺脫以地面為主的導航系統時，總是會注意是否能找到更多的機會，避開一些對噪音特別敏感的地區，例如國家公園。我們的未來計畫也包括這部分：看看它能帶給我們哪些目前所沒有的先進能力。」

葛洛斯曼問：「像戈登的『一平方英寸的寂靜』這類計畫，有在你們的注意範圍內嗎？」

「有，但我無法許下任何承諾，因為首先我必須研究新系統的新能力，其次我必須考慮許多層面，因為世上沒有免費的午餐。就算不考慮安全和容量問題，光是從環境觀點來看，也必須計算得失，像是會減少多少噪音量，而相較之下，又會增加多少廢氣排放量。如果在安排航線時，飛行路線能更直接，也就是能讓飛機更直接抵達某個地點，因為它們不需要依靠以地面為主的導航系統輔助，而又能避開國家公園這類特定地區，那麼就會是雙贏。如果做不到，就必須考慮得失，怎麼做能達到最大的利益？這就是我們目前在研究的。」

葛洛斯曼說：「我們要傳達的重要訊息是霍河河谷有多特別，還有為什麼戈登會選擇它，由於戈登是聆聽專家，所以這會由他來說。實情是美國現在不再有安靜的地點。」

「你為什麼這麼說呢？以我自己在國內各地的經驗來看，美國還有許多安靜的地點，」皮卡德這麼說。

我說：「大多數人都這麼認為，這是因為他們生活在都市環境，當他們到比平常安靜的地點時，就會覺得那裡很安靜。如果他們待在比較安靜的地點一陣子，只要接納周遭的一切，就會開始覺得有一點吵。這就像進入一個比較暗的房間時，視力會逐漸變好，開始看得到輪廓，甚至可能突然可以閱讀，即使你認為那是一個黑暗的房間。聽力的情況是一樣的。

「我曾經到美國各州去找尋靜謐，當然這一次橫越美國的旅行也是為了尋找靜謐。我可以相當有把握地說，在密西西比河以東的地區已經找不到自然靜謐，而在密西西比河以西的地區，無噪音間隔期，也就是兩次噪音事件之間的間隔時間，通常不到一分鐘。有時無噪音間隔期會長達幾分鐘，但是在白天超過十五分鐘的情形就真的很罕見了。霍河河谷是我目前找到唯一一個無噪音間隔期能以小時來計算的地方，所以它真的很值得保護。」

我明白現在輪到我們來進來展示和說明，葛洛斯曼把環保局在一九七〇年代製作的海報攤開，邊說：

「『靜謐：一種國家資源』，以前我們的政府一度非常重視靜謐，但現在卻非如此。」

皮卡德說：「我不同意這種說法。我們投入大量的努力以及金錢企圖減少飛機造成的噪音，而且我們持續……」

我打斷她的話：「我想說這當中有一個很細微但很重要的差異。減少噪音很重要，我們雙方也都同意，但減少噪音和保護靜謐是不同的。光是減少噪音，並不能保護靜謐，也沒有辦法創造靜謐的體驗。」

皮卡德說：「我們一直努力發展愈來愈安靜的飛行技術，我不知道你們是否跟美國航太總署的人談過。他們做了更長期的基礎研究，也在發展無聲飛機。這也是我們未來希望達成的目標。」

我說我完全支持。「在『一平方英寸的寂靜』，一個聲音要聽得到，才會是明顯的。所以我同意妳說的話，如果一架飛機在一萬八千英尺高空飛過，而我們完全不會察覺的話，那就隨便它怎麼飛。但是今天的情況並非如此。」

我說現在我們需要的是轉移重點，特別是在荒野地區。我們的重點必須從減少噪音轉移到保護靜謐，前者牽涉到各種技術問題和公式，而後者只要有「一平方英寸的寂靜」就能輕易做到。

「我們要不要把地圖給他們看？」皮卡德這麼問。「你們現在說的是限制飛行，因為我們沒有你們想見到的聲源噪音減少做法。」他們把一張海報大小的地圖在桌上攤開（見附錄D），上面標示著「美國公園暨保育特殊用途空域與航線」。太好了！才看一眼，我就在他們最後的王牌裡發現顯著的缺點。

我承認美國大多數的領土上空都有著問題多多、像義大利麵條般交錯的航線，包括大峽谷國家公園，也承認飛機可能無法繞過大多數的國家公園。然後我指向地圖的西北角，奧林匹克國家公園上空幾乎沒有航線。我指出那裡沒有交錯的航線，在這盤義大利麵裡，只有邊邊的三條必須移走而已。我的要求只有這麼多，只為了使這個世上第一個靜謐庇護地能真正獲得靜謐。

「就像我剛才說的，我們必須做出權衡，」皮卡德回答說：「我們負責美國的航空系統，有非常健全的環境計畫，也投入許多資源在國家公園上，想知道需要什麼樣的靜謐才能保護國家公園的環境，我剛用的是靜謐，而不是噪音。雖然我們還沒有答案，但是只要找到答案，就會看到解決這問題的希望。」

我明白我們分到的時間即將結束，我問他們，航空公司的飛機駕駛依照飛行計畫飛航時，能不能要求繞道，例如繞過奧林匹克國家公園。

卡里諾威斯基解釋說：「基本上，駕駛的職責是根據派遣室分派的飛行計畫來飛，而派遣室是根據他們偏好的飛行計畫做決定，換句話說，航空公司是根據天氣、風向和當天能用的最少燃料，來規劃前往目的地的正確路線。」

葛洛斯曼問：「所以那是航空公司的決定？」

「是航空公司和聯邦航空總署共同的決定。這個過程稱為協力決定。一般來說，他們會傾向於對於例行航線每天提出同樣的飛行計畫。他們知道路線，可以載入機上電腦的飛行管理系統（flight management system），也就是FMS。一般來說，除非有天候上的問題，否則他們會飛相同的路線。」

葛洛斯曼問：「如果飛機乘客要求呢？」

提娜・蓋茲伍德開口說：「如果個別乘客要求駕駛偏離航線，我想應該會由負責那一區的空中交通管理員，根據他所控制的交通量來決定是否仍有餘裕，能夠同意或不同意這樣的請求。」

「所以這類決定是有可能的，」我說。

「視交通而定，」蓋茲伍德說。

（註：聯邦航空總署在審查它對我們所提這些問題的答案時表示：「關於上述蓋茲伍德的評論：個別乘客不能向航空公司駕駛提出要求。」然而，飛機駕駛卻告訴我們這是可以的。）

「你們關心的是那個區域，」普萊斯不再維持聯邦航空總署公眾事務室的觀察員身分，「你們有沒有跟飛機上的人談過，說：『這是讓飛機繞過國家公園時，必須為每張機票多付的錢。你願意付這筆錢嗎？』」

普萊斯繼續說：「去年有七億飛行人次。我不知道每年有幾百萬人去國家公園。現在我們必須對全國的每一個人說：『你願意為每張機票多付這麼多錢，好讓飛機繞過國家公園嗎？』這也是你們必須面對的。」

我說：「就本利分析來說，每年有三百萬人前往奧林匹克國家公園。那裡已經有兩家鋸木廠關閉，我也親眼看過安吉利斯港鎮的貧窮，而且我就住在公園那邊。那裡應該被指定為世上第一個靜謐之地，而且可以發展靜謐觀光——我可以告訴你，我做過許多旅行，世界真的很吵，所以這個靜謐地點確實有其觀光市場。以後，這可以帶來可觀的利益。」

葛洛斯曼提到，先前一名商業飛機駕駛和一名前聯邦航空總署航管員都跟我們說過，飛機只要稍微轉向，就可以繞過霍河河谷飛行。

普萊斯說：「稍微轉向？你不會相信這樣的話，燃料成本會增加多少。」

皮卡德說：「絕對比你們想像的多得多。」

葛洛斯曼問：「你們知道飛商用噴射機每分鐘的成本嗎？」

「南茜？」普萊斯說，把問題丟給南茜。

葛洛斯曼說：「航空運輸協會告訴我，每分鐘六十六美元，而且稍微轉向的調整只會多花幾分鐘的時間而已。」

普萊斯說：「所以那些必須飛去拜訪祖母的窮人，得為機票付更多錢。」

「我們做過一個研究，」皮卡德說，「以為這只需要短短的幾分鐘，有時是一種誤解，特別是在使用地面導航輔助系統的時候。在大峽谷，想飛到峽谷東端的人肯定會有這種感覺，然後你會開始看到，這會在國家空域系統造成骨牌效應。所以我不會把事情看得這麼簡單，成本這麼少。我不知道，我還沒研究過這一點。但是談到空域系統的互動時，一般會比你們的想像來得複雜。」

普萊斯重述一次他的質疑：「你認為一般老百姓會願意為了這個付更多錢嗎？」

皮卡德說：「我想很多人可能願意。」

我也這麼認為。隨著「一平方英寸的寂靜」的知名度增加後，航空公司說不定會為了公開表示愛護地球，要採取綠色姿態，而不再飛越靜謐的庇護地，把這視為提升公共關係，甚至願意在艱困時期吸收一些增加的成本，這並非完全不可能。但是我們已經沒有討論和爭論的時間，所以我最後下了結論並且重申，如果我想保存國家公園內的靜謐這個構想能夠實現的話，地點很可能就是在霍河。

「我了解，那是你的信念，」皮卡德說：「祝你們的書成功。」

我們帶著聯邦航空總署的傳單離開，包括那張海報。

傍晚回到父母家後，我的心情既歡欣又疲憊。我告訴父親坎特威爾參議員說了什麼，他靜靜露出微笑，看起來好像既驕傲又覺得有趣。我知道他在想什麼：到目前為止一切都很好，就等著看律師扯進來之後會變成怎樣。

這些年來，父親跟我在許多議題上都有不同的看法，但是有一件事是不變的：他一直是我所認識最仁慈慷慨、心胸寬大的人，而且不僅是對他的家人而已。他希望這個世界能變成更適合所有人的地方。我把能叫他一聲父親，視為一種恩典。我知道有一天他會埋在波多馬克河對岸的阿靈頓國家墓園（Arlington National Cemetery），但是我們從沒一起去過那裡，既然這是我在華府的最後一站，我建議去那裡走走。他說好，但語帶保留。

這座美國最榮耀的墓園占地廣大，受到細心照料，葬在這裡的是成千上萬有資格埋骨於此的士兵與政府重要人士，我們抵達大門，我把駕駛側的窗戶搖下，詢問殘障人士的入口。那位女士打斷我的話說：「對不起，我現在聽不清你說話，有飛機經過。」一架噴射機以陡坡度飛出雷根機場，飛越徹俄運河上空，我的音量計一路攀升到七十五、八十一、八十五加權分貝。我按指示前往附近的一棟辦公室，父親則坐在Acura車上等，吹著冷氣，窗戶打開，停在擠滿觀光客、休旅車和遊覽車的停車場上。他對這裡的興趣好像不大，跟我原本的假設不同。或許太擁擠反而令人不適。

「左轉，」父親指示方向。

我讀著刻在一座巨大石拱門上的字：「在榮譽的不朽營地，四散著他們沉默的帳篷，榮耀的護衛肅穆地圍繞著死者營地。在三十一萬五千五百五十五名不幸身亡的市民中，有一萬五千五百八十五名在此安息。」

「就在那一區，」我父親補充說。

我們開過一片片墓石，經過一群前往甘迺迪墓地致敬的人。這時大約早上十一點半，天氣晴朗。

「我三場戰爭都參加了，」父親喃喃地說，他指的是第二次世界大戰、韓戰和越戰。

我們往右轉，在「無名戰士墓」附近停車。我將獨自前往。父親已經八十五歲，裝了人工關節和後臀骨，無法長途步行。

每隔一分鐘左右，就有一架噴射機使足音和吹過森林的風聲黯然失音。在「無名戰士墓」旁，麻雀啾啾叫著，輕快的音調在周圍建有白色巨柱的大理石建築上迴響。這裡加上我，大約有一百名訪客，幾乎沒人說話。這裡最大的聲音六十一加權分貝，是三十英尺外的衛兵以鞋後跟為支點迅速旋轉時傳來的。墓石上刻著：「唯有上帝知道的美國榮譽戰士在此安息。」

因為接近正午，群眾開始湧去欣賞著名的衛兵換班儀式。鐘塔的鐘聲響起，然後是一連串比較深沉的鑼音：六十六加權分貝。但是十二響的鐘聲敲完第四響後，鐘聲就不再是最大的聲音，因為又有一架噴射機（七十五加權分貝）飛越這座神聖墓地。

「各位先生女士，請注意，」一名士兵以沉穩但尊敬的語氣說：「我是美國陸軍第三步兵團的參謀軍士狄克米爾，現在要進行『無名戰士墓』的衛兵交接。您即將目睹的儀式是換班儀式。為了對本墓地表達敬意，請大家務必保持沉默與肅立。」

那些原本沒有站著的人立刻起身，一陣服裝摩擦的聲響讓我察覺到這裡的群眾非常多。

「謝謝大家，」參謀軍士狄克米爾說。

群眾在整個儀式期間一直保持敬意與安靜，但是頭頂的天空卻不是。大約每一分鐘就有一架噴射機飛過，打破了肅敬的靜默。就在這個「無名戰士墓」，就在甘迺迪總統安息之所。不久的將來，同樣的情形也會發生在父親未來將安息的阿靈頓墓園。

這究竟有沒有停止的一天？原諒我想要朝天空咆哮的心情。經常不斷的噪音實在令人沮喪。如果阿靈頓上空突然出現一場雷雨，聯邦航空總署會立即要求飛機繞行，毫無疑問。現在我們需要建立的是一場不同的雷雨，也就是輿論與義憤的雷雨。我們必須以寂靜之名發出聲音，不僅要恢復國家公園內瀕臨絕跡的自然聲境，也要恢復我們生活中的某種平衡感——遺憾的是，許多人甚至沒注意到，這個我們賴以維生的平衡已經消失。

我展開這趟旅程，是想為奧林匹克國家公園爭取一平方英寸的寂靜。我想說明一點：就算奧林匹克國家公園成為禁航區，美國聯邦航空總署管理的領空也只會減少百分之零點零四。現在，在這旅程結束之刻，我希冀能獲得更多：我希望能恢復在家中，在工作場所，在學校與社區享有安靜的權利。當然，還有其他地方。「無名戰士墓」的附近，有一個環狀的鑄鐵標誌，上面寫著：「靜默和尊敬。」要說出事實，並不需要太多言語。聯邦航空總署至少應該在下面這兩個特定日子，禁止飛機於中午衛兵換班時進出雷根機場：陣亡將士紀念日與退伍軍人節。這樣就夠了。

我們必須以靜默來向為國家捐軀的將士表達敬意與懷念，藉此幫助我們找到自己是誰，以及我們想要成為怎樣的人。俄勒岡州立大學哲學教授凱思琳・迪恩・摩爾在從「一平方英寸的寂靜」回去後寫下這一段話：

> 當風吹動楓葉時，深受感動的是我們。沒有人知道為什麼音樂能直接觸動人類的心靈，但是我們可以想像它想訴說的話語：我們與世界不可分割，人類不是世界的主宰，也與世界無所差別。如同石與水，我們的聲響也塑造著世界。我們就是音樂，而且全都在運行當中，我們所有人，一起把和諧送入暗黑顫動的天空。

拯救寂靜不是麻煩的工作，而是一種覺醒的喜悅。當我們聆聽寂靜時，聽到的不是萬物不存在，而是萬物俱存。

我無法想像失去靜謐的未來，也不願有這樣的未來。

1——寇蒂斯（一八六八—一九五二）：美國攝影師，一八九〇年開始與美國原住民研究權威一起展開美國西部大平原之旅，足跡遍及密西西比河以西的八十幾個印第安部落，以三十年的時間，完成記錄印第安圖像的偉大民族誌工程。

2——公共事業振興署：美國經濟大蕭條時期羅斯福總統「新政」（New Deal）計畫的一大主要機構，負責興辦公共工程以解決大規模的失業問題。一九三五至四八年間，總計為八百萬失業人口提供了工作機會，美國幾乎每個社區都有公共事業振興署興建的橋樑、公園或學校等機構。

跋

迴響

本書的撰寫過程至今已過了一年半，而且還沒出版，對我個人是一大挑戰。在內心深處，我是個害羞的人，喜歡獨處。我追蹤聲音，四處健行，收錄自然聲響，拜訪朋友，玩人體衝浪運動，實現我的夢想。偶爾我會接到電話，前往其他令人讚嘆的地方旅行，但是「一平方英寸的寂靜」改變了這一切。當我聽到奧林匹克國家公園的幽靜遭到破壞時，就決定要建立美國第一個靜謐庇護地，保護它不受噪音侵害，於是我開始採取一連串行動，這過程最終把我帶到華盛頓特區，還有一些坦白說我寧可不要前往的地方，例如踏上吵鬧的道路，一次又一次地搭電梯到會議室。但是其中一個電梯讓我得以抵達瑪麗亞・坎特威爾參議員的辦公室，上次詢問時，我得知坎特威爾參議員對我的提案仍有興趣，正在評估採取行動的最佳方式。

先來談談後續的一些發展。

二〇〇八年的地球日即將結束，而在這一天，國家公園管理局和聯邦航空總署再度未能就大幅恢復大峽谷的自然靜謐達成協議。那期限是八年前就定下的。

自從一九八七年國會第一次通過立法，要管制大峽谷國家公園的空中交通，至今已經二十一年。這兩個機構顯然一直在溝通，因為地球日前兩週，國家公園管理局在二〇〇八年四月九日於美國聯邦公報上發表「澄清」公告，把超過平均海平面一萬七千九百九十九英尺以上的所有飛行，從該局為了恢復大峽谷國家公園的自然靜謐而設定、但長期以來未曾實施的近期規定中移除。儘管二〇〇二年公布的一項聯邦上訴法院裁決（Federal Court of Appeals Decision）已部分裁定，「大峽谷飛越上空法」（Grand Canyon Overflight Act）的確適用於高空飛行的噴射機，但國家公園管理局似乎在與聯邦航空總署的拔河中，放開了手中可以管制高空商業與私人噴射機的那條繩索，至少在這個國家公園的戰場上是如此。即使未來空中觀光減少，這仍等於對自然靜謐判了死刑。萬一這情況適用於全美國，那麼未來除非真的有無聲噴射機出現，否則峽谷地再無法獲得靜謐，而奧林匹克國家公園的「一平方英寸的寂靜」也永遠無法名副其實。

我造訪國家公園管理局自然聲響計畫辦公室時，凱倫・崔維諾曾經告訴我說：「聽其言，觀其行。」沒錯，現在我正在反思。

我剛收到史吉普・安布洛斯的一封電子郵件，先前我在峽谷地外圍區時曾經訪問過他。他附了一封聯邦航空總署航空政策、規劃暨環境處（FAA Aviation Policy, Planning, and Environment）助理處長丹・艾維爾（Dan Elwell），寫給內政部魚類、野生動物暨公園事務助理部長大衛・威荷（David Verhey）的信，日期是二〇〇七年三月六日。安布洛斯特別要我注意聯邦航空總署給內政部那封信中的一段話：「根據美國聯邦上訴法院二〇〇二年的一項裁決，將所有飛行器包含在本法〔一九八七年國家公園飛越上空法〕範圍內，使我們的立場薄弱。」安布洛斯強調，這是他第一次看到聯邦航空總署承認，高海拔噴射機在飛行途中製造噪音。但真正引起我注意的是下一句話：「內政部長若要遵照該法的命令，大幅恢復國家公園管理局所定義的自然靜謐，勢必得移動飛行路線，而這會嚴重影響到空域的安全與效率管理。」

這些都是白紙黑字的紀錄。聯邦航空總署承認，若我們想在大峽谷擁有自然靜謐，噴射機必須繞路飛行，至少根據現行國家公園管理局對自然靜謐的定義，必須這麼做。但是降低標準，或降低高度標準，如國家公園管理局在聯邦公報中的提議，將一萬八千英尺以上的飛行器排除在外，這樣就對了，「問題」就解決了。

美國有三百九十座國家公園，萬一空中交通在未來的數十年中增為兩倍或三倍，那麼聯邦航空總署的論理，至少對其中大多數的國家公園是有道理的，因為有許多是集中在都市地區或附近。但我不認為必須把所有國家公園都納入飛行路徑管轄範圍，才能保持航空交通的安全，特別是航空交通即將改採衛星定位系統導航。至少奧林匹克國家公園就不必，那裡只需要移除或放棄三條航線：J54、J523和J589。

在我的居處附近，期待已久的奧林匹克國家公園最終總管理計畫（Final General Management Plan for Olympic National Park）終於公布，這計畫可能在未來超過十年期間成為指導原則。我手中的這份計畫對於自然聲境與靜謐的價值大加讚揚，但是對於這座國家公園獨特的聲響特質卻甚少著墨，鮮少提及實例，也沒指出奧林匹克國家公園的無噪音間隔期，是美國所有國家公園中最長的。更明顯的是，這份新管理計畫用「不受歡迎的衝擊」，取代「因為人為噪音而惡化」。國家公園管理局也在這裡降低了標準。

一週前，我寄電子郵件給奧林匹克國家公園自然資源處的處長凱特・霍金斯・霍夫曼（Cat Hawkins Hoffman），要求「您可以撥出任何時間，甚至只有十五分鐘也好」，以討論這份管理計畫。她回信說：

> 我跟其他同事討論過您關心的議題，也就是國家公園自然靜謐／聲境計畫的未來等等。我知道我目前所能做的，就是代表我們部門及目前的職責指出，我們手中已經有幾乎處理不完的無數優先議題，所以現在無法做出令人滿意的回應。我們的近期需求（在規劃範圍內），是要展開一項浩大的荒野管理計畫。

> 此外，儘管除壩工程（艾爾華〔Elwha〕、葛萊恩斯峽谷〔Glines Canyon〕）還要三、四年才會開始，但我的部門已展開許多準備工作，例如數個漁業計畫、植物繁殖、外來植物的清除、基本條件的記錄等等。我們長期以來都相當忙碌。

奧林匹克國家公園就像是聆聽者的優勝美地，但是在時間或資源稀少（甚至連一個音量計都沒有）或意願不足的情況下，它的自然聲境管理最後濃縮成一顆石頭和一只罐子。這兩樣東西共同合作，石頭代表呼籲保護自然靜謐的中心點，罐子則負責收集民眾對靜謐的重要意義有何看法或意見，它不僅是一種自然資源，也是瀕臨消失的國家珍寶。

讀者已經知道，當我在「一平方英寸的寂靜」放下「靜謐思緒之罐」時，曾經發過誓，不會把這些向靜謐朝聖之人所寫下的訊息公諸大眾，因為它們只能在那個非常特殊的地點供人讀取。但是我想稍微掀開罐蓋，跟大家分享一些字詞：**溫柔**、**平靜**、**孤獨**、**和平**、**愛**、**永恆**、**希望**、**奇景**、**寶貴**、**崇高**、**神**、**存在**、**恩賜**、**榮耀**、**空間**、**成長**、**祈禱**、**真實**、**深度**、**沉靜**、**耐心**、**感激**、**共鳴**、**安詳**、**純潔**、**夢想**、**音樂**、**舞蹈**、**勇敢**。以城市為家的塗鴉藝術家在吵鬧的市街上行走，在牆壁、標誌和地下鐵火車上寫字，跟這些都會字詞相較，在靜謐中寫下的字詞是多麼不同？留在罐中的思緒再度讓我相信，並不是只有我一人熱愛與欣賞靜謐。但現在連這罐子本身也面臨危機。

上週我得知奧林匹克國家公園打算移除它。它的公關主管芭兒・梅奈斯打電話告訴我，那個罐子必須拿走，因為我沒有在那裡放置罐子的許可證。而且她猜想，如果我申請許可證，可能會被拒絕。她透露國家公園的憂慮在於，這個地點受到歡迎後，已經有一條小徑形成，也引發了一些危害。我向她保證，麋鹿比靜謐朝聖者更常走那條小徑，而且沒有造成任何破壞。事實上，我昨天才剛去「一平方英寸的寂靜」，檢查罐子並複製留在罐內的內容。我看到爛泥裡有大量麋鹿的足印，但是包括步道以及長滿菁苔、上面放了一塊石頭的圓木，都沒有絲毫人類破壞的跡象。

我以電子郵件向奧林匹克的研究協調人傑利・佛瑞利屈（Jerry Freilich）申請許可證，回去時收到他的回覆，雖然充滿同情，卻一點也無法讓我感到鼓舞。以下是部分內容：

> 我已經聽說「一平方英寸」的事，在最近這幾封電子郵件之前就已經看過您的網站，所以我大致知道您想完成的事。我相信我們所有在公園管理局服務的人員，都會支持國家公園的自然聲境必須受到保護的想法。但我不明白您的計畫如何能符合科學許可證的申請標準。科學許可證的核發有兩個主要原因：保護公園資源，以及確保我們能收集研究資訊並進行分析。雖然並不是每項計畫都涉及收集資訊之類，但一般而言，科學許可證必須在要收集特定數據、測試假設，或是有正式研究設計時才會核發。我們的每一張科學許可證都得經過同儕審查，每一位調查人員都必須繳交一份年終報告。
>
> 雖然有一些灰色領域，我們會根據個案進行審查，但一般而言，我們不核發一般收集的計畫。我們不核發許可證給僅為觀察鳥類或花草的個人，我們也不核發許可證給在野外進行設備「裝置」（installations，此為「荒野法」的用詞）的人，除非在非荒野地區找不到其他裝置地點。
>
> 我認為您的計畫不符合我們一般對科學許可證的核發標準，也不在我平常處理的活動範圍內。國家公園核發的「特殊用途許可證」可能符合您的情況，但是我不清楚相關要求。

佛瑞利屈提供了申請特殊用途許可證的聯絡電話與電郵地址，於是電子郵件繼續一來一往。在我看來，新代理處長蘇・麥吉爾（Sue McGill）似乎不像前奧林匹克國家公園管理處處長比爾・萊特納一樣，會默默支持「一平方英寸的寂靜」。

更令我驚訝的是：我並沒有因此而失去勇氣。事實上，我仍然很樂觀，好事多磨，凡是值得達成的目標都得經過奮鬥才行。幸好這過程提醒了我這一點，而且這或許還是最好的提醒方式。

本書最後一次提到我女兒艾比，是在第四章，那時她基本上是把「一平方英寸的寂靜」視為愚蠢的想法，於是跟我道別，沒有實現陪我走完第一段旅程的承諾。我希望後來她的態度有所改變，所以從華府返家後，邀她跟我一起把「寂靜之石」放回原處。我也邀了她哥哥奧吉，然後我們都坐上福斯小巴（順便一提，最後我是把它運回西岸）。沒有理由期望我這次的運氣會比較好。我們三人一起沿霍河河谷往上走，但天氣非常惡劣，所以我們基本上是一路踩著泥水前進，邊走邊開玩笑，大家的心情似乎都很飽滿。但是在健行了三點二英里，要從步道朝「一平方英寸的寂靜」前進時，艾比再度倔強起來，拒絕走完最後的一百碼。在回程途中，我因沮喪而大發雷霆，要她解釋她對「一平方英寸的寂靜」到底有什麼感覺，如果她不是真誠想探討它，又何必選它作為高年級的計畫題目，那是她的畢業條件之一。她開始挖苦，而我開始發怒。沿著步道又走了一段路後，我向艾比道歉，她也接受了，我們互相擁抱，但我仍然感到心痛。

兩週後，艾比把她的計畫拿給我看，題目是「保存自然靜謐」，文中問道：「在奧林匹克國家公園內保存一平方英寸的自然靜謐，如何能改變世界的噪音污染？」我打起精神讀下去，然後在讀到下列這段話時感到心裡的負擔輕鬆了許多：

我知道過去無法重來，但是如果我做得到，絕對會這麼做……我已經成長了許多……這計畫啟發了我，讓我相信一個人可以促成改變，而我也能促成改變。誰會想到僅僅保存一平英寸的土地不受噪音污染，實際的影響範圍是周遭一千平方英里的土地？想想看，如果三百九十座國家公園都能執行相同的計畫，協助保存靜謐，將會創造出多少機會……我想民眾聽到太多「不，那是不可能的」，或「嗯，那聽起來不錯，但要求很多」。但是我學到的是，若要真正獲得成功，民眾必須更樂觀，必須自問：「我要怎麼做才能使這變得可能？」以我而言，這才是贏家看待事情的方式……從這次經驗中，我學會不要讓任何人告訴你事情是做不到的。而是要放手去做你認為獲取成功必須要做的事，並盡量保持樂觀。

「一平方英寸的寂靜」已經從「我」的組織發展成「我們」的組織。我的理事會現在包含了薩瑪拉・凱斯特和伊里亞特・伯格。我們的第一次年度會議在二月舉行，包括健行到「一平方英寸的寂靜」。我們希望能在今年年底以前，成為符合501c3免稅資格的組織。民眾可以透過www.onesquareinch.org進行捐獻。

我在橫越美國的旅途中測量的大量音量數據，有兩項具有啟發性的目的。第一，透過測量我們熟悉的活動所產生的加權分貝值，可以獲得聲學流暢度的基本資訊，而在科學家、政治家或政府官員等任何人談到噪音量時，能有更清楚的理解。第二，這些聲音在轉換為本書「附錄E」所呈現的美國聲音心電圖後，不僅具有教育意義，也有助於我們認識這些聲音。這張圖看起來怪異，但也因為充滿噪音尖峰而顯得可怕。安靜時刻很罕見，噪音事實上已經成為一種現化疫病，幾乎到處都有，而且經常超過安全量。噪音太過普遍，甚至已經到被視為理所當然的程度。噪音經常遭到忽視，缺乏系統化的論述，甚至沒有列入每年耶魯大學環境法律暨政策中心（Yale University Center for Environmental Law and Policy）所公布的二十五項環境績效指標

（Environmental Performance Index）之列，後者包括飲用水、室內空氣污染、拖網強度、焚燒土地面積、工業二氧化碳排放，以及農藥規定等。該中心主任大衛・艾斯提（David Esty）解釋說：「沒有數據，我們需要的數據必須是超過一百五十個國家按照一致的方法收集而成。但在噪音類別沒有這類做法。」（這個已長達十年的全球環境績效指標也未能計入其他環境議題，例如化學暴露、濕地保護與回收工作，原因也在於缺乏一致的數據。）同時，隨著我們的城市遭受噪音危害的情況日益嚴重，我們的國民愈來愈常大喊，我們的足音幾乎完全消失。這難道還不足說明我們已經迷失了？

要找回應走的路，我們只需要回歸到原先創建國家公園的法律，一九一六年的「組織法」，並且留意值得重複甚至一千遍的一句話：「不得對其造成破壞，以為未來世代所享有。」當時的國會不可能想像得到，今日的哈萊亞卡拉上空會有直升機盤繞，大峽谷會有觀光飛機飛越，峽谷地會有噴射機飛過，還會有摩托雪車自黃石公園呼嘯而過，但他們必定會正視霍河河谷至今仍撼動人心的靜謐。

「不得對其造成破壞，以為未來世代所享有。」

現在已經到了我們該準備慶祝國家公園誕生一百週年的時刻，不是為了慶祝我們的國家公園目前的情況，而是為了慶祝國家公園把**我們**變成荒野的捍衛者。如同艾德華・艾貝所說：「荒野的概念不證自明，但它需要捍衛者。」

一切都只需要「一平方英寸的寂靜」。只要能捍衛這一平方英寸的寂靜，我們就可以擁有世界上第一個靜謐的所在。

——戈登・漢普頓，誌於華盛頓州喬伊斯鎮迎春之際，二〇〇八年五月一日

附錄A　與詹姆士・法羅斯的往返書信

我跟史吉普・安布洛斯碰面後（參見第六章），過了一段時間，我找到激怒他的那篇文章。它刊登在二〇〇一—二〇〇二年的《荒野雜誌》（*Wilderness Magazine*）上，出版人是荒野協會，文章標題是〈俯瞰摯愛的大地〉（Loving the Land from Above），作者是《大西洋月刊》（*The Atlantic*）備受尊敬的記者詹姆士・法羅斯（James Fallows），他有六本著作，最近的一本是《自由飛行：從航空地獄到新旅行時代》（*Free Flight: From Airline Hell to a New Age of Travel*）。我在讀過那篇文章後，寄了一封電子郵件給法羅斯，以下是我們透過電子郵件的交流。

俯瞰摯愛的大地

詹姆士・法羅斯

荒野和機械通常互相牴觸。機器吵鬧，轆軋作響，甚至到了我們會把荒野的森林、平原與峽谷視為工業時代以前的生活標本，機器的存在本身就足以摧毀寧靜，以及原始景色所帶來的那種時光旅行的感覺。

因此在先前數十年的生活中，我理所當然地認為，我最值得記憶、最豐富的野外經驗，同時也是我機械化程度最低的時候。我到聖卡塔里納島（Santa Catalina Island）進行為期一週的男童軍健行之旅，每天晚上都在野外露營；到華盛頓州卡斯卡德市（Cascades）東方的梅索山谷（Methow Valley）越野滑雪；到科羅拉多、猶他和德州泛舟，還有到珊瑚礁潛水。

但是在過去幾年，我開始以不同的方式欣賞荒野，從而發現一個特例：一種特別吵鬧的機器居然成了荒野的朋友。如今我已藉由搭乘小飛機，從空中欣賞過美國的許多荒野地區，而我堅信，若是更多人這麼做，他們也會對保存荒野的重要性有更深的認識。

我先談一些明顯需要注意的地方。正是因為飛機很吵，它們雖然能為乘客和駕駛提供好處，但地面上的人經常得付出代價。幸好這種效應為時短暫，不像在沙漠中鋪路或吉普車留下的轍痕，飛機經過所留下的痕跡很快就會消散。更重要的是，它是可以控制的。飛機的高度愈高，所造成的噪音衝擊愈小，這也是飛行圖上有許多標示，要求駕駛在鳥類築巢的敏感地區必須保持二千英尺以上的飛行高度，在荒野健行或泛舟地區必須在四千英尺以上，在大峽谷風景最美的地區，更必須保持在一萬四千五百英尺以上——高到駕駛必須使用氧氣罩。（既然如此，大峽谷為什麼仍然很吵鬧？因為商業觀光的飛行員獲准能飛低一點。）至於污染呢？小飛機一加侖能飛二十五英里，比許多車輛好得多。

從空中觀看有一個比較不明顯的缺點，會對飛機內的人造成影響。從數千英尺高的地方俯望世界時，所有尺度或比例都會改變。大自然的細微之處變得模糊或不可見——看不到個別的樹或峽谷，也看不到溪流的彎道。垂直眼界變小，所以尼加拉瓜大瀑布的自然奇景，以及大庫里水壩（Grand Coulee Dam）的雄偉，都不像在地面上觀看時那麼令人讚嘆。

此外，空中觀看一開始會帶有些許反荒野的味道，因為它使北美大陸看起來只不過是一片空曠地帶。從擁擠的舊金山灣區往東飛，三十分鐘內就可抵達內華達山脈的山麓地帶，然後在看似無窮無盡的漫長時間裡，你眼中全是內華達州北部類似月球的多山沙漠，幾乎看不到道路或建築。從紐約或華盛頓往西飛，半小時內，你就很難辨認出隱藏在森林中的小村莊。如果你只搭過一次小飛機，你可能會想：什麼「荒野問題」？望向四面八方，到處都是空曠的土地。

但是近年來，我搭過數百次小飛機往返於東西兩岸，飛越落磯山脈和大草原，以及美國大多數地區，只差最南部地區還沒去過，我得到相反的結論。從空中俯瞰大地，是欣賞美國荒野地區最有效的方式之一。

從空中俯瞰時，印象最深刻的是地景連成一片，密不可分，萬物彼此接連。城市與郊區相接，郊區逐漸消失在樹林裡。從子午線一百度的地方往東朝大西洋岸飛時，愈往東，可以看到土地愈來愈潮濕，樹林愈來愈密，道路與地產分線愈來愈規律，大草原逐漸成為農地，然後又變成工業城鎮，還可以清楚看到荒野與屯墾區之間的界線。有一次在中西部上方，我看到遠遠前方有工廠的高聳煙筒，而從左邊窗戶望出去，卻看到水禽繁殖的小池塘，點綴著數千隻禽鳥。在跟城鎮直接相連的地方，荒野地區看起來顯得更重要，也更脆弱，而且你也可以更敏銳地判斷出濕地所承受的壓力。讓公路旅行者看不到砍伐地區的「美麗植樹帶」（beauty strips），欺騙不了飛機上的人。

我想我開始了解為什麼林白在最後數十年的生命中，一直是熱忱的環保人士；為什麼英國女作家白芮兒・瑪克罕（Beryl Markham）年輕時在肯亞學開飛機，到了老年時便成為肯亞的自然學家；當然，還有為什麼早期的太空人知道，他們藉由第一張地球閃著微光的照片，改變了民眾對自然環境的意識。他們靠的都是機器，以太空人的例子而言，他們靠的是人類發明史上最吵和最複雜的機器。但是在使用這些機器時，他們讓我們看到安東尼・聖修柏里（Antoine de St. Exupéry）所謂的「地球真實表面」，包括那些荒野地區。

致：詹姆士・法羅斯

主旨：〈俯瞰摯愛的大地〉；「一平方英寸的寂靜」邀請函

法羅斯先生：

我最近在荒野協會二〇〇一—二〇〇二年的雜誌上，讀了您的文章〈俯瞰摯愛的大地〉，對於您筆下所描述的飛機窗外景象感到欣喜，但同時卻也對您這篇文章的前提感到困擾。

我是專業的自然錄音家，靠著到美國最原始的荒野錄製自然聲音維生，但這份工作卻因為人為噪音的入侵逐漸增多而日愈困難。有一名商業飛機的駕駛曾經對我說，他的飛機在優勝美地上空三萬六千英尺處飛行時，地面上聽不到它的聲音。我知道這不是真的，同樣的，我也知道在峽谷地和奧林匹克等國家公園上空飛越的飛機，會破壞地面上自然靜謐帶來的撫慰效果。奧林匹克國家公園是我建立「一平方英寸的寂靜」的地方。

您似乎不知道您的飛行旅程會使在荒野地區健行的人，無法再享有自然的靜謐，因為您把噪音視為「短暫」的。沒錯，您飛行的高度比空中觀光直升機和飛機還高，因此對地面的干擾不像它們那麼嚴重，而您的飛機所造成的噪音入侵（大約三十到三十五加權分貝），比許多觀光飛行的六十加權分貝低得多。然而，在自然聲響只有二十加權分貝出頭的情況下，您的飛機所產生的噪音會對現有的寧靜時刻造成傷害，因為它的噪音量是鳥的鳴囀、風吹過樹林的聲音，以及潺潺溪水聲等自然聲音的十倍大。我跟其他追尋自然靜謐的人一樣，有可能會健行數天，到寧靜的地點去，希望逃離所有人類製造的噪音——這也是我們的國家公園負責提供的自然靜謐所具有的定義。但是您的飛行卻破壞了我的寧靜。您以小飛機每加侖可飛二十五英里為傲，但若步行，您甚至可以做得更好。而且在地面還可以做在高空中無法辦到的事——聆聽大地的聲音。

我最喜愛的自然「聲音錄製者」之一是繆爾，他曾描述他在一八七四年冬季的暴風雪中聽到的聲響：

我自熱情洋溢的音樂與運行中漂流而過，穿越許多峽谷，從山脊到山脊；我經常在岩塊的陰影下尋求庇護，或佇足觀察傾聽。即使在這首宏偉頌歌飆到最高音的時候，我仍能清楚聽到個別樹木變化多端的音色，像是雲杉、樅樹、松樹和無葉的橡樹等等……每一棵都以各自的方式表現自我：它們唱自己的歌，創造自己的獨特紋理……光裸的枝椏與樹幹發出深沉的低音，轟隆隆地像瀑布；松葉迅速而抽緊的振動化為尖銳的聲響，嘯嘯嘶嘶，接著又降低為絲般柔滑的低語；月桂樹叢的沙沙聲在小山谷裡迴響，葉片互相敲擊，發出類似金屬的清脆聲音——只要專注傾聽，就可以輕易分析出所有的聲響。

您可以到 www.onesquareinch.org 網站瀏覽我在保護自然聲境上所做的努力。您想不想來「一平方英寸的寂靜」健行呢？我認為我們可以談一些有趣的話題，同時享受聆聽大地的樂趣。

從：詹姆士・法羅斯
致：戈登・漢普頓
主旨：回覆〈俯瞰摯愛的大地〉；「一平方英寸的寂靜」邀請函

親愛的漢普頓先生：

對於我六年前所寫的文章，我了解您的意思。這兩年我一直住在中國，事實上沒做過任何飛行，希望您看到這裡會感到滿意。若您想見識真正的噪音污染（還有各種其他污染），我可以帶您去看會讓您難以想像的地方。

從：戈登・漢普頓
致：詹姆士：法羅斯
主旨：回覆〈俯瞰摯愛的大地〉；「一平方英寸的寂靜」邀請函

法羅斯先生：

我猜當您說「我了解您的意思」時，表示我並不是第一個為空中觀光寫信給您的人。

對於您在中國的印象，我希望能有更多了解。薛菲在他的著作《世界的調音》中，創造了「聲境」這個新詞。他在書中建議，城市的噪音標準應該像能聽到足音那麼簡單，但這在美國大多數城市都做不到。

我曾經在威尼斯聽到一條街外皮鞋底踩在石頭人行道上的聲音，非常清晰；但那是在我停留的舊街區，沒有交通工具的情況下。您可以提供中國噪音污染的實例嗎？如果能提供安靜的地點，就更好了。

我對於您的快速回覆很感興趣，我曾經環球旅行三次，但從來沒到過中國。

從：詹姆士・法羅斯
致：戈登・漢普頓
主旨：回覆〈俯瞰摯愛的大地〉；「一平方英寸的寂靜」邀請函

親愛的漢普頓先生：

事實上，您是唯一就這件事寫信給我的人。在中國我唯一看到安靜的地方是極貧窮的地區，他們負擔不起任何機械化的設備——他們用牛犁田或自己拉犁，用大鐮刀收割，他們除去小麥穀皮的方法是把它們丟向空中，讓風吹走穀實。這真的很安靜，但也有一些缺點。另外，青海和新疆有真正的荒野／沙漠。

其實，我對噪音是很敏感的，特別是呼呼作響的「白噪音」。我憎惡吹葉機，若我有能力的話，我會讓美國禁止使用吹葉機。我不喜歡紐約的原因之一在於它很吵，特別是夜晚。我很高興這是您的主張。說來奇怪，這種規模的憂慮卻是美國運氣好的跡象。（相較於其他形式的污染，噪音污染的特點之一在於它的半衰期極短。只要噪音停止，污染就停止了。）

在我寫這封信的時候，對街一個打樁機敲了一整晚。

附錄B

印第安納波利斯的噪音資料

這是艾羅科技的伊里亞特・伯格所提供的音樂會以及高速公路噪音資料。這兩張圖各有兩條線，較高的線是最大聲壓級（maximum-sound-pressure level, Lmax），測量事件期間每分鐘的分貝值；較低的線是等量平均聲壓級（equivalent average-sound-pressure level, Leq），單位同樣是分貝。

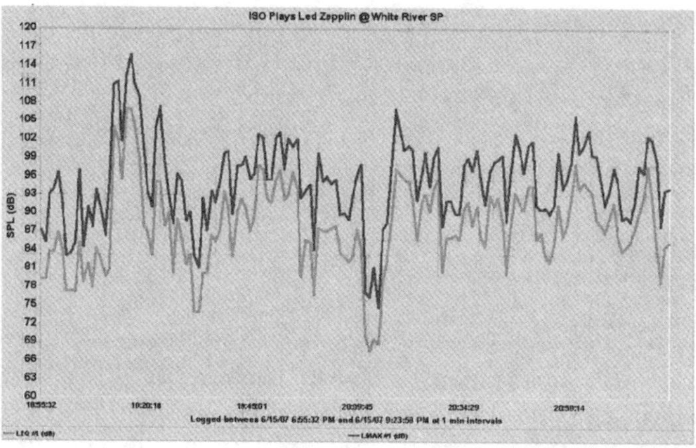

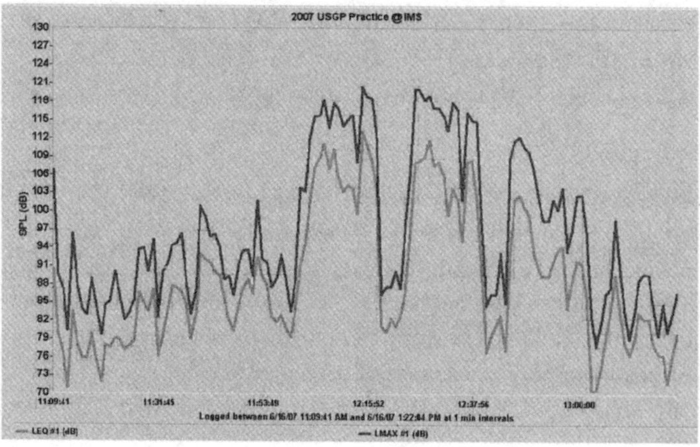

附錄C

致坎培松函

二〇〇七年三月二十六日

德克・坎培松閣下

美國內政部　1849 C Street, N.W. Washington DC 20240

親愛的坎培松部長：

我們謹以此函感謝您為國家公園體系所做之努力，您要求普遍增加國家公園的經費，令人印象深刻，也是目前迫切需要的。我們希望國會能核准您的請求，從而大幅增加國家公園管理局的能力，為美國人民的福祉與喜悅，更加適切地保存與詮釋我們共享的遺產。我們知道聯邦預算的負擔沉重，您大力支持增加國家公園歷史性營運工作的經費，值得我們全力支持。您強調大幅提高公園營運經費有其迫切性，這完全是正確的。珍貴的自然、歷史與文化瑰寶的健全情況日益惡化，目睹這情形，再加上資源保護與遊客教育計畫逐日減少，都令人感到痛苦。您致力於改變這些惡化情況的決心，令我們感到敬佩。

我們很榮幸能為國家公園體系服務。我們在高階管理方面的經驗已經超過半個世紀。當您重申此管理工作的要旨，以及國家公園管理局的基本使命是保護公園的資源時，我們同感振奮。事實上，長期以來的管理政策向來左右著國家公園的生命，而您的強力支持可以向美國民眾與國會確保，您將堅持對公園資源與價值提供最大的保護，並且不會允許與國家公園之成立原則相牴觸的用途與活動。

有鑒於此，我們必須表達我們對黃石國家公園提案的憂慮，因為它徹底違反二〇〇六年管理政策的精神與內容。該提議將使摩托雪車的使用量**增加**至目前平均數的三倍，但科學研究已確切證明，過去四個冬季，摩托雪車的平均使用量降低三分之二，是國家公園遊客、雇員與野生生物的健康得以顯著改善的主要原因。

最近國家公園管理局的研究詳細指出，允許黃石公園摩托雪車日平均使用量從二百五十輛增加至高達七百二十輛，將使該公園逐漸復甦的自然境況再度受創。特別是該研究指出，摩托雪車的噪音將對遊客目前能享受到自然聲響與靜謐地點再度造成干擾。這項提案將使黃石公園空氣裡的廢氣因此增加。它規避了最近由國家公園管理局科學家所提出的建議：為了使國家公園的野生生物受到的干擾降到最低，交通應維持或降至目前的水準以下，而不是增加。這份研究也提供了明確的證據，證明進一步減少摩托雪車的數量（從每天二百五十輛降到零輛），同時增加民眾搭乘現代雪地公車的機會，可以使國家公園變得更健康。

新發展的四行程摩托雪車所排放的廢氣與噪音，都比傳統的二行程摩托雪車少，但是較新型的摩托雪車所造成的排放仍然比現代車輛多得多。此外，在黃石公園的冬季，四行程摩托雪車所造成的衝擊往往會更加明顯，因為大氣逆轉、缺乏微風、公園原本就很安靜，加上虛弱的野生生物一般會集中在能提供較多食物的溫暖河流或積雪較薄的地方。但這些地區正是黃石公園的道路所在位置。一百名遊客要經過這些敏感地區只需十輛現代雪地公車，若是要靠摩托雪車，則需要八十、九十，甚至一百輛。

自一九九八年起，總計耗費一千萬美元的四個獨立研究中，國家公園管理局已經確切證實，使用摩托雪車會使園內交通量增加，大幅提高空氣與噪音污染，以及對黃石公園裡野生生物的干擾。環保局至少已經獨立證實三次，使用現代雪地公車，並逐步去除摩托雪車的使用，能為黃石公園的訪客、員工和野生生物提供更健康的環境。在這些研究中，美國民眾以四比一的差距，表示他們希望黃石公園獲得最好的保護。

您對二〇〇六年國家公園管理局管理政策的支持，以及直言這些政策是美國致力保護國家公園的基本工作，我們感到敬佩。我們衷心希望在美國最古老的國家公園裡，您會堅守您的承諾——讓國家公園能秉持傳統，繼續重視保育工作。增加黃石公園內摩托雪車使用數量的提案，違反了以下政策：

- 「國家公園管理局必須隨時設法避免公園的資源與價值受到實際的負面衝擊，並使衝擊降至最低。」
- 「在必要且適當的情況下，必須選擇使用衝擊最小的設備、交通工具與運輸系統。」
- 「國家公園管理局將盡最大力量保存公園的自然聲境。」
- 「……管理局將致力於永久使國家公園的空氣品質盡量保持在最佳狀態……」

我們注意到在有關黃石公園冬季使用方式的漫長討論中，有愈來愈多前往老忠實噴泉（Old Faithful）和公園內其他目的地的遊客，選擇以現代雪地公車作為前往方式。這些「造成衝擊最少」的交通工具，對遊客來說也比摩托雪車便宜。雪地公車比摩托雪車適合年長的遊客和兒童。而且，由於它們方便導覽人員與遊客和家庭遊客之間進行對話，因此在遊客教育方面日漸受到歡迎。在這些方面，雪地公車的歡迎度漸增，對黃石公園及遊客益處極大。

部長先生，我們這些國家公園的前任服務人員，希望您能在本國成立最久的國家公園，力倡二〇〇六年國家公園管理局管理政策的智慧與價值。您稱它們為美國致力於維護國家公園的「原動力」，此話一點不錯。確保這些政策能在黃石公園繼續推行下去，是您可以為我們國家公園的未來所做的最大貢獻之一。

敬啟

Nathaniel P. Reed
Assistant Secretary of the Interior
1971-1976

George B. Hartzog, Jr.
National Park Service Director
1964-1972

Ronald H. Walker
National Park Service Director
1973-1975

Gary Everhardt
National Park Service Director
1975-1977

Russell E. Dickenson
National Park Service Director
1980-1985

James M. Ridenour
National Park Service Director
1989-1993

Roger G. Kennedy
National Park Service Director
1993-1997

Robert Stanton
National Park Service Director
1997-2001

William J. Briggle
National Park Service Deputy Director
1975-1977

Denis P. Galvin
National Park Service Deputy Director
1985-1989 and 1998-2002

Michael V. Finley
Yellowstone National Park Superintendent
1994-2001

CC: Sen. Jeff Bingaman
Sen. Pete V. Domenici
Rep. Nick J. Rahall
Rep. Don Young
Lynn Scarlett, DOI
Brian Waidmann, DOI
Mary Bomar, NPS
Mike Snyder, NPS
Suzanne Lewis, NPS

附註：本信寄出時，國家公園管理局前局長法蘭・曼納拉（Fran Mainella，任期2001–2006）並不是簽署人之一。當時她離開職位不到一年，根據聯邦政府對於前任政務官與其先前任職機構之間的互動規範，她無法將名字列入支持者名單。2007年11月，曼納拉加入此名單，並強調：「當保育與使用發生衝突時，應以保育為重。」

附錄D 聯邦航空總署美國大陸地圖

美國公園暨保育特殊用途空域與航線

（2003年5月19日，空中交通空域實驗室，奧林匹克國家公園插圖）

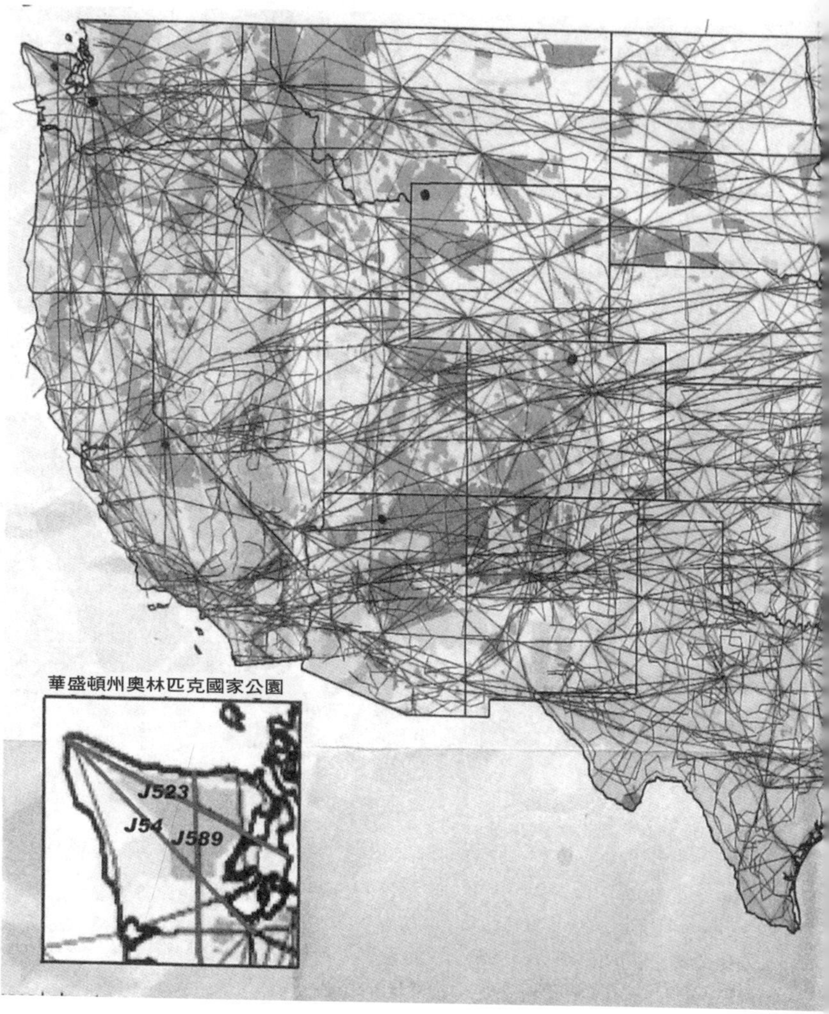

附錄E 美國的聲音心電圖

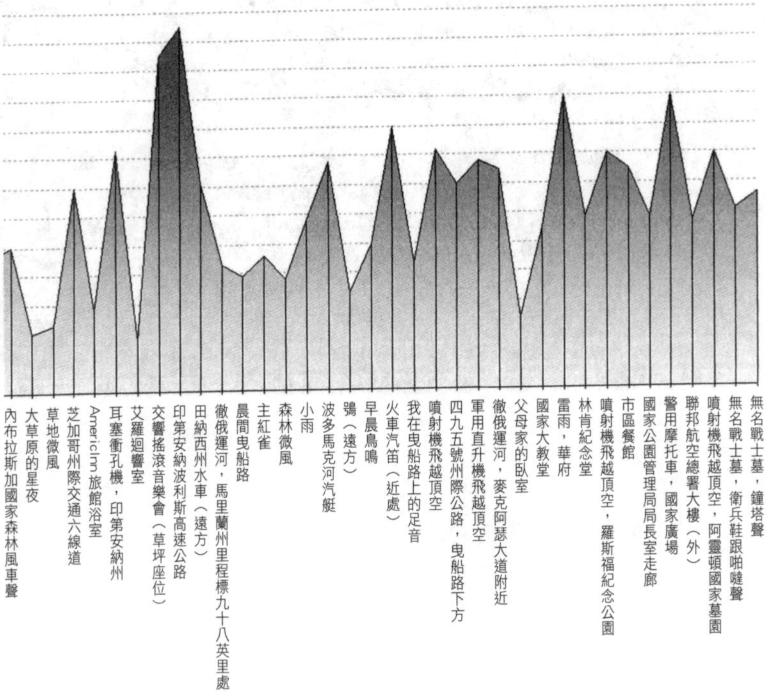
無名戰士墓，鐘塔聲
無名戰士墓，衛兵鞋跟啪噠聲
噴射機飛越頂空，阿靈頓國家墓園
聯邦航空總署大樓（外）
警用摩托車，國家廣場
國家公園管理局局長室走廊
市區餐館
噴射機飛越頂空，羅斯福紀念公園
林肯紀念堂
雷雨，華府
國家大教堂
父母家的臥室
徹俄運河，麥克阿瑟大道附近
軍用直升機飛越頂空
四九五號州際公路，曳船路下方
噴射機飛越頂空
我在曳船路上的足音
火車汽笛（近處）
早晨鳥鳴
鴞（遠方）
波多馬克河汽艇
小雨
森林微風
主紅雀
晨間曳船路
徹俄運河，馬里蘭州里程標九十八英里處
田納西州水車（遠方）
印第安納波利斯高速公路
交響搖滾音樂會（草坪座位）
艾羅迴響室
耳塞衝孔機，印第安納州
Americinn旅館浴室
芝加哥州際交通六線道
草地微風
大草原的星夜
內布拉斯加國家森林風車聲

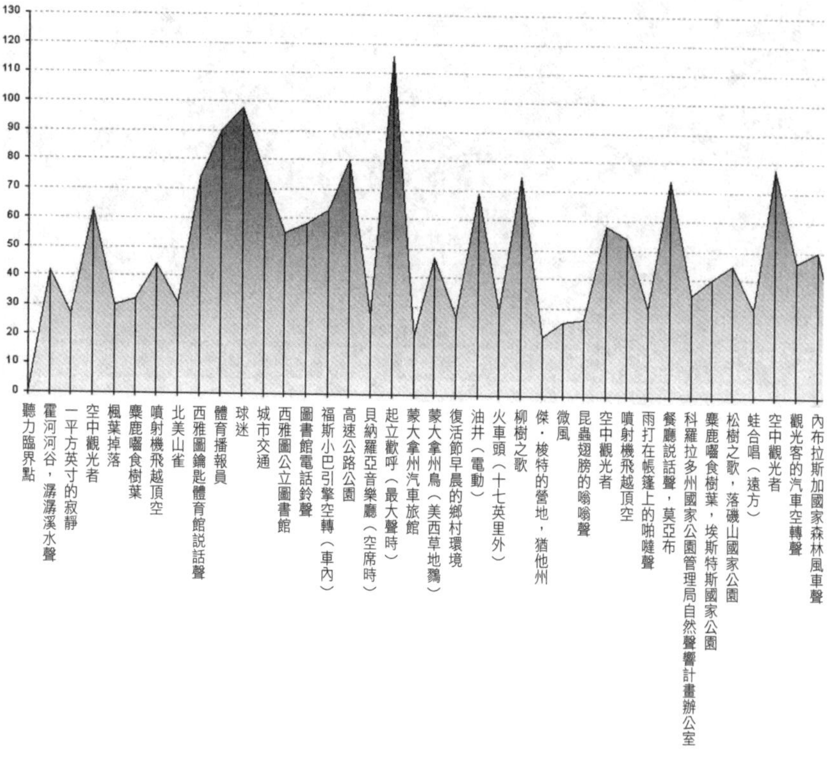
130
120
110
100
90
80
70
60
50
40
30
20
10
0
聽力臨界點
霍河谷，潺潺溪水聲
一平方英寸的寂靜
空中觀光者
楓葉掉落
麋鹿嚼食樹葉
噴射機飛越頂空
北美山雀
西雅圖鑰匙體育館說話聲
體育播報員
球迷
城市交通
西雅圖公立圖書館
圖書館電話鈴聲
福斯小巴引擎空轉（車內）
高速公路公園
貝納羅亞音樂廳（空席時）
起立歡呼（最大聲時）
蒙大拿州汽車旅館
蒙大拿州鳥（美西草地鷚）
復活節早晨的鄉村環境
油井（電動）
火車頭（十七英里外）
柳樹之歌
傑．梭特的營地，猶他州
微風
昆蟲翅膀的嗡嗡聲
空中觀光者
噴射機飛越頂空
雨打在帳篷上的啪噠聲
餐廳說話聲，莫亞布
科羅拉多州國家公園管理局自然聲響計畫辦公室
麋鹿嚼食樹葉，埃斯特斯國家公園
松樹之歌，落磯山國家公園
蛙合唱（遠方）
空中觀光者
觀光客的汽車空轉聲
內布拉斯加國家森林風車聲

附錄F　追尋靜謐：迷你版使用手冊

在荒野保持靜謐的五種最佳方法

作家與北美灰熊追蹤專家道格・皮卡克的建議，蒙大拿州利文斯頓市

我深入荒野旅行，體驗野生生物，特別是北美灰熊這類動物。我想看這些動物，而不是避開牠們。只要可能，我總是逆風而行，而且經常離開步道，在叢林中開路。我悄悄前進，盡量不發出任何聲音。你得依靠自己的耳朵和鼻子，這些感官在城市的過度喧囂下經常變得遲鈍，但它們總是比你想像得要有用。以下是在荒野裡保持安靜的方法：

1. 獨自旅行。孤獨是我所知最深的井，而我們對孤獨的需求，有時就像溺水的人需要空氣那樣急迫，或是莫名其妙就會突然出現。要盡可能利用隨時出現的孤獨時光。獨自旅行可以減少講話的需求，是一個不錯的起點。

2. 像動物一樣旅行。每五分鐘左右就停下來聆聽一下，在灌木多的地區要更加頻繁。聞聞空氣的味道，用聽力較好的那隻耳朵迎風聆聽至少一分鐘。如果你是在崎嶇不平的地域劈開草叢前進，而不是行走步道，務必要先看一下接下來十五英尺的地面，記住樹枝和石頭的位置。這樣才能一邊掃視附近的樹木界線，一邊靜靜走過這段距離。看著自己的腳走路，步伐會不平衡還會產生噪音，而且無法提高警覺，有

可能大型食肉動物都到了眼前你才發現。

3 若跟其他人一起旅行，特別是在北美灰熊地盤的小徑上，必須事先研究出一些可用手和手臂比出的簡單手勢，這樣才能警告身後的夥伴（我通常走在最危險的前線），示意他們停步，尋找掩護，離開山脊等等。

4 進入樹林後，請低聲說話，這是值得培養的好習慣——安靜。

5 若要在山谷與盆地裡尋找動物，而風並不是很強勁，這時最好靜靜坐在山脊下傾聽。我在剛入夜和黃昏時會這麼做，有時會一連好幾個小時，因為這是動物出來覓食的時候。在我見過的北美灰熊裡，大約有半數是在牠們穿過樹林，出來尋覓晚餐時，被我第一次瞧見。

安德莉亞・皮卡克補充說：

旅行時必須尊重別人想要的孤獨感：請穿戴可以融入環境的衣著——寂靜是一種聽覺，但也與視覺有關。把科技留在家裡：不要帶手機、衛星定位系統裝置，另外拜託別帶iPod。

使鄰里保持靜謐的五種最佳方法

噪音污染資訊中心創建人與會長列斯・布洛伯格的建議，佛蒙特州蒙佩列市

以下是五種減少聲響足跡（acoustic footprint）的方法，但前提是你沒有騎拿掉消音器的哈雷機車（若你騎的

正是哈雷機車，第一步就是把消音器裝回去），或開隆隆作響的汽車（若你開的車很吵，第一步就是把貝斯聲關掉）。

1 購買、使用及共用電動除草設備。這是使市郊聲境在未來十年內變安靜的最佳方法。電動除草設備的分貝量一般比油動設備低十到二十分貝。但若你想體驗安靜的鄰里，該使用電動設備的是你的鄰居，所以請跟他們分享你的設備。使用電動除草機時，要讓刀片保持銳利——你不會有額外的馬力可以把草坪整平；你得實際把草割掉。

2 購買安靜的空調，小心選擇安裝位置。在夏天傍晚傾聽都市的聲境時，會聽到空調的嗡嗡聲（這是說，你如果沒在聽交通聲的話）。購買窗型空調機時，先查閱消費者報告，然後檢查製造商的中央空調機組規格——有些在三英尺外就高達六十三加權分貝。此外，不要把中央空調機組安裝在自家或鄰居的臥房窗戶下。

3 讓自家變得比鄰居安靜。一個鄰里想要日漸安靜，就必須每個人都開始變安靜。如果你的噪音跟鄰居一樣大，整個鄰里的噪音量不會一樣，而是會提高三分貝。所以，今年秋天來臨時，若你的鄰居使用吹葉機整理草坪，請提醒他有比較安靜的方法。拿起你的耙子。

4 開派對。當然，不是吵鬧的。確定所有鄰居都受到邀請。若你想要安靜的鄰里，就必須有健康的社區。民眾一般會匿名製造噪音污染，所以你不要匿名，也不要讓鄰居匿名。去認識他們，分享工具，一起搭車，邀他們到家裡。如果他們晚上六點要到你家，就不太可能會在凌晨兩點吵醒你。

5 不要訂早上七點以前或晚上十點以後的飛機，只有在真正緊急的情況，才寄最速件的隔日快捷。每年都有數百萬人被夜間飛行吵醒——在夜晚起降飛機相當於在夜晚按著喇叭開車經過鄰里，這是我們匿名製造噪音的方式之一。如果真的趕時間，美國郵政服務優先空運（Priority Mail）是最安靜的選擇，因為它通常會在白天以商用飛機寄送。

使住家或辦公室保持靜謐的五種最佳方法

歐菲爾實驗室總裁史帝芬・歐菲爾的建議，明尼蘇達州明尼亞波利斯。根據金氏世界紀錄，該公司是「地球上最安靜的地方」

大多數人一生中的大多數時間，都是在家裡和工作中度過，使這兩個地方變安靜，可以大幅改善生活品質。以下是五種減少住家和辦公室受到噪音衝擊的方法。

1 窗戶是大多數建築物最常出現的聲音漏洞。雙層玻璃或所謂密封式玻璃可以使進入建築物的噪音量減少十加權分貝以上。安裝窗邊框筒子板可以進一步減少從窗緣接縫處傳入的噪音。

2 許多閣樓非常「活躍」，意指它們可以放大進入屋內的聲音。由於閣樓裡能吸音的材料極少，所以也有許多噪音漏洞，特別是在平房或靠近臥房的地方。在閣樓安裝厚絕緣材料，在屋頂和側面山牆的通風孔下方建造簡單的噪音抑制器。這些東西可以用堅硬的纖維玻璃製作，摺疊並黏貼成L型箱，尾端打開，裝在屋頂通風孔內側。

3 許多房間也非常「活躍」。可以用整片地毯、小片地毯、壁紙和天花板磁磚（地下室與辦公室），控制傳入室內的聲量。走道一般會放大聲音，在走道鋪地毯和壁紙會有所助益。此外，若你想控制電視、收音機和立體音響的放大聲量，首先必須了解，低音比高頻和中頻的聲音更容易穿透牆壁。降低電視或收音機的低頻音量（調整音調控制或平衡器）會比只是調低音量的效果更好。

4 舊家電製品也可能很吵，特別是跟較新家電相比。現在有許多新家電非常安靜，甚至只有在製造商的聲響實驗室裡才測得到噪音。許多新型洗碗機、洗衣機、烘衣機和空調機，所發出的噪音都比舊型減少一半。所以，如果你的家電會導致交談中斷，或許就是該汰舊換新的時候了。消費者報告是查詢家電用品噪音量的好資源。

5 打擊噪音時，不要期望屋外能有重大改善。增加狹道、障礙，以及在院子種植大型植物來減少公路或道路的噪音，成效非常有限。即使專業安裝的公路障礙物也不會很有效，除非你離它們很近（在相當於其高度的距離內）。安裝這些設備主要是為了減少民眾對噪音的抱怨，只是一種政治解決方案。所以，還是根據上述原則，把重心擺在住家和辦公室內部。

保護聽力的五種最佳方法

艾羅科技公司資深科學家、音響學與聽力專家伊里亞特・伯格的建議，印第安納州印第安納波利斯

聽力會隨老化過程自然衰退，主要的影響是聽不清楚高頻聲音，例如鳥鳴、樹葉的沙沙聲、動物穿過灌木的聲

音，還有兒童的聲音。我們無法阻止這種衰退過程，但可以限制職業與休閒活動所造成的額外聽力損失。生活裡也可能充滿喧囂，要做好準備：

1 避免或減少暴露在危險的聲音下。噪音危險取決於音量（有時稱為強度）、持續時間，以及暴露頻率。有一個適用的經驗法則是：如果你覺得必須大喊，三英尺外的人才聽得到，意味著噪音量可能是八十五加權分貝以上，這時就建議採取保護聽力措施。

2 傾聽自己的耳朵。如果在外界的噪音停止後，你耳裡仍聽得到外界不存在的鈴聲、嗡嗡聲或哨鳴聲，這可能是一項警訊。這種惱人的內在噪音稱為耳鳴，就像內耳的神經細胞遭到「曬傷」一樣，這意味著它們已經發炎和工作過度。耳鳴在安靜的地方特別明顯，例如當你在夜晚嘗試睡覺或聆聽自然聲音的時候。如果不設法減少噪音，耳鳴可能會變成持續一輩子的問題。此外，也要注意第二項警訊。當你暴露在噪音中過後，若有聲音明顯聽不到或變小的情形，這可能意味著暫時喪失聽力，稱為聽力損失，若連續暴露在噪音內，聽力損失有可能惡化並永久喪失聽力。

3 為噪音做準備。隨時準備一副耳塞，就像我們會在豔陽天時戴太陽眼鏡保護眼睛一樣。（泡沫乳膠耳塞通常是最佳選擇，因為它們兼具舒適與減音的效果。）如果忘了帶，又突然遇到音量大的事件，就用手指。手指在緊緊壓住耳道時，就像一副剛好適合的耳塞，只是無法一直壓著。

4 學習如何正確塞入耳塞。應該嘗試不同的品牌與類型，找出最適合的一種。務必仔細閱讀指示和練習適當的塞入方法。對於泡沫乳膠耳塞，我最常收到的兩個消費者抱怨是：「它們阻擋的聲量不夠大」和「它們很容易掉」。這種情況會發生，十次有九次是因為安裝不當。正確的做法是要把耳塞搓成非常緊而且沒有皺褶的細條（比鉛筆還細），然後把耳朵往上方和外側拉，以便讓耳道打開，方便耳塞完全插入。這需要練習，如果沒塞好，耳朵雖然還是可以受到保護，但戴起來會不舒適或容易掉，減少的噪音量也不夠多，此外，因為閉塞效應的關係，自己的聲音還會響亮到令人不適。可以到下列網站學習如何佩戴和使用泡沫乳膠耳塞：www.e-a-r.com/pdf/hearingcons/tipstools.pdf。

5 在爆炸性聲音附近要提高警覺，例如擊發的槍聲或煙火聲。這些都是重大危險。只要一次爆炸，就足以引起耳鳴和聽力損失，不幸的話，甚至可能造成永久性損失。若你的耳朵先前復癒過，並不保證下次爆炸不會造成永久性的聽覺惡夢。因此，射擊時一定要戴聽力保護裝置。如果打算放煙火，也要有這樣的準備。

拯救寂靜最重要的事

戈登・漢普頓

若要真正了解為什麼必須拯救自然寂靜，就必須先體驗它。儘管現在自然寂靜已經很難找到，但它在今日的力量並不遜於約翰・繆爾的年代。我邀請各位安靜地到「一平方英寸的寂靜」朝聖，若你無法造訪奧林匹克國家公園，那麼我建議您開始在自家附近尋找寂靜。

先到 http://apod.nasa.gov/apod/ap001127.html 網站，研究「夜晚的地球」照片。光害跟噪音污染就像狼狽為奸一樣。與其研究地圖想找出自然靜謐的所在，不如直接尋找沒有光的地方，找到寂靜的可能性還比較大。若你們選擇美國，先把你所找到沒有光的黑點，跟聯邦航空總署的「美國公園暨保育特殊用途空域與航線」比對（附錄D）。找到一個很有希望的地點後，再拿它跟本地的地形圖做比對。尋找道路、電力線、瓦斯管，以及其他侵入噪音來源的指標。你花在計畫旅程上的時間可能會比實際旅行來得多，因為地球上幾乎沒有地點是人類沒有觸碰過的。出發前夕，不妨探問看看曾經去過之人的意見。

可以透過網際網路與世界各地的聆聽團體聯繫。naturerecordists@yahoo.com 是目前我所知道最大且最活躍的線上團體，他們的成員會耗費苦心尋找靜謐地點，以免噪音入侵破壞他們寶貴的錄音效果。其他資源包括自然聲響協會（The Nature Sounds Society）、野生生物聲音錄製協會（Wildlife Sound Recording Society），以及康乃爾大學鳥類實驗室。但要先說：就像有些釣客會捍衛自己偏愛的釣魚地點，也有許多錄音師不想跟別人分享他們最原始的聆聽地點。

有些顯而易見的事還是值得一說。請以保持安靜的方式，來表達對靜謐地點的尊重。我邀請人們去「一平方英寸的寂靜」，並把它的地點張貼在網站上，作為拯救靜謐的方法，但遭到許多人批評。然而，我已別無選擇。若不是讓寂靜改變我們，就是讓寂靜滅絕。若有一千人在一個月內靜靜地走入「一平方英寸的寂靜」，還有比這更偉大的成就嗎？當然，霍河河谷的寂靜也會跟著我們走出去。我們無法預測這趟旅程可能會引發哪些想法，做出哪些決定，以及產生哪些行動，足以改變這個世界。

致謝

本書的封面上只有兩個名字，但其實它是在無數人的協助下才得以完成。先前任職於Artists Literary Group的黛安・巴托里（Diane Bartoli）在讀了本書合著者約翰・葛洛斯曼那篇關於「一平方英寸的寂靜」的文章後，就決定讓本書誕生。在黛安的遠見下，我追尋自然寂靜的使命才得以找到更大的舞台，我們對此表示萬分感謝。

在Free Press/Simon & Schuster出版社，我們同樣很幸運獲得編輯萊絲里・麥勒迪絲（Leslie Meredith）熱忱的支持以及在編輯上的指導，助理編輯多娜・洛佛雷多（Donna Loffredo）也費心管理電子郵件和附件的寄收，特別是在緊要關頭的時候。我們也很感謝原稿整理編輯茱蒂絲・胡佛（Judith Hoover）銳利的眼力。

我們希望感謝伊里亞特・伯格、列斯・布洛伯格、道格・皮卡克和史帝芬・歐菲爾在「附錄F」中提供了他們個人的靜謐手冊，也要感謝伊里亞特和列斯幫忙核查事實。同樣也要謝謝山脈俱樂部國家公園暨紀念建築委員會的狄克・辛森（Dick Hingson），他專心一致地奉獻於保存自然靜謐，並經常提供我們最新立法文件與會議的資料。我們也要感謝國家公園保育協會的丹尼斯・蓋文和布萊恩・法納，他們提供了對於華府做事方式的指導與見解。

我也要感謝我的前妻茱麗，她在我擔任聲音追蹤員的年輕歲月裡所做的貢獻與犧牲。在經濟與情感的雙重煎熬下，她允許我一連消失數天，只為傾聽世界的聲音和發展自己的想法與技巧。若非如此，今日就不會有「一平方英寸的寂靜」。

我也要感謝我的兩個孩子，艾比和奧吉，感謝他們做自己並提醒我：「在忙著做計畫時，生活仍在發生。」願你倆都能找到你們生命中的靜謐。

我也要特別感謝我的朋友尼克・派利（Nick Parry）、馬修・李・強斯頓（Mathew Lee Johnston）、彼得・卡姆利（Peter Comley）、凱利・吉尼（Kelley Guiney）和傑・梭特，在我這趟漫長的離家旅程，以及在我返家後因寫作而無法與他們相聚的漫長期間裡，不斷激勵我。你們的鼓勵真的很重要！約翰也特別要感謝他的兄弟鮑伯・葛洛斯曼（Bob Grossmann）和朋友艾德・艾德勒（Ed Adler）的關注、鼓勵與建議。

最後，我要感謝在這趟華府之旅中所遇到的每一個人。從你們面帶微笑請我喝一杯簡單咖啡及提供指引，到跟我分享何謂更安靜的地方，還有在我需要的時候以友情支持我的福斯車主們，這些溫暖都發揮了作用，幫助我抵達目的地。這趟旅程讓我更加了解身為美國人的意義。

國家圖書館出版品預行編目資料

一平方英寸的寂靜：走向寂靜的萬里路，追尋自然消失前的最後樂音／戈登・漢普頓（Gordon Hempton）、約翰・葛洛斯曼（John Grossmann）著；陳雅雲譯.--初版.--臺北市：臉譜, 城邦文化出版：家庭傳媒城邦分公司發行, 2011.09
面； 公分. --（臉譜書房；FS0020G）
譯自：One Square Inch of Silence: One Man's Search for Natural Silence in a Noisy World
ISBN 978-986-235-137-6（平裝）
1. 自然保育 2. 大自然聲音 3. 文集 4. 美國
367.07 100017783

臉譜書房 FS0020G

一平方英寸的寂靜

走向寂靜的萬里路，追尋自然消失前的最後樂音

作者 戈登・漢普頓（Gordon Hempton）、約翰・葛洛斯曼（John Grossmann）
譯者 陳雅雲
副總編輯 劉麗真
主編 陳逸瑛、顧立平
特約編輯 吳莉君
美術設計 羅心梅

發行人 凃玉雲
出版 臉譜出版
城邦文化事業股份有限公司
台北市中山區民生東路二段141號5樓
電話：886-2-25007696 傳真：886-2-25001952
發行 英屬蓋曼群島商家庭傳媒股份有限公司城邦分公司
台北市中山區民生東路二段141號11樓
客服服務專線：886-2-25007718；25007719
24小時傳真專線：886-2-25001990；25001991
服務時間：週一至週五上午09:30-12:00；下午13:30-17:00
劃撥帳號：19863813 戶名：書虫股份有限公司
讀者服務信箱：service@readingclub.com.tw
香港發行所 城邦（香港）出版集團有限公司
香港灣仔駱克道193號東超商業中心1樓
電話：852-25086231 傳真：852-25789337
E-mail : hkcite@biznetvigator.com
馬新發行所 城邦（馬新）出版集團 Cité (M) Sdn Bhd
41, Jalan Radin Anum, Bandar Baru Sri Petaling, 57000 Kuala Lumpur, Malaysia
電話：603-90578822 傳真：603-90576622
E-mail: cite@cite.com.my
初版一刷 2011年9月29日
初版二刷 2014年10月7日

城邦讀書花園
www.cite.com.tw

ISBN 978-986-235-137-6
售價：480元